정보화 시대의
전쟁관

성윤환

연세대학교에서 북한학 석사학위, 충남대학교에서 군사학 박사학위를 받았다. 육군사관학교를 1981년에 졸업하고 이후 육군 소위로 임관하여 전방 중대장과 수색대대장, 그리고 연대장 등 지휘관을 역임하였으며, 연합사와 육군본부에서 정책기획실무자와 중기계획과장 등의 정책실무를 경험하였다. 또한 육군대학에서 군사전략과 교수와 전략학처장을 역임하고, 2014년 말에 육군준장으로 육군지상전연구소장을 마치고 전역하였다.

현재는 고려대학교(세종캠퍼스)의 공공정책대학 통일외교안보학과 촉탁교수로 재직하고 있다. 저술로는 군사전략과 정책, 군사교리 발전에 관련된 다수의 군사 기고문이 있으며, 최근에는 전쟁 패러다임 변화에 관련한 연구 성과를 논문으로 발표하고 있다.

정보화 시대의

전쟁관

2018년 8월 20일 초판 인쇄
2018년 8월 25일 초판 발행

지은이 | 성윤환
펴낸이 | 이찬규
펴낸곳 | 북코리아
등록번호 | 제03-01240호
주소 | 13209 경기도 성남시 중원구 사기막골로 45번길 14
　　　 우림2차 A동 1007호
전화 | 02-704-7840
팩스 | 02-704-7848
이메일 | sunhaksa@korea.com
홈페이지 | www.북코리아.kr
ISBN | 978-89-6324-614-7 (93390)

값 22,000원

정보화 시대의

전쟁관

성윤환 지음

국민 중심 전쟁 패러다임

북코리아

"당신은 전쟁에 관심이 없을지도 모르지만
전쟁은 당신에게 관심이 있다."

―레온 트로츠키(Leon Trotsky)―

저자 서문

이 책은 정보화 시대의 전쟁 패러다임으로 새로운 전쟁관(戰爭觀)을 다룬다. 고전적인 전쟁에 대한 고정관념을 버리고 새롭게 바라볼 수 있는 전쟁관을 제시하는 것이다. 이 책은 최근 이라크·아프간에서의 대테러 전쟁에서의 강력한 군사력만으로 전쟁을 종결할 수 없었던 이유를 설명해 줄 것이다. 세계화·정보화된 환경에서 강대국의 첨단무기와 약소국의 조잡한 무기의 유용성에 대하여 다룰 뿐만 아니라 비국가 단체 또는 약소국의 강대국을 향한 테러전, 분란전, 정보전 등의 비대칭 전략의 유용성 등을 이해할 수 있을 것이다. 특히 안보전문가들에게 이 책을 통하여 한반도 적화통일을 목표로 하는 북한의 혁명전쟁 전략과 최근 도발 양상의 북한 의도를 분석하고 대응하는 데 필요한 새로운 전쟁관을 제공하려고 하였다.

전쟁 패러다임의 발전 추세를 예견하는 것은 군사학의 아주 중요한 임무 중의 하나다. 현재 전쟁의 모습과 속성(屬性)을 이해하고, 다가올 전쟁의 양상을 예견하는 것이 군사력 건설과 운영 등 국방문제에 관한 올바른 견해뿐만 아니라, 무엇보다도 한반도의 전쟁 억제와 평화 유지를 위하여 특히 중요하다. 클라우제비츠(Carl von Clausewitz)는 그의 저서 『전쟁론』에서 "전쟁은 카멜레온과 다름없다. 왜냐하면 전쟁은 개별 상황마다 그 속성을 약간씩 변화시키기 때문이다"[1]라고 하

---

1 클라우제비츠, 류제승 옮김, 『전쟁론』(서울: 책세상, 2012), p. 57.

여 전쟁의 본질은 변하지 않으나 그 속성이 상황에 따라 변화될 수 있음을 직시하였다. 카멜레온같이 전쟁의 색깔, 즉 보이는 모습이 변한다는 것이다. 또한 제4세대 전쟁론을 주장한 햄즈(Thomas X. Hammes)도 전쟁의 패러다임(Paradigm)[2] 즉 한 세대의 전쟁 방식이 발전하고 변화하려면 그 세대의 정치·경제·사회구조상의 발전이 이미 선행(先行)되고 있어야 가능하며, 대체적으로 전쟁 수행방식은 사회와 조화를 이루며 한 세대에서 다음 세대로 서서히 점진적으로 발전한다고 하였다.[3]

국내에서의 전쟁의 패러다임 변화에 대한 본격적인 연구는 2005년 국방개혁의 추진 결정으로 군사혁신(RMA: Revolution in Military Affairs)에 관심이 고조되면서부터이다. 국내 연구의 대부분은 군사혁신 차원에서 외국의 전쟁 패러다임 이론에 초점을 두고 연구해 왔다. 군사혁신은 미래 위협에 대처하기 위한 작전운용 방식을 결정하고 이를 수행할 군사능력을 재조직하는 것으로 미래 전쟁 양상의 예측이 중요하였다. 현 시대의 새로운 전쟁의 모습은 이전의 전쟁의 형태와는 확실히 다르다. 그러나 현 시대의 복잡한 전쟁 모습을 설명할 새로운 관점 즉 전쟁 패러다임에 대한 연구가 부족하다.

우리나라는 2005년 이후 국방개혁을 추진해 오고 있다. 그러나 그 개혁 방향이 혁신적이지 못하여 국민에게 설득력이 부족하다. 또한 군사력 건설의 핵심인 현재와 미래전에 대한 개념 설정이 되지 않아 많은 시행착오를 범하고 있다. 부대와 전력구조 개편이 과거와 차별화되지 않고, 군사교리도 과거의 고정관념에서 벗어나지 못하고 있다. 방어는 제1차 세계대전 선방어 개념인 '구로(Gouraud)의 종심방어전술'이 아직도 존재하고, 공격전술은 제2차 세계대전의 '기동전' 개념에서 혁신되지 못하고, 전력만이 첨단화되어 개정·발전된 교리로

---

2 미국의 과학자이자 철학자인 토머스 S. 쿤(Thomas S. Kuhn)이 '패러다임' 용어를 최초로 제시하였으며, 그는 한 시대를 지배하는 과학적 인식, 이론, 사고, 관습, 관념, 가치관 등이 결합된 총체적인 틀 또는 개념의 집합체로 정의함.

3 토머스 햄즈(Thomas X. Hammes), 하광희 외 옮김, 『21세기 전쟁, 비대칭의 4세대 전쟁』(서울: 한국국방연구원, 2010), pp. 21-22.

지금까지 지속되고 있다. 새로운 시각의 교리 발전을 계속적으로 추구하고 있지만, 고착된 전쟁 패러다임에 대한 인식으로 인하여 획기적 변화가 어렵다. 군사작전의 성공만이 전략적 승리를 보장한다는 고정관념을 무비판적으로 수용하고 있는 것이다. 전쟁의 속성 변화에 대한 인식체계가 변하지 않으면 국방정책과 군사전략, 그리고 군사교리의 창의적 발전에는 한계가 있다. 전쟁 패러다임에 대한 이론적 배경이 부족한 상태에서 문제해결에만 집착하여 국방개혁을 추진하였기 때문이라고 할 수 있다.

우리는 과거의 방식으로 현재와 미래에서 싸울 수는 없다. 현대전에 상당히 권위 있는 사상가인 아르퀼라(John Arquilla)는 세계가 '지속적인 비정규전의 시대'로 접어들었다고 주장한다. 그는 이 시대에 전통적인 전쟁 원칙들이 그다지 큰 도움이 되지 않을 것이라고 주장하였다.[4] 하버드 대학 교수 토프트(Ivan Arreguin-Toft)는 1800년부터 1998년까지 전 세계에서 일어난 197건의 비대칭전을 분석하였다. 그는 지난 200년 동안 군사적으로 약자(弱者)에 속하였던 상대가 1800년에서 1849년 사이에 승리한 경우가 11.8%에 불과하였으나, 1950년에서 1998년 사이에 일어난 전쟁에서는 약자가 승리한 경우가 55%에 이르렀고, 그 추세가 점점 더 뚜렷해진다고 하였다. 이것은 전쟁의 핵심 원리가 뒤집어졌다는 것을 의미한다. 과거에는 물리적으로 군사력이 우세한 쪽이 결국 전쟁에서 이겼다. 하지만 이제는 더 이상 그렇지 않다는 것이다. 강대국에 의한 무력에 의한 무차별 포격이나 폭격, 대량살상과 만행은 더 이상 국제적, 정치적으로 용납되지 않는다. 특히 군사정책에 대한 국민의 감시가 철저한 민주국가에서는 그런 군사전략을 용납하지 않는다.[5]

세계 인류문명이 변하였고 그로 인하여 전쟁의 속성이 변한 것이다. 기존 전쟁 패러다임의 분석 틀로 오늘날 전쟁을 바라보면 설명하기 어려운 이유가 여기

---

4   모이제스 나임(Moises Naim), 김병순 옮김, 『권력의 종말』(서울: 책읽는 수요일, 2016), pp. 216-217 재인용.

5   상게서, pp. 227-228.

에 있다. 오늘날의 전쟁 현상을 기초로 과거를 바라볼 필요가 있다. 새롭게 전쟁 패러다임의 렌즈를 바꾸어 과거를 바라봄으로써 전쟁의 패러다임이 변형되고 있음을 인식할 필요가 있다는 것이다. 오늘날 전쟁을 바라보는 시각도 기존의 패러다임으로 더 이상 설명할 길이 없는, 기존 전쟁의 개념과 모순되는 이상 현상들이 누적되어 이론적 위기를 맞고 있다. 기존 패러다임에 기초한 고전적인 전쟁 이론에 의문이 제기되면서 급기야 새로운 전쟁 이론들이 요구되고 있다. 결국 이러한 위기는 전쟁 이론의 혁명적 발전으로 새로운 전쟁 패러다임에 합의하게 할 것이다.

이 책은 문명시대 상황이 변함에 따라 전략적 수준에서 전쟁을 바라보는 관점 즉, 전쟁 패러다임 변화의 주요 요인은 무엇이며, 어떻게 변화되어 왔는가를 분석하는 것이다. 이를 통하여 전략적 수준에서 과거와 오늘날의 전쟁 패러다임은 무엇인지 분석함으로써 전쟁 패러다임 변화를 이론화하고자 한다. 이 전쟁 패러다임 변화 이론을 적용하여 현재 진행 중인 북한의 한반도 적화전략을 전략적 수준에서 분석하고, 다가오는 전쟁 양상을 예측함으로써 한국의 국가안보전략과 군사전략, 그리고 합동군사교리에 새삼 깊은 사고(思考)를 자극할 수 있다면 이 책이 노리는 중요한 목적은 달성된 것이다.

기존의 전쟁 패러다임의 연구는 대부분 학계의 정치학 교수들과 민간인 분석가들에 의하여 쓰인 것들이 대부분이다. 미국의 체계분석가인 엔소븐(Aline C. Enthoven)과 스미스(K. Wayne Smith)가 "군사 전문가가 군사전략과 국방정책에 대하여 저술한 책은 극히 드물며 군사전략과 국방정책에 대하여 논하는 자의 대부분은 민간인이다"라고 논평한 내용이 우리나라에서도 유사함을 동의한다. 민간인 전문가의 의견이 틀렸다는 것은 아니다. 그들은 전쟁의 정치적 목적과 결부시켜 '왜' 전쟁을 하지 않으면 안 되었는가에 대한 해답을 주었으며, 어떤 '수단'을 사용해야 하는가에 대한 방향을 제시해 주었다. 그러나 기존의 논의는 위와 같은 수단을 '어떻게' 사용하여 정치학자가 제시한 목적을 달성할 것인가에 대한 '방법'이 결여되어 있다. 이 빠진 부분은 군사전략가의 전략에 의하여 채워졌어야 했다. 그러나 군의 군사전문가들은 전쟁에 사용해야 할 물질적인 수단을 결정하는 데만 열중하였다. 각 군 본부는 국가방위를 위하여 무기와 장비, 물자를 계획하고 조달하여 병력을 편성, 훈련, 장비시키는 것이 전략적 역할과 기능이라고만 생각하였다.[6]

군에서 기존의 군사혁신의 연구가 그러하였다. 이 책은 군 출신의 군사전략가적 입장에서 전쟁의 패러다임을 연구하여 기존의 부족하였던 전쟁의 군사전략 부분을 채우는 데 기여하고자 한다. 전쟁의 패러다임 변화에 입각한 군사전략은 전쟁수단 소요 결정에 개념을 제공한다. 이 개념은 국가방위를 위한 물질적인 군사 수단뿐 아니라, 비물질적이고 비군사적인 수단의 소요 도출에도 기여하게 될 것이다.

이 책은 전쟁의 전략적 수준(Strategic Levels of War)의 범위에서 전쟁 패러다임의 변화를 연구한 것이다. 기존의 국내·외 전쟁 패러다임 연구자들은 전쟁의 작전적 수준(Operational Levels of War) 이하의 범위에서 주로 군사적 수단과 방법상의 운용개념(How to Fight)에 관점을 두었다. 그러나 이 책에서는 전쟁의 전략적 수준에서 최종적인 승리(How to Win)를 어떻게 달성할 것인가에 초점을 두고자 한다. 이러한 관점으로 과거 봉건시대로부터 현재까지 전쟁의 패러다임이 어떻게 변화되어 왔는지를 다루고 있다.

이 책은 클라우제비츠의 전쟁 삼위일체 이론을 바탕으로 전쟁 속성의 변화를 연구한다. 전쟁의 속성 변화에 대한 연구를 통하여 전쟁의 본질적 수준에서 패러다임의 변화를 분석하고, 작전적·전술적 수준에서의 수단과 방법의 변화는 이를 증명할 수 있는 사례로 활용하고자 한다. 이 책에서는 토머스 쿤이 사회나 과학이 혁명적으로 진화하였다고 주장한 과학혁명 이론을 전쟁 패러다임 변화를 분석하는 이론으로 적용한다. 전쟁 패러다임 진화를 증명하는 모든 전쟁 현상과 역사는 그 시대를 대표하는 핵심 전쟁에 국한하여 분석할 것이다. 이 책은 전

---

6   해리 서머스, 민평식 옮김, 『미국의 월남전 전략』(서울: 병학사, 1983), pp. 15-16.

쟁역사서가 아니기 때문이다.

　시대별 상황에 따른 다양한 변화요인은 수많은 전쟁의 패러다임들을 도출할 수 있다. 전쟁을 연구하는 수많은 전문가들은 전쟁의 모습 변화에 주목하였다. 지금까지 국방 전문가들은 대부분 기술적 변화에 집중하였다. 이는 군사적 측면에서만 전쟁을 바라본 결과였다. 그러나 다른 역사가들은 전쟁 패러다임 변화의 원인을 광범위하게 해석하고 있다. 이들은 전쟁의 세대적 변화를 사회의 전반적인 변화 즉 정치적, 경제적, 사회적 그리고 기술적 변화의 결과라고 주장한다. 그 대표적인 분석의 틀이 앨빈 토플러의 인류문명 발전에 의한 시대 분류방법이다. 그는 인류문명의 발전은 부(富)를 창출하기 위한 방법의 변화로 보고, 농경시대와 산업혁명 시대 그리고 정보화 시대로 구분하였다. 인류문명의 발전은 그 시대의 전반적인 사회변화를 촉진시켰다. 그는 이러한 정치, 경제, 사회 그리고 기술적인 세상의 변화가 전쟁의 모습 변화와 밀접히 연관되어 있다고 주장하였다. 인류문명의 발전에 따라 전쟁 행위자도 변하였다. 전쟁을 거시적 관점 즉, 전략적 수준에서 바라보면, 전쟁 패러다임 변화에 결정적인 전쟁 행위자가 봉건국가에서 민족국가로 변화되었고, 오늘날에는 세계화로 인하여 비국가 단체도 전쟁 행위자로 등장하고 있다. 이러한 논리를 바탕으로 이 책에서는 전쟁과 전략의 변천과정의 분석을 통하여 혁명적 변화를 초래하였던 전쟁 패러다임 전환 시대를 봉건·농경시대와 국가·산업화 시대, 그리고 세계화·정보화 시대로 구분하여 전쟁 패러다임을 한정하였다.

　이 책은 총 5개의 장으로 구성된다. 제1장에서는 시대별 전쟁 패러다임 변화와 관련된 전쟁의 정의와 속성·중심(重心), 전략 개념의 변화, 그리고 전쟁 수행방법과 수단의 군사혁신 이론들인 전쟁 세대구분 결정론에 대하여 분석한다. 이러한 분석을 토대로 전쟁 패러다임 변화의 주요 요인을 도출하고, 문명시대별 전쟁 사례를 변화요인의 상호작용과 차이점을 분석하여 전쟁 패러다임의 변화를 도출하는 이론적인 분석의 틀을 제시한다. 제2장에서는 봉건·농경시대에서의 군주 간 전쟁 사례는 전쟁의 주체와 전략적 중심은 무엇이며 전쟁의 목적과 수단, 방법은 어떠하였는지를 분석하여 '왕정(王廷)[7] 중심의 전쟁 패러다임'을 규정한다. 제3장에서는 나폴레옹 전쟁 이후 등장한 국가·산업화 시대에서의 국가간 전쟁 사례는 전쟁의 주체와 전략적 중심이 무엇이며, 전쟁의 목적과 목표가 어떻게 변하였고 전쟁의 수단과 방법이 어떠하였는지를 분석하여 '군부 중심의 전쟁 패러다임'을 규정한다. 제4장에서는 제2차 세계대전 이후 현대 세계화·정보화 시대에서의 저강도 전쟁과 분쟁사례는 전쟁의 주체와 전략적 중심이 무엇이고, 전쟁의 목적과 목표가 어떻게 변하였으며 전쟁의 수단과 방법이 어떻게 변혁되었는가를 역사적 사실과 문헌 연구 자료를 근거로 분석하여 '국민(國民) 중심의 전쟁 패러다임'을 규정한다. 제5장에서는 분석결과를 평가하고 성과를 요약한 후, 군사전략적 차원에서 국민 중심 전쟁 패러다임이 주는 함의와 함께 북한의 위협에 대한 새로운 시각의 분석을 제시한다. 그리고 이에 대비하여 대한민국의 국가안보전략과 합동군사전략의 발전방향을 제언하였다. 제6장에서는 학술세미나에서 필자가 발제한 "북한 정권의 전략적 행태 분석" 논문을 수록하였다. 이 논문은 과거 북한 정권의 혁명전쟁 전략과 시대별 적용을 분석하였다. 또한 북한 혁명전쟁 전략을 기초로 북한 핵 폐기를 전제로 남북한 및 미북 정상회담에 임하는 김정은 정권의 혁명전쟁 전략에 기초한 행태를 예측하였다. 이 논문의 북한 정권의 전략적 행태는 정보화 시대 국민 중심 전쟁관을 적용하여 분석하였기 때문에 이 책자에 수록하였다.

2018년 7월

저자 성윤환

---

7   왕정(Regal-Government)은 사전적 의미로 "임금이 친히 다스리는 조정(관청)"을 말함.

감사의 글

이 책은 필자가 연구한 "시대별로 본 전쟁 패러다임의 변화에 관한 연구: 전략적 수준에서 주요요인을 중심으로"의 충남대학교 군사학 박사학위 논문(2017. 8.)을 토대로 발간하였다. 이 연구는 혈기 왕성하던 청년 시절에 육군사관학교에 입교하여 육군 소위에서 준장까지 37여 년간 대한민국에 대한 애국심을 바탕으로 그 영광스러웠던 군 생활을 마치면서 국가와 군에 조금이라도 보답하고 싶은 마음으로 시작하였다. 이 졸작이 군에 복무 중인 후배들과 전쟁을 연구하는 전문가들에게 새로운 시각에서 전쟁을 바라볼 수 있는 계기가 되기를 기대하면서 필자의 직무지식과 경험을 총결산하였다.

군 생활 중에 고전적인 전쟁관의 고정관념에 대한 나의 의문은 새 천 년이 시작되면서부터 생겨났다. 9·11 테러와 이어지는 아프간·이라크에서의 대테러전쟁은 고전적인 전쟁관에서는 설명하기 어려운 새로운 전쟁이었다. 이와 더불어 필자의 가장 큰 의문은 '북한의 군사 도발에 의한 한국 내의 남남갈등의 현상을 어떻게 이해할 것인가? 그리고 북한의 민간인을 목표로 한 연평도 포격과 언론사 포격 협박, 금융기관 DDoS 공격 등 비군사적인 각종 위협을 접하였는데 이것은 어떠한 도발 양상인가? 북한 핵 및 미사일 개발에 따른 한반도의 일촉즉발의 전쟁위기 상황을 어떻게 이해하고 대처해야 하는 것인가?'였다. 우리 정부와 군은 변화된 환경에도 불구하고 모든 상황을 과거의 고전적인 전쟁관으로 분석하였고 과거와 다름없는 대처행동을 하였다. 그러나 지나온 과거를 분석해 보면 우리의 대응이 성과가 없었고 어떤 문제도 완전히 해결하지 못하였다. 북한의 도발은 계속되었고, 북한 의도대로 남남갈등과 국민들의 정부와 군에 대한 불신이 계속되었다. 우리 정부와 군은 과거의 방법으로 싸우고 대처하지 않았는가를 고민해야 한다. 현 위기상황에 대한 인식이 잘못되어 잘못된 대처가 없었는지를 확인하여야 한다. 필자가 고민한 바에 의하면 정보화된 환경으로 전쟁 패러다임은 변하였는데 우리는 과거의 전쟁관에 머물러 있다는 것이다.

필자의 군 복무기간 중에 장기 육군정책 기획서를 작성하는 담당실무자로서의 경험은 미래 육군건설을 위한 군사혁신의 해결책이 필요하다는 것을 실감하게 하였다. 육군대학의 전략학처장의 경험자로서 군사전략과 작전적 수준에서 한국군의 특성에 적합한 독창적인 교리 발전이 절실하다는 것이다. 그러나 그때까지 필자의 고정관념은 제2차 세계대전에서 행하였던 고전적인 전쟁관에 머물러 있어 교리발전을 위한 창의적인 사고를 방해하였다. 마침내 필자가 고정관념을 탈피하게 된 것은 햄즈의『21세기 전쟁: 비대칭의 4세대 전쟁』을 읽은 뒤였다. 이 책은 정치적 목적을 달성하기 위한 수단으로서 전쟁의 목표는 '의지 굴복'이며, 정보화된 환경에서는 '정책결정자의 의지 굴복'을 위하여 약소국이 테러와 분란전, 정보전 등 비대칭전으로 강대국을 패배시킬 수 있다는 이론을 주장하였다. 필자의 고정관념이었던 군사작전으로만 전쟁을 종결지을 수 있다는 전쟁관이 무너진 것이다. 전쟁관이 변하면 전쟁의 현상은 변하지 않지만 전쟁을 바라보는 관점이 다르기 때문에 전쟁의 현상이 다르게 보인다. 전쟁의 현상이 다르게 보이면 창의적인 교리 발전과 군사혁신이 가능한 것이다. 새로운 전쟁관은 최근의 다양한 형태의 전쟁 양상과 행태를 이해하는 데 도움을 주었다.

이 책이 나오기까지 많은 분들의 정성 어린 지도와 격려가 있었다. 탁월한 리더십과 정책 전문가이신 육군참모총장 김상기 장군님과 참군인이면서 대전략가이신 김관진 국방장관님은 필자의 새로운 전쟁관에 날개를 달아 준 가장 존경하는 분들이다. 두 분이 없었으면 이 연구는 계속할 수 없었을 것이다. 육군지상전 연구소에서 같이 근무하였던 선후배 연구원들에게도 감사드린다. 새로운 관점에서 서로의 의견을 발표하고 토론하면서 짧은 기간에 많은 연구보고서를 작성하여 발표하였다. 반론도 있었지만 참신한 시각이라는 격려도 많았다. 이러한 활발한 토의가 이 연구를 가능하게 하였다. 끝으로 박사학위 논문을 끝까지 지도해 주신 길병옥 지도교수님과 윤석경 교수님, 설현주 교수님, 전기석 교수님, 그리고 군 선배로서 책임감을 가지고 꼼꼼하게 지도해 주신 예비역 해군중장 최기출 박사님께 감사드린다.

특히, 최전방의 시골 생활을 함께해 주고 인생의 굴곡에서 항상 나를 믿어주고 배려하며 용기를 준 사랑하는 아내 김난희와 아름답고 훌륭하게 잘 자라 준 자랑스러운 딸 유나와 아들 기태, 새로이 우리 가족이 된 사위 한중규, 그리고 3남 4녀의 누나, 형, 동생들, 그리고 조카들 이 모든 가족들에게 이 작은 결실을 바치고 싶다.

끝으로 이 책의 출판을 기꺼이 맡아 주신 북코리아 이찬규 대표님께도 진심으로 감사드린다.

차례

제1장 전쟁관

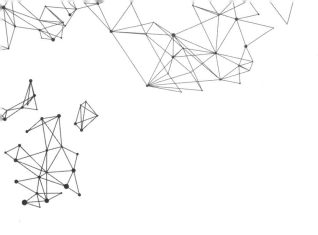

제2장 봉건 · 농경시대

제3장 국가 · 산업화 시대

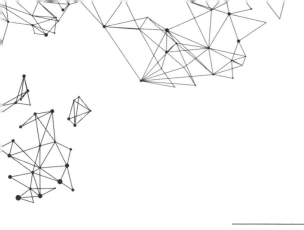

제4장 세계화 · 정보화 시대

제5장 한반도에서의 전쟁관

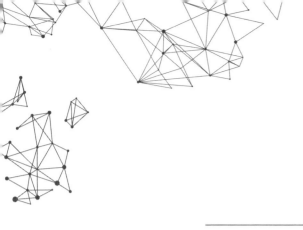

제6장 북한 정권의 전략적 행태 분석

제1장

전쟁관

제1절 전쟁 이론의 변화와 전쟁관

1. 전쟁관은 전쟁 패러다임

'패러다임(Paradigm)'은 미국의 과학사학자이자 철학자인 쿤(Thomas S. Kuhn)이 새롭게 제시한 후 널리 통용된 개념이다. 패러다임은 '사례·예제·실례·본보기' 등을 뜻하는 그리스어 '파라데이그마(Paradeigma)'에서 유래한 것으로, 언어학에서 빌려 온 개념이다. 이런 의미에서 쿤은 패러다임을 "한 시대를 지배하는 과학적 인식·이론·관습·사고·관념·가치관 등이 결합된 총체적인 '틀' 또는 개념의 집합체"로 정의하였다. 쿤에 따르면, 과학사의 특정한 시기에는 언제나 개인이 아니라 전체 과학자 집단에 의하여 공식적으로 인정된 모범적인 틀이 있는데, 이 모범적인 틀이 패러다임이다. 그러나 이 패러다임은 전혀 새롭게 구성되는 것이 아니라 기존의 자연과학 위에서 혁명적으로 생성되고 쇠퇴하며, 다시 새로운 패러다임으로 대체(Shift)된다는 것이다.[1]

쿤은 과학이 점진적이거나 지식의 축적에 따라 발전하는 것이 아니라 새로운 패러다임에 따라 혁명적으로 발전한다고 주장한다. 즉 과학의 발전은 '정상과학(Normal Science)[2] 1' → 위기 → 과학혁명(Scientific Revolution) → '정상과학 2'의 과정으로 나아간다는 것이다. 과학혁명 과정에서 새로운 패러다임이 생성되면 이것이 새로운 '정상과학 2'가 되고, 기존의 '정상과학 1'을 대체한다는 것이다. 정상과학이 지속되면서 점차로 다양하고 많은 수수께끼가 나타날 것이다. 과학자

---

1 《두산백과》, "패러다임", https://terms.naver.com/entry.nhn?docId=1222252&cid=40942&categoryId=31433(검색일: 2017. 5. 23)

2 '정상과학'은 과거 하나 이상의 과학적 성취에 확고히 기반을 둔 연구 활동을 뜻하는데, 그 성취는 몇몇 특정 과학자 사회가 일정 기간 동안 과학의 한 걸음 나아간 활동을 위한 기초를 제공하는 것으로 인정하는 것을 가리킨다. 토머스 S. 쿤, 김명자 옮김, 『과학혁명의 구조』(서울: 까치글방, 2003), p. 33.

사회가 더 이상 설명할 길이 없는, 기본 이론과 모순되는 이상 현상들이 누적되는 경우 정상과학은 위기를 맞게 된다. 그 반응은 과학연구의 성격을 변화시킨다. 기존 패러다임에 기초한 활동과 판단에 의문이 제기되면서 급기야 새로운 이론체계들이 나타나며 과학자 사회는 결국 새로운 패러다임에 합의하게 된다. 정상과학을 구성하는 수수께끼라 불렀던 것은 과학연구의 기틀이 되는 어느 패러다임도 그 문제들을 모두 완전히 풀지 못했기 때문에 존재하는 것이다.[3]

패러다임이 바뀐다는 것은 어떤 패러다임을 통해서 보여 주려는 이 세계가 바뀌는 것이 아니다. 우리가 사는 세상이 바뀌는 것이 아니라, 세상을 바라보는 방식이 변하는 것이다. 즉 '세계관의 변화'를 통해서 세계의 변화가 아닌, 세계를 바라보는 관점인 '세계관'이 바뀌는 것일 뿐이다. 세계관의 변화를 통하여 바라본 세계가 이전과 달라 보이는 것은 당연하다. 따라서 패러다임의 변화에 따라, 패러다임 이전의 눈으로 바라본 세계와 패러다임 이후의 눈으로 바라본 세계는 분명히 다르다. 그렇다고 세계의 다름을 말하지는 않는다. 쿤의 패러다임에 따른 변화란 세상이 바뀌는 것이 아니라 세상을 바라보는 방식이 바뀌는 것이다.[4] 이러한 새로운 기반으로부터 그 분야를 다시 세우는 과학혁명을 통해서 지식은 변화를 일으키는 것이다.

쿤의 이론은 과학사학자, 사회과학자, 자연과학자들에게 깊은 공감을 불러일으켰다. 평소 과학 활동에서 체험한 특성들이 쿤에 의해서 구체적으로 체계화됨으로써 쿤의 기본개념들은 과학사적(科學史的) 인식과 설명에 요긴한 도구가 되었기 때문이다. 그리고 과학자 사회의 구조, 규범, 제도에 관한 사회학적 연구의 출발점이 제공되었기 때문이다. 쿤 이론에 대한 반응은 자연과학 이외의 분야에서 더욱 열광적이었다. 당초 그의 이론에서 혁명적 불연속성에 관한 발상은 정치, 문학, 음악, 미술 등의 역사로부터 영감을 얻은 것이었다. 이제 쿤의 발전이론

---

3   토머스 S. 쿤, 박은진 옮김, 『과학혁명의 구조』(서울: 서울대학교 철학사상연구소, 2004), p. 124.
4   상게서, pp. 170-177.

은 그들 분야로 되돌아가 지식의 변천에 관한 모델로 작용하게 된 것이다.[5]

군사학은 자연·사회과학과 "술(Art)"을 포함하는 복합적인 학문이다. 이는 쿤이 혁명적 불연속성에 대하여 영감을 얻었던 사회학 분야와 유사한 것이다. 따라서 광범위한 전쟁 개념에서 그 전제가 어떻게 바뀌었는지를 이해하기 위해서는 쿤의 '과학혁명론'을 따르는 것이 더 나을지도 모른다.[6] 하나의 패러다임 변화는 군사정책, 계획들, 전략, 교리 또는 전술에 있어서 중요한 변화이지만, 그 패러다임의 변화가 전쟁의 본질을 근본적으로 변화시키지 않는다.[7] 전쟁의 본질은 변하지 않았지만 전쟁을 과거와는 다른 패러다임으로 보아야 한다는 것이다. 전쟁론에서 카멜레온은 상황에 따라 색깔이 달리 보이지만, 그 본질인 카멜레온 자체는 변하지 않는 것과 같이 전쟁의 본질은 변하지 않는다. 그러나 보이는 전쟁의 모습은 변하였다. 전쟁 현상을 설명하지 못하는 것은 과거의 전쟁 패러다임으로 오늘날의 광범위하고 확대된 개념의 전쟁 '수수께끼'를 풀지 못하였기 때문이다. 예를 들어 뉴턴의 '만유인력의 법칙'은 물리적인 현상세계는 증명하였으나, 거대 우주와 원자의 미시(微視) 세계까지를 포괄하여 설명하는 물리법칙은 아인슈타인의 '특수 상대성 이론'이라는 새로운 패러다임이 등장함에 따라 증명이 가능해졌다. 이와 같이 오늘날도 전쟁의 복잡성을 설명할 수 있는 새로운 시각의 전쟁 패러다임을 요구하고 있는 것이다.

따라서 이를 종합해 볼 때 전쟁 패러다임은 "어떤 한 시대 사람들의 전쟁에 대한 견해나 사고를 근본적으로 규정하고 있는 테두리로서의 인식, 이론, 사고, 관습, 관념, 정의와 가치관 등이 결합된 총체적인 틀과 개념의 집합체"로 정의할 수 있다. 전쟁 패러다임은 한 시대에 통용되고 있는 군사 과학적 인식체계, 즉 전쟁을 바라보는 '전쟁관(戰爭觀)'이라고 할 수 있다. 전쟁의 현상을 새로운 시각으

---

5 토머스 S. 쿤(2003), 전게서, pp. 296-297.

6 루퍼트 스미스(Rupert Smith), 황보영조 옮김, 『전쟁의 패러다임』(서울: 까치글방, 2008), p. 20.

7 James J. Tritten, "Revolutions in Military Affairs Paradigm Shifts, and Doctrine," (Norfolk, Virginia: Naval Doctrine Command, February 1995), p. 7.

로 바라볼 때 전쟁에 대한 군사지식이 혁명적인 발전을 도모할 수 있다는 것이다. 미군도 전쟁에 대한 패러다임의 변화(Paradigm Shift)로 인하여 군사용어의 정의와 설명, 전구 수준 전략(Theater Level Strategy)의 발전과 실행에 도움을 주기 위하여 추가적인 합동교리의 발전이 요구된다고 강조하고 있다.[8] 시대상황이 변함에 따라 전쟁을 바라보는 관점 즉, 패러다임이 어떻게 혁명적으로 발전해 왔으며, 오늘날의 전쟁 패러다임은 무엇인가를 분석해야 한다. 오늘날 전쟁을 바라보는 전쟁관도 기존의 패러다임으로 더 이상 설명할 길이 없고, 기존 전쟁의 개념과 모순되는 이상 현상들이 누적되어 이론적 위기를 맞고 있다. 기존 패러다임에 기초한 전쟁이론에 의문이 제기되면서 급기야 새로운 전쟁이론들이 요구되고 있다. 결국 이러한 위기는 전쟁 이론의 혁명적 발전으로 이어져 새로운 전쟁 패러다임에 합의하여 지식의 틀을 공유하게 될 것이다. 따라서 전쟁 패러다임의 변화는 새로운 전쟁관에서 현재 통용되고 있는 전쟁에 대한 새로운 정의와 개념, 전쟁 지도를 위한 전략의 개념 변천, 그리고 전쟁 수행체계인 전쟁의 수준과 용병술 체계의 변화를 살펴봄으로써 전쟁의 새로운 패러다임을 정립할 수 있다.

2. 전쟁의 개념 이해

1) 전쟁 정의의 변천

과학기술의 발달은 인류역사 발전의 원동력이었다. 과학기술 수준의 향상은 인간의 자연지배 능력을 확대시켜 왔으며 그 결과 인간의 질서 자체가 변화해 왔다. 인간의 자연지배 능력이 한정되어 있던 시대에는 의식주를 어떻게 해결하며 부족한 물자를 어떻게 확보할 것인가가 그 시대의 최대 정치적 과제였다. 부

---

8 Colonel van Rudolph Sikorsky, "Paradigm Shift and Strategic Doctrine," *Strategy Research Project*(Carlisle Barracks: U.S. Army War College, 2011), p. 2.

족한 물자를 구하는 가장 쉬운 방법은 남의 것을 빼앗는 것이다. 남의 것을 빼앗으려면 남을 제압할 무력을 갖추어야 한다. 그래서 인간의 역사가 시작된 이래 인간들은 부국강병(富國强兵)을 삶의 수단으로 삼아 왔다. 인간의 사회생활에 있어서 언제나 존재하는 현상은 충돌(衝突)이다. 특히 문명이 발달함에 따라 충돌의 양상도 증대되었으며 이러한 충돌에서 상대적인 우위를 달성하기 위해서 국가 단위로 집단적인 생활을 하게 되었다. 국가 간의 충돌은 분쟁과 전쟁으로 발전하게 되었다. 전쟁이란 언제나 존재하기 마련이며 또한 너무나도 흔하게 발생하는 것이기 때문에 전쟁의 본질에 대하여 이해하지 않으면 안 된다.[9]

전쟁의 요체는 적대적이고 독립적이며 배타적인 두 의지 간의 폭력적인 투쟁으로써 일방이 상대방에게 자신의 의지를 관철시키는 것이다. 전쟁은 본질적으로 상호 사회적 작용이다. 손자는 "전쟁은 국가의 중대사이다. 국민의 생명을 좌우하고 국가의 존망이 기로에 서게 되므로 신중해야 한다"라고 하여 전쟁이 정치의 연속으로 중대한 결정이며 사회현상의 일부임을 강조하고 있다. 많은 국제정치학자와 군사사상가들에 의하여 전쟁에 대한 정의(定意)가 내려지고 있다. 그중 사회학자 키케로(Cicero)는 전쟁은 '무력을 동원한 싸움'으로, 국제법학자 그로티우스(Hugo De Groot)는 '무력을 동원하여 싸우는 행위자들의 상태'로 싸움 자체보다는 싸움 상태에 주안을 두었고, 국제정치학자 불(Hedley Bull, 1977)은 "정치적 행위자들이 서로에게 가하는 조직화된 폭력"[10]으로 정의하였다. 이들은 전쟁을 무력에 의한 충돌 상태에 국한하여 정의하는 특징이 있다.

클라우제비츠는 "전쟁은 확대된 양자의 결투(Duel)에 불과하다"라고 보았다. 그는 상호 간의 증오와 불화 때문에, 또는 영광과 명예회복 등을 위하여 서로 미리 정한 규칙에 의해서 싸우는 결투가 확대되어 집단과 집단 간, 국가 간에 싸

---

9 황성칠, 『군사전략론』(서울: 한국학술정보(주), 2013), pp. 162-163.

10 '조직화된 폭력'은 국가 또는 집단 단위로 위계화와 조직화된 폭력으로, '집단화된 폭력'은 개인이 아닌 집단 단위 폭력으로, '정치적 폭력'은 군사적 승리가 아닌 정치적 목적 달성을 추구하는 폭력으로 설명함.

우는 모습으로 전쟁의 본질을 설명하고 있다. 그러므로 "전쟁은 우리의 의지를 구현하기 위하여 적에게 강요하는 폭력행동"으로 정의 하였다. 물리적 폭력은 전쟁의 수단이고 적에게 우리의 의지를 강요하는 것은 전쟁의 목적이다. 이 목적을 확실하게 달성하기 위하여 적을 무장해제의 상태로 만들어야 하는데 이것이 이론상 전쟁의 고유 목표로 보았다.[11] 또한 "전쟁은 다른 수단에 의한 정치의 연속에 불과하다"고 하여 전쟁을 정치적 목적을 달성하기 위한 수단으로 파악하였다. 이를 종합해 보면 클라우제비츠는 전쟁을 '국가 간에 정치적 목적을 달성하기 위하여 나의 의지를 적에게 강요하여 무장해제 시키는 폭력행동'으로 정의하고 있음을 알 수 있다. 즉 전쟁이란 국가란 주체가, 정치적 전쟁 목적을 위하여, 물리적 폭력 수단으로, 나의 의지를 적에게 강요하는 방법을 통하여, 전쟁 목표인 무장해제 시키는 행위로 설명할 수 있다.

라이트(Quincy Wright)는 "일반적인 관점에서 볼 때 전쟁은 서로 다른 정치 집단이나 주권국가 간의 정치적 갈등을 각기 상당한 규모의 군대를 동원하여 해결하려는 극한적인 군사적 대결을 지칭한다"[12]고 하였다. 그는 전쟁의 특성을 ① 국가 간의 비정상적인 법적 상태, ② 사회집단의 갈등, ③ 극심한 적대적 태도, ④ 군사력을 사용한 의도적 폭력행위 등으로 보고 이러한 변수들의 조합이 전쟁이란 현상으로 집약될 수 있음을 암시한 바 있다. 즉 이들 변수의 조합이 어떤 분기점을 넘을 때 새로운 상태가 출현하고 이것이 곧 법률과 여론에 의해서 전쟁으로 규정된다고 보고 있다.[13]

현재 한국 합참에서는 전쟁을 "상호 대립하는 2개 이상의 국가 또는 이에 준하는 집단이 정치적 목적을 달성하기 위하여 군사력을 비롯한 각종 수단을 행사하여 자기의 의지를 상대방에게 강요하는 조직적인 폭력행위이며 대규모의 지

---

11 카를 폰 클라우제비츠, 류제승 옮김, 『전쟁론』(서울: 책세상, 2012), pp. 33-34.

12 Quincy Wright, *A Study of War*, 2nd ed(Chicago: University of Chicago Press, 1965), p. 8.

13 황성칠(2013), 전게서, p. 166.

속적인 전투작전"[14]으로 정의하고 있다. 여기서 전쟁의 주체는 국가와 이에 준하는 집단을, 목적은 정치적 목적을, 수단은 군사력을 비롯한 모든 수단을 사용하는 것을 말한다. 즉 군사력을 비롯하여 정치, 외교, 정보, 경제, 사회·문화, 과학기술 등 국가안보의 제 수단을 모두 활용하는 것으로 군사력은 문제해결의 최후 수단이라고 보고 있다.

전쟁은 시간에 따라 끊임없이 변화한다. 전쟁의 본질은 변하지 않으나 전쟁의 주체와 목적, 수단과 방법은 계속적으로 진화한다. 이러한 진화는 점진적이거나 급진적이다. 전쟁의 개념에는 몇 가지 견해가 있다. 그 가운데 주요한 견해를 제시하면 다음과 같다.[15] 첫째, 전쟁의 수단에는 무력행사가 수반된다는 것이다. 경제전쟁과 심리전쟁 또는 냉전 등과 같은 전쟁으로 불리나 여기에는 무력행사가 수반되지 않기 때문에 전쟁과는 구별된다는 견해이다. 둘째, 전쟁은 국가 제 역량의 동시적 투쟁이다. 즉 전쟁은 오로지 무력만으로 승패가 좌우되는 것이 아니라 경제, 정신 등 제 요소에 의하여 크게 영향 받는다. 전쟁의 수단에는 무력행사가 수반되나 전쟁 그 자체는 무력행사를 포함한 국가 제 역량을 동원한 동시적 투쟁이라 할 수 있다. 셋째, 현실적으로 전쟁에 있어서 무력이 행사되지 않는 경우가 있다. 국제법상으로 한 국가의 명시(明示)나 묵시(默示)에 의한 전쟁개시 의사표시가 있을 경우에는, 현실적으로 무력행동의 유무에 관계없이 전쟁상태로 간주되고 있는 실정이다. 제2차 세계대전 시 연합국에 가담하여 독일·일본·이탈리아에 정식 선전포고를 하였으나 직접적인 무력행사를 하지 않고 비군사적 협력만 제공한 일부 국가의 실례도 있다.[16] 넷째, 전쟁은 국가 간의 투쟁만을 뜻하는 것이 아니라 이에 준하는 집단 간의 투쟁도 포함된다. 고대에 있어서 전쟁은 부족 또는 부락 간의 투쟁이었던 것이 보통이었으며, 오늘날에도 내란을 일으킨

---

14 한국합참 용어해설서, http://www.jcs.mil.kr(검색일: 2017. 4. 12).

15 국방대학원, 『안보관계용어집』(서울: 국방대학원), p. 85.

16 《두산백과》, "전쟁", https://terms.naver.com/entry.nhn?docId=1139783&cid=40942&categoryId =31734(검색일: 2016. 4. 19).

정치단체 등이 교전단체로서 국제사회가 승인하면 국제법상 정식으로 전쟁의 주체가 된다는 견해 등이다.

위에서 살펴본 전쟁의 정의를 종합해 보면 종래에는 무력행사를 수반하는 국가 간의 투쟁을 전쟁으로 보는 견해가 일반적이었다. 그러나 오늘날의 전쟁은 비단 국가에 의해서만 행해지는 것이 아니며, 집단 안전보장체제에 의한 국가집단 간에도 일어날 수 있고, 또한 내란을 일으킨 정치단체가 정당한 교전단체로 인정되면 국제법상으로 정식적인 전쟁의 주체가 될 수 있다. 이와 더불어서 정식 교전단체는 아니지만 ISIL(이슬람국가), 알카에다, 탈레반 등 국제테러·범죄집단의 비(非)국가행위자도 전쟁의 주체가 될 수 있다는 것이 최근의 정설이다.

전쟁의 수단에 있어서도 종래에는 무력에 의한 폭력행사가 전쟁의 필수 요건으로 되어 있었으나, 오늘날에는 국가가 DIME[Diplomacy(외교)·Information(정보)·Military(군사)·Economy(경제)] 등 모든 국력(國力)요소를 총합적으로 사용하며 비국가단체도 테러와 선전전, 여론전 등 강압적 형태로 전쟁을 수행하여 전쟁수단이 확대되고 있다. 중국 인민해방군은 정치적 작전으로 심리전, 언론전, 법률전의 삼전(三戰) 개념을 적용하고 있다. 이러한 사실은 중국 인민해방군이 '전쟁이 단순히 군사적 갈등이 아니라 정치적·경제적·외교적 그리고 법적인 차원에서 진행되는 종합적인 교전'으로 여기고 있음을 시사하고 있다.[17] 이는 과거와는 달리 모든 국가와 비국가 전쟁행위 주체가 군사와 비군사적인 모든 수단을 종합적으로 사용하여 전쟁을 수행하고 있다는 것을 말해 주고 있다.

전쟁 목표 달성을 위한 전쟁 방식도 과거에는 적의 군사력을 격멸하여 무장해제 함으로써 아측(我側) 의지를 적에게 강요하는 것이 일반적이었으나, 오늘날에는 적 정책결정자의 의지를 굴복시켜 아측 의지를 강요하기 위한 방법으로 무력 충돌은 회피하고 테러 및 여론전 등으로 국민의 감성을 직접 공략하는 전쟁이 등장하고 있다. 즉 과거와는 달리 비정규전이 주도하고 정규전이 지원하는 형태

---

17 국방정보본부, 『중국(中國)의 삼전(三戰)』(서울: 국군인쇄창, 2014), p. 25.

의 전쟁이 일반화되고 있는 실정이다.

전쟁의 정치적 목적도 변하고 있다. 과거에는 전쟁이 대부분 적의 군사적 위협에 대처하여 국가의 사활적 이익을 보호하기 위한 최후의 수단으로 사용되었다. 그러나 오늘날의 안보는 군사적 안보뿐 아니라 경제, 사회, 자원, 환경보전, 테러, 국제범죄 등 국민의 생존과 번영에 관련 있는 비군사적 안보까지 포함하는 포괄적 안보(Comprehensive Security) 개념으로 확대되었다. 따라서 정치의 연속인 전쟁의 목적도 다변화되고 포괄적으로 확대되었다. 전쟁이 정치전쟁, 경제전쟁, 테러와의 전쟁, 사이버 전쟁 등 비군사적 분야로 확대되고 전·평시 구분이 없이 계속되고 있다고 볼 수 있다.

전쟁은 영향을 미치는 다원적인 인간의 행동과 여타 다른 요소들 때문에 술(術)과 과학으로만 역동성을 설명하는 데에 한계가 있다. 전쟁은 인간의 상호작용이기 때문에 용기, 강건함, 인내, 대담성과 정신력, 기타 속성을 전쟁의 필수적인 술과 과학에 의해서 설명할 수가 없다. 전쟁 수행은 과학지식과 술의 독창성을 요구하는 인간 경쟁의 역동 과정이므로 인간의 의지에 의하여 행해지는 것이다. 따라서 전쟁은 결정론적 잣대에 따르지 않는 복잡한 인간적인 행위이다.[18]

2) 전쟁의 본질과 속성

전쟁의 속성(屬性)[19]은 클라우제비츠의 '삼위일체(三位一體, Trinity) 이론'에서 잘 설명되고 있다. '우리가 수행하는 전쟁은 어떠한 성질을 가지고 있는가?'에 대하여 클라우제비츠는 "전쟁은 개별 상황마다 그 속성을 약간씩 변화시키기 때문에 카멜레온과 다름없으며 전쟁을 지배하는 성향과 관련된 전체적인 현상이 다음 세 가지 복합적인 성격을 띠고 있기 때문이다"라고 지적하면서 전쟁의 삼위일체를 제시하였다. 전쟁의 삼위일체는 〈그림 1-1〉에서 보는 바와 같이 세 가지

---

18 육군본부, 『교육회장 13-3-2, 작전술』(대전: 육군교육사, 2013), pp. 2-4.
19 국어사전에 의하면 '사물의 특징이나 성질' 또는 철학적으로는 '사물의 현상적 성질'을 의미함.

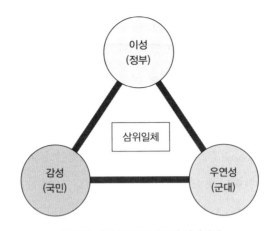

'지주(支柱, Pole)' 또는 '성향(Trend)'으로 구성된다. 이 세 가지 성향은 첫째, 전쟁은 그 구성요소인 적대감정과 적대의도에서 연원된 원초적 폭력성을 갖는다. 이 폭력성은 맹목적인 본능과 같은 것이다. 둘째, 전쟁은 전쟁을 자유로운 정신활동으로 만드는 우연과 확률성의 게임이다. 셋째, 전쟁은 정치적인 도구로서 정치에 종속된 본성을 가진다. 따라서 전쟁은 순수한 이성의 영역에 귀속되어 있는 것이다. 이와 같은 전쟁은 세 가지 성향 측면에서 첫째는 국민 대중(the People)에 관한 것이고, 둘째는 지휘관과 군대(the General and His Army)의 역할이며, 셋째는 정부 (the Government)와 깊은 관계가 있는 것이다.[20]

전쟁에서 타오르는 적대감정 등 열정은 국민 대중에게 내재하며, 우연과 확률성이 지배하는 전장환경에서 용기와 재능의 역할은 지휘관과 군대의 독특한 특성에 의존하지만 정치적 목적은 정부만의 영역이다. 이러한 세 가지 성향은 상이한 법칙처럼 보이지만 전쟁이란 주제의 본질에 깊게 뿌리를 두고 있으며 경우

---

20 Carl von Clausewitz, trans. Colonel J. J. Graham. *On War*(U.S.A: BN Publishing, 2007), pp. 19-20.

에 따라서는 세 성향은 각각 전쟁에 대하여 여러 가지 다른 비중을 갖는 것이다. 만일 하나의 성향이 다른 하나의 성향을 무시하거나 그들 사이에 자의적으로 관계를 설정할 경우에는 그것은 현실에 모순이 될 것이며, 그 이유 하나만으로 그 이론은 전체적으로 무용한 것이 될 것이다. 그러므로 우리의 할 일은 마치 자석이 당기는 힘에 의하여 교묘하게 지탱되고 있는 물체처럼 이 세 가지 성향 간에 인력(引力)이 균형을 유지하는 이론을 발전시키는 것이다.[21] 이렇게 균형 있게 버티는(Suspended) 것이 하나의 통합적인 전체로서 '삼위일체' 상태인 것이다. 이러한 세 가지 성향들의 상대적 비중과 상호작용은 전쟁의 환경에 따라 바뀌며, 전쟁의 성격을 결정한다.[22] 본 연구에서는 세 가지 성향(지주)들의 상대적 비중과 상호관계에 의하여 전쟁의 속성을 결정한다는 명제 아래 전쟁의 패러다임의 진화를 분석하게 될 것이다.

제1극(성향)은 인간의 감성요소로서 원시적인 정열과 적대적 증오를 나타내고 있다. 클라우제비츠는 인적 요소를 "그것은 느낌, 흥분, 열정, 야망 및 정열과 같은 것이며 군사적 미덕, 대담성, 지구력이기 때문에 객관적이고 과학적인 요소는 아니다. 어떤 경우에는 불만 붙이면 원시적인 파괴적 증오심과 적대감정으로 치달아 폭도적인 군중행동을 가능케 하는 심리적 요소이다. 이 요소는 개인적인 차원에서 보다 집단적인 차원에서 발휘될 때 노도와 같은 큰 힘을 발휘하게 된다"고 하였다.[23] 이러한 인적 요소에 대한 정의가 그의 절대전(Absolute War) 개념의 기초가 된다는 것이다. 절대전은 다른 성향의 요소와 교류가 불가능한 일방적인 성향을 가지고 있다. 그래서 이러한 형태의 절대전은 이론상으로만 존재하는 형태의 전쟁(Ideal War)이 된다. 이러한 절대전은 순수한 형태의 전쟁으로서 '전쟁 그 자체'라면 불확실성의 제2극과 인간의 지성과 이성을 반영하는 제3극에 대립된다. 우연성이 없는 순수 증오의 전쟁에서는 일단 전쟁이 시작되면 정치적 고려가

---

21   카를 폰 클라우제비츠(2012), 전게서, pp. 57-58.
22   존 베이리스 외, 박창희 옮김, 『현대전략론』(서울: 국방대학교 안보문제연구소, 2009), p. 52.
23   황성칠(2008), 전게서, p. 54.

없이 순수 증오에서 생기는 생과 사의 전쟁만이 남게 된다.[24] 클라우제비츠의 삼위일체 이론에서는 제1극의 극단적인 성향만을 반영하는 전쟁은 현실적인 전쟁이 될 수 없다고 주장한다.

제2극(성향)은 우연성(Chance)과 개연성(Probabilities)의 요소로서 전장의 불확실성을 의미한다. "모든 인간 활동분야 중에서 전쟁은 가장 도박적인 놀음으로 만들어 버리고, 가끔 예기치 아니한 행운 또는 추측의 업무가 되기도 한다."[25] 우연성과 개연성의 성향은 이중적인 기능을 수행한다. 그것은 비합리적이고 가설적인 전쟁의 본질이며, 또한 이론과 현실 간의 차이를 연결시키는 기능을 한다. 다시 말하면 전장의 안개 속에서 불확실성의 환경적 마찰로 인하여 어느 극단으로의 성향에 대해서도 제한적인 작용이 생기게 된다. 불확실성 때문에 순수한 합리적인 성향으로 귀착될 수도 없고 완전히 비합리적일 수도 없게 된다. 전장에서는 전장 환경의 불확실성 외에도 적의 의도와 행동을 읽을 수 없는 불확실성이 있다. 이 점이 바로 전쟁을 1차원적이 아닌 2차원적인 현상으로 만든다. 클라우제비츠는 "전쟁술이 인간의 창조적 정신의 자유로운 활동이 되게 만드는 것이 이 우연성과 개연성의 역할"[26]이라고 정의하고 이 딜레마를 해결하기 위하여 탁월한 자 즉 '군사적 천재'의 개입이 불가피하다고 강조하고 있다. 일반적으로 천재는 어떤 특정 분야에 탁월한 능력을 발휘하는 사람을 말하는데 군사적 천재는 많은 힘들을 조화롭게 합치는 능력을 가진 사람을 말한다. 군사적 천재의 자질은 창조적인 능력을 가진 사람보다는 사려 깊은 사람, 편중된 접근보다는 포괄적인 이해를 갖춘 사람, 격렬한 성격보다는 냉정한 성격의 소유자여야 한다.[27]

제3극(성향)은 이성(理性) 요소로서 국가의 이성적인 통제능력을 의미한다. 클라우제비츠는 정부 또는 국가를 유일한 지적 통합체로 보고 정치 또는 정책을

---

24 상게서, p. 55.
25 상게서.
26 상게서, p. 56.; Clausewitz, op. cit., p. 89 재인용.
27 황성칠(2008), 전게서, p. 56.

이성과 동일시한다. 이러한 지적 능력이 전쟁을 종속적인 도구로 만들고, 전쟁을 통제와 분별의 대상이 되게 만들며, 목적적이고 이성적인 현상이 되게 만든다는 점을 강조한다. 감정적인 힘은 순전히 사물 그 자체이며 목적을 지니지 아니한 상태의 힘이다. 그러나 국가 의지가 작용함으로써 비로소 목적을 가진 수단이 되어 실천적인 의미를 지니게 되는 것이다. 즉 국가의 이성이 '정치를 위한 전쟁'으로 전환시키는 능력을 가지고 있음을 의미한다. 국가의 이성이 완전히 작용한다면 전쟁은 정치적 기능의 한 부분적 수단이 되는 것이다. 이때 전쟁은 국가적 통제와 자제의 영역에 속하게 되고 완전히 정치적인 전쟁이 된다.

클라우제비츠가 말하는 현실전쟁은 정치적 목적이 지배하는 전쟁, 전쟁이 정치적 수단으로 존재하는 전쟁이며, 현실적 여건과 정치적 목적을 고려한 제한 전쟁이다. 전쟁을 지탱하는 세 지주들은 극단으로 치달으려는 전쟁을 정지시키고 균형을 유지하며, 전쟁을 현실전쟁으로 되게 하는 핵심적인 요소이다. 즉 인적 요소의 증오심과 적개심에 의하여 전쟁은 절대전의 성격을 띠게 되는데 여기에 불확실성의 마찰요소가 작용함으로써 절대전쟁에서 이탈하게 되며, 또한 정부라는 이성적 요소가 작용함으로써 비로소 전쟁은 합리적인 목적을 추구하는 현실전쟁이 된다는 것이다.[28]

클라우제비츠의 삼위일체론을 통하여 각 성향 간의 관계를 분석해 보면 다음과 같다. 제1극 국민 대중의 요소는 감성적인 요소로서 원시적인 정열과 적대적 증오를 나타낸다. 이는 집단적 차원에서 발휘될 때 노도와 같은 큰 힘을 발휘하기 때문에 전쟁 수행의 열정이며 원동력(原動力)이 된다. 이 요소는 과격한 행동이나 무모한 용기, 폭력적 군중 심리로 나타나는 인간의 본성에 내재하는 종합적인 심성(心性)을 의미한다.[29] 국민 지주의 역할이 없이 정부와 군대만의 전쟁은 현실에서 존재할 수 없다. 과거에는 국민이 정부와 군대 요소에 피동적인 역할을

---

28 황성칠(2013), 전게서, pp. 170-171.

29 유재갑 외, 『전쟁과 정치』(서울: 한원, 1989), p. 78.

수행하였으나, 민주화된 오늘날은 여론을 활용하여 정부의 정책결정과 군의 전쟁 수행에도 깊게 관여하는 주도적 역할의 지주로 등장하였다. 국민 대중의 감성이 전쟁의 중심이 되는 전쟁은 증오와 적대감정에 의하여 폭력현상만을 추구하는 극단적인 전쟁 양상을 보일 수도 있다. 또한 국민의 적대의지와 절대적 지지 곧 민의(民意)가 전쟁 승패를 결정짓는 핵심요소로서 작용하기도 한다. 또한 민주국가에서는 정치와 정책을 결정하는 영향력의 원천이며, 군대에 인적 자원과 정신적 전투의지를 제공하는 역할을 수행하여 오늘날의 전쟁에서 그 중요성이 날로 증대하고 있다.

제2극은 군 지휘관과 군대로서 안개 긴 전장의 불확실성을 극복하며 정부의 정치적 목적을 달성하는 방향으로 전쟁을 이끌어 가는 역할을 수행한다. 정부에게는 정치의 수단으로서 역할을, 국민에게는 최소의 희생과 노력으로 전쟁 승리를 통하여 생명과 재산을 보호하는 역할을 제공해 준다. 제3극은 정부의 이성적 역할로서 군대에게 전쟁의 목적과 방향을 제시하고 전쟁 수행을 위한 여건을 보장해 준다. 정부는 국가이익을 위한 국민의 열망을 통제하고, 전쟁 승리를 위하여 민의를 모으며, 국민의 적개심을 고취시키면서 국가 총동원을 통하여 전쟁을 지원하는 역할을 수행한다. 이러한 세 가지 성향(지주)이 균형을 이룰 때 삼위일체가 되어 전쟁을 원활히 수행할 수 있는 것이다.

3) 힘의 원천, 전쟁의 중심

클라우제비츠에 의하면 "적 전투력에서 중심(重心, Centra of Gravitatis)을 식별하고 그 영향범위를 인식하는 것은 곧 전략적 판단의 주요 행동이다"[30]라고 주장하고, "이러한 중심에서 결전이 추구되어야 한다. 이 지점에서의 승리는 의미상 본질적으로 전구 방어의 궁극적인 승리와 동일시된다"[31]고 강조하였다. 왜냐하면

---

30 클라우제비츠(2012), 전게서, p. 321
31 상게서, p. 321

모든 힘과 운동의 중추가 되고 모든 것을 좌우하는 중심이기 때문이다. 이곳이 바로 우리의 모든 힘을 지향해야 할 곳으로 보았다.[32] 그는 적의 중심을 식별하고 모든 힘을 집중하여 공격해야만 승리할 수 있다고 주장했다.

전쟁에서 중심(重心)은 세 지주와 관련된 곳이다. 전쟁을 승리로 이끌기 위해서는 적의 삼위일체의 균형을 무너뜨려 전쟁을 효과적으로 수행할 수 없도록 해야 하는 것이다. 미 합참의 『군사용어사전』에서는 "중심(Center Of Gravity, COG)이 정신적 또는 물리적 힘(Strength), 행동의 자유 혹은 의지를 제공하는 힘(Power)의 근원"[33]으로 설명하고 있다. 한국 육군은 군사용어사전에서 "중심(重心)은 피아 힘의 원천이나 중심(中心)이 되는 곳으로 파괴 시 전체적인 구조가 균형을 잃고 붕괴될 수 있는 물리적, 정신적 요소를 말하며, 전략적 수준과 작전적 수준의 중심으로 구분된다. 전략적 수준의 중심은 동맹관계, 정치 또는 군사지도자의 통치력, 특정 능력이나 기능, 국가의지 등 무형적 요소에서 식별되나, 지도자의 통치력이나 국가의지 등이 군사력에 의존할 경우 군사력 자체가 전략적 중심이 될 수 있다"[34]고 설명하고 있다.

군사 교리적으로 작전구상에서 '힘의 원천'인 중심을 직·간접적으로 파괴하기 위하여 중심과 연관된 결정적 지점(Decisive Point)[35]을 선정한다. 그리고 이 지점을 순차적으로 공격하는 작전선(Line of Operation)으로 전쟁 수행에 유리한 여건을 조성하고, 전쟁 종결을 통하여 승리를 달성하는 계획을 수립한다. 전쟁에서 피아의 중심을 식별하는 것은 나의 중심을 보호하고 적의 중심을 공격하여 최소의 노력과 희생으로 전쟁에서 승리하기 위한 핵심작업이다.

고전적인 전쟁에서는 적의 삼위일체의 균형을 무너뜨리기 위하여 전쟁 수

---

32 존 베이리스 외, 전게서, p. 54.

33 U.S. JCS J7, JP1-02, "Department of Defense Dictionary of Military and Associated Terms"(2012): http://dsearch.dtic.mil/(검색일: 2013. 7. 15). p. 80.

34 육군본부 야전교범 3-0-1, 『군사용어사전』(대전: 육군교육사, 2012), p. 512.

35 결정적 지점은 적에 대하여 현저한 이점을 얻거나 승리를 달성하기 위하여 물리적·심리적으로 기여하도록 만드는 지리적 장소, 주요 사태, 핵심요소 및 기능을 말함. 상게서, p. 28.

행의 핵심인 상대의 군대를 무장해제 시키는 데 초점을 두었다. 그러나 오늘날에는 전쟁의 원동력인 상대 국민의 적개심을 약화시키고, 정책결정자의 의지를 굴복시켜 다른 두 지주(성향)인 정부와 군부가 국민의 지원을 받지 못하게 함으로써 삼위일체의 균형을 무너뜨리는 방법으로 승리를 노리고 있다. 결과적으로 클라우제비츠의 삼위일체론은 전쟁의 속성과 중심을 이해하고, 전장환경 변화에 따른 전쟁 패러다임의 전환을 설명하는 이론으로서 그 가치가 있음을 알 수 있다.

3. 전략 개념의 이해

1) 전략의 정의 변화

'전략(戰略)'이란 용어는 싸움할 '전(戰)'과 꾀의 '략(略)' 자가 합쳐져 '싸움하는 꾀'라는 한자의 뜻을 가진 전시(戰時) 군사력 운용개념이었다. 이 말은 고대 중국의 주(周)나라 시대에 육도(六韜)와 위료자(尉繚子) 등 병서에서 발전된 말이다. 동양에서 전략은 『손자병법』의 「모공(謀功)」 편에서 전쟁은 싸우지 않고 적국을 굴복시키는 것이 최선의 방법임을 강조한다. 손자는 전략을 "선지선자야(善之善者也)"라고 하여 "능란한 것 중에 능란한 것"이라고 하고, 전술은 "비선지선자야(非善之善者也)"라고 하여 "능란한 것 중에 능란하지 않은 것"이라고 하였다. 즉, 전략은 '전쟁을 승리로 이끄는 상위적인 꾀'이고 전술은 '전쟁을 승리로 이끄는 하위적인 재주'로 보고 있다. 한편, 서양에서는 전략(Strategy)이란 용어는 고대 그리스 시대에서 그 어원을 찾을 수 있으며 그리스어의 'Strategiae'라는 말에서 유래되었다. 이 어원은 군사령관(Strategos)의 참모부(Strategiae)를 칭하는 말로서 즉, '전장에서 장군이 보여 준 전투 지휘술'이라 할 수 있다.[36]

전략이란 용어는 동서양을 막론하고 초기에는 순수한 군사적인 의미로 사

---

36 황성칠(2013), 전게서, pp. 13-14.

용되었으나 후기에 이르러서 오늘날 전략 개념과 같은 군사 이외의 국력수단을 포함한 포괄적 개념으로 진화하였다. 동양에서 전략은 춘추전국시대 이전의 주왕조 초기에는 순수하게 무인(武人)의 행동 소관에 속하는 것으로 순수한 군사전략에 한정되었으나, 도시국가의 연합체가 형성된 춘추시대에 접어들면서 무력(武力)과 권모(權謀)를 동시에 구사하여 정치를 행한 소위 패권에 의한 정치수단으로 변모됨으로써 순수한 군사개념 이외에 정치·경제·사회·심리적인 개념이 포함된 복합개념으로 발전하게 되었다.[37] 서양에서도 전략개념이 〈표 1-1〉에서 보는 바와 같이 변천되어 왔다.

〈표 1-1〉 전략개념의 변화

구분	전쟁 양상	전략 개념
고대 및 근대	• 전투대형 충돌 • 공성전, 용병전 • 대규모 섬멸전	• 목적: 전장 승리 • 수단: 군사력 • 범위: 전시운용
제1·2차 세계대전	• 국가 총력전(전시 동원) • 대량 소모전(전략폭격, 화력 및 기동전)	• 목적: 전쟁 승리 • 수단: 군사 및 비군사 • 범위: 전시운용
냉전 이후	• 핵전쟁 회피, 제한전 • 정보·과학전 • 탈 대량살상·파괴	• 목적: 국가이익 추구 (전쟁 억제 및 승리) • 수단: 국력의 제 수단 • 범위: 전·평시운용

* 출처: 황성칠, 전게서(2013), p. 15를 기초로 필자가 수정.

고대(古代)와 근대(近代) 시대에서는 전략이 무력전으로 전장에서 승리하기 위한 장군의 용병술 또는 순수 군사전략 차원에서 다루어져 왔다. 그러나 국가 총력전을 수행한 제1차 세계대전을 계기로 군사전략의 상위 수준인 국가 차원의 대전략의 필요성이 대두되어 군사뿐 아니라 비군사적 요소까지 포함된 개념으로 발전하게 되었다. 제2차 세계대전 이후에는 절대무기인 '핵'이 등장함에 따라

---

37 국방대학원, 『안전보장이론』(서울: 국방대학원, 1984), p. 386.

핵전쟁은 공멸(共滅)을 초래할 수밖에 없다는 전제 아래, 국가안보 차원에서 평시 전쟁 억제를 위한 국가전략이 요구되었다. 따라서 오늘날은 전시(戰時)뿐 아니라 평시(平時) 전쟁억제까지 전략의 범위가 확장되고, 국력의 제 수단을 직·간접적으로 활용하는 등 전략의 수단이 확대되는 경향을 보이고 있다.

클라우제비츠는 전략에 대하여 전투 위주로 정의하였다. 그에 의하면 전쟁지도는 싸움을 계획하고 지도하는 것이다. 이는 여러 개의 전투를 준비하고 실시하며, 전쟁 목적을 위하여 모든 전투를 조화시키는 것으로 전자가 전술(Taktik)이며 후자가 전략(Strategie)이라고 하였다. 즉 "전술이란 전투에서 전투력 운용에 관한 지도이며, 전략이란 전쟁의 목적을 달성하기 위한 수단으로 모든 전투를 운용하는 술이다"[38]라고 정의하였다. 클라우제비츠의 전략은 현재의 작전술(1986)과 유사한 의미이다. 이 정의의 하나의 결함은 전쟁 수행의 상위개념인 정책 분야를 침범하고 있다는 것이다. 원래 정책 분야는 필연적으로 정부의 책임에 속하며, 정부가 실제 작전을 통제하도록 하는 매개로서 운용하는 군 지휘관의 책임 영역이 아니다. 이 정의가 갖는 또 하나의 결함은 전략의 의미를 순수한 '전투만이 전략 목적을 위한 유일한 수단'이라는 점을 내포하는 것이다. 이는 목적과 수단을 혼동하며, '전쟁에 있어서 모든 고려요소는 하나의 결정적 전투를 싸우는 목적에 반드시 종속시켜야 한다'는 결론에 도달하기 쉽다.[39]

조미니(Baron de Jomini Henri)는 "전략이란 도상에서 전쟁을 계획하는 술로 작전지역 전체를 포함한다"라고 정의하면서 전쟁이 전투에 구속되어 있다는 클라우제비츠의 견해에 따랐다. 그는 전략을 취급하는 참모집단과 전술을 실시하는 야전부대라는 제도적 분화와 전략과 전술 분야의 분화를 촉진시켰다.[40] 이들이 내린 정의의 특징은 나폴레옹 이전의 전쟁 전략으로 단순히 전장에서 적을 패배시키기 위한 군사력 운용에 불과한 개념이었다. 이를 종합해 보면 전략은 전장에

---

38 클라우제비츠(2012), 전게서, p. 110.

39 바실 헨리 리델 하트, 주은식 옮김, 『전략론』(서울: 책세상, 1999), p. 451.

40 황성칠(2013), 전게서, p. 16.

서 승리를 달성하기 위하여 무력 위주의 수단으로 전장 내에서 적을 패배시키기 위한 군사력을 운용하는 방법으로 정의하였던 것이다.

그 후 몰트케(Moltke)는 "전략이란 예상되는 목적을 달성하기 위하여 한 장수에게 그 처분이 위임된 수단의 실질적 적용이다"라고 정의하였다. 이 정의는 그를 고용한 정부에 대한 군 지휘관의 책임을 분명히 하고 있다. 군 지휘관의 책임은 그가 위임받는 작전구역 내에서 자신이 할당받은 병력을 좀 더 상위의 전쟁 정책에 가장 유익하게 적용하는 것이다.[41] 특히 그는 전략은 군대를 전장에 집중하여 전장 지휘관이 자유자재로 전술을 구사하여, 적을 타격할 기회를 제공하는 것을 중시하였다. 이 전략의 정의는 제2차 세계대전 이후의 작전 전략(Operational Strategy) 또는 작전술(Operational Art)의 개념으로 발전하게 되었다.

제1차 세계대전 간 프랑스 재상 클레망소(Georges Clemenceau)는 "전쟁, 그것은 장군들에게 맡기기에는 사안이 너무 중대하다"라고 갈파하여 전쟁의 전체적 관리운영은 문민정치가가 실행해야 한다고 하였다. 또한 제1차 세계대전 말기에 독일 총참모장인 루덴도르프(Ludendorff)는 국가 전 기구를 동원한 국가 총력전의 전쟁 경험을 통하여 "전쟁은 국민 생존의지의 최고 표현이며, 정치는 전쟁 지도에 봉사해야 한다"고 하였다. 이른바 전쟁 지도는 문민정치가 행하고 무력전 지도는 군사지도자가 책임진다는 역할 분담의 사고가 싹트게 되었다.

후에 영국의 군사전략가 리델 하트(Basil Henry Liddel Hert)는 지금까지의 전략을 둘로 구분하여 전쟁 지도의 대전략(Grand Strategy)과 전략의 개념을 제창하였다. 그는 대전략을 "전쟁의 정치적 목적을 달성하기 위하여 국가의 모든 자원을 조정, 관리하는 것"으로, 전략을 "정치적 목적을 달성하기 위하여 군사적 제 수단을 분배 및 적용하는 술"로 정의하였다. 이는 전통적인 군사 위주의 전략개념에서 국가 차원의 대전략 수준까지 확대하여 정의한 것이다. 정치지도자가 전쟁 목적을 설정하면, 야전군 최고사령관은 이를 받아 군사적으로 시행하는 계시적인

41　바실 헨리 리델 하트, 전게서, p. 452.

업무분담 체계가 성립하게 된 것이다. 그는 군사전략으로 '보다 나은 평화상태'라는 전쟁 목적을 달성하기 위하여 전략목표를 적의 '교란'에 두고, 적의 최소저항선 및 최소예상선을 돌파하여 적의 배후를 지향하는 기동으로 대용목표(Alternative Objective)를 탈취하여 적의 심리적 교란을 달성함으로써 최소의 희생과 노력으로 전쟁에서 승리하는 '간접접근전략'을 주장하였다.

반면에 보프르(André Beaufre)는 전략이란 "정책에 의하여 결정된 목적을 효과적으로 달성하기 위하여 힘을 사용하는 두 적대의지 간의 변증법적인 사고방법의 틀"로 정의하였다. 여기서 변증법적인 사고방법의 틀이란 상대방보다 더 나은 행동계획을 구상하고 고안해야 한다는 것으로 전략의 본질을 의미하고 있다.[42] 또한 그는 제1·2차 세계대전의 비참한 살육과 파괴에 대한 반성과 더불어 핵무기의 출현에 의한 인류 멸망을 초래할 전면 핵전쟁을 회피하기 위하여 '간접전략'[43]을 주장하였다. 보프르의 전략개념은 전·평시를 막론하고 비군사적인 수단을 포함한 다원적 차원에서의 간접접근을 주장하여 현대 전략의 모든 분야에서 적용 가능하다고 볼 수 있다.

제2차 세계대전 이후 냉전시대에는 핵전쟁을 회피하는 범위 내에서 제한전의 양상으로 전개되었다. 또한 군사과학기술의 발전을 기반으로 전쟁은 정보와 첨단무기체계에 의한 탈 대량살상 및 파괴라는 새로운 양상을 띠게 되었다. 이에 따라 전략의 개념도 목적, 수단, 범위 측면에서 더욱 확대되었다. 전략의 목적이 전쟁의 승리뿐 아니라 국가이익의 추구로 확대되었고, 수단도 군사적 수단뿐 아니라 정치, 외교, 경제, 과학기술, 사회, 문화 등 국력 제 수단으로 확장되었다. 또한 전략의 범위도 전시 전쟁 수행뿐 아니라 평시의 전쟁 억제와 군사력 건설 및 운영에 관련된 전쟁 준비까지도 포함하고 있다. 특히, 현대에서는 군뿐만 아니라

---

42 황성칠(2013), 전게서, p. 18.

43 앙드레 보프르는 핵무기 존재하 국가이익을 달성하기 위해서는 군사력을 사용하기보다는 정치·외교·경제·심리 등 사회의 제반조치로 적의 심리적 의지를 굴복시켜 승리하는 간접전략을 제시함.

사회에서도 보편적으로 비군사적 용어로 사용하고 있다.

미 국방부의 『합동군사용어사전』[44]에서 전략은 "전구(戰區)나 국가 또는 다국적(多國籍) 목표를 달성하기 위하여 동시·통합된 방식으로 국력의 수단들을 이용하기 위한 사려 깊은 아이디어 또는 일련의 아이디어들이다"[45]라고 정의하고 있다. 이는 과거의 전략 개념에서 목적과 수단, 범위를 확대시켜 정리하고 있다. 또한 이 군사용어사전에서는 좀 더 구체적으로 "이 전략들은 국가목표와 군사목표(Objectives: Ends)[46], 국가정책과 군사개념(Concepts: Ways), 그리고 국가자원과 군대 및 군용물자(Resources: Means)를 통합한다"라고 하여 전략의 구성요소를 제시하고 있다.

미군은 전략적 수준에서 국가안보전략(National Security Strategy)과 국가방위전략(National Defense Strategy), 그리고 국가군사전략(National Military Strategy)으로 구분하여 용어를 정의하고 있다. 미군 합동교리(JP 3-0)의 정의는 국가안보전략(NSS)이란 "국가안보에 기여하는 목표를 달성하기 위하여 국력의 수단을 개발, 적용 및 조정하기 위한 문서로서 대통령의 재가를 받는다"[47]로 정의하고 있다. 국가방위전략(NDS)은 "국가안보전략 목표를 달성하기 위하여 국방부와 국력의 다른 수단들과 조정을 하여 미군을 운용하기 위한 문서로서 국방장관의 승인을 받는다"[48]로 정의하고 있다. 그리고 국가군사전략(NMS)은 "국가안보전략과 국가방위전략의 목표를 달성하기 위하여 군사력을 배분하고 적용하기 위한 합참의장이 승인한 문서이다"[49]로 정의하여 공식문서로서 국가의 군사전략서를 의미하고 있다. 이와 같이 미국은 전략을 전·평시 국가안보에 초점을 두고 있으며, 국력의

---

44 U.S. JCS J7, JP1-02, op. cit., http://dsearch.dtic.mil/(검색일: 2013. 7. 15)

45 Ibid., p. 514.

46 영어의 Objective, End, Goal, Aim, Purpose는 문맥에 따라 목표 또는 목적으로 해석될 수 있음. 본서에서 Goal, Purpose는 목적으로, Objective, End, Aim은 목표로 번역함.

47 Ibid., p. 364.

48 Ibid., p. 362.

49 Ibid., p. 363.

모든 수단과 방법을 동시 통합적으로 활용하기 위하여 국가안보전략, 국가방위전략 및 국가군사전략을 정부의 부처별 계층적 구조와 연계시켜 발전시키고 있다. 이는 전략의 목적이 전쟁 승리에서 국가안보로, 수단과 방법이 군사 위주에서 정부의 각 부처로 국가안보 업무를 분장하여 협력체계로 발전해 나가고 있음을 알 수 있다.

러시아는 『군사백과사전』에서 군사전략이란 "용병술의 구성부분인 동시에 용병술의 최고 분야로서 국가나 군대가 전쟁을 준비하는 실제적인 이론이며 전쟁과 작전 전략의 계획과 수행에 관한 것"으로 정의하고 있다. 이는 군사전략이 전·평시를 막론하고 국가전략을 구성하는 부분전략으로 인정되고 있다는 점에서 확대된 개념을 적용하고 있다.[50]

한국 합참의 군사용어 해설에서 "전략은 승리에 대한 가능성과 유리한 결과를 증대시키고, 패배의 위험을 감소시키기 위하여 제 수단과 잠재역량을 발전 및 운용하는 술(術)과 과학"으로 정의하였다. 그리고 한국 육군은 "전략은 이익을 저해하는 것을 방지 및 제거하고 이익을 극대화시키기 위하여 목표를 설정하고 방책을 수립하여 제 수단과 잠재역량을 발전시키고 운용하는 술과 과학"[51]으로 정의하여 군(軍)뿐 아니라 사회에서도 적용할 수 있도록 포괄적으로 정리하였다. 이러한 정의를 바탕으로 국가전략은 "국가목표를 구현하기 위하여 국력의 제 수단을 발전시키고 운용·조정하는 술과 과학"[52]으로, 군사전략은 "국가목표를 달성하기 위하여 군사력을 건설하고 운용하는 술과 과학"[53]으로 정의하고 있다.

즉 국가전략과 군사전략은 국가목표를 달성하는 데 동일한 목적을 두고 있어 군사전략은 국가전략의 군사적 목표를 달성하기 위한 하위전략이 아닌 부분전략의 위상을 가진다고 할 수 있다. 현대의 전략은 국가이익을 보호하기 위하여

50 황성칠(2013), 전게서, p. 34.
51 육군본부 야전교범 3-0-1, 전게서, p. 430.
52 상게서, p. 77.
53 상게서, p. 93.

군사력을 비롯한 제반수단인 국력을 육성하여 전·평시 외부의 위협으로부터 전쟁을 억제하고 유사시 운용하는 것까지를 포괄하여 과거의 전쟁과 군사위주의 전략 개념이 사회발달에 따라 진화되었음을 알 수 있다.

2) 전략의 구성요소

위에서 논의된 전략에서 군사 분야의 주요임무를 분석하는 접근법에는 다음과 같은 요소가 주어져 있다. ① 전쟁(혹은 모든 가능한 형태의 전쟁)에서 추구하는 정치적 목적, ② 각각의 정치적 목적과 관련된 전쟁(혹은 전쟁 형태)에서의 군사적 목표(군사 전략목표라고도 함), ③ 군사목표 달성을 추구하는 군사작전 형태, ④ 전쟁의 군사적 목표와 정치적 목적을 달성할 적절한 힘을 개발하기 위한 방법 등이다.[54]

미 육대에서 20여 년간 교수로 재직하였던 미 육군 예비역 대령 리케(Lykke) 교수는 "전략=목표(Ends)+방법(Ways)+수단(Means)"이라는 공식을 〈그림 1-2〉와

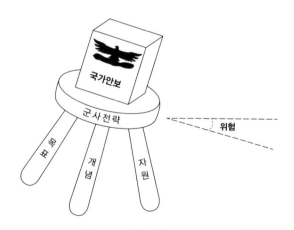

〈그림 1-2〉 리케 모델(The Lykke Model)

* 출처: H. Richard Yarger, "Towards A Theory of Strategy: Art Lykke and the Army War College Strategy Model," p. 4 참조.

54　황성칠(2013), 전게서, pp. 26-27.

같이 '전략의 등받이 없는 세 다리 의자 모델'로 표현함으로써 전략이론의 고유 형태를 만들어 냈다.

　　그는 만약 의자의 세 다리(목표들, 개념들, 자원들) 간의 균형이 깨어지면 더 큰 위험(Risk)이 일어난다고 가정한다. 리케의 모델에서 목표는 달성해야 할 "목표들(Objectives)"이며, 그 목표들을 달성하기 위한 방법은 "개념들(Concepts)"이고, 개념의 수행을 지원하기 위한 수단은 "자원들(Resources)"[55]이다. 어느 다리 하나가 너무 짧으면 위험은 아주 커지며 전략은 실패한다. 이와 같이 리케 모델은 "유효한 전략은 3개의 의자 다리가 균형을 이룰 때이며, 그렇지 않으면, 전략은 큰 위험에 빠진다"는 것을 말해 주고 있다. 이를 '리케 전략이론'이라고도 부르는 '리케의 전략모델(Lykke's Strategy Model)'이라고 한다.[56] 리케 전략모델은 전략가들에게 세 가지 핵심질문을 던져 주고 있다. 첫째, 해야 할 일이 무엇인가(What is to be done)? 둘째, 그 할 일을 어떻게 실행하는가(How is it to be done)? 셋째, 그와 같은 방법으로 그 일을 실행하기 위해서는 무슨 자원들이 요구되는가(What resources are required to do it in this manner)?

　　전략=목적+방법+수단이라는 공식은 전략의 일반적인 개념으로서 군사전략으로 접근할 수 있는 방법을 개발할 수 있다. 목적은 군사목표로 표현될 수 있으며, 방법은 군대를 사용하는 여러 가지 방안과 관련된다. 근본적으로 이것은 군사목표를 달성하기 위한 행동방안의 모색을 의미한다. 이러한 행동방안은 군사전략 개념(Military Strategy Concept)으로 표현된다. 수단은 임무를 달성하기 위한 군사자원(인력, 자원, 돈, 군사력 등)으로 표현된다. 따라서 이것은 군사전략=군사목표+군사전략 개념+군사자원으로 결론지을 수 있다. 클라우제비츠는 수적 우위를 논의하면서 "군대의 규모를 결정하는 것은 전략의 중요한 부분"으로 언급하

55　유형자원은 군, 국민, 장비, 금전, 시설들이고, 무형자원은 국민의 의지, 용기 또는 지식인들과 같은 것이 포함됨.

56　Harry R. Yager, "Toward A Theory of Strategy," J. Boone Bartholomees, Jr., (ed.), *U.S. Army War College Guide to National Security Issues, Volume I: Theory of War and Strategy*, 3rd ed.,(Carlisle, PA: Strategic Studies Institute, U.S. Army War College, June 2008), pp. 43-49.

였다. 버나드 브로디(Bernard Brodie)도 "평시의 전략은 무기체계의 선택"이라고 표현할 수 있다고 지적하였다. 전략목표와 전략개념은 자원의 소요량을 결정하지만, 반면에 군사자원의 가용 여부에 제한을 받는다. 따라서 군사자원이 구성요소가 되어야 전략과 능력의 균형을 이룰 수 있다. 이것이 작전전략이 능력에 기초가 되어야 한다는 이유이다.[57]

전략에서 목표를 논의할 경우 정치적 목적과 군사목표를 분명히 구별하는 것이 기본이다. 이 둘은 서로 다르거나 분리되는 것이 아니다. 왜냐하면 국가들은 전쟁 그 자체를 위하여 싸우는 것이 아니고 정책을 추구하기 위하여 싸우는 것이기 때문이다. 군사목표는 정치적 목적의 수단인 것이다. 그러므로 군사목표는 정치적 목적에 의하여 통제되어야 하며, 정책의 요구에 따라야 한다. 군사전략의 정의에서와 같이 궁극적 목표는 국가 정책목표이다. 국가 지도자는 성질상 정치적 또는 경제적인 국가 정책목표를 추구하기 위해서 국력의 군사적 요소를 사용하기도 한다.

군사전략 개념은 전략적 상황의 예측된 결과로 채택된 군사행동 방안으로 정의할 수 있다. 행동방안(Courses of Action)은 가용한 자원을 이용하여 목표가 달성되는 방법을 설명한다. 전략개념은 전략을 실행해야 하고 자원을 동원해야 하는 사람들에게 기획지침을 충분히 제공할 수 있도록 명확해야 한다. 전략개념은 광범위한 선택을 포함한다. 예를 들면 전진방어(전진기지 및 전진배치), 전략예비, 봉쇄, 확증파괴, 증강, 무력시위, 예비 비축, 집단안보 및 협력 등이다. 전략개념의 결정은 매우 중요하다.

마지막으로 능력을 결정하는 군사자원은 정규군과 동맹군, 전략 및 전술핵부대, 방어 및 공격부대, 현역 및 예비군 부대, 인력과 전시물자, 무기체계 등을 포함한다. 우방국의 역할과 잠재적인 공헌도 고려해야 한다. 총 병력 비용은 전투, 전투지원과 전투근무 지원으로 균형을 이루어야 한다. 요약하면, 군사전략은

---

57 이종학, 『군사전략론』(서울: 박영사, 1992), pp. 101-104.

군사목표의 설정, 목표 달성을 위한 군사전략 개념의 구상과 개념을 수행하기 위한 군사자원의 사용으로 구성된다. 이 기본요소의 어떤 것이 다른 것을 구현하지 못할 때 군사전략은 의미가 없으며, 국가안보는 위기에 봉착하게 되는 것이다.[58]

위험은 성취되어야 할 것, 개념 및 목적을 달성하는 데 이용 가능한 자원과의 간극(차이)을 설명한다. 자원은 결코 충분하지 않다. 경쟁적인 국제환경에서 100% 성공을 보장할 수 있는 완벽한 개념은 없기 때문에 얼마간의 위험은 항상 있다. 전략가는 전략을 개발하면서 목표, 방법 및 수단 간의 균형을 통하여 이러한 위험을 최소화해 나가야 한다.

리케 전략이론은 전략적 사고에 대하여 크게 기여하였다. 그는 전략가가 전략모델과 모델의 네 가지 구성요소들(목표, 방법, 수단, 위험)을 적용할 수 있게 해주었으며, 전략 용어를 바르게 사용하도록 하였고, 실행 가능한 전략이론을 전략가들에게 제공하였다. 이론의 전제로서 가정은 전략을 분석 및 개발하는 데 유효하다는 것이 증명되었다. 무엇보다도 유효한 전략은 국가가 수용 가능한 위험과 목표·방법 및 수단 간의 균형을 찾아야만 한다. 전략의 구성요소들 간의 균형을 이루고 있는지에 대한 평가는 적합성(Suitability), 용납성(Acceptability), 그리고 실현 가능성(Feasibility) 등 세 가지 검사를 통하여 가능하다. 적합성은 제안된 전략이 성공하면 요구되는 효과를 달성하는가? 만약 그 전략이 목표를 달성할 수 없다면, 잠재력이 있는 전략(Potential Strategy)이 될 수 없다. 용납성은 자원과 개념과 관련하여 사용된 비용의 결과가 요구되는 효과의 중요성에 의하여 정당화되는가이다. 실현 가능성은 개념과 관련하여 이용 가능한 수단으로 그 행동이 수행될 수 있는가를 검사하는 것이다. 전략은 세 가지 검사에 모두 만족하면 전략의 구성요소들 간의 균형을 이루게 되므로 실행 가능한 전략이 될 수 있다. 또한, 리케 전략이론은 작전요원과 획득관리요원들 모두에게 이용될 수 있는 이론이다. 작전적 전략은 현존 군사능력에 기반을 둔 것이며, 군사력 개발전략(Force Develop-

---

58   상게서, pp. 104-108.

ment Strategy)은 미래의 위협과 목적에 기반을 두고 능력을 결정하고 개발하는 것
이다.

4. 전쟁 수행체계의 이해

1) 전쟁의 수준

전쟁의 수준(Levels of War)은 한국 육군의 공식적인 교리[59]를 중심으로 정리하
였다. 전쟁의 수준은 국가 전략목표와 전술행동 간의 연계성을 명확하게 하기 위
한 관념적 구분이다. 분쟁의 강도가 크든 작든 전쟁의 수준은 존재해 왔다. 전쟁
의 수준은 통상 전략적-작전적-전술적 수준으로 구분한다. 수준은 부대의 규모
나 유형, 지휘 수준에 의하여 구분되는 것이 아니라 국가 전략목표 달성을 위하
여 어떤 활동을 하는가에 따라 결정된다. 전쟁의 수준을 구분하는 것은 국가전략
으로부터 전술행동까지 각 수준별로 설정된 일련의 목표들을 전쟁의 목적에 부
합되도록 긴밀히 연계시키기 위한 것이다. 전쟁의 수준은 군사력 운용과 각종
계획의 수립을 용이하게 함으로써 군사작전을 효과적으로 수행하는 데 도움을
준다.

전쟁의 전략적 수준은 가장 높은 전쟁의 수준이다. 전략적 수준에서의 활동
은 직접적으로 전쟁 목표와 관련된다. 전략적 수준은 전쟁 목표를 달성하기 위하
여 국가적 차원에서 전쟁을 기획하고 지도하며 자원과 수단을 준비하는 활동이
다. 이는 국가전략적 수준과 군사전략적 수준으로 구분한다. 국가전략적 수준은
국가 전쟁지도 기구가 주관한다. 활동의 중점은 전쟁의 목적과 목표를 설정하고
전쟁수행 개념을 구상하여 전쟁 수행을 지도하며, 국제적인 협력과 국가동원을
보장하는 것이다. 군사전략적 수준은 국방부와 합동참모본부가 주관한다. 활동

---

59   육군본부(2013), 전게서.

의 중점은 군사작전을 위한 전략지침과 전략목표를 수립하여 하달하고 군사작전을 지도한다. 또한 군사작전 소요를 판단하고 부족소요를 정부 각 기관에 제기하여 확보하며, 각 군의 작전사 및 합동부대에 과업을 부여하고 자원을 할당하는 것이다.

전쟁의 작전적 수준은 전략적 수준과 전술적 수준의 중간 수준으로서 개념적인 전략지침을 최초로 전장의 역동적인 전술활동인 군사작전으로 전환하여 전략적 수준과 전술적 수준을 연계시킨다. 작전적 수준은 합동군[60] 또는 연합군사령부가 주관하여 수행하며 특별한 경우에는 부대의 규모와 성격에 관계없이 군사전략 지시 또는 지침에 따라 임무를 수행하는 부대가 군사작전을 계획하고 실시하는 활동을 포함한다. 이 수준에서의 활동의 중점은 작전술을 적용하여 전역(戰役, Campaign) 또는 주요작전(主要作戰, Major Operation)[61]을 구상하고 수행하는 것이다. 전역 또는 주요작전을 수행하는 지휘관은 작전술을 적용하여 주력부대가 운용될 시기, 장소, 목적을 결정하고, 전투개시 이전에 적 배치에 영향을 미치도록 함으로써 유리한 상황을 조성해야 한다.

전쟁의 전술적 수준은 작전적 목표 달성을 위하여 전술부대가 전투를 계획하고 수행하는 활동이다. 전술적 수준에서 활동의 중점은 전술을 적용하여 교전 또는 전투를 구상하고 수행하는 것이며, 전투력을 전투와 교전 상황에 부합되게 배치하고 기동하는 데 초점을 둔다.

2) 용병술 체계

용병술(Military Art)이란 국가목표를 달성하기 위하여 대통령 및 국방장관으로부터 전투부대에 이르기까지 군사력을 운용하는 군사전략-작전술-전술의 계층적 연관 관계를 말한다. 용병술 체계상 전략은 전쟁을 수행하는 술이고, 전술

---

60 한국군은 합동참모본부가 군사전략적 수준뿐 아니라 작전적 수준의 역할도 수행함.

61 "주요작전은 단일 군 또는 2개 군 이상의 전투부대가 부여된 작전지역 내에서 전략적, 작전적 목표 달성을 위하여 실시하는 일련의 전투 및 교전을 말한다." 육군본부(2012), 전게서, p. 508.

이 전투를 수행하는 술이라면 작전술은 전역을 수행하는 술이라고 할 수 있다.[62] 과거 용병술 체계는 전략-전술의 2분법적 체계로 구분되다가 나폴레옹 전쟁시 대로부터 시작하여 몰트케[63]의 독일 통일 과정, 제1·2차 세계대전, 그리고 소련 과 미국이 교리적으로 발전시키면서 현대에 와서 군사전략-작전술-전술의 3분 법적 체계로 세분화되었다.[64] 용병술 체계 변천은 〈표 1-2〉와 같다.

나폴레옹 이전의 시대에서의 전쟁은 대부분 1회의 회전(會戰)으로 전쟁의 승패가 결정되었다. 또한 왕이나 군주가 군의 최고 지휘관으로서 전장 현지에 참 여하여 직접 지휘하는 전쟁을 수행하였다. 이로 인하여 왕이나 장군의 용병술이 전략적 수준의 역할과 전투부대가 수행하는 전술적 수준의 구분이 불분명하였 다. 그러나 나폴레옹 전쟁 시에는 국민 총력전으로 부대와 병력이 대규모로 확장 됨에 따라 부대 지휘 폭이 확대되었고, 전쟁도 수차례의 회전으로 승패가 결정됨 에 따라 전역의 여러 주요작전을 수행하고 대규모 부대를 지휘하는 군 지도자와 이를 조언하는 전문적인 참모가 필요하게 되었다. 따라서 전략의 수준에서는 여 러 주요작전을 계획하며 지도하는 역할을 수행하고, 전술적 수준에서는 하위의 주요작전을 수행하여 전체의 전역에 기여하는 방향으로 계층화되었다. 나폴레옹 의 전역을 분석한 클라우제비츠는 전략을 "전쟁이나 전역의 목표를 달성하기 위 한 전투운용에 관한 기술"로 정의하였고, 조미니는 전략을 '대군사 작전'[65]의 수 준으로 이해하는 등 수차례 회전에서 연속적인 기동에 초점을 두어 설명함으로

---

62 John English, *The Operational Art: Developments in the Theories of War*, p. 10.

63 "몰트케는 군대의 규모와 복잡성이 당시 정의되던 전략과 전술 사이에 위치한 애매한 부분을 창 출하였고, 전구(집단군) 또는 군으로부터 군단(사단)급까지 세 번째 수준의 필요성을 제기하였 다. 프랑스가 채택하고 영국군이 뒤따라 사용하였던 용어는 '대전술(Grande Tactique)'이었다. 반 면에 독일이 선택한 단어는 '작전적(Operativ)'이었고, 러시아는 이를 'Operativnyi'로 수용하였 으며, 현재는 영어로 'Operational'이라는 용어로 사용하고 있다." 심프킨, 『기동전』(1985), p. 70.

64 육군본부(2013), 전게서, pp. 2-10.

65 조미니(Antone Henri Jomini: 1777-1869)의 "대군사 작전론"으로 군사이론에 관한 최초의 논문 으로 작전축선 선정의 중요성을 강조함. 나폴레옹이 아우스터리츠 전투 후에 읽고 매우 깊은 인 상을 받음.

써 오늘날의 작전적 수준에서의 역할로 전략의 개념을 정립할 수 있다.

〈표 1-2〉 용병술 체계의 변천

구분		나폴레옹 시대 이전	클라우제비츠	몰트케	리델 하트	앙드레 보프르
전략	국가전략	·	·	·	대전략	총체 전략(Total)
전략	군사전략	전략	전략	전략	전략	총합 전략(Overall)
작전술		전략	전략	작전적 지도	전략	작전 전략
전술		전술	전술	전술	전술	전술

* 필자는 시대별 전략과 전술의 정의를 기초로 용병술 체계 변천 과정을 도식화하였음.

　　몰트케는 "전략이란 예상되는 목적을 달성하기 위하여 한 사람의 군 지휘관에게 그 처분이 위임된 수단의 실질적인 적용이다"라고 정의하였다. 몰트케는 "군 지휘관의 책임은 그가 위임받은 작전구역 내에서 자신이 할당받은 병력을 좀 더 상위의 전쟁 정책에 가장 유익하게 적용하는 것이다. 만약 부여된 임무에 비하여 자신에게 부여된 병력이 부족할 경우 군 지휘관은 임무를 조정하거나 병력을 더 할당받도록 정당하게 그것을 지적할 수 있다"고 강조한다.[66] 몰트케는 이를 '작전적 지도'라는 용어를 최초로 사용하여 전략과 전술의 중간 수준에 회색 지대가 있음을 암시하였다.

　　리델 하트는 용병술 체계를 대전략-순수전략(군사전략)-전술로 계층화하였다. 리델 하트는 "전략이란 정책 목적을 달성하기 위하여 군사적 수단을 분배하고 적용하는 술"로 정의하고, '군사전략의 적용이 전술'로, '군사전략은 대전략의 낮은 차원에서 적용'으로 보고 있다. 그는 적의 최소저항선 및 최소예상선으로 우회 돌파하여 종심 깊게 기동함으로써 적을 심리적으로 마비시켜 승리하는 '간접접근전략'을 군사전략 수준으로 인식하고 있다. 그러나 클라우제비츠, 몰트케,

---

[66]　바실 헨리 리델 하트, 전게서, p. 452.

리델 하트의 과거 전략개념은 오늘날에 작전적 수준으로서 '전략이란 사실은 작전술이었다고 고백'하는 것 같다.

작전술의 발전은 전장의 광역화와 광역화된 전장에서의 장기간 전투수행, 제 전투의 연속적·동시적 수행 등과 밀접한 관계가 있다. 나폴레옹의 대규모 국민군의 조직으로 전장이 광역화되었고, 제1·2차 세계대전에서 전투와 교전을 수행하는 제대, 전술적 수단을 결합과 연계시켜 전역과 주요작전을 수행하는 제대, 그리고 전략을 수립하고 지도하는 기구 등으로 3분법적 용병술 체계가 자리를 잡았다.

작전술은 몰트케 이후 독일과 소련을 중심으로 한 대륙국가에 의해서 계승되었다. 소련에서 1923년 스베친 육군소장이 '작전술'[67]이란 용어를 사용한 이래, 지속적인 연구를 거쳐 1965년에 소련군이 선도적으로 용병술 체계의 작전술 용어를 교리에 포함하여 공식적으로 사용하였다. 미군은 월남전을 분석한 결과, 전술적 성공이 전략적 승리로 연결되지 못한 것이 전쟁의 패인이었음을 인식하고 1982년 미육군 FM 100-5『작전요무령』에 공식적으로 적용하였다.[68]

최근에는 군사전략이 평시 군사력 건설과 전쟁 억제 분야까지 확대되면서 전쟁 승리를 위하여 군사작전에서 계획을 수립하고 시행하는 작전술의 중요성이 증대되었다. 또한 합동 및 연합작전이 보편화되면서 각 군의 능력을 효과적으로 통합하는 합동성이 무엇보다도 중요해짐에 따라 대부분의 국가들이 작전술을 용병술 체계의 하나로 채택하고 있다.

결과적으로 여러 문헌을 통하여 종합해 보면, 용병술 체계가 변화되어 왔음을 알 수 있다. 이러한 용병술 체계는 사회의 모든 영역 즉, 정치·경제·사회·기술 분야에서의 변화가 원인이 되어 전쟁 수행방식의 변화를 초래했음을 밝혀 주

---

67 스베친은 제1차 세계대전과 소련 내전의 연구결과를 바탕으로 작전술은 "전역이 수행되는 기간에서 최종적으로 설정된 공통의 목표를 지향한 군사적 행동에서 기동과 전투를 통합하는 것"으로 설명하였다. 그는 전략, 작전, 전술의 상호관계를 설정하면서 "전술은 작전적 도약이 조합되는 과정에 발판이 되며 전략은 방법을 지향한다"라고 언급하였다.

68 노양규,『작전술』(대전: 충남대학교출판문화원, 2016), p. 107.

고 있다. 이러한 전쟁 수행방식의 변화는 전략에 대한 관점의 변화에서 기인한다. 결론적으로 전쟁 수행을 위한 전략이 순수한 군사적 관점에서 국가전략적 관점으로 확대되어 갔다는 것이다. 즉 전쟁 패러다임의 변화가 용병술 체계의 변화를 촉발시킨 근본적인 원인으로 분석할 수 있다.

제2절 군사혁신의 전쟁 세대 구분

전쟁 패러다임의 세대를 구분하는 전쟁관은 여러 가지가 있을 수 있다. 그러나 대부분은 군사적 관점의 군사혁신 수준에 머물러 있다. 군사혁신만이 전쟁 승리를 보장한다는 이론이다. 전략적 수준에서 싸우지 않고 이기거나(不戰勝) 이겨놓고 싸우는(先勝) 전쟁관으로 구분한 전쟁 세대 구분은 찾아볼 수 없다. 국내에서 전쟁 패러다임에 대한 연구는 군사혁신과 관련하여 외국의 연구결과를 인용하여 체계적으로 지식을 축적하여 제시하는 수준이었다. 그러나 국내에서 새로운 전쟁관을 가지고 전쟁 패러다임의 변화를 핵심 연구주제로 선정하여 학문적 이론을 제시한 저서는 아직까지 발견하지 못하였다. 대부분 국내 저서들은 대부분 외국의 전쟁 패러다임 이론을 바탕으로 한국의 미래전 양상을 도출하고 군사혁신 방향을 제시하는 데 초점을 두었다. 그 결과 군사작전 수준에 한정되어 있어 전쟁의 전략적 수준의 패러다임 변화에는 접근하지 못하고 있다. 국내 연구자들이 인용한 지금까지 외국의 전쟁 연구자들의 군사혁신 패러다임은 다음의 세 가지 성향으로 정리할 수 있다.

1. 인류문명 결정론

첫 번째는 전쟁을 하나의 사회현상으로 보아 인류문명이 발달함에 따라 변해 왔다는 견해이다. 그 시대의 부를 창출하는 수단의 발달로 인하여 인류문명이 발전되어 왔으며 이로 인하여 전쟁의 모습도 변화하였다는 분석이다. 사회문화와 과학기술의 발달이 부와 무기체계를 발달시켜 전쟁의 패러다임을 선도해 왔다는 것이다.[69] 인류문명 결정론에 의하면 오늘날은 정보화 시대로 정보기술을 활용한 하이테크 전쟁이 나타나며 정보화 군대가 전쟁의 승리를 담보할 것이라고 주장하고 있다. 걸프전(1990)에서의 모습은 그러하였다. 그러나 미국의 아프칸전(2001), 이라크전(2003) 등 대테러전을 통해서 하이테크 전쟁만으로 전쟁을 승리로 이끌 수 없다는 것이 입증되었다. 알카에다, 탈레반 등 초국가 범죄단체는 새로운 비대칭 전쟁 방식인 분란전(테러, 비정규전, 언론전, 선전전, 유혈전 등)을 통하여 세계 최강의 정보화 군대인 미군과 투쟁을 계속하고 있다. 이와 같은 현상은 인류문명 결정론에서 주장한 정보화된 군대가 산업화 이전의 군대와 싸우면 반드시 승리한다는 이론이 문제가 있음을 확인시켜 주고 있다.

저명한 미래학자인 토플러(Alvin Toffler)는 문명사회에 세 번의 거대한 물결이 있었으며 각 물결은 그 시대에 부를 창출하는 수단에 의해서 결정되었다고 밝히고 있다. 토플러 부부는 약 1만 년 전부터 존재한 농경시대를 제1차 물결로 보고 있다. 농업의 발달은 인간사회를 변화시켰다. 정착됨에 따라 수렵시대와는 다른 사회구조가 필요하게 되었다. 전문성이 필요한 지배계급이 등장하였고 직업적 전사(戰士) 계급이 등장하게 되었다. 이들은 농경사회에서 생산된 부(富)를 지키는 폭력 사용의 전문가가 되었으며, 때로는 사회의 다른 요소들로부터 지배계급을 보호하기 위한 임무를 수행하기도 하였다.

제2차 물결은 산업시대였다. 산업화는 전쟁 수행에 필요한 무기를 대량으로

---

69 앨빈 토플러 공저, 이규행 옮김, 『제3 물결』(서울: 한국경제신문사, 1994), p. 4.

생산하는 능력을 제공하는 한편, 엄청난 부의 증가를 가져왔다. 산업화되지 않은 사회는 산업화된 사회의 부와 무기에 맞서 대항할 수 없었다. 제3차 물결은 정보화 시대이다. 정보기술이 부의 균형에 또 다른 거대한 변화를 주도할 것으로 보았다. 정보산업의 발전은 부가 창출되는 방법뿐 아니라 성격까지도 변화되었다.[70] 토플러에 의하면 완전한 의미의 군사혁신이 이루어지는 것은 새로운 문명이 일어나서 낡은 문명에 도전할 때, 그리고 사회 전체가 스스로를 변혁시켜 그 군대들이 조직, 전략, 전술, 훈련, 지침 및 군수에 이르기까지 동시에 변화하도록 강요할 때뿐이라는 것이다. 이러한 혁명은 지금까지 역사상 단 두 차례밖에 없었다. 이로 인하여 농경사회 말기적 쇠퇴에 이은 산업시대 군대와 산업사회에 이은 정보시대 군대의 전쟁 양상이 근본적으로 차별화되어 지구 상의 군사적 세력균형이 깨지게 된다는 것이다.[71]

결론적으로 제1물결시대의 전쟁 형태는 농업군대에 의한 백병전(白兵戰)이나 근접(近接)전쟁이었고, 제2물결은 산업군대에 의한 대량파괴, 대량살육 전쟁이었으며, 현재의 제3물결의 군대는 걸프전(1990~1991)과 같은 하이테크 전쟁으로 상징되고 있다.[72]

크레벨트(Martin Van Creveld)[73]는 기술과 전쟁(Technology and War) 간의 상호관계를 도구시대(Tools), 기계시대(Machine), 체계시대(Systems), 자동화 시대(Automation)로 구분하여 군사혁신을 고찰하였다. ① 도구시대에는 청동 및 철제무기와 말과 수레 등의 인력과 동물의 근력을 이용한 근접 백병전 형태의 시대였다. ② 나

---

70 토머스 햄즈(Thomas X. Hammes), 하광희 외 옮김, 『21세기 전쟁, 비대칭의 4세대 전쟁』(서울: 한국국방연구원, 2010), pp. 38-40.

71 앨빈 토플러 · 하이디 토플러, 이규행 옮김, 『전쟁과 反戰爭』(서울: 한국경제신문사, 1994), pp. 49-53.

72 상게서, p. 4.

73 이스라엘의 전쟁사 및 군사이론 전문가. 1971년 이래 히브리 대학(Hebrew Univercity of Jerusalem)에서 교수로 재직. 전쟁사 및 전략 분야 관련 17권의 책 저술. 그중 저명한 것으로 *Command in War*(1985); *Supplying War: Logistics from Wallenstein to Patton*(1977); *The Transformation of War*(1991); *The Sword and the Olive*(1998)가 있음.

폴레옹 이후 기계시대에는 산업혁명으로 군의 군수지원이 확대되었고 프랑스혁명 등으로 시민국가(Nation State)가 탄생하여 시민군에 의한 대군(Mass Army)과 최초로 군단(corps d'armee)이 탄생함으로써 전쟁 방식의 대변혁이 일어난 시대였다. ③ 제2차 세계대전 이전의 체계시대에는 철도, 통신기술의 발달로 군대와 사회가 네트워크로 연결되었고 전차, 항공기 등의 등장으로 전격전이 탄생하는 등 전쟁 양상의 대변혁이 일어난 시대였다. ④ 현대의 자동화 시대에는 컴퓨터에 의한 '정보기술'의 발달로 전쟁의 자동화가 달성되어 전쟁양식의 대변혁이 가능하다고 주장하였다.[74]

피터슨(John L. Peterson)은 그의 저서 『2015년에 이르는 길』(The Road to 2015)에서 정보기술의 발명 시기와 연계하여 인류문명 시대를 ① 수렵시대, ② 농경시대, ③ 산업시대, ④ 정보시대 등 4단계로 구분하였다. 그는 문명시대의 존속기간이 이전 시대 지속기간의 약 1/10로 축소되는 추세를 감안하면 정보시대는 앞으로 약 50년 지속되고 그 이후에는 현 시점에서 예상치 못한 또 다른 새로운 문명시대가 출현할 가능성이 있다고 주장한다.[75]

2. 기술 결정론

두 번째는 결정적인 무기체계의 발달이 전술을 선도하여 왔고, 전쟁에서 승리를 결정지었다는 '기술 결정론'[76]이다. 역사적으로 군사혁명이 인력과 말을 이용한 세대에서 화약혁명의 시대로, 화약에서 산업혁명에 의한 대량의 기계화 무

---

74 권태영 외, 『21세기 군사혁신과 미래전』(파주: 법문사, 2008), pp. 56-57.

75 상게서, p. 57.

76 모든 중요한 역사적 사건이 특정 기계와 도구, 무기의 개발로부터 파생해 전제된다는 이론이다. 맥스 부트(Max Boot), 송대범 외 옮김, 『Made in War: 전쟁이 만든 신세계』(서울: 플레닛미디어, 2008), p. 48.

기체계 양산으로 전쟁 수행방식이 획기적으로 발달되었다. 또한 철대무기인 핵무기와 미사일 발달로 냉전시대를 거쳐, 정보화 자동무기 기술의 획기적인 향상은 생태계의 재앙을 초래하지 않으면서도 핵무기 못지않게 군사표적을 파괴할 수 있게 됨으로써 군사력 운용의 형태와 방법, 군사조직 편성 등이 근본적으로 변화되고 전쟁의 성격 자체도 변혁될 것으로 보았다. 이러한 변화를 수용하고 이용하였던 나라들은 군사적인 우위를 점하여 역사의 승리자가 된 반면, 뒤처졌던 나라들은 대부분 약소국으로 전락하거나 역사의 뒤안길로 사라졌다고 주장한다.[77]

부트는 기술과 전술의 비약적 발전에 초점을 두고 군사혁명을 4단계로 설명하였다. 역사적으로 4대 군사혁명은 1단계를 화약혁명, 2단계를 제1차 산업혁명, 3단계를 제2차 산업혁명, 4단계를 정보혁명으로 구분하였다. 그는 기술적 우위만으로 압도적인 군사 우위를 점할 수 없으며 전술과 조직, 훈련, 리더십을 비롯한 통치체계가 밀접히 연관되어야 군사력 변화가 가능하다고 보았다. 이러한 변화를 수용하고 이용하였던 나라들은 역사의 승리자가 된 반면, 뒤처졌던 나라들은 대부분 약소국으로 전락하거나 역사의 뒤안길로 사라졌다. 제 아무리 최상의 전략과 전술, 기술을 보유한다 하더라도 최초의 혁신가들에게 무한한 우위를 제공한 군사혁명은 지금까지 한 차례도 없었다고 하면서 군사혁신은 점점 더 빠른 속도로 진행되어 왔다고 한다. 화약혁명이 결실을 맺기까지는 200년(1500~1700)이 걸렸지만 제1차 산업혁명은 150년(1750~1900), 제2차 산업혁명은 40년(1900~1940), 정보혁명은 불과 30년(1970~2000) 만에 결실을 맺었다고 주장하였다.[78]

러시아의 슬립첸코(Vladimir I. Slipchenko) 장군은 지금까지 인류가 겪은 수없이 많은 전쟁들의 진화와 혁신과정을 크게 5개 세대로 구분하여 설명하면서, 오

---

77 상게서, p. 61.
78 상게서, pp. 48-61.

늘날 '제6세대'의 새로운 전쟁 양상이 태동하고 있다고 분석하였다. 제1세대 전쟁은 봉건시대의 전쟁으로서 노예를 이용하고, 주로 창, 칼, 활로 무장한 보병과 기병으로 전투가 시행되었다. 제2세대 전쟁은 흑색화약과 활강총의 출현으로 용병술(산개대형)과 전투조직이 변혁되었다. 제3세대 전쟁은 소총과 야포의 등장으로 사거리, 발사 속도, 정확도 등이 대폭 향상되었고 거대군(Mass Army)의 군사체계가 탄생되었다. 제4세대 전쟁은 자동화기, 전차, 전투기, 수송수단, 통신장비 등의 출현으로 기동력과 화력이 대폭 증가되고, 전장 공간이 육·해·공으로 확장되었다. 제5세대 전쟁은 절대무기인 핵과 미사일의 등장으로 '핵 통제의 족쇄'가 풀릴 경우 제5세대가 전쟁의 마지막 진화가 될 것으로 보았다.

제5세대 전쟁 이전의 모든 전쟁들은 상대측의 군사력을 패퇴시키는데 목적을 두고 있으나 제5세대 전쟁은 상대측의 군사력뿐만 아니라 영토, 인구, 자원 등 모든 것을 일순간에 파멸시키게 될 것이다. 즉 핵·미사일 전쟁은 피아는 물론 지구촌을 전부 공멸시키는 것이기 때문에 사실상 실용될 수 없는 전쟁으로 보았다. 제6세대 전쟁은 정밀유도무기 기술, 정보자동처리 기술, 지휘통제통신 기술, 전자 및 방공 능력의 획기적인 향상으로 생태계의 재앙을 초래하지 않으면서도 핵무기 못지않게 군사표적을 파괴할 수 있게 되었다. 이로 인하여 군사력 운용의 형태와 방법, 군사조직 편성 등이 근본적으로 변화되고 전쟁의 성격 자체도 변혁될 것이다. 제6세대 전쟁에서는 원거리, 비접촉 상태에서 적의 군사·정치 중심을 정밀 타격할 수 있기 때문에 아군의 희생을 극소화시키면서 상대 측을 패퇴시키는 것이 가능하게 된다고 주장한다.[79]

미국 전략예산평가연구소(CSBA: Center for Strategic and Budgetary Assessment)의 소장인 크레피네비치(Andrew F. Krepinevich) 박사는 14세기부터 현재에 이르는 기간 중 10개의 군사혁신이 발생한 것으로 분석하였다. ① 장궁(Long Bow)의 보병 혁명, ② 흑색화약의 포병 혁명, ③ 풍력 돛을 이용한 항해 혁명, ④ 참호 구축을

79 권태영 외(2008), 전게서, pp. 59-60.

통한 요새(Fnortress) 혁명, ⑤ 포병화력과 보병의 결합에 의한 선형전술이 등장한 흑색화약 혁명, ⑥ 프랑스혁명과 산업혁명을 군사 부문에 적극적으로 활용한 나폴레옹 혁명, ⑦ 철도와 전신의 발명으로 대규모 병력과 군수장비 물자를 짧은 시간에 이동하여 지상전법을 혁신시킨 지상전 혁명, ⑧ 터빈엔진과 장사정 대포를 장착한 철갑함정으로 비약적으로 발전한 해전 혁명, ⑨ 내연기관, 항공기, 무전기, 레이더 등의 발전으로 전격전, 항모 및 함재기, 상륙작전, 전략항공폭격 등 전쟁 양상을 획기적으로 변화시킨 기계·항공·정보혁명, ⑩ 핵무기의 등장으로 기존의 재래식 전쟁 방식을 무력화시켜 전략 개념과 방식을 근본적으로 변화시킨 핵 혁명(nuclear revolution) 등으로 구분하였다.[80]

그러나 전쟁 승리의 결정적인 무기체계의 발전이 전쟁의 패러다임을 변화시켰다는 기술 결정론도 오늘날의 전쟁 승리의 방정식을 설명하기에는 너무 부족하다. 제2차 세계대전에서는 강한 군사력과 동원능력을 보유한 국가가 상대 국가의 군사력을 무장해제 시켜 전쟁 승리를 쟁취하였다. 그러나 오늘날 절대무기인 핵무기와 최첨단 정밀타격무기 등 하이테크 군사력의 보유가 전쟁에서 패하지는 않지만 반드시 전쟁 승리를 보장해 주지는 않고 있다. 오늘날의 많은 군사학자들은 전쟁에서 물리적 충돌에 집중하는 전략들은 문제를 많이 일으키고 '승리하지 못한(Un-Won)' 전쟁을 너무 빈번히 일으켰다고 평가한다.[81] 결국, 하이테크 기술에 의한 물리적 타격이 상대방의 전쟁 의지를 약화시킬 수는 있으나 의지를 굴복시키지 못하고 있고, 오히려 더 많은 문제를 야기하고 있다고 주장하고 있는 것이다. 따라서 기술 결정론도 오늘날의 전쟁 패러다임을 설명하기에 어려움이 많다.

80　상게서, pp. 64-67.
81　국방정보본부, 전게서, p. 7.

3. 용병술 결정론

마지막으로 용병술의 변화가 군사기술을 선도하여 전쟁 양상이 변화되었다는 주장이다. 한 세대의 전쟁 수행방법 변화는 그 세대의 정치·경제·사회구조상의 발전이 이미 선행(先行)되고 있어야 가능하다. 대체적으로 전쟁 수행방법은 사회와 조화를 이루면서 서서히 발전하였으며, 이로 인하여 전쟁 양상이 변화되었다는 것이다.[82] 전쟁 패러다임 변화는 기술을 포함한 사회환경 변화의 영향으로 전략과 작전술, 전술의 용병술 체계의 새로운 개념을 혁신시켰고, 이를 구현하기 위하여 최신의 군사기술을 연구 개발하여 활용하였다는 주장이다. 용병술 차원에서의 전쟁 패러다임 변화에 대한 논의는 결정적 무기에 의하여 전쟁의 역사를 변화시켰다는 기술 결정론이 아닌 기술을 포함한 사회환경 변화로 인하여 전략-작전술-전술 등 용병술 차원의 근본적인 변화를 주장한 내용을 정리하였다.

크라우스(Michael D. Krause) 및 코헨(Eliot A. Cohen)은 사회적 변화와 작전운용을 중심으로 군사혁신을 관찰하였다.

① 나폴레옹 시대의 군사혁신: 최초의 군사혁신은 사회적 변혁으로 인한 군사조직의 변화에서 비롯되었다. 나폴레옹은 1789년의 프랑스혁명으로 격상된 시민의 위상을 수호하기 위하여 모든 시민은 권리에 상응하는 징집의 의무도 감수하도록 요구하여 사회적 변혁을 군사적으로 이용하였다. 그리하여 시민군으로 구성된 '군단'을 최초로 조직하여 필요시에는 수 개의 군단이 협조된 작전도 수행할 수 있도록 하였다. 또한 군단을 효과적으로 지휘통제 하기 위하여 '일반참모제도'를 채택하고 군대를 조직적으로 훈련시키는 체제도 정비하였다. 클라우제비츠는 『전쟁론』(On War)에서 프랑스혁명군이 승리할 수 있었던 비결은 병사들의 전투 기량보다는 전투손실을 계속적으로 보충할 수 있는 거의 무한대의 병

---

82   토머스 햄즈, 전게서, pp. 21-22.

력인 '시민군'에 있었다고 기술하였다.

② 그랜트(Grant)와 몰트케 시대의 군사혁신: 남북전쟁 시 그랜트(Ulysses S. Grant) 장군과 독일의 몰트케(Helmut Von Moltke) 원수는 당시 발달한 수송수단(증기기관에 의한 기차와 선박)과 전신통신수단을 이용하여 군사작전 운용개념을 혁신시켰다. 분산된 위치의 대부대들을 작전지역으로 동시적으로 매우 신속하게 기동시켜 '병력집중의 원칙'을 공세작전에 최대한 활용하였다.

③ 제2차 세계대전 시의 군사혁신: 20세기의 비약적으로 발전된 기술을 군사교리와 조직에 결합하여 군사혁신을 창출하였다. 독일은 전격전 교리와 판저부대로 마지노선(Maginot Line)에서 참호전을 준비 중인 프랑스군을 단기간에 마비, 석권하였다. 미군은 항모와 상륙작전으로 일본 전함과 지상표적을 파괴하였고, 전략폭격으로 일본과 독일의 심장부를 공격하여 항복시켰다.

④ 21세기의 새로운 군사혁신: 탈냉전 이후 미국 주도로 발생한 일련의 4개 전쟁(걸프전, 코소보전, 아프간전, 이라크전)은 21세기 지식·정보사회의 전쟁 양상이 새로운 군사혁신이 태동할 수 있다는 단서를 제공하였다. 걸프전의 실험은 효과 중심 정밀타격전, 네트워크 중심전, 정보전·사이버전 등으로 최소희생으로, 단기간 내, 가장 스마트하게 승리할 수 있음을 실증하였다.[83]

40년간의 군 생활과 걸프전은 물론 보스니아와 코소보, 북아일랜드에서 풍부한 야전사령관을 역임한 스미스(Rupert Smith) 영국군 대장은 그의 저서 『전쟁의 패러다임: 무력의 유용성에 대하여』(The Utility of Force : The Art of War in the Modern World)에서 ① 나폴레옹 전쟁에서부터 시작한 국가 간 산업전쟁과 ② 1945년에서 1989년에 이르는 냉전대립 시 장기간의 패러다임 전환, ③ 탈냉전 이후의 민간전쟁(War Amongst the People)[84]으로 구분하여 전쟁수단을 사용하는 목적과 유용

---

83 권태영 외(2008), 전게서, pp. 60-64.

84 스미스 장군은 민간전쟁의 특징으로 다음 여섯 가지 주요 경향을 들고 있다. ① 싸우는 목적이 국가 간 확실하고 절대적인 것이 비국가행위자인 개인과 사회의 보다 융통성 있는 것으로 바뀌고 있다. ② 주민들 속에서 싸운다. ③ 분쟁은 시간의 구애를 받지 않는다. ④ 소기의 목적을 달성하기 위하여 무력을 동원하기보다는 무력을 잃지 않기 위해서 싸운다. ⑤ 대규모 전쟁을 위한 무

성 측면에서 전쟁 패러다임 변화를 주장하였다.

산업전쟁은 나폴레옹의 비전과 군제개혁, 클라우제비츠의 이론적 통찰력이 기초를 제공하였다. 산업혁명으로 대규모의 징집, 대부대의 기동, 대규모 산업생산을 통한 군수품의 보급 등으로 국가 총력전이 가능케 하였다. 국가간 산업전쟁의 패러다임이 완성된 것은 제1·2차 세계대전이었다. 냉전기는 현재의 민간전쟁으로 패러다임이 변화하는 장기간의 대립기로 보았다.

냉전기간에 산업전쟁의 결정적인 중요성을 무력화시킨 것은 핵무기의 도입이었다. 군사 전략가들은 상호확증파괴전략(MAD)에서는 여차하면 총력전으로 비화할 것으로 여겼기 때문에 여전히 구식 산업전쟁 패러다임 내에서 군대를 발전시켜 나갔다. 그러나 냉전기간에 중국의 인민전쟁에 이어 베트남과 남미, 알제리에서 치른 것과 같은 비국가행위자를 상대로 한 비(非)산업 전쟁을 치렀다.

냉전의 종식은 오랫동안 잠복해 온 새로운 패러다임의 변화의 가면을 벗겨 주었다. 새로운 패러다임은 민간전쟁 패러다임이다. 민간전쟁에서는 모든 장소가 전쟁지역이 되고 모든 사람들이 표적이 된다. 민간인들도 적군(敵軍)만큼이나 승리의 목표물과 표적이 된다. 그는 각 국가들은 힘의 상징으로 사용할 군대를 보유할 것이나 우리가 머릿속으로 그리고 있는 전쟁, 전쟁터에서 사람과 기계 사이의 전투로 벌어지는 전쟁, 국제분쟁을 해결하는 대규모 사건으로서의 전쟁, 이런 산업전쟁은 더 이상 존재하지 않을 것으로 주장하였다.[85]

최근의 4세대 전쟁(4GW: The Fourth Generation Warfare)은 린드(William S. Lind)와 윌슨(Gary Wilson) 그리고 동료들이 공동으로 저술한 『4세대로 발전하고 있는 전쟁의 얼굴』(The Changing Face of War: Into the Fourth Generation)에서 지난 수백여 년 동안 기술과 사상적 혁신과정을 통하여 발전해 온 전쟁을 4개 세대로 구분하여 주장한 이론이다. 린드는 전쟁의 세대를 구분하는 주요 요소로 "① 전쟁수행 주

기가 분쟁용으로 개조되어 구식 무기의 새로운 용도를 발견한다. ⑥ 싸움의 상대 대부분은 비국가행위자이다. 루퍼트 스미스, 전게서, p. 38.

85 상게서, pp. 9-21.

체, ② 군사력 사용의 목표, ③ 전략전술, ④ 작전지역 및 수단" 등 네 가지를 제시하였다.[86]

1세대 전쟁은 선과 대형의 전술을 반영하는 세대로서 주공(主攻)에 병력을 집중하는 것이 핵심 요구사항이었다. 한편으로는 기술을 바탕에 두면서 프랑스 혁명에서 나타난 사회적 변화를 기초로 하고 있다.

2세대 전쟁은 무기체계의 질적·양적 발전에 따라 화력의 집중에 의존하는 방식이었다고 보고 있다. 특히 구식 소총, 후장(後裝)총포, 철조망, 기관총 및 간접 화력이 전장의 변화를 가져왔다고 본다. 이러한 변화는 제1차 세계대전 시 전술에서 최고조에 달하였고 "포병은 공략하고 보병은 점령한다"는 프랑스 격언은 2세대 전쟁이 정점(頂點)에 있음을 잘 표현하고 있다.

제3세대 전쟁은 기동에 의한 것으로 보고 있다. 1939년 독일은 신뢰성이 높은 전차, 이동성을 보유한 포병, 차량화 보병, 효과적인 근접항공지원 및 무선통신을 이용하여 전장에 기동성을 부여하여 공자의 우위를 되찾았다. 이들 저자들은 각 세대의 전쟁들은 주로 군대에서 사용할 수 있는 기술 채택에 의하여 구분되는 것으로 보았다. 린드는 위의 변화 추세를 기반으로 4세대 전쟁 양상을 설명하면서, 4세대 전쟁은 기술 발달을 기반으로 아이디어를 중시하는 전쟁이 될 것이라고 주장하였다. 1989년 발표된 논문에서는 3세대 전쟁이 시작된 이래 70년이 경과하였다고 하면서 독자들에게 그러면 4세대 전쟁은 어떤 것이 될 것인지 정의해 보도록 요구하였다.[87]

햄즈[88]는 린드와 윌슨 등이 설정한 전쟁 세대 구분을 따르면서 새로운 형태의 전쟁을 4세대 전쟁(혹은 4GW)이라고 부르기로 하였다. 그는 4세대 전쟁이 최

---

86 최장옥, "제4세대 전쟁에서 군사적 약자의 장기전 수행전략에 관한 연구", 충남대학교 박사학위 논문(2015), p. 16.

87 토머스 햄즈, 전게서, p. 42.

88 미 해군사관학교 졸업 후 해병대에 임관하여 복무기간 대부분을 보병과 정보 분야에 근무하였다. 4세대 전쟁을 정의한 초기 저자들 중 1명인 햄즈 대령은 국방 저널에 수많은 글을 기고해 왔으며 War and Staff Collage 등에서 강의하기도 하였음.

초로 모습을 보인 것은 제2차 세계대전 이전이며, 마오쩌둥에 의하여 최초로 창안된 이래 실전에 적용되는 과정을 거치면서 학습을 통하여 월남, 남아메리카 좌파 무장 혁명조직, 중동 테러조직으로 전파되며 진화되어 왔다. 4세대 전쟁은 약소국이 강대국을 상대로 싸우고 승리할 수도 있다는 기본 전제 아래 전쟁을 수행하며 슈퍼파워(Super Power)를 물리친 유일한 전쟁 형태이다.

4세대 전쟁은 여러 곳에서 미국을 물리쳤고 아프가니스탄에서 소련도 물리쳤다. 4세대 전쟁은 상대국의 군사력을 분쇄하는 데 주안을 두지 않고 있다. 그들의 전제는 우세한 정치적 의지를 적절히 구사함으로써 군사적으로나 경제적으로 우세한 상대를 격퇴시킬 수 있다는 점이다. 이들은 정치·경제·사회·군사 등 가용한 모든 네트워크를 동원하여 상대국의 정치적 의사결정자들로 하여금 그들의 전략적 목적은 결코 달성할 수 없으며, 설령 달성하더라도 얻는 것보다 잃는 것이 훨씬 더 크다는 판단에 도달하도록 하는 데 초점을 맞추고 있다. 즉 이들은 자신들의 네트워크를 동원하여 상대국 의사결정자들의 정치적 의지를 분쇄하기 위하여 이들의 심리를 직접 겨냥하여 공격한다. 따라서 4세대 전쟁은 수개월 수년 내에 끝나는 전쟁이 아니라 수십 년이 걸리는 장기전으로 정의하였다.[89] 햄즈가 주장한 4세대 전쟁을 새롭게 이론화하여 다시 정리해 보면 '4세대 전쟁이란 국가나 비국가 단체가 군사 및 비군사적인 제반수단의 가용 네트워크를 동원하여 적(敵)의 정책결정자를 직접 공격함으로써 정치적 의지를 굴복시켜 정치적 목적을 달성하려는 장기적인 전쟁'으로 정의[90]할 수 있다.

전쟁의 세대 변천에 대해서 역사적으로 살펴봄에 있어서 유념할 것은 산업사회에서 정보화 사회로 옮겨 가면서 인간 활동의 스펙트럼 전반에 걸쳐 중요한 변화가 나타나고 있다는 점이다. 이를테면 위로는 국제무대에서 활동하는 다수의 정치가들이나 아래로는 각 개인의 의사소통을 어떻게 하고 또 개인의 충성심

---

89 상게서, pp. 27-28.
90 성윤환, "북한의 새로운 도발양상 연구",『전투발전』통권 제144호(2013), p. 19.

을 어떻게 구별하는지에 대한 문제에 이르기까지 인간의 삶의 형태는 20세기 전반과 비교해 보면 완전히 다르다. 역사를 통하여 알 수 있는 것은 이런 정도의 사회적 변화는 필연적으로 전쟁을 수행하는 방법에도 근본적인 변화를 야기한다는 사실이다.[91]

용병술 결정론 측면에서 전쟁 양상의 변화는 미국 군사학자인 린드와 햄즈가 주장한 '4세대 전쟁' 이론이 대표적이라고 할 수 있다. 그러나 4세대 전쟁에 대한 비판적인 시각이 다수 존재하고 있다. 그의 전쟁 세대의 기준이 작위적(作爲的)이라는 것이다. 1세대는 병력집중의 인력전, 2세대는 화력집중의 화력전, 3세대는 기계화 부대의 종심 깊은 기동전 등 용병술 차원의 선형적 진보 개념을 포함하고 있으나 4세대 전쟁의 분란전은 다른 형태의 전쟁 양상으로 태생적으로 이전 세대와 엮어서 설명할 수 없다는 것이다.[92] 또한 4세대 전쟁은 약소국이나 비국가 단체가 채택한 전쟁 양상이지 강대국이 채택할 수 있는 전쟁 방식이 아니기 때문에 하나의 전쟁 세대로 일반화시킬 수 없다는 것이다. 그럼에도 불구하고 4세대 전쟁은 현재 나타나고 있는 새로운 전쟁 양상이며, 한동안 이와 같은 양상이 전쟁을 지배할 것이라는 주장이 국제정치학자들 간에 폭넓게 형성되고 있다.

다음은 RAND 연구소의 아르퀼라(John Arquilla)와 론펠트(David Ronfeldt)가 작성한 보고서 "Swarming and the Future of Conflict"에서 고대에서 현대까지 육박전(the Melee)-집단전(Massing)-기동전(Maneuver)-스워밍(Swarming)의 네 가지 패러다임으로 군 구조와 교리가 발전해 왔다고 주장하였다.[93]

육박전[94] 전투방식은 식량생산을 채집과 수렵에 의존하던 원시시대의 전투

---

91 상게서, pp. 44-45.

92 최장옥, 전게 논문, p. 27.

93 John Arquilla · David Ronfeldt, *Swarming and the Future of Conflict*(Santa Monica, CA: RAND, 2000), p. 7.

94 본 책자의 "전쟁의 진화" 논문에서 the Melee(난투극)는 육박전으로, Massing(집단)은 대형전으로, Maneuver는 기동전으로, Swarming은 스워밍으로 번역하였다. 단, 본 논자는 여기서 대형전을 집단전으로 수정하여 기술하였다. 조상근, 『4세대 전쟁』(서울: 집문당, 2010), p. 20.

양상으로 전투원 개개인의 신체적 능력이 전장의 승패를 결정하였다. 그 시대에도 오(伍)와 열(列)을 맞추어 전쟁을 하였고 적 몰래 기습하고 이동하는 등 전쟁의 기본적인 원칙은 지켰으나 적과 마주치면 전투원을 통제할 수단이 없어 결국 육박전으로 돌입할 수밖에 없었다. 군의 장수나 고위 지도자들도 일반 전투원과 마찬가지로 난투극에 뛰어들었다. 이 때문에 전투원의 우두머리와 장수들은 남보다 체격조건이 우수한 남성이 되는 것이 일반적이었으며 전투는 대개 전사들이 도주하거나 적의 장수나 지휘관을 죽이는 것으로 승패가 결정되었다.[95]

집단전은 뒤에 농경이 발달되어 인구가 집중되고 도시와 국가 등의 사회조직이 생겨나면서 뭉쳐서 싸우는 것이 유리해짐을 알고 '대형(Formation)'을 고안하면서 발전되었다. 대형은 전장에서 병력을 효율적으로 통제 가능하고 집중시켜 적과의 전면 충돌 시 방어력과 충격력을 극대화시킬 수 있었다. 당시 지휘관들은 전장에서 서로의 군을 유리한 대형으로 포진시킨 다음 적의 대형을 무너뜨리는 것이 주된 전술목표였다. 이는 동양에서도 마찬가지여서 전장의 지형이나 전투의 상황에 따라 진법(陳法)을 구사하였다.[96]

기동전은 '집단전'이 병력을 집중한다는 점은 뛰어났지만 기본적으로 느리기 때문에 기동력으로 결정적 시점에 타격을 가하면 무너지는 취약점을 활용한 교리이다. 과거 몽골군은 기마대를 이용하여 적 대형을 유인하여 약화시킨 다음 결정적 지점에서 중기병으로 돌격하는 방법을 즐겨 사용하였다. 이후 기동전은 수백 년에 걸쳐 발전하면서 대형전을 대체하여 전투의 주요형태로 등장하였다. 기동전은 제2차 세계대전 시 독일군의 '전격전(Blitzkrieg)'으로 절정을 보였다. 기계장치의 발달로 철로가 병력 수송의 수단으로 활용되고, 전차와 장갑차, 항공기의 등장과 더불어 유·무선 통신수단의 발달로 인하여 적의 후방 깊숙이 기동이 가능하게 됨으로써 제1차 세계대전 시 대형전의 일환인 '진지전'을 무력화시켰

---

95 상게서, pp. 20-12.
96 상게서, pp. 21-23.

기 때문이다. 1980~1990년대 미군의 주요 교리인 '공지전투(Air-Land Battle)'는 항공 전력으로 적(敵) 종심(縱深)지역의 전력을 타격하여 집중을 방지하고 아(我) 군 기동부대의 빠른 진격으로 적의 중심을 무너뜨리는 전투방식으로 기동전의 최종산물이라고 할 수도 있겠다.[97]

스워밍은 기존의 1·2·3세대의 교리가 '집중(Concentration)'의 전쟁원칙에 충실한 반면에 '분산(Dispersion)'의 원칙에 의하여 운용되는 것으로 확실히 다르다. 스워밍 공격은 집합(Convergence)과 분산밖에 없다. 스워밍에서 공격단위는 대형전이나 기동전에서의 부대보다 소규모이지만 단위(Unit)의 수는 많다. 적을 공격할 때는 전(全) 방향에서 공격하여 적에게 어느 곳을 지켜야 할지 모르게 만든다. 상황이 불리해지면 연락망을 통하여 후퇴하였다가 적 부대의 동태를 확인한 후 다시 공격한다. 적 부대가 와해될 때까지 반복하는 것이다. 스워밍 공격은 위계질서에 기반을 둔 정규군보다는 민병(民兵)이나 게릴라, 또는 무장 범죄조직에서 주로 나타난다. 이들은 대규모의 회전은 회피한다. 이러한 전투는 '비정규전'이나 '유격전', 또는 '저강도 분쟁'이란 이름으로 불리운다. 모든 형태의 전쟁은 해당 사회의 변화를 반영한다. 그래서 스워밍 형태의 전쟁 교리로 진화한 이유도 세계화와 정보화된 현 사회를 반영한 것으로 설명할 필요가 있다.[98]

종합적으로 분석해 보면, 기존의 전쟁 패러다임 변화에 대한 연구가 현 시대의 전쟁 모습을 설명하지 못하는 이유는 전쟁을 군사작전 측면에서만 바라보는 것에 있다. 국가만이 전쟁의 주체이며, 군사작전의 성공이 전쟁에서 승리를 보장할 수 있다는 시각이다. 그들은 국가 간의 전쟁에서 '어떻게 싸울 것인가(How to fight)'에만 관심이 있다. 이는 전쟁 패러다임을 작전적, 전술적 수준에서 바라본 결과이다. 그러나 오늘날은 전쟁의 주체가 국가 상호 간의 전쟁뿐만 아니라 이질적인 실체, 즉 비(非)국가 단체와의 폭력적 접촉까지를 망라한 개념으로 광범위

---

97 상게서, pp. 23-25.

98 상게서, pp. 25-28.

하게 적용하고 있다. 알카에다, 탈레반 등 비국가·초국가 무장조직은 새로운 비대칭 전쟁 방식인 분란전(테러, 비정규전, 언론전, 선전전, 유혈전 등)을 통하여 세계 최강의 정보화 군대인 미군과 투쟁을 계속하고 있다. 전쟁의 방법도 협의의 전면전뿐 아니라 독립투쟁, 반식민지 운동, 공산 혁명전쟁, 테러전 등 비정규전에 의한 전쟁도 포괄하고 있다.

전쟁의 수단 면에서도 협의적으로 전시에 군사력과 이를 지원하는 국력의 제 수단의 운용으로 한정하였으나, 광의의 개념에서는 경제 봉쇄, 외교전쟁, 심리전, 언론전, 사이버전 등 군사력 이외의 수단이 주도하는 평시의 강제수단도 전쟁의 범주로 포함되고 있다.[99] 오늘날은 전쟁의 개시와 종결도 경계가 모호하다. 선전포고나 전쟁지역 선포도 없이 전 세계 곳곳에서 테러가 일어나고 있고, 전쟁 종결을 선포하고도 분쟁이 지속되고 있다. 기존의 전쟁 패러다임의 분석의 틀로 오늘날 전쟁을 바라보면 설명하기 어려운 이유가 여기에 있다. 오늘날의 전쟁 현상을 기초로 과거를 바라볼 필요가 있다. 새롭게 전쟁 패러다임의 렌즈를 바꾸어 과거를 바라봄으로써 전쟁의 패러다임이 변형되고 있음을 인식할 필요가 있다는 것이다.

결론적으로 지금까지의 전쟁 패러다임의 연구는 대부분 군사적 수단과 운용개념(How to fight)에 초점을 두었다고 할 수 있다. 이러한 군사적 관점에서 바라본 전쟁 패러다임은 최근의 복잡하고 포괄적인 전쟁 개념을 설명할 수 없었던 것이다. 이는 나무만 보고 숲을 관망하지 못한 결과이다. 군사작전만을 전쟁의 관점에서 바라본 결과이다. 이러한 문제를 해결하기 위해서 이 책에서는 전쟁 패러다임을 전략적 수준(Strategic Levels of War)에서 바라보고자 한다. 전략적 수준에서 전쟁을 '어떻게 승리할 것인가(How to win)'라는 관점에서 바라볼 필요가 있다는 것이다. 이는 군사작전이 전쟁의 전부가 아니라는 관점에서 출발한다. 전쟁 승리를 위하여 군사작전을 수행해야 하지만, 군사작전을 회피한 가운데 승리할 수 있

---

99 합동군사대학교 합동교육참고 12-2-1, 『세계전쟁사(上)』(대전: 육군대학, 2012), pp. 1-37-5~6.

는 간접적인 접근방법이 가능하다면 그 방법을 채택할 수 있다는 패러다임이다. 전략적 수준에서는 '싸우지 않고 이기는 것(不戰勝)'이 최선이고, 미리 승리할 수 있는 여건을 만들어 '이겨 놓고 싸우는 것(先勝而後求戰)'이 더 중요하다. 미군은 전역[100]계획에 군사력 투입을 예방하는 '0단계 작전'[101] 개념을 최근에 도입하고 있다. 이는 과거와는 달리 전쟁을 광의의 관점으로 실제 적용하고 있다는 것이다. 결국 필자는 기존의 국내외 전쟁 연구자들의 선행연구와는 달리 전략적 수준에서의 전쟁관으로 전쟁 패러다임의 변화를 검증하고자 하였다.

제3절 전쟁 패러다임의 변화요인

이 책은 전략적 수준에서 전쟁 패러다임이 인류문명 시대별로 어떻게 혁명적으로 변화해 왔는가를 연구하는 것이다. 이를 위하여 먼저 전쟁 패러다임의 변화를 분석할 수 있는 주요 요인은 무엇인가를 도출해야 한다. 앞에서 전쟁 패러다임은 '어떤 한 시대 사람들의 전쟁에 대한 견해나 사고를 근본적으로 규정하고 있는 테두리로서의 인식, 이론, 사고, 관습, 관념, 정의와 가치관 등이 결합된 총체적인 틀과 개념의 집합체'로 정의하였다. 곧, 그 시대의 전쟁에 대한 이해는 그

---

100 전역은 주어진 시간과 공간 내에서 전략적 또는 작전적 목표를 달성하기 위하여 실시하는 일련의 연관된 군사작전을 말함. 육군본부(2012), 전게서, p. 449.

101 미군은 전역을 5단계로 구분하고 있음. 1단계는 억제 및 개입(Deter/Engage)으로 군사작전을 준비하고, 2단계는 주도(Seize Initiative)는 군사적 행동을 개시하고, 3단계 결정적 작전(Decisive Operation)은 주요작전을 수행하고, 4단계는 전환(Transition)으로 군사작전 이후의 안정작전과 민간이양 단계임. 새로운 '0단계 작전'은 기존의 4단계 어느 곳에 속하지 않는 것으로 분쟁의 발발 혹은 1단계 진입 이전에 이를 예방하는 것이 목표임. 남보람, 『전쟁이론과 군사교리』(서울: 지문당, 2011), pp. 110-111.

시대의 전쟁 패러다임 안에서 이루어져야 하며, 전쟁의 변화는 그 시대의 전쟁에 대한 인식체계가 어떠하였는가를 분석하면 알 수 있다는 것이다. 전쟁에 대한 인식은 앞의 절에서 논의한 바와 같이 그 시대의 전쟁과 전략의 개념과 정의가 무엇이고 어떻게 변천되어 왔는가를 분석하는 것이다. 또한 전쟁 세대구분 결정론에서 논의한 세대를 구분하는 변화요인이 무엇인가를 종합적으로 분석하면 된다. 이러한 분석을 통하여 이 모두를 포괄할 수 있는 변화요인들이 전쟁 패러다임의 변화를 분석할 수 있는 틀을 제공할 것이다. 따라서 전쟁 패러다임들의 혁명적 변화의 주요 요인을 도출함으로써 기존의 패러다임을 대체할 그 시대의 전쟁 패러다임을 특정할 수 있는 것이다.

전쟁의 정의와 속성에 대한 인식도 인류문명의 발달로 변화되어 왔다. 전쟁의 주체가 군주로부터 국가, 최근에는 비국가 단체로까지 확대되어 왔다. 전쟁의 속성도 상황에 따라 정부 주도에서 군부, 국민 주도로 변하여 왔고 이로 인하여 전략적 중심도 변하였다. 전쟁의 목적은 영토 확장으로부터, 국가이익, 포괄적 안보이익으로 변하여 왔으며, 전쟁의 목표도 무장해제와 군사력 섬멸로부터 정책결정자의 의지 굴복까지 시대별로 변하여 왔다. 전쟁의 방법은 조직적 폭력행동으로부터 정치적 작전 등 무력행사가 없는 전쟁도 있다. 전쟁의 수단이 과거 군사적 수단에서 오늘날은 국력의 제 수단을 포함하고 있다. 이러한 환경의 변화로 인하여 전략에 대한 인식도 군사력 운용에서부터 평시 군사력 건설과 전쟁 억제에까지 확대되어 가고 있는 실정이다. 시대별로 전쟁에 대한 인식체계가 더 포괄적이고 광범위하게 확대되고 있다고 할 수 있는 것이다. 이를 분석해 보면 시대별로 전쟁에 대한 정의와 속성은 ① 전쟁의 주체와 전략적 중심, ② 전쟁의 목적과 목표, ③ 전쟁의 방법(행위), ④ 전쟁의 수단 등 네 가지 변화요인에 의하여 인식이 변화되었다고 할 수 있다. 전쟁에 대한 시대별 정의가 변화되는 것은 곧, 전쟁에 대한 인식체계인 패러다임이 변화되고 있는 것이다.

전쟁을 준비하고 시행하는 전략 용어에 대한 개념 변화에 대한 논의는 전쟁에 대한 인식체계 즉, 전쟁 패러다임의 변화를 잘 규명할 수 있다. 앞의 절에서 논

의한 바와 같이 전략이 순수 군사적인 차원에서 출발하여 오늘날에서는 국가안
보 차원에서 다루어지고 있다. 전략의 목적이 전쟁의 승리에서 평시 전쟁 억제와
국가이익 보호로 변하였으며, 전략의 목표도 군사작전을 통한 전장(戰場)에서의
승리에서 비군사 부문을 포함한 평시 전쟁 억제와 유사시 전쟁승리로 변화되었
다. 전략 개념도 전시에서 전·평시로 범위가 확대되고, 수단도 군사력 운용에서
국력의 제 수단의 운용으로 확대되었다. 전쟁의 수준과 용병술 체계도 전쟁 수행
방식인 전략 개념이 변함에 따라 발전되어 왔다. 이를 분석해 보면 전략과 용병
술 체계 변화의 주요 요인은 ⑤ 전략의 중심, ⑥ 전략의 목적, ⑦ 전략의 목표, ⑧
전략의 개념(방법), ⑨ 전략의 수단 등의 다섯 가지로 분석할 수 있다.

　　전쟁 세대구분 결정론은 인류문명 발전에 의한 세대 구분, 기술과 용병술에
의한 세대 구분으로 정리할 수 있다. 이러한 논의는 군사적인 측면에서 전쟁 양
상의 변화를 설명하는 데 초점을 두어 전쟁에 대한 인식체계 전반을 포괄하지 못
한 측면에서 비판적이다. 기술 결정론은 군사적 수준에서의 전쟁 방법이나 수단
에 치중되어 있다. 결국 전쟁의 주체나 전쟁 목적과 목표 등 전략적 수준에서의
분석이 부족한 결과이다. 그러나 용병술 결정론에서 제시한 전쟁 패러다임은 전
쟁의 주체와 군사력 사용의 목표, 그리고 군사력 운용방법의 발전을 설명하는 이
론으로서 의미가 있다. 그러나 이 이론 또한 군사력 건설을 위한 군사력 운용에
치중되어 있고 전략적 수준 이상의 전쟁 현상 변화를 간과하고 있다. 따라서 전
쟁 결정론에서 논의한 결과를 바탕으로 전쟁의 세대를 구분하는 변화요인은
⑩ 전쟁 수행의 주체, ⑪ 군사력 사용의 목표, ⑫ 전략전술, ⑬ 작전지역(전장환경)
및 수단 등 네 가지를 도출하였다.

　　이를 종합적으로 분석하면 전쟁의 정의의 변화를 논의하는 과정에서 도출
한 변화요인 ①~④는 전략의 개념과 용병술 체계의 변화의 주요 요인 ⑤~⑧과
전쟁 세대구분 결정론의 군사혁신과 전쟁 양상의 세대를 구분한 변화요인 ⑨~
⑬을 포괄하고 있다. 변화요인 ① 전쟁의 주체와 중심은 ⑤ 전략의 중심, ⑩ 전쟁
수행의 주체를 포괄한다. 그러나 이 책은 전략적 수준에서 분석하기 때문에 ①에

서 전쟁의 중심은 전략적 중심으로 한정하였다. 따라서 ①⑤⑩⑫를 종합하여 '전쟁의 주체와 전략적 중심'의 변화요인을 도출하였다. 변화요인 ② 전쟁의 목적과 목표는 ⑥ 전략의 목적과 ⑦ 전략의 목표, ⑪ 군사력 사용의 목표를 포괄한다. 그 이유는 전략의 목적이 전쟁의 목적과 목표이며, 전략의 목표는 이를 전략으로 달성하기 위하여 군사력을 사용한 전쟁의 하위목표이기 때문이다. 따라서 이를 종합하여 '전쟁의 목적과 목표'의 변화요인을 도출하였다.

변화요인 ③ 전쟁의 방법은 ⑧ 전략의 개념과 ⑫ 전략전술을 포괄한다. 이는 전략개념이 군사력의 전략적 운용방법이고, 전략전술도 군사력으로 전쟁을 수행하는 교리체계이기 때문이다. 따라서 이를 종합하여 '전쟁의 방법'의 변화요인을 도출하였다. 변화요인 ④ 전쟁의 수단은 ⑨ 전략의 수단과 ⑬ 작전지역 및 수단을 포괄한다. 이는 전쟁의 수단과 전략의 수단, 군사혁신의 수단은 동일하기 때문이다. 따라서 이를 종합하여 '전쟁의 수단'의 변화요인을 도출하였다. 단, ⑬의 작전지역은 전장의 환경으로 인한 변화요인의 변화에 촉매제 역할을 한다. 작전지역 요인은 시대별로 전장환경으로 분석하여 변화요인에서 제외하였다.

결론적으로 앞서 논의한 전쟁 패러다임 관련 이론들의 논의를 통하여 이 모두를 포괄하는 변화요인을 종합해 보면, 전쟁 패러다임의 시대적 변화의 주요 요인으로 (1) 전쟁의 주체와 전략적 중심, (2) 전쟁의 목적과 목표, (3) 전쟁의 방법, (4) 전쟁의 수단 등 네 가지를 도출하였다. 이는 전략적 수준에서 전쟁 주체는 누구이고, 내부에서 전쟁을 결정하고 지도하는 '힘의 근원'인 중심은 무엇인가? 둘째는 전쟁 주체가 전략적 수준에서 추구하는 전쟁의 목적과 전략의 목표는 무엇인가? 셋째는 전쟁의 전략적 목표 달성을 위하여 군사적(작전적·전술적) 수준에서는 가용한 수단을 전장환경 변화에 부응하도록 어떻게 활용하였는가를 분석하여 전쟁 수행방법의 변화를 알아본다. 마지막으로 이러한 전략의 목표를 달성하기 위하여 가용한 전쟁수단을 어떻게 준비하였는가를 분석하여 이 변화요인들의 상호작용과 차이점을 분석함으로써 전략적 수준에서 전쟁 패러다임의 변화를 검증할 수 있을 것이다. 다음은 앞에서 논의한 내용을 종합하여 변화요인

별로 분석할 내용을 제시하고자 한다.

1. 전쟁의 주체와 전략적 중심

전쟁의 패러다임을 이해하기 위해서는 우선 먼저 누가 전쟁을 주도하여 이끌어 갔는가를 규명해야 한다. 전쟁의 주체(主體)를 분석하기 위해서는 누가 전쟁을 준비하고 결정하였는지와 전쟁을 이끌어 가는 핵심적 힘의 근원(根源)이 무엇인가를 확인하여야 한다. 곧, 전쟁의 전략적 중심(重心, Center Of Gravity)을 식별하면 될 것이다. 전략적 중심은 전쟁의 승패를 결정짓는 핵심요소로서 파괴될 경우 전체적인 전쟁 수행구조가 균형을 잃고 스스로 붕괴하게 됨으로 전쟁 수행 간 피아 결정적인 표적이 된다. 따라서 시대별 전쟁의 전략적 중심은 전쟁의 준비와 수행 전반에 지대한 영향을 미치게 된다.

대부분 전쟁은 행위 주체자가 자신의 이익을 위하여 전쟁 선포를 결심하고, 전쟁 목적과 목표가 설정된다. 전쟁 수행도 적의 전략적 중심을 파괴하고 나의 중심을 보호하기 위한 전략을 채택하여 전쟁의 방법도 변경하게 되는 것이다. 즉 전쟁행위의 주체를 지탱하는 중심이 전쟁 패러다임 변화에 핵심적인 변화요인으로서 작용하게 된다는 것이다.

전쟁행위의 주체를 지탱하고 있는 '지주'는 클라우제비츠의 삼위일체론에서 제시하고 있는 전쟁의 속성의 세 가지를 바탕으로 설명할 수 있다. 전쟁의 세 가지 지주는 첫째는 국민 대중이고, 둘째는 지휘관과 군대(the Commander and His Army)이며, 셋째는 정부와 깊은 관계가 있다.[102] 이는 전쟁의 본질에 뿌리를 두고 있다. 클라우제비츠에 의하면 이 세 '지주'는 어느 한쪽으로 기울지 않고 균형을 갖추어야 '정치를 위한 전쟁'인 현실전쟁으로서 존재가 가능하다고 말한다. 전쟁

---

102 Carl von Clausewitz, op cit., p. 89.

을 지탱하는 세 지주들은 극단으로 치달으려는 전쟁을 정지시키고 균형을 유지하며, 전쟁을 현실전쟁으로 되게 하는 핵심적인 요소이다. 그러나 클라우제비츠는 "전쟁은 '카멜레온'과 같다. 왜냐하면 전쟁은 개별 상황마다 그 속성[103]을 약간씩 변경시키기 때문이다"[104]라고 하여 전쟁의 본질은 변하지 않지만 속성이 세 지주의 변화에 의하여 변화됨을 제시하였다. 즉 전쟁의 세 지주 중 어느 한 지주가 전쟁 역할의 상대적 비중이 커지는가에 따라 전쟁의 속성이 변하며, 이것이 전쟁 패러다임의 변화로 인식될 수 있음을 제시하고 있다. 필자가 분석하고자 하는 전쟁의 패러다임은 전쟁 속성의 세 지주가 삼위일체의 균형을 이룬 가운데 어느 한 지주가 주도(主導)하여 전쟁을 이끌어 가는가에 대한 연구이다.

2. 전쟁의 목적과 목표

클라우제비츠는 "적에게 우리의 의지를 강요하는 것은 전쟁의 목적이다. 이 목적을 확실하게 달성하기 위하여 우리는 적을 무장해제의 상태로 만들어야 하며, 이것은 이론상 전쟁의 고유 목표다"[105]라고 하여 절대전쟁의 이론적 목적은 '적에게 우리의 의지를 강요하는 것'이고, 목표는 '적을 무장해제 시키는 것'으로 제시하였다. 또한 '전쟁의 원천적 동기는 정치적 목적'이고, '다른 수단에 의한 정치의 연속에 불과'하다라고 하면서 "정치적 의도는 목적이고 전쟁은 수단이기 때문에 목적 없는 수단은 생각조차 할 수 없기 때문이다"[106]라고 하여 현실전쟁에서

---

103 클라우제비츠(2012)의 『전쟁론』 번역서에서는 '본질'로 해석되어 있으나, 이종학(1989)의 번역서에서는 '성질'로 번역되어 상이함. 필자는 전체의 문맥상 전쟁의 본질은 변하지 않지만 개별 상황에 따라 카멜레온과 같이 색을 달리한 '속성'이 약간씩 변하는 것으로 번역하는 것이 타당한 것으로 보아 수정하였음.

104 상계서, p. 57.

105 상계서, p. 34.

106 상계서, p. 55.

전쟁의 목적은 '정치적 의도'라고 재진술하고 있다.

클라우제비츠는 전쟁과 정치의 관계에 대해서는 관계를 설정하였으나, 군사적 행동을 통하여 달성해야 하는 군사적 목표와 전쟁의 목표를 동일하게 설정하고 있다. 클라우제비츠 생전 당시에는 전략과 작전술의 구분이 없었기 때문에 당연하였지만, 오늘날의 전쟁에서 정치와 군사 부문의 수준별 역할을 구분한 '전쟁의 수준'[107]으로 보면 개념상 혼란을 주고 있다.

클라우제비츠가 "전쟁은 확대된 양자의 결투에 불과하다"[108]라 하여 양자의 결투가 확장된 개념으로 전쟁을 설명하였다. 예를 들어, 결투는 대부분 돈, 명예, 여자 등의 문제가 원인이 된다. 결투의 목적이 이 원인을 해결하는 것이다. 양자는 공히 자신의 목적을 달성하기 위하여 나의 의지를 상대에게 강요할 것이다. 상대가 나의 의지를 수용하게 하기 위해서는 상대의 의지를 굴복시켜야 하며, 이것이 결투의 목표가 된다. 이를 위하여 폭력이 수단이 되며, 폭력행동을 통하여 상대를 무력화시킴으로써 상대의 의지를 굴복시킬 수 있다. 곧 상대를 무력화시키는 것이 폭력행동의 목표가 되는 것이다. 다시 말해서 전쟁의 수준에서는 폭력행동을 준비하고 시행하는 것이 작전적(Operational) 수준에서의 군사 활동으로 정리할 수 있다.

오늘날에 규정된 전쟁의 수준(levels of war)의 관념적 구분으로 클라우제비츠의 이론적 전쟁 목적과 목표를 재해석해 보면 다음과 같이 정리할 수 있다. 전쟁의 목적은 전쟁의 원인인 '정치적 의도'이고, 정치의 다른 수단으로써 전쟁의 목표는 나의 의지를 적에게 강요 가능한 상태인 '적의 의지 굴복'이 되어야 하며, '적의 무장해제 및 타도'는 군사행동의 최종결과인 군사적 목표로서 전략 및 작전적 수준의 목표가 될 수 있다. 시대별로 전쟁의 목적과 목표가 어떻게 구분되

---

107 전쟁의 수준은 국가 전략목표와 전술행동 간의 연계성을 명확하게 하기 위한 관념적 구분으로서 통상 전략적 · 작전적 · 전술적 수준으로 구분하며 부대의 규모나 유형, 지휘수준에 따라 구분되는 것이 아니라 국가 전략목표 달성을 지원하기 위하여 어떤 활동을 하는가에 따라 수준이 결정됨. 육군본부 야전교범 3-0-1, 전게서, pp. 458-459.

108 클라우제비츠(2012), 전게서, p. 33.

고 있는가? 전쟁의 행동방안인 전략의 목표와 군사적 수준에서의 작전적 목표가 무엇인가를 구분해 보면 상호작용의 비교분석을 통하여 전쟁에 대한 시대별 용병술 체계를 정리할 수 있을 것이다.

3. 전쟁의 방법

전쟁 수행의 패러다임은 전쟁의 주체와 목표, 수단이 변함에 따라 진화되어 왔다. 전쟁 수행방법의 진화로 전략과 전투의 형태가 변하였고, 전쟁의 전략적, 작전적, 전술적 수준별 제대의 역할이 구체화되어 왔다.

전쟁 행위자의 변화가 전쟁 방식을 변화시켰다. 산업시대 국가의 등장에 따른 징병제도와 민족주의는 대규모의 군대를 형성하였으며, 이러한 변화는 오(伍)와 열(列)의 집단전(massing)에 의한 백병전 형태의 전쟁 방식이 사라지고 대규모 부대의 기동과 섬멸전으로 적의 병력과 생산시설을 파괴하는 형태로 전쟁을 변화시켰다. 그러나 국가와 비국가 단체와의 전쟁은 새로운 형태의 전쟁을 요구하고 있다. 초국가·비국가 단체는 영토가 없고 합법적인 정규군도 없다. 국가의 법을 초월해서 운영되는 비정규군으로 구성되어 있다. 비정규군은 조직범죄집단에서부터 저항단체와 테러단체, 게릴라군, 심지어 베트남 말기의 베트콩과 같은 군대 조직까지 다양하다. 비국가 단체와의 전쟁에서는 우리가 그리고 있는 전쟁, 전쟁터에서 사람과 기계 사이의 전투로 벌어지는 전쟁, 국제분쟁을 해결하는 대규모 사건으로의 전쟁, 이런 전쟁은 더 이상 존재하지 않는다. 그렇다고 해서 대규모의 부대와 무기를 갖춘 대규모의 전투 가능성이 존재하지 않는다는 것은 아니다. 그 의도나 진행과정에서 더 이상 국가 간 산업전쟁과 같은 형태가 되지 않을 거라는 이야기이다.[109] 이것이 소위 제4세대 전쟁(4GW) 또는 민간전쟁(War

---

109 루퍼트 스미스, 전게서, pp. 19-20.

Among the People)의 특성 중 하나이다.

전쟁의 목적과 목표가 변함에 따라 전쟁의 방식이 변화되고 있다. 과거에는 전쟁을 통하여 무조건적인 항복과 정치적 협상에 유리한 환경 조성, 그리고 무력 병합 등의 정치적 목적을 달성하는 것이 대부분이었다. 따라서 전쟁의 정치적 목적 달성을 위하여 적이 아군의 군사력으로 문제를 해결하겠다는 의도에 굴복할 정도로 군사적 목표를 설정하였다. 이러한 전략적 목표들은 '탈취'와 '점령', '파괴'와 같은 용어들로 표현되는 경향이 있었다.[110]

그러나 냉전 이후, 대부분의 저강도 분쟁에서 전쟁의 목적을 영토 정복이 아니라 정권교체나 정권탈취, 체제 전복에 두고 있다. 약소국 또는 비국가 세력들은 테러나 분란전 등 4세대 전쟁을 통하여 체제를 전복하고 정권을 탈취하는 전쟁을 수행하고 있다. 반면에 강대국가 국제연합군은 영토를 탈취하거나 그것을 점령하기 위해서 개입하지 않는다. 그들은 일단 개입하고 나면 영토를 보전하는 것보다는 떠나는 것이 관심사이다. 강대국은 민주주의라는 소기의 정치적 성과를 거두기 위해서 외교와 경제적인 동인, 정치적 압력, 기타의 조치를 위한 개념적 공간을 만들기를 원한다. 1990년 발칸반도에 대한 국제적 분쟁에 개입한 목적은 전쟁을 중단케 하거나 가해자 측을 파멸시키는 것이 아니라, 군사력을 이용해서 인도주의적 활동이 가능하고 협상이나 국제 행정을 통해서 소기의 정치적 성과를 거둘 수 있는 여건을 조성하는 것이었다. 1991년과 2003년의 이라크에서도 군사력을 동원한 것은 이라크의 무조건적인 항복을 받아 내기 위해서가 아니라, 다른 수단을 통해서 새로운 민주 정권을 수립할 여건을 조성하기 위해서였다.[111] 이로 인하여 과거 국가 정부기구(미국은 국무성)에서 수행하였던 안정작전(Stability Operation) 업무가 최근 군사 부문의 핵심적인 임무와 역할로 추가되었고, 전쟁 수행방식의 변화를 촉발하게 된 계기가 되었다.

---

110 상게서, p. 324.
111 상게서, p. 325.

전쟁의 수단 면에서 핵 및 미사일 등 대량살상 무기체계의 등장은 전쟁 수행 방식을 획기적으로 변화시켰다. 1945년 핵무기의 사용은 이전에 지배적인 전략이었던 총력전 대신에 억제를 전략의 중심으로 이동시켰다. 강대국들 간의 총력전 회피로 상대의 적(약소국과 비국가 단체 등)들은 비대칭 전략과 전술을 사용하여 승리할 수 있었다.[112]

무기체계의 살상능력이 획기적으로 향상되었던 산업사회에서는 대량파괴를 통하여 적의 전쟁능력 파괴를 추구하였으나 정보사회에서는 정밀무기 발달과 더불어 최소한의 파괴로 작전의 목적을 달성하고자 하는 전쟁 수행개념이 지배적이다. 인구감소로 인한 개인 인명 중시 경향으로 인하여 무인전력의 확대, 원격교전과 그에 따른 스마트 지휘능력을 활용하는 전쟁 양상이 나타나고 있다. 또한 적의 인명도 중시해야 하는 전쟁수행 행태의 요구로 물리적인 대량파괴를 지양하고 비살상 무기와 심리전, 언론전 등을 통하여 정신적이고 감성적인 영역을 통제하여 전쟁 목적을 달성하는 방향으로 전쟁 방식이 변하였다.[113]

4. 전쟁의 수단

전쟁 패러다임의 변화에 따라 전쟁의 수단에 대한 관점도 무력에 의한 폭력에서 비군사적 수단까지 포함하는 포괄적 개념으로 확대되고 있다. 클라우제비츠는 전쟁의 목적이 자신의 의지를 관철하기 위하여 물리적 폭력으로 상대방을 강요하여 어떠한 추가적인 저항도 불가능하게 만드는 데 있다고 하여 '물리적 폭력이 전쟁의 수단이다'라고 정의하였다.[114] 그는 국가와 법 개념의 범주를 벗어나

---

112 고원, "전쟁 패러다임의 변화와 한국군에의 시사점", 『국방정책연구』 제26권 제4호(서울: 한국국방연구원, 2010), p. 19.
113 상게 논문, p. 22-24.
114 클라우제비츠(2012), 전게서, pp. 33-34.

면 정신적 폭력은 존재하지 않기 때문에 오로지 물리적 폭력만이 전쟁의 수단이며 "전쟁에서 오로지 하나의 수단이 곧 전투다"[115]라고 말하고 있다. 그 당시의 전쟁 패러다임은 군사력의 충돌만을 전쟁으로 보는 시각이었다.

그러나 오늘날은 국제정치의 목표가 변화함에 따라 전쟁의 수단도 변하고 있다. 현실주의적 견해에 의하면 군사적인 힘만이 진정으로 유일한 수단이다. 영국의 역사가인 테일러(A. J. P. Taylor)는 1914년 이전의 세계를 서술하면서 '강대국을 전쟁에서 승리할 수 있는 국가'라고 정의하였다. 지금도 국가들은 당연히 무력을 사용한다. 그러나 반세기 동안 강대국들은 무력으로 그들의 목표를 달성하는 데 예전보다 더 많은 비용이 든다는 것을 알게 되었다. 하버드 대학의 호프만(Stanley Hoffmann) 교수가 지적하듯이 군사적 힘과 실질적인 목표 달성과의 고리가 느슨해진 것이다. 그 이유는 먼저 군사력의 궁극적 수단인 핵무기의 사용이 불가능하다는 것이다. 핵무기가 초래하는 재앙과 합리적인 정치적 목표의 부조화가 지도자들이 핵무기를 사용하는 것을 기피하게 만들기 때문이다.

재래식 전력도 민족의식이 강한 국민들에게 사용할 때에는 소요비용이 더욱 증가하였다. 19세기에 유럽 국가들은 근대적인 무기로 무장한 소수의 병사들로 다른 대륙을 정복하였고, 약간의 주둔군으로도 식민지를 다스릴 수 있었다. 그러나 국민이 사회적으로 동원되는 시대에는 강한 민족의식을 가진 점령지 국민들을 다스리기란 힘든 일이다. 19세기 영국은 소수의 병력과 공무원들로 인도를 다스릴 수 있었지만 오늘날의 세계에서는 불가능하다. 무력의 세 번째 변화는 바로 내부적인 제약에 있다.

시간이 흐르면서 특히 민주국가에서는 반군국주의(反軍國主義)적인 윤리의식이 강해졌다. 민주국가는 전쟁으로 인한 과도한 사상자를 용납하지 않을 뿐 아니라, 무력의 사용이 다른 나라들에게 부당하거나 불법적으로 비친다면, 이는 민주국가의 정치지도자들에게 큰 타격을 주기 때문이다. 마지막으로 몇몇 이슈들

---

115 상계서, pp. 33-34.

은 단순히 군사적 힘으로는 해결이 불가능하다는 것을 지적하지 않을 수 없다. 2001년 아프가니스탄 전쟁과 2003년 이라크 전쟁이 대표적인 사례로 전투에서 이기기는 쉬워도 평화를 얻기는 어려웠다. 군사력만으로 테러리즘으로부터 나라를 지키기에 충분치 않은 것이다. 무력은 국제정치에서 결정적인 수단으로 남아 있기는 하지만 유일한 수단은 아닌 것이다.[116]

군사과학기술의 발전에 따라 전쟁의 군사적 수단으로 새로운 무기체계가 등장하고 있다. 새로운 무기체계의 등장은 이를 극복하기 위한 무기체계의 등장을 유발하고, 전투의 승패는 어떻게 운용하는가에 따라 결정된다. 증기기관차의 발명은 군수지원 거리의 연장이 가능하게 하여 대부대의 원거리 투사 전략이 가능하였다. 전차의 등장으로 전격전이라는 형태의 작전이 가능하였고, 항공기는 성능의 발전으로 독자적인 전략타격이 가능한 무기체계로 발전되었다. 핵무기와 핵을 탑재할 수 있는 장거리 미사일은 총력전의 시대를 끝내고 제한전 형태의 전쟁을 가능케 하였다. 정보와 네트워크는 전쟁의 수단으로서 정보전이 가능하게 하였고, 정보체계 수단 자체의 파괴를 목표로 하는 사이버전이라는 새로운 전쟁 방법을 발전시켰다.[117] 개인 인명 중시 경향은 무인전력의 확대, 원격교전과 그에 따른 스마트 지휘능력을 활용하는 전쟁 수단을 발전시켰다. 또한 물리적 타격에 의한 대량의 인명피해에 대한 부정적 인식은 비살상 무기의 발전을 요구하고 있다.[118]

전쟁의 비군사적 수단도 확대되고 있다. 제1차 세계대전 이후 전쟁에 국가의 가용한 모든 수단을 총동원하여 전쟁에 기여하는 총력전이 일반화되었다. 전쟁에서 군사작전을 지원하기 위하여 국가의 총역량을 집중하였던 것이다. 오늘날에도 국가가 DIME(외교·정보·군사·경제) 등 모든 국력 수단을 총합적으로 사

---

116 조지프 나이(Joseph S. Nye, Jr.), 양준희 외 옮김, 『국제분쟁의 이해』(서울: 도서출판 한울, 2009), pp. 38-40.
117 고원, 전게 논문, p. 14.
118 상게 논문, pp. 22-24.

용하여 전쟁을 수행한다. 우세한 외교·경제력을 강압수단으로 사용하고, 군사력으로 무력시위(示威)를 하면서 정보(information)를 활용한 심리전과 여론전으로 나의 의지를 상대에게 강요한다. 전쟁을 결심한 군사력의 사용은 최후의 수단으로 사용하는 것이 오늘날 일반적이다. 한편, 약소국이나 비국가 단체는 비교적 저열한 무기로 무장하여 테러와 게릴라전을 수행하고, 인터넷이나 매스컴, SNS 등 네트워크를 이용하여 선전전, 여론전을 수행하는 등 비군사적인 수단을 전쟁에 최대 활용하고 있다. 무력만이 전쟁의 유일한 수단이라는 고전적인 전쟁 패러다임이 변하였다.

5. 전쟁 패러다임의 시대별 변화 분석방법

본 연구의 목적은 비교역사 방법에 의한 사례연구를 통하여 변화요인의 상호작용이 각 시대의 전쟁에 어떻게 작용하여 전쟁 패러다임의 혁명적 변화에 영향을 미쳤는가를 분석하여 이를 일반화시키고자 하는 데 있다. 이를 검증하기 위해서 변화요인과 전쟁 패러다임 변화의 상호 인과관계를 나타낸 분석의 틀은 아래의 〈그림 1-3〉과 같다. 전쟁 패러다임 변화의 주요 요인은 전쟁의 주체와 전략적 중심, 전쟁의 목적과 목표, 전쟁의 방법, 전쟁의 수단 등 네 가지이다. 전략적 수준에서 시대별 주요 전쟁 사례를 네 가지 변화요인들의 상호작용과 차이점을 분석하여 전쟁 패러다임의 변화 내용을 검증하고자 하였다.

이 책은 전략적 수준으로 연구의 범위를 한정하기 위하여 전쟁 사례를 시대별로 구분하였다. 전쟁 패러다임의 시대 구분은 쿤이 주장한 과학혁명론을 바탕으로 전쟁 이론들의 변천과 전쟁 세대구분 결정론에 관한 문헌, 그리고 역사적 사례 연구를 종합하여 설정하였다. 그 결과 전쟁이 혁명적으로 발전하였던 인류 문명 시대를 봉건·농경시대, 국가·산업시대, 그리고 세계화·정보화 시대로 구분하였다. 이 중 국가·산업시대는 나폴레옹 시대 이후 국가주의가 태동하고 산

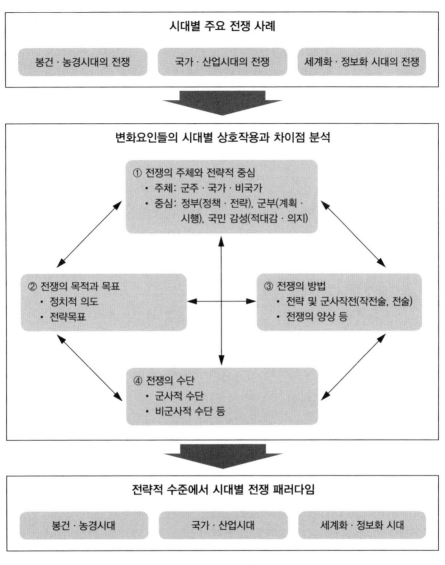

<그림 1-3> 분석의 틀

업혁명이 일어나면서 근대 민족국가가 형성된 이후의 시대를 말한다.

변화요인 중 전쟁의 주체와 전략적 중심은 전쟁의 목적과 목표 선정에 영향을 미치며, 특히 전략적 중심은 전쟁 목표 달성을 위한 전쟁 수행방법과 수단에 상호작용을 한다. 역으로 전쟁의 목표와 방법, 그리고 수단을 상호작용을 통하여 분석하면 전쟁의 주체와 중심을 유추할 수 있는 것이다. 이러한 상호작용에 의한 차이점으로 시대별 전쟁의 모습의 변화를 분석할 수 있고, 그 핵심적인 특징을 전쟁 패러다임으로 정리할 수 있을 것이다.

시대별 전쟁 패러다임의 변화는 다양한 핵심용어로 표현할 수 있다. 그중 전략적 수준에서의 중심은 그 시대의 전쟁 승리의 원인을 합리적으로 설명하기에 유리하다. 따라서 이 책에서는 전쟁 승리를 설명할 중심을 핵심용어로 선정하여 전쟁 패러다임을 표현하고자 한다. 전쟁 승리는 힘의 원천인 나의 중심은 보호하고, 적의 전략적 중심은 무너뜨려 자멸(自滅)을 유도하는 것이다. 적의 전략적 중심의 균형을 파괴하는 것은 전쟁 수행에 유리한 여건을 조성하게 하고, 전쟁 종결을 용이하게 한다. 이러한 군사적 논리를 바탕으로 그 시대 전쟁의 '전략적 중심'은 전쟁 행위자의 내부에서 누가 핵심적 역할을 하였으며, 누구를 위한 전쟁(전쟁 목적과 목표)이었고, 전쟁 수행방법은 무엇을 중심으로 선정하여 공략하였는지를 분석하면 가능하다. 전쟁의 속성을 지탱하는 정부(왕정, 비국가 단체의 전쟁지도부 등)와 군부, 그리고 국민 감성의 세 지주(支柱)는 문명시대에 따라 상대적으로 역할의 비중이 변화되어 카멜레온과 같이 전쟁의 패러다임을 변화시켰다. 그 시대의 전쟁행위는 역할 비중이 큰 지주가 '힘의 원천'으로서 전략적 중심임을 분석하고자 한다.

결과적으로 인류문명 시대의 변화가 전쟁의 속성을 변하게 하여 어떻게 새로운 전쟁 패러다임으로 혁명적으로 전환되었는가를 역사적 전쟁 사례를 통하여 변화요인들의 상호작용과 차이점을 분석하는 방식으로 살펴볼 것이다.

제2장
봉건·농경시대

제1절 군주 주도의 전장환경(戰場環境)

유럽 봉건제는 영주와 농노로 이루어진 장원(莊園)을 기초 단위로 하여 각 장원의 통치자인 영주(기사)는 쌍무적 계약을 통하여 상위 영주(대영주)의 가신(家臣)이 되고, 대영주 또한 더 상위의 영주로 이어져 궁극적으로 국왕 또는 황제와 쌍무적 계약 관계를 맺어 계층적인 가신 관계가 형성된 체제이다. 국왕을 포함한 모든 계층의 지배자들은 모두 장원을 다스리는 영주이며, 국왕 등의 대영주는 소유하에 있는 다수의 장원을 영주에게 분봉하여 다스리게 하거나, 한 단계 낮은 중소 영주의 충성을 얻음으로써 광대한 영토를 유지하게 된다. 예를 들어 영국의 국왕은 영국이라는 나라를 구성하는 모든 대영주들의 수장이면서 동시에 국왕령에 속하는 영주들의 수장인 대영주였으며, 또한 수도 런던을 포함한 국왕 직할령을 다스리는 영주였다. 이러한 누층적인 관계는 영주가 가지는 작위에서도 드러나는데, 영국의 국왕인 엘리자베스 II세의 공식 작위를 예시로 보면 영국 및 영연방 국가의 국왕 이외에도 노르망디 공작, 랭커스터 공작, 맨 섬의 영주, 에든버러 공작(女), 메리오네스 백작(女), 그리니치 남작(女) 등 다양한 작위가 있다.

이렇게 계층적인 관계는 휘하 영주 및 기사들의 봉건제도상의 충성을 유지하기 위한 방편이었다. 휘하 대영주를 실질적으로 통제하기 위해서는 대영주를 능가하는 직할령의 존재가 필요하였다는 것이다. 프랑스 카페 왕조 초기의 상황이 대표적으로, 프랑스의 국왕으로 영주들에 의하여 선출된 위그 카페(Hugues Capet)는 일드프랑스 지역의 영주로 다른 대영주를 압도할 수 있는 권력이 부족하였고 사실상 일드프랑스와 오를레앙 지역만 다스릴 수 있었다. 반대로 영국 노르만 왕조는 정복을 통하여 형성된 강력한 권력과 함께 본거지인 노르망디 지역의 힘을 바탕으로 휘하 대영주를 압도할 수 있었다.

중국 봉건제는 주나라 때 시행된 것으로, 왕족과 공신들을 요충지에 제후로 봉하여 주나라 왕실을 지키는 번병(藩屛)으로 삼은 것에서 시작되었다. 주나라 왕족 및 공신으로 이루어진 50여 제후국들이 임명되어 중국 각지에 남아 있던 기존의 800여 제후들을 아우르도록 한 것이다. 주나라 이전부터 존재하였던 800 제후에서 볼 수 있듯이 기존에도 봉건제도와 유사한 형태의 체제는 있었지만, 주나라 때 정치·사회 제도로서 본격적으로 정비되어 실시된 것으로 보는 것이 일반적이다.

봉(封)은 천자가 제후(諸侯)[1]를 임명하고 토지를 하사하는 제도이다. 봉건제도는 토지를 하사(封)하여 나라를 세운다(建)는 의미이다. 이렇게 제후들에게 땅을 나누어 주고 제후국을 삼는 것을 분봉(分封)이라 하며, 제후들에게 땅과 함께 작위를 내리는 것을 봉작(封爵)이라 하였다. 대부분의 제후는 주나라 왕족이 임명되었으며, 제후들은 다시 혈족을 중심으로 경대부(卿大夫)를 임명하고 채읍(采邑)을 나누어 줌으로써 계층적인 통치체제가 나타났다. 주나라의 봉건제도는 혈연을 바탕으로 한 종법(宗法) 질서를 통하여 중앙정부의 통제력을 유지하였다. 그러므로 종묘와 사직에 제사를 올리고 종법 질서를 확인하는 일이 크게 중시되었으며, 제후들에게는 제사에 참여하고 제사에 쓸 공물을 공급하는 책무가 부여되었다.

그러나 시간이 지나면서 제후들의 세력이 점차 강화되고 여러 세대가 흘러 제후와 주나라 왕실 간의 혈연관계도 약화되면서 종법 질서를 중심으로 한 통제체제가 약화되기 시작하였다. 그리고 주나라 왕실이 이민족의 침략으로 수도를 상실하고 낙읍(洛邑)으로 옮겨 오면서 실질적인 국력 우위마저 사라지게 되자 중앙정부의 통제력이 완전히 소멸되고 혼란기가 찾아왔다. 이 혼란기를 춘추전국시대라고 하며, 전반기인 춘추 시대에는 주나라 왕실의 권위를 존중하여 제후들이 패자를 중심으로 왕실을 보호하는 양상이었으나 후반기인 전국시대가 되면 제후들이 모두 왕을 자칭하고 주나라 왕실과 동등한 독립국으로 행세하기에 이르렀다. 이로써 주나라의 제도로서의 봉건제도는 완전히 소멸되었다.

---

1   제후: 봉건시대에 일정한 영토를 가지고 그 영내의 인민을 지배하는 권력을 가진 사람

한나라 이후 중국의 여러 왕조는 황족들을 제후 왕으로 책봉하는 봉건 전통은 형식적으로 부활하여 유지되었으나, 실질적인 제도는 주나라의 봉건제도와 달랐다. 분봉된 제후 왕들은 실권을 가지지 못하였으며, 제후 왕들의 영지를 포함한 모든 지역은 황제가 임명한 행정관이 일정한 임기 동안 다스리는 군현제로 통치되었다. 제후 왕들의 제후국은 이름만 국(國)이고 행정관의 직명만 달랐을 뿐 실질적으로 군(郡)과 차이가 없었다.

봉건사회의 변질에서 싹튼 근세사회[2]의 싹은 14~16세기경부터 18세기에 걸쳐 한층 더 성장하였다. 도시 중심의 상공업이 15세기 말부터 신대륙·신항로의 발견 등에 의하여 비약적으로 발전할 수 있었다. 아시아 무역, 아메리카 대륙의 식민지 무역 등의 전개로 상업은 세계적인 규모로 발전하였고 대서양 연안의 리스본, 런던 등의 여러 도시는 세계경제의 중심지가 되었다. 도시의 발전은 시민계급의 경제력을 향상시켜 근세사회의 주역으로서 발언권도 가지게 되었다. 한편, 신대륙으로부터 금·은 등의 귀금속이 대량으로 반입되어 가격혁명이 발생하자 봉건적 경제사회는 결정적 타격을 입게 되었다.

이후 로마 교황권이 쇠퇴되었다. 인쇄술의 발달로 『구텐베르크 성서』는 소수에서 다수의 사람이 읽을 수 있는 환경이 조성되었다. 인쇄술의 발달은 진보를 위한 강력한 원동력이기도 하였다. 마틴 루터와 같은 위험한 이단 사상이 전파되어 교황청이 검열을 강화했지만 도도한 근세사회로의 변화 물결을 막을 수는 없었다. 종교개혁과 그 뒤를 이은 종교전쟁의 결과로 정치와 종교의 분리, 신앙의 자유 확립 등 근대사회의 기본적 성격이 드러나게 되었다. 이와 같은 개성의 자각, 또는 폭넓은 인간중심적인 세계관의 수립에 크게 기여한 것이 르네상스 이래의 휴머니즘의 발전이었다. 특히 17~18세기에 보급된 계몽사상(啓蒙思想)은 자유·평등의 기본적인 인권과 민주주의, 사회계약설 등 근세사회의 기본적인 사상

---

2   시대 구분의 하나로, 근대가 시작되기 전 시기로 르네상스에서부터 절대주의·중상주의가 전개되던 17~18세기까지의 시기를 말한다. 《네이버 지식백과》, "근세", https://terms.naver.com/entry.snhn?docId=1169694&cid=40942&categoryId=33370(검색일: 2017. 5. 22.)

을 넓혀서 시민혁명의 사상적 무기가 되었다.

　중앙집권 국가의 발전은 17~18세기에 절대주의 국가(절대왕정)를 탄생시켰다. 군대와 관료를 기반으로 절대 권력을 장악한 군주가 통치하는 절대주의 국가는 그 본질에 있어서 봉건국가의 재편성이지 결코 근대국가라 할 수 없지만 행정기구의 정비나 관료제도와 같은 통치기구의 집중성에서 보면 근대적 성격을 지니고 있다. 이후 귀족, 승려 등의 봉건적 지배계층을 대신해서 시민계급이 권력을 쥐고 지배층이 되었을 때 정치적 근대국가가 성립되었다. 이것이 곧 시민혁명이다. 그러나 진정한 의미에서 근대 시민사회의 성립은 산업혁명을 거치지 않으면 안 되었다. 산업혁명은 18세기 중엽 영국에서 비롯되었고, 19세기 중엽부터는 유럽의 여러 나라에도 전개되어 자본주의 사회를 확립하였다. 따라서 산업혁명과 시민혁명, 이 두 가지가 유럽 근대사회 확립의 필수요소로 볼 수 있다.[3]

　대략 1500년 이전까지의 유럽은 고립되고 분열된 지역이었으며 과학과 문화의 여러 분야에서 터키와 페르시아, 아라비아, 인도, 중국 등 국제화된 정치체제에 상대적으로 뒤처진 가난한 지역이었다. 적어도 1400년까지는 전 세계에서 가장 강력한 군사력을 보유한 민족은 몽골족과 투르크족이었다. 하지만 16세기 초기에 이르러 유럽은 지구 상에서 가장 부유하고 활기 넘치며 막강한 힘을 갖춘 지역으로 성장하게 된다. 유럽의 탐험가와 상인, 전도사, 정착민, 선원과 군인들이 다른 대부분의 지역을 정복하면서 1800년대에 이르러서는 전 세계 대륙의 35%를 장악하고 1914년에 이르러서는 그 비율이 무려 84%에 달하게 된다.[4]

　과학기술은 이러한 중대한 발전 과정에서 결정적인 역할을 해왔다. 철 생산의 증가, 수레의 도입, 물레방아와 풍차, 돛을 동력으로 하는 화물선의 보급 등은 농업 생산성과 교역의 뚜렷한 증가로 이어졌고 중세 후반의 번영을 가져왔다. 군

3　《두산백과》, "유럽 근대사회 성립", https://terms.naver.com/entry.nhn?docId=1184746&cid=40942&categoryId=31611(검색일: 2016. 6. 20.)

4　맥스 부트(Max Boot), 송대범 · 한태영 옮김, 『Made in War: 전쟁이 만든 신세계』(서울: 도서출판 플래닛미디어, 2008), pp. 66-67.

사기술 역시 중세시대의 막을 내리는 데 중요한 역할을 하였다. 구질서에 대한 최후의 일격은 화약의 도입이었다. 등자와 나침반, 종이 등과 같이 화약 역시 중국에서 발명되어 유럽으로 전파되었다. 유럽에서 화약에 대한 최초의 기록은 1267년, 총에 대한 최초의 기록은 1326년으로 거슬러 올라간다. 1400년대에 이르러서 야금술, 화약제조 기술 등의 발달 덕분에 유럽에서는 거대한 대포로부터 휴대용 화승총에 이르기까지 다양한 화기들이 대량 생산되기 시작하였다. 화기는 유럽의 전유물이 아니었다. 무굴제국과 명나라, 페르시아의 사파비 왕조, 조선, 오스만튀르크, 일본의 도쿠가 막부도 화기를 효과적으로 사용하였다. 하지만 유럽은 합리적이고 자유주의적이며 역동적인 문화가 모든 분야에서 과학의 발전을 가속화하였다. 근대성의 중요한 특징 중의 하나가 사람의 힘을 화약의 힘으로 대체하는 것이라면 화기야말로 최초의 근대적 발명품이라고 할 수 있다.[5]

유럽과 동양지역에서의 봉건제는 근본적으로 왕이 곧 국가였다. 유럽의 기사나 동양의 제후가 군주의 가신이 되어 왕정(王廷, Regal Government)으로 통치하였다. 또한 군대는 왕과 가신들의 사병(私兵)으로 왕의 재정에 의하여 육성되고 관리되었다. 이런 측면에서 전장환경은 동서양이 유사하였다. 따라서 이 책에서는 전쟁 패러다임을 분석하면서 시대 구분에 따른 혼란을 최소화하기 위하여 근세와 현대에서 전쟁을 주도한 유럽의 전쟁 사례를 중심으로 연구하였다.

---

5 상계서, pp. 70-71.

제2절 군주가 전쟁 주체, 왕정이 수행한 전쟁

봉건·농경시대에는 군주와 가신으로 구성된 왕정이 전쟁을 주도하는 왕정 중심(重心)의 전쟁이었다. 봉건시대 및 근세의 군주는 곧, 국가였다. 영토와 백성, 주권은 군주와 귀족만의 관심사였다. 왕은 왕권(王權) 강화를 위하여 무력을 육성하였고, 강력한 무력을 유지하기 위하여 더 많은 영토와 노동력이 요구되었다. 한정된 지역에서 더 많은 왕의 이익(농토와 노예 등)을 확보하기 위해서는 군주들 간의 전쟁이 불가피하게 되었다. 전쟁에서의 군주는 정치지도자이면서 곧 군사 지도자였다. 역사적으로 한 국가나 한 독립체의 정치 지도력과 군사 지도력은 동일시되어 왔다. 단지 명목상이라고 하더라도 대개는 군주나 국왕이 정책을 결정하고 군을 통수했기 때문이다. 이 두 지도력은 19세기 국민국가의 발전과 민주주의하에서 분리되었고, 오늘날에도 전쟁 지도와 군사 지도는 분리되어 있다.[6]

군주의 군대는 왕정을 지키는 가신들의 사병이면서 용병이었다. 그 당시 무력집단인 기사와 용병들은 군주의 소유물이었고, 보수를 받는 전투의 기술자였지 명예와 애국심은 없었다. 전쟁은 군주들 간의 전쟁이었고, 군주의 정치적 목적을 달성하기 위한 수단이었다. 일반 시민들은 전쟁에서 배제되었고, 용병 장교와 병사들은 계약에 의한 충성심 외에는 없었다. 클라우제비츠는 18세기의 전쟁을 다음과 같이 말하고 있다.

> 18세기에는… 전쟁이란 오로지 정부가 행하는 것이었기 때문에 국민의 역할이란 단지 전쟁을 수행하는 도구에 불과한 것이었다. 외국과의 관계에 있어서 국민을 대표하는 것은 행정부였으며 국민의 존재는 완전히 도외시되었다. 따라서 전쟁은 정부만의 관심사였고 정부는 국민의 의사를 무시하고 정부가 곧, 국가

---

6   루퍼트 스미스, 황보영조 옮김, 『전쟁의 패러다임』(서울: 까치글방, 2008), p. 31.

그 자체(自體)인 것처럼 행동하였다.[7]

위와 같이 봉건시대의 전쟁은 군대와 국민의 비중보다 군주와 가신들이 주도하는 왕정의 비중이 월등히 높은 전쟁의 속성을 보여주고 있다. 왕정 중심의 전쟁은 적개심에 의한 '감성(국민의 속성)'보다는 정치적 목적인 '이성(정부의 속성)'의 비중이 높은 제한전의 성격을 가진 전쟁의 모습이었다.

1. 국가의 재정이 곧, 힘이며 전투력

유럽의 봉건시대에서 1명의 중무장한 기사를 양성하기 위해서는 약 14년이 소요되었고, 말을 비롯하여 장창, 도끼, 갈고리, 방패, 철제 갑주 등의 장비를 구입하기 위한 가격은 작은 농장 값에 해당하였다. 따라서 돈이 없는 평민은 기사가 될 수 없었다.[8] 군대의 구조에서 가장 큰 결정요인은 언제나 자금이었다. 심지어 인구의 규모와 사용 가능한 잠재적 병력 문제도 재정적 고려에는 미치지 못하였다. 자금이 문제가 되지 않는다면 여분의 무력을 언제든 매입할 수 있기 때문이다. 역사적으로 볼 때 가장 명백한 비용은 자금과 인력이다. 이 비용은 군대를 편성할 때 한 사회 전반의 계속적인 복지 차원에서도 따져 보아야 한다. 이를테면 군대가 수확이나 경제 유지에 필요한 인력을 모두 동원해서는 안 된다. 그러다가 군대와 사회 둘 다 굶주릴 것이기 때문이다. 혹은 말을 모두 징발해서도 안 된다. 수확물이 들판에서 썩어 갈 것이기 때문이다. 유사 이래로 국왕과 제후와 정부는 군대의 다른 여러 측면과 마찬가지로 투자의 수지를 맞추는 문제로 골머리를 앓아 왔다. 가난한 국가는 부유한 국가보다 무기를 적게 보유하고 인구가

---

7   해리 서머스, 민평식 옮김, 『미국의 월남전 전략』(서울: 병학사, 1983), p. 20.

8   합동군사대학교 합동교육참고 12-2-1, 『세계전쟁사(上)』(대전: 합동군사대학, 2012), p. 1-37-16.

적은 국가는 많은 국가보다 병력을 적게 보유하였다.[9]

15세기 중엽에 개발된 화승총이 전장에 등장하고 18세기 초에는 소총에 꽂는 대검이 보급되면서 보병이 전장을 주도하게 되었다. 이로 인하여 중세시대 기사 중심의 봉건 군대는 하층민이 주류를 이루는 용병 중심의 상비군으로 전환되었다. 용병으로 구성된 상비군은 경제적으로 막대한 유지비용이 소요되었고, 자연히 규모가 축소될 수밖에 없었다. 영주는 용병을 유지하고 확장하기 위하여 중상주의 정책을 장려하기 시작하였다.

18세기의 군 조직은 국가 재정에 의하여 유지되었다. 국왕들은 국가 재정을 거의 개인 재산으로 간주하였고, 적어도 국민의 재산이 아닌 정부의 재산으로 간주하였다. 주변 국가들과의 관계는 대체로 재화와 정부의 이해관계를 중심으로 형성되었다. 국민의 이해관계는 관심의 대상이 아니었다. 따라서 정부는 끊임없이 재화를 증식시키기 위하여 노력하는 거대한 재화의 소유자 겸 관리자로서 자리매김을 하였다.[10]

막대한 용병 육성과 유지비용으로 인하여 전쟁은 결전을 회피한 채 지극히 제한적인 양상으로 전개되었다. 기존의 무기와는 달리 단 한 발에 치명적인 결과를 초래하는 화승총의 등장으로 살상률이 증대됨에 따라 영주는 막대한 비용이 드는 용병의 손실을 막고, 또한 상비군의 보급체계가 미비함에 따라 용병들의 전장 이탈을 방지하기 위하여 가급적 전쟁을 회피할 수밖에 없었다.[11] 프랑스의 루이 12세(Louis XII)가 1499년 밀라노 침공을 감행하기 위하여 무엇이 필요한지 그의 보좌관에게 묻자 그는 "첫째도 돈이요, 둘째도 돈이요, 셋째도 돈입니다"라고 잘라 말하였다. 유럽의 대부분의 영주들은 충분한 자금력이 없었다. 화약시대에 성공적으로 경쟁하기 위해서는 넓은 영토를 통치하면서 실질적인 재원을 제공하는 영주, 즉 왕의 자금력이 필요하였다. 자금력이 풍부한 군주들은 더 많은 군

---

9   루퍼트 스미스, 전게서, pp. 40-42.

10   카를 폰 클라우제비츠, 류제승 옮김, 『전쟁론』(서울: 책세상, 2012), p. 385.

11   합동군사대학교, 전게서, p. 1-37-18.

대를 보유할 수 있었고, 이러한 군대를 보유한 군주들은 통치영역을 확장해서 더 많은 토지와 곡물, 노예 등 부(富)의 창출수단을 확보하여 더 큰 부자가 될 수 있었다.[12]

군주는 국민으로부터 유리되어 왕정 자체를 국가인 것처럼 간주할 정도로 전쟁은 순수하게 왕정의 관심사가 되었다. 따라서 왕정은 가방 속의 은화인 국가 재정, 그리고 자국(自國)과 주변국의 유랑인들을 수단으로 전쟁을 수행하였다. 그 결과 왕정의 동원 가능한 수단은 한정되어 있었기 때문에 양측은 전쟁수단의 규모와 시간 면에서 적국(敵國)의 힘을 상호 평가할 수 있었다. 전쟁 이전 단계에서 양측은 서로 적국의 현금, 재화, 신용 대부 등을 대략 알고 있었기 때문에 적의 전투력 규모를 알 수 있었다. 양측은 서로의 전투력의 한계를 알았기 때문에 전쟁 목표를 억제하여 설정할 수 있었고, 극단적 위험으로부터 안전했기 때문에 더 이상 극단적인 것을 감행할 필요가 없었다.[13]

왕정 중심의 전쟁은 절대왕정이 무너진 후 새로이 등장한 '국민국가'의 국민들이 나라를 위하여 싸울 의무를 수행하기 위하여 직극적으로 모여들었을 때 위기를 맞이하였다. 이 시대의 군대는 이전 시대에 비하여 유례없이 대형화되었고 대형화된 군대는 영주나 왕가의 재산으로 유지할 수 없었다. 이를 유지하려면 새로이 탄생한 국민국가의 생산능력이 총동원되어야 가능했기 때문이다. 지금까지의 용병으로 한 전쟁의 모습이 국민군의 총력전(Total War)으로 발전하기 시작하였다.[14]

---

12   맥스 부트, 전게서, p. 73.

13   클라우제비츠(2012), 전게서, pp. 385-386.

14   조상근, 『4세대 전쟁』(서울: 집문당, 2010), p. 32.

2. 국왕의 사병, 중세 기사와 근세 용병 상비군

혈연에 기초한 종법 질서를 중심으로 통제력을 유지하였던 중국의 봉건제와 달리 유럽의 봉건제는 혈연이 아닌 쌍무적 계약 관계로 통제력을 확보하였다. 주군은 보호를 제공하고 가신은 충성을 제공한다는 상호 간의 의무를 기초로 계약을 맺는 것으로 농노와 영주 사이의 관계가 이에 해당하였다. 영주와 상위 영주 간에도 기본적으로는 같은 계약이지만 세부적으로 영주는 세금과 일정 기간의 군사적 봉사를 제공하고 상위 영주는 토지(봉토)를 제공하는 관계였다. 봉토의 소유권과 충성 계약은 세습되었으며, 혼인과 상속을 통하여 이전될 수 있었다. 또한 쌍무적 계약이었으므로 의무가 지켜지는 한 영주의 거취는 자유로웠다. 이를 통하여 그들은 여러 명의 상위 영주를 섬기고 다수의 봉토를 받는, 혹은 혼인과 상속을 통하여 다수의 봉토를 획득함으로써 여러 명의 상위 영주를 가지게 되는 경우가 많았다. 심지어 국왕조차도 이러한 혼인과 상속을 통하여 직할령 혹은 직속 영주를 확대하는 정책을 취하였다. 충성을 맹세한 상위 영주가 다수이다 보니 군사적 봉사를 제공할 때 어느 영주를 우선으로 두는지에 대한 계약 관계가 따로 존재하기도 하였다.[15]

봉건 질서는 전장(戰場)에서 중기병(重騎兵)이 우위를 차지하는 데 근거가 되었다. 귀족이 소유한 영토는 기병을 양성하고 유지하는 데 사용되었다. 품위 있는 기사 문화는 이들의 위업을 미화하였다. 역사학자 린 화이트(Lynn White)는 이 당시 갑옷을 입은 기사들이 전장을 누빌 수 있었던 이유는 8세기 초 유럽의 말 사육기술의 발달과 등자(鐙子)의 도입 때문이었다고 주장하였다. 등자의 도입으로 말과 인간이 혼연일체가 될 수 있었고 칼과 창, 활을 사용하여 적어도 처음에는 전장에서 감히 대적할 수 없는 힘을 발휘할 수 있었다.[16]

---

15 《위키백과》, "봉건제", https://ko.wikipedia.org/wiki/%EB%B4%89%EA%B1%B4%EC%A0%9C
16 맥스 부트, 전게서, p. 68.

1800년 이전 절대왕정 시대에 육군이나 해군은 장교에 의하여 지휘되었다. 장교들은 일반적으로 용병이나 귀족이었다. 양자는 신분을 하나의 전문직업으로 생각하지 않았다. 용병에게는 하나의 사업(Business)이었다. 비전문적인 귀족에게는 취미였다. 전문적 업무의 직업적 목표라는 견지에서 보면 전자는 보수를 추구하고, 후자는 명예와 모험을 추구하였다. 용병 장교는 봉건제도의 붕괴로부터 17세기의 후반에 걸쳐 지배적인 형태였다. 그 기원은 100년 전쟁 중(1337~1453)에 번성하였던 용병단이다.

용병제 하의 장교는 본질적으로 하나의 기업가이며 그는 보수를 위하여 일하는 사람들로 구성되는 사회를 설립한 것이다. 하나의 부대는 여러 단위로 구성되어 있으며, 또 각 구성단위는 그 단위 부대장의 재산이었다. 용병은 각각 개인으로서 어느 정도 경쟁관계에 있었다. 즉 그들은 직업상의 공통기준도 협동심도 가지고 있지 않았다. 또한 규율과 책임도 없었다. 전쟁이란 약탈행위이며 약탈이 널리 인정되고 있었다. 용병제도는 30년 전쟁(1618~1648)에서의 구스타브 아돌프(Gustavus Adolphus)와 올리버 크롬웰(Oliver Cromwell)이 이끄는 규율 잡힌 군대[17]의 성공과 더불어 사라져 갔다.[18]

용병 장교를 귀족의 아마추어로 바꾸는 것은 근본적으로 영지를 보호하고 통치를 지속하기 위하여 영속적인 군대가 필요하다고 느낀 국왕에 의한 권력 강화의 결과였다. 그 결과 상비군으로서 육군과 해군이 탄생하였다. 이들 군대의 병사는 통상 3년 내지 12년을 기한으로 하는 장기 지원병으로 구성되었으며 그들은 뇌물이나 강요에 의하여 사회의 최하층에서 모집되었다. 국왕은 강제로 쇠퇴하고 있던 봉건귀족을 장교로 충당하였다. 귀족들은 국왕의 군대에 입대하도

---

17 17세기의 프로테스탄트 군은 19세기의 전문직업군과 여러 면에서 비슷하다. 예를 들면 규율이 엄격하며, 진급은 연령순과 지휘관의 추천에 의거하고, 계급을 사고파는 일은 엄격히 금지되어 정치적인 고려도 거의 없었다. 그러나 이처럼 분명한 직업주의는 기술의 확대와 능력의 분화보다는 이념적, 종교적 열정에 근거하였다. 새뮤얼 헌팅턴, 허남성 외 옮김, 『군인과 국가』(서울: 한국해양전략연구소, 2011) p. 25 참조.

18 상게서, p. 25.

록 강요(프러시아의 경우)되기도 하고, 매수(프랑스의 경우)되기도 하였다. 군대는 그 관리의 재산이기보다는 국왕의 재산이 되었다. 장교 자신은 계약을 기초로 하여 영업하는 기업이 아니라, 국왕의 종신 하복으로 되었다. 군대에 대한 국가의 통제가 사적(私的)인 통제로 바뀐 것이다.[19]

3. 적개심이 부족한 전투

역사가 고든 터너(Gordon Turner)는 18세기의 유럽 군사제도의 특징인 지배자와 피지배자의 관계와 유사하게 군대 계급 사이에도 존재하였다고 하였다. 평민으로서 중요한 직위에 있지 않았던 자는 군인이 되어서도 역시 중요한 직위에 오르지 못하였다. 이와 같은 이유에서 전장에서 전술대형이 병사를 인간으로서가 아니라 자동기계로서 사용하게끔 조직되었다. 병사들은 인간적인 신뢰를 받고 있는 것이 아니었으므로 무장 초병의 감시하에 진격하도록 전술대형을 형성하여 전장에 투입되었다. 전투에서 개개인의 특성은 허용되지 않았고, 병사들이 도망가지 못하게 밤이 오기 전에 진영으로 돌아와야 하였다.

당시 전쟁은 군주 간의 전쟁, 즉 '군주만의 관심사'로 여겨졌기 때문에 상비용병으로 구성된 군대는 상황이 불리하거나 여건이 열악하면 전장을 이탈하는 것이 예사였다. 따라서 전장 이탈이 우려되는 산개대형이나 야간 전투는 시행이 불가능하였던 것이다.[20] 또한 전쟁은 지배자들끼리의 유희였으므로 일반 시민을 혼란 속에 몰아넣는 것은 부당한 것으로 생각하였다. 그래서 군사작전은 군인과 시민을 참화 속에 몰아넣는 무제한의 투쟁이라기보다는 오히려 정중히 실력을 겨루는 행위라고 생각하게 되었다.[21]

---

19 상게서, p. 26.
20 합동군사대학교, 전게서, p. 1-37-18.
21 상게서, p. 2-64-51.

당시 마키아벨리(Machiavelli Niccoló)는 그의 저서『군주론』에서 적개심이 없는 용병에 대하여 부정적인 평가를 하고, 자국의 시민들로 구성된 애국적인 시민군의 보유를 주장하였다. 그는 "용병이란 분열되어 있고 야심만만하며, 기강이 문란하고 신의가 없기 때문입니다. 그들은 동료가 있을 때는 용감해 보이지만, 강력한 적과 부딪치게 되면 약해지고 비겁해집니다. 그들은 신을 두려워하지 않으며 사람들과 한 약속도 잘 지키지 않습니다. 그리고 그들은 당신에게 아무런 애착도 느끼지 않으며, 너무나 하찮은 보수 이외에는 당신을 위해서 전쟁에 나가 생명을 걸고 싸울 어떤 이유도 없기 때문입니다. 당신이 전쟁을 하지 않는 한, 그들은 기꺼이 당신에게 봉사하지만, 막상 전쟁이 일어나면 도망가거나 탈영합니다"라고 말하였다.[22] 마키아벨리는 이탈리아가 당시에 시련을 겪은 이유가 용병에 의존했기 때문이라는 것을 강조하였다. 목숨을 바쳐 지킬 조국이 없는 용병들은 오직 자신들의 이익만을 위하여 싸우는 존재들이었기 때문이었다.[23]

요컨대 국가는 증오와 적대 감정으로 행동하지 않았고, 증오와 적대감정은 협상의 구성요소가 되었다. 따라서 전쟁에서 극단적인 에너지와 노력은 관심 대상이 되지 못할 정도로 전쟁은 일종의 모의전쟁에 불과하였고, 전쟁에서 위험한 증오와 적개심의 속성은 대부분 상실되었다.

22 마키아벨리, 강정인 외 옮김,『군주론』(서울: 까치, 2008), p. 84.
23 군사학연구회,『군사사상론』(서울: 플래닛미디어, 2014), p. 101.

제3절 군주의 이익 쟁취만을 위한 전쟁

봉건·농경시대에서는 왕의 명예와 이익에 전쟁의 목적과 목표를 두었다. 봉건 왕은 왕권 강화를 위하여 무력(武力)을 육성하였고, 강력한 무력을 유지하기 위하여 더 많은 영토와 인력이 요구되었다. 군주들은 자원이 한정된 지역에서 더 많은 농토와 노예 등을 확보하기 위해서 그들 간의 전쟁이 불가피하게 되었다. 봉건시대의 전쟁의 목적과 목표를 논의하기 위해서 클라우제비츠의 전쟁론에서 기술한 바를 기초로 역사적 사례를 간략하게 고찰하기로 한다.

반야만적인 타타르인들로부터 고대 민주주의 국가들, 중세의 봉건영주와 상업도시들, 18세기 왕들은 모두 상이한 수단을 운용하고 서로 다른 목표를 추구하는 자신들의 고유한 방식으로 전쟁을 수행하였다. 타타르인들은 새로운 정착지를 찾았다. 이들은 부인과 자녀들을 데리고 전체 민족 단위로 동시에 이주하였으며 수적으로 볼 때 다른 국가의 군을 능가하였다. 이들의 목표는 적을 정복하고 축출하는 것이었다. 로마를 제외한 고대 민주주의 국가들은 작은 나라였고 이들 국가의 군은 더욱 소규모였다. 왜냐하면 이 국가들은 군 편성에서 다수 계층인 천민을 배제했기 때문이다. 이 국가들은 작은 나라들 간의 형성된 균형이 대규모 전쟁을 억제하는 역할을 한다는 것을 잘 알고 있었다. 이들은 영향력을 확보하기 위하여 농촌을 황폐화시키고, 몇 개의 도시를 점령하는 수준에서 전쟁 목표를 제한하였다.[24]

로마는 유일한 예외였으며 특히 후기 로마는 더욱 그러하였다. 로마는 수세기 동안 약탈과 동맹을 위하여 소규모 집단으로 인접 국가들과 일상적인 싸움을 하였다. 로마는 인접 민족들을 강제로 복속시키기보다는 점차 하나의 전체로 동화시키는 동맹 방식으로 성장하였다. 로마는 이와 같은 방식으로 이탈리아 남부

---

24 클라우제비츠(2012), 전게서 pp. 379-380.

지역을 석권한 후부터 사실상 정복사업을 통하여 유럽과 아시아와 이집트까지 지배권을 확장하였다. 로마의 군사력은 당시 엄청난 규모였지만 군사력을 유지하는 데 문제가 없었다. 로마의 부(富)는 거대한 군사력을 유지하고도 남음이 있었기 때문이다. 알렉산더 대왕의 전쟁 방식은 독특하였다. 그는 소규모이지만 우수하게 조직되고 훈련된 군을 이끌고 광활한 아시아 지역을 무자비하고 쉴 새 없이 가로질러 인도까지 진출하였다. 고대 민주주의 국가들은 이러한 전쟁을 수행할 수 없었다. 오로지 용병대장 역할을 겸한 왕만이 이러한 정복사업을 신속하게 수행할 수 있었다.[25]

중세시대의 크고 작은 왕정국가들은 기사군(騎士軍)으로 전쟁을 수행하였다. 기사군은 여러 계층의 봉신(封臣)과 하인으로 구성되어 있었다. 기사군의 일부는 합법적 의무, 일부는 자발적 동맹에 의하여 결합되었으며 그 전체가 하나의 동맹관계로 간주될 수 있었다. 무기와 전술은 개인 대 개인의 전투에 기초를 두고 있었기 때문에 대규모 무력집단에는 부적합하였다. 역사상 중세처럼 국가의 결속력이 느슨하고 국민 개개인이 독립적이었던 시대는 결코 없었다. 이로 인하여 당시의 전쟁은 신속하게 수행되었으며, 지구전(持久戰)은 거의 없었다. 그러나 전쟁의 목표는 대체로 적을 타도하는 데 있지 않았고 단지 적을 징벌하는 데 있었다. 따라서 기사군은 적의 가축들을 쫓아내고 적의 성에 불을 지른 후 모국(母國)으로 복귀하였다.[26]

18세기의 절대왕정 시대에는 국가의 재정이 국가의 힘이었다. 군사력은 국가 재정으로 유지되었기 때문에 전쟁의 목표를 억제하여 설정할 수밖에 없었다. 교전자는 전쟁의 정치적 목적을 달성하기에 충분한 수준 이상으로 전투력을 운용하지 않고 군사적 목표도 설정하지 않는다는 원칙하에 행동하였다.[27] 국왕 자신이 최고사령관을 겸하는 경우에도 군사력은 신중하게 운용되어야 하였다. 만

---

25 상게서, p. 380.

26 상게서, p. 381.

27 상게서, p. 378.

일 군이 붕괴된다면 왕은 군을 새롭게 창설할 수 없었으며 대체할 다른 수단도 없었다. 결정적 이익이 예견되는 경우에만 값비싼 수단이 사용될 수 있었다. 이익을 성취하는 것이 야전사령관의 용병술이었다. 이익을 성취하지 않은 작전은 행동할 이유가 없고, 모든 힘과 동기는 무기력해지기 때문이다. 따라서 전쟁은 본질적으로 하나의 진정한 게임이 되었다. 전쟁은 그 의미상 다소 강한 외교 형태 또는 보다 강력한 협상 방법일 뿐이었다. 외교와 협상이 진행되는 동안 회전(會戰)과 포위공격은 일종의 기본 어음이었다. 당시 가장 야심찬 통치자의 전쟁 목표는 종전(終戰) 후 평화 협상 시 많은 이익을 얻는 것이었다.[28]

제4절 장기판의 게임과 같은 군주 간의 전쟁

왕조시대의 전쟁은 군주와 그의 가신으로 구성된 정부가 국민으로부터 유리되어 정부 자체가 국가인 것처럼 간주될 정도로 전쟁은 순수하게 군주와 정부만의 관심사였다. 고대 소규모 국가들은 군주의 영향력을 확보하기 위하여 적의 농촌을 황폐화시키고, 몇 개의 도시를 점령하는 수준에서 제한하여 전쟁을 수행하였다. 로마시대에는 정복사업을 통하여 유럽과 아시아와 이집트까지 지배권을 확장하였으나 강제로 복속시키기보다는 동화시키는 동맹 방식으로 전쟁을 종결하였다. 18세기 절대왕정 시대에는 국가 재정이 곧 힘이었고 군사력을 유지하기 위하여 전쟁 목표를 억제할 수밖에 없었다. 당시 전쟁 목표는 종전 후 유리한 협상여건을 조성하여 많은 이익을 얻는 것이었다.[29] 그 당시의 전쟁 목적은 적의 왕

---

28 상게서, p. 386.
29 상게서, pp. 379-386.

과 그의 정부를 제거하거나 굴복시켜 군주의 지배권 확대와 이익을 얻는 데 있었다. 따라서 전쟁의 중심(重心)이 군주와 그의 정부에 있었다.

전쟁의 방법은 피아(彼我)의 중심[30]을 식별하여 나의 중심은 보호하고 적의 중심을 공략하는 것이다. 전쟁 방식도 그 당시의 최신의 무기를 활용하여 나의 군주와 정부를 보호하고 적의 군주와 정부를 제거하거나 굴복시키는 방향으로 발전되었다. 전장에서 한 번의 결전으로 상대방의 군주를 제거하거나 굴복시키면 대부분 승패가 결정되었다. 또한 적의 군사력을 패퇴시키고, 영토를 황폐화시키며, 적의 성을 점령하여 불을 지르는 것만으로 적 군주의 의지를 굴복시킬 수 있었다.

왕조시대의 전쟁 모습은 장기판의 게임과 같았다. 적의 왕을 포위하거나 제거하면 전쟁에서 승리하였다. 판세가 불리하면 전쟁을 포기하고 협상으로 대가를 지불하는 것이었다. 전장에서의 전투대형은 나의 군주를 보호하고 적의 군주를 굴복시키기 위한 장기판의 포석과 같았다. 따라서 중세시대에 방자(防者)는 군주와 정부를 보호하기 위하여 강력한 성(城)을 구축하였고, 공자(攻者)는 전쟁의 중심(重心)인 군주가 위치한 성을 공략하기 위하여 공성전(攻城戰)을 수행하였다.

제한전쟁 시대에 군주들은 국가 재정으로 유지된 군사력을 보호하기 위하여 이익이 없는 전쟁은 회피하였다. 그들은 결정적 이익이 예견되는 경우에만 값비싼 수단을 사용할 수 있었다. 만일 군이 붕괴된다면 왕은 군을 새롭게 창설할 재정이 없었고 대체할 다른 수단도 없었기 때문이었다.[31] 따라서 전장에서의 전투는 적의 군사력을 최대한 약화시키거나 와해시켜 적대국 왕의 신변을 위협할 수 있는 여건을 조성하는 것이 목표였다. 또한 전쟁의 목적은 적대국의 왕의 신

---

30 육군본부 야전교범 3-0-1, 『군사용어사전』(대전: 육군본부, 2012)에 의하면, 중심(重心, Center Of Gravity)은 피아 힘의 원천이나 중심(中心)이 되는 곳으로 파괴 시 전체적인 구조가 균형을 잃고 붕괴될 수 있는 물리적, 정신적 요소를 말함.

31 클라우제비츠(2012), 전게서, p. 386.

변을 위협하고 정부의 재정 파탄을 강요하여 굴복하게 함으로써 협상에 유리한 환경을 조성하는 것이었다. 오직 왕의 이익을 쟁취하는 것이 야전사령관의 용병술이었다.

1. 백병전: 전투대형의 충돌

고대 전쟁(B. C. 6C~A. D. 4C)은 일정한 장소에서 밀집 보병들이 '팔랑스(Phalanx)'와 '레기온(Legion)' 등의 방법으로 전투대형을 갖추고 인간과 동물의 근력에 의존하여 전투를 수행하였다. 이러한 대형은 전장에서 병력을 효율적으로 통제하고 집중시켜 적과의 전면 충돌 시 방어력과 충격력을 극대화시킬 수 있었다. 당시 지휘관들은 전장에서 서로의 군을 유리한 대형으로 포진시킨 다음 적의 대형을 무너뜨리는 것이 주된 전술목표였다. 이는 동양에서도 마찬가지여서 전장의 지형이나 전투의 상황에 따라 진법(陳法)을 구사하였다.[32] 고대 전투는 양개부대가 중보병의 장갑력과 충격력을 이용하여 백병전을 잘 수행할 수 있도록 팔랑스를 구성하여 전투를 수행하였다. 전투의 종결은 정면공격으로 적 대형을 분열시키고 적이 패주하면 끝이 났다. 레기온은 로마시대에 접어들어 팔랑스보다 기동과 분산이 용이하도록 기병과 보병을 혼합 편성하고 단검(短劍)을 보다 효과적으로 사용하기 쉽게 개량된 전투대형이었다. 그리스의 팔랑스와 로마의 레기온은 고대전투를 대표하는 전투대형이었다.[33] 이 시대의 전투 형태는 특정 지역에서 전투대형을 전개한 후 전선을 형성하여 피아간에 전투를 수행한 전형적인 점(點) 개념의 전투를 수행하였다. 전투현장에서는 오(伍)와 열(列)을 맞추어 전진하였고, 적 몰래 기습하고 이동하는 등 전쟁의 기본적인 원칙은 지켰으나, 전투

---

32 조상근, 전게서, p. 21-23.
33 육군대학, 『지상작전』(대전: 합동군사대학, 2016), pp. 3-3-2~3.

대형이 충돌하면 전투원을 통제할 수단이 없어 결국 육박전으로 돌입할 수밖에 없었다. 군의 장수나 고위 지도자들도 일반 전투원과 마찬가지로 난투극에 뛰어들었다. 이 때문에 전투원의 우두머리와 장수들은 남보다 체격조건이 우수한 남성이 되는 것이 일반적이었으며 전투는 대개 전사들이 도주하거나 적의 장수나 지휘관을 죽이는 것으로 승패가 결정되었다.[34] 피아 접촉에 의한 육박전은 병력의 양적 우세와 개개인의 신체적 능력과 용맹성에 의하여 승패가 결정되는 근력에 의존한 전투 양상이었다.

2. 제한전: 기병전술과 공성전, 용병전

중세·근세시대(5C~18C)에 수행된 전투는 영주가 중심이 되어 튼튼하게 구축된 성을 중심으로 전투를 수행하는 공성전 위주의 전투였다. 공성전은 투척기와 투창기 등의 공성 무기들이 발전하는 계기가 되었다. 이 시대의 주요 전투부대는 기사단이었으나 15세기 중반부터는 돈으로 고용된 용병(傭兵) 중심의 국가상비군(國家常備軍)이 주축이 되어 전투를 수행하였다.

제한전쟁 시대(16C~18C)의 전투대형은 새롭게 개발된 소총과 화포의 운용, 그리고 용병 통제에 적합하도록 발전시켰다. 대표적인 전투대형은 30년 전쟁에서 구스타브 아돌프가 고안한 '3병(兵)전술'과 7년 전쟁에서 적용된 프리드리히(Friedrich) 대왕의 '횡대전술'이다. 이 전투대형은 소총과 화포 등의 성능 발달에 따라 적의 화력으로부터 많은 피해를 감소시키고 아군의 일제 사격량을 증가시키기 위하여 점차 종심이 얕고, 화선(火線)을 넓게 펼칠 수 있도록 고안한 것이었다. '3병전술'은 보·포·기병의 제병협동전술로서 보병은 사격으로 창병과 기병을 엄호하고, 포병은 화포 사격으로 보병 전진을 엄호하며, 기병은 경무장과 착

34　조상근, 전게서, p. 22.

검한 소집단으로 편성하여 한두 발 사격 후 돌진하여 충격력을 발휘하였다.[35]

프리드리히 대왕의 '횡대전술'은 고대로부터 사용하던 전통적인 창병(槍兵) 대신에 총검(銃劍)을 사용하였고, 적의 집중 화력으로부터 피해를 최소화하고, 소총 화력을 집중하며, 용병 통제의 용이성과 기동성을 강화하기 위하여 발전시켰다. 프리드리히 대왕의 군대를 구성하고 있는 대다수 병사들은 용병들이었다. 용병들은 돈으로 고용된 자국민 또는 외국인으로 구성된 병사이기 때문에 국가에 충성심이 없었고, 신체적 위협을 느낄 때는 언제라도 전장을 이탈하려 하였다. 용병의 출신 성분은 대다수 빈민층, 불량배, 떠돌이 등과 같은 하류계급이었다. 이와 같은 용병들의 특성을 고려하여 용병들을 효과적으로 통제하고 운용할 수 있는 전투대형이 필요하였다. 이 시대는 군주나 야전지휘관은 육안이나 망원경으로 직접 관측할 수 있는 거리에서 전투대형을 지휘하였고, 관측이 제한되는 지역에서는 부관을 운용하여 즉각 작전지휘가 가능한 거리 내에서 전투대형을 운용하였다. 이렇게 작전을 지휘할 수밖에 없었던 이유는 용병의 특성 때문이었다. 횡대전술은 전투대형의 틀에 의하여 신속한 기동이 가능하고, 사격을 통한 화력집중이 가능하였다. 횡대전술은 용병들을 엄격하고 강하게 잘 훈련시켜 지휘관의 명령에 일사분란하게 움직이도록 고안된 것이다. 이 전투대형은 '로이텐전투'를 비롯한 많은 전투에서 승리함으로써 7년 전쟁 이후 유럽 국가들의 전술 발전에 가장 큰 영향을 미친 전투대형이 되었다.[36]

---

35 육군대학(2016), 전게서, p. 3-3-3.
36 상계서, p. 3-3-4.

제5절 무사(武士)와 근력에 의존한 무기

봉건시대에서는 칼·창·활·석궁(Crossbow) 등 무기로 무장한 보병과 기병의 육박전이 기본이었다. 육박전을 위한 전투대형은 전장에서 병력을 효율적으로 통제 가능하고 집중시켜 적과의 전면 충돌 시 방어력과 충격력을 극대화시킬 수 있었다. 따라서 전투대형을 돌파할 수 있는 전법과 결정적 무기가 발전되었다. 고전적 전쟁은 그리스시대로부터 서로마제국이 멸망한 476년경까지의 그리스-로마시대 전쟁에서는 전쟁의 모습이 한마디로 "밀집 중보병(重步兵)의 중량과 지구력의 싸움"이라고 표현할 수 있다. 중보병들은 투구, 갑옷, 칼, 방패(창, 활)를 휴대하고 전투에 임하게 되는데 그 무게는 최고 60kg에 달하였다. 중보병이 주축인 이 시대의 전쟁은 힘이 세고 오래 견디는 편이 이길 수밖에 없었다. 전투는 그리스의 팔랑스(Phalanx), 로마의 레기온(Legion)과 같이 보병이 밀집된 방진형이 상호 격돌하는 형태로서 이러한 대형이 먼저 흐트러지는 편이 패배하였던 것이다. 로마제국 말기에는 대형을 돌파하기 위하여 기동수단인 "말(馬)"이 등장하게 된다. 이는 제국이 점차 판도가 넓어짐에 따라 변방의 야만족을 토벌하기 위하여 기병 위주의 기동야전군을 편성할 필요성을 인식하였고, 또한 378년 아드리아노플(Adrianople) 전투에서 무적(無敵)을 자랑하던 로마의 보병군단이 대형을 돌파한 서고트족의 기병에게 참패를 당함으로써 점차 중보병은 쇠퇴하게 되고 기병의 시대가 오게 되었다.[37]

봉건적 전쟁은 5세기로부터 비잔틴제국이 오스만 터키 제국에 멸망한 1453년경까지를 말한다. 이 시기는 732년 북아프리카의 무어(Moor)족 기병 5만명이 피레네 산맥을 넘어 프랑크(Franck)족 보병을 공격하면서부터라 할 수 있다. 이 전투에서 기병의 중요성은 크게 인식되었고 이로부터 중무장을 갖춘 기사를

---

[37] 상게서, p. 1-37-14.

양성하기 위하여 주종관계와 기사제도를 중심으로 하는 봉건제도가 탄생하게 되었다. 역사학자 린 화이트(Lynn White)는 이 당시 갑옷을 입은 기사들이 전장을 누빌 수 있었던 이유는 8세기 초 유럽의 말 사육기술 발달과 등자의 도입 때문이라고 주장하였다. 전에도 기병이 존재하기는 하였으나 이들은 주로 활을 사용하고 갑옷을 착용하지 않은 경기병이었다. 등자의 도입으로 말과 사람이 혼연일체를 이루고 중무장을 할 수 있었다.[38]

그러나 1명의 기사를 양성하기 위해서는 약 14년이 소요되고 장비 또한 말을 위시하여 장창, 도끼, 갈고리, 방패, 철제갑주 등 그 가격은 작은 농장 값에 해당하였다. 따라서 돈이 없는 평민은 기사가 될 수 없었기 때문에 전쟁은 제한적일 수밖에 없었고 봉건영주의 성곽을 중심으로 전투를 실시하는 방어적 양상을 띠게 되었다. 그리고 철갑으로 기사와 말을 보호하고 상대보다 더 위력 있는 무기를 사용하고자 함으로써 중량은 꾸준히 증대되었는데 이러한 양상 때문에 중세 봉건시대의 전쟁 양상을 한마디로 "중기병의 중량과 충격의 싸움"이라 표현하는 것이다.[39]

중세 말기에 들어 몽골과 오스만 터키의 경기병이 등장함으로써 기동의 중요성이 크게 인식되기 시작하였다. 전장에서 기병의 우세는 일부 역사학자들이 말하는 14세기의 보병 혁명에 의하여 도전을 받게 된다. 영국의 장궁병과 스위스의 파이크병은 거추장스럽고 무거운 갑옷을 입은 중장기병을 압도하였다. 1339년 라우펜(Laupen) 전투에서 파이크병이 최초로 주목할 만한 승리를 거두고, 1346년의 크레시(Crecy) 전투에서 긴 활을 쓰는 영국의 장궁 보병이 프랑스의 기병을 대패시킨 사건,[40] 그리고 화승총이 전장에 등장함으로써 천여 년간 지속된 기병의 시대가 막을 내리고 화기로 무장한 보병이 전장의 주역으로 등장하

---

38 맥스 부트, 전게서, pp. 68-69.
39 육군대학, 전게서, pp. 1-37-15~16.
40 맥스 부트, 전게서, p. 69.

게 되었다.[41] 성능이 좀 더 강화된 화기가 등장하자 중앙아시아의 궁기병이 그동안 누렸던 군사적 위상은 종말을 맞게 되었다. 궁시(弓矢)로 무장한 기병은 총으로 무장한 보병을 당해 낼 수가 없었다. 또한 몽골족은 자체적으로 화기를 제작하지 못했기 때문에 그들의 공포시대도 막을 내리게 되었다.[42]

근세 제한전쟁은 오스만 터키 제국이 화약을 장전한 공성포를 사용하여 콘스탄티노플(Constantinople)을 점령한 1453년, 즉 15세기로부터 나폴레옹 전쟁까지로 볼 수 있다. 이 시기에 대포가 야전에 등장하고 화승총이 보병의 주 무기가 됨으로써 화약이 전장의 주인이 되기 시작하였다. 이러한 화승총은 15세기 중엽 개발되어 소총병이 전장에 나타났으나 처음에는 속도가 느린 소총병을 엄호하기 위하여 창병이 함께 전열을 형성하였다. 1567년에는 궁대(弓隊)가 소총부대로 바뀌고 18세기 초에는 대검이 보급되면서 창병이 사라지고 보병은 사격 후 돌격하는 돌격전술이 등장하게 되었다.[43]

대포의 포신 연장으로 포탄의 포구 속도, 사거리 정확도, 발사 속도, 파괴 위력 등이 획기적으로 증진되었다. 공성포의 위력으로 인하여 성곽은 더 이상 방어의 수단이 되지 못하였다. 포병을 실전화하기 위해서는 엄청난 비용이 소요되기 때문에 '부자 나라'만이 이 변화를 이용하여 인접 약소국을 지배할 수 있었다. 공성포의 등장으로 높고 얇은 성곽은 쉽게 붕괴되었다. 그래서 새로운 축성법이 개발되었다. 성곽 높이는 낮게 하고 넓이는 두껍게 하며, 화력을 성곽에 배치하여 참호전을 수행할 수 있게 하였다. 그 결과 요새 방어가 공격보다 상대적으로 유리하게 되었다.[44]

결과적으로 왕정 중심 전쟁은 정부의 재정이 전쟁의 승패를 좌우하였다. 병력을 값비싼 무기로 무장시키고, 유지하며, 엄청난 노력과 재정이 소요되는 최신

---

41 합동군사대학교, 전게서, pp. 1-37-16~17.
42 맥스 부트, 전게서, p. 72.
43 합동군사대학교, 전게서, pp. 1-37-17~18.
44 권태영 외,『21세기 군사혁신과 미래전』(서울: 법문사, 2008), p.65.

식 요새 건설과 이를 함락하기 위해서는 "첫째도 돈이요, 둘째도 돈이요, 셋째도 돈"이었다. 자금력이 풍부한 군주들은 더 많은 군대를 보유할 수 있었고, 이러한 군대를 보유한 군주들이 통치영역을 확장해서 더 많은 부를 축척하여 더 큰 부자가 된[45] 전쟁 양상이었다.

제6절 왕정 중심의 전쟁 패러다임

왕정[46] 중심(重心)의 전쟁 패러다임은 왕이 곧 정부이고 군 지휘관이었던 봉건·농경시대에서 왕과 가신이 전쟁을 결심하고 주도하며 수행하였던 전쟁을 말한다. 당시의 전쟁은 군주(君主) 간의 전쟁, 즉 '군주만의 관심사'로 여겨졌기 때문에 상비용병으로 구성된 군대는 상황이 불리하거나 열악하면 전장을 이탈하는 것이 예사였다.[47] 따라서 봉건시대의 전쟁의 삼위일체는 〈그림 2-1〉과 같은 왕정의 비중이 다른 지주인 군대와 백성의 비중보다 월등히 높았던 전쟁의 패러다임이었다. 왕정 중심의 전쟁 패러다임은 전략적으로 국가의 재정 상태가 전쟁의 승패를 결정한 전쟁의 모습이다.

---

45 맥스 부트, 전게서, p. 73.
46 왕정은 사전적 의미로 "임금이 친히 다스리는 조정(관청)"을 말함.
47 합동군사대학교, 전게서, p. 1-37-18.

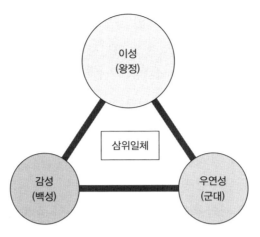

〈그림 2-1〉 왕정 중심 전쟁 패러다임의 삼위일체

　봉건시대에는 정치 지도력과 군사 지도력은 동일시되어 왔다. 단지 명목상
이라고 하더라도 대개는 군주나 왕이 정책을 결정하고 군을 통수했기 때문이다.
왕은 주종(主從)의 쌍무계약적 관계로 영주(기사)와 용병을 통제하였다. 주군(主
君)은 보호를 제공하고 가신은 충성을 제공한다는 상호 간의 의무를 기초로 계약
을 맺는 것으로 농노와 영주 사이의 관계가 이에 해당하였다. 영주와 상위 영주
(국왕) 간에도 기본적으로는 같은 계약이지만 세부적으로 영주는 세금과 일정 기
간의 군사적 봉사를 제공하고 왕은 토지(봉토)를 제공하는 관계였다. 이 시대는
왕이나 영주가 더 많은 영토를 점령하여 영주들에게 봉토를 제공함으로써 왕 개
인의 권력을 확장하기 위한 목적으로 한 전쟁이었다. 또한 왕은 왕권 강화를 위
하여 무력을 육성하였고, 강력한 무력을 유지하기 위하여 더 많은 영토와 인력이
요구되었다. 군주들은 자원이 한정된 지역에서 더 많은 농토와 노동력을 확보하
기 위해서 군주들 간의 전쟁이 불가피하였다.
　전쟁의 수행은 기사나 상비용병들에 의하여 수행되었으나, 계약에 의한 충
성심으로 수동적이었다. 전쟁의 중심은 왕이나 영주들이었기 때문에 왕과 영주
가 전사하거나 전쟁 의지가 굴복되었을 때 전쟁이 종료되었다. 왕정 중심의 전쟁

은 결전을 회피한 채 지극히 제한적인 양상으로 전개되었다. 왕정의 재정 상태 유지를 위하여 제한전을 수행하였을 뿐 아니라 기독교의 영향으로 전투 중 잔악 행위와 정당하지 못한 전쟁을 금지하였다. 이로 인하여 전쟁의 목표가 적의 무력을 완전히 섬멸하는 것이 아니라 군사력에 의하여 흥정을 벌이는 것으로 생각하였다. 또한 영주는 막대한 유지비용이 드는 상비용병의 손실을 막고 보급체계가 미비함에 따라 가급적 전쟁을 회피할 수밖에 없었다.

따라서 왕정 중심의 전쟁 패러다임 시대에서 전쟁은 '군주의 개인적인 이익을 위하여 상대에게 나의 의지를 강요하는 조직적인 폭력 행동'으로 정의할 수 있다.

제3장
국가·산업화 시대

제1절 국가 발전과 전쟁

왕정 중심의 전쟁은 나폴레옹 전쟁에서 패러다임의 위기를 맞이하였다. 프랑스혁명 이후 정치적으로 민족국가로의 발전은 전투 규모나 복잡성에 있어서 나폴레옹 전쟁을 감당할 수 있는 원인이었다. 전쟁이 전제군주의 사적(私的) 영역에서 민족국가의 공적(公的) 영역으로 변이(變移)가 발생하여 대규모 병력과 산업동원이 가능하게 되었다. 군대를 구성하는 장정(壯丁)들 사이에 순수한 애국심이 형성되었으며, 그 영향으로 훈련도 미약하였던 프랑스 보병이 적군을 상대로 큰 출혈을 무릅쓰면서까지 공격을 가할 수 있었다. 이전의 왕정 중심의 제한전과는 상이한 국가 총력전 패러다임의 전쟁이었다. 프랑스가 조기에 성공을 거두자 유럽의 다른 나라들도 군사력 기반을 확장해야 하였고, 국가주의(Nationalism)[1] 개념도 전파되기 시작하였다.[2]

나폴레옹의 불길이 사라지자 유럽의 정치사는 국민국가 간의 치열한 전쟁으로 점철되었다. 국민국가들은 모두 주권 평등과 자주독립, 통일 박애의 민주주의 정치이념과 명분을 표방하며 국민 대 국민 간의 국민전쟁 양상이 치열하게 전개되었다. 모든 국민은 국가주의와 국가의식, 조국애로 뭉치고 애국심의 발로와 군대애로 단결하여 국가의 적을 향하여 조국전쟁, 국가 총력전이 전개되었다. 자연히 자국민의 생존권을 스스로 지키기 위하여 국민개병(國民皆兵) 사상이 싹트고 동원혁명(Levée En Masse)의 시대로 접어들게 되었다. 단위 국가별 대단위 집단군으로서의 병력 집단화도 함께 따르게 되었다. 대병력 집단을 투입하여 대규모 전쟁과 대회전(大會戰)을 치르기 위해서는 이들 대규모 군대를 지휘 통솔, 훈련 지도를 할 수 있는 사령부 조직과 편제개혁이 불가피하였다. 일반참모부와 장교

---

1   국가주의: 국가의 이익을 개인의 이익보다 절대적으로 우선하는 사상원리나 정책을 말함.
2   토머스 햄즈, 하광희 외 옮김, 『21세기 전쟁, 비대칭의 4세대 전쟁』(서울: 한국국방연구원, 2010), pp. 47-48.

단으로 조직된 이른바 군부사회(Société Militaire)가 독립되고 세력을 확장하는 특수한 상황이 강화되었다. 정치가 군사에 종속되는 결과를 가져온 것이다. 또한 병력 규모뿐 아니라 병참·무기·장비·수송·보급 등의 물량전을 우선(優先)한 시대, 곧 총력전 시대가 전개되었다.[3]

1648년 베스트팔렌 조약에서 국가의 국경 내에서 벌어지는 일은 신성불가침이라는 원칙이 확인된 후 '국가(國家)'는 국제정치의 주된 행위자(Prime Actor)였다. 1949년 미국의 인류학자 해리(Harry Turney-High)는 국가 이전 사회와 국가사회를 구분하는 기준으로 "군사지평선(Military Horizon)"이란 개념을 주장하였다. 국가가 등장하는 시점이 개인으로서 스스로의 공적과 명예를 위하여 싸우는 전사(戰士)들에서 지휘부의 명령에 의하여 정치적 목적을 달성하기 위하여 싸우는 군대가 등장하는 순간이라는 것이다. 전사 조직은 군대에 비하여 전쟁 수행능력이 떨어질 수밖에 없다고 주장하고 국가의 군대가 벌이는 체계적인 전쟁만이 진정한 전쟁(True War)이라고 하였다. 국가가 등장한 이후로 전쟁은 클라우제비츠의 정의대로 '다른 방법에 의한 정책의 연장'으로서 존재하였다.[4]

전쟁은 근대국가 형성에 큰 영향을 미쳤다. 현대 사회학의 창시자의 한 사람인 허버트 스펜서(Herbert Spencer)는 1876년의 저서에서 현대사회와 국가의 발전에서 전쟁이 끼친 영향이 아주 컸다고 주장한 바 있다.[5] 미국 학자 틸리(Charles Tilly)도 유럽 국가들의 형성과정에 대한 연구에서 "국가 형성은 사실상 전쟁의 부산물"이라고 결론짓고 있다. 그에 따르면, 유럽의 국민국가 형성은 "국가건설 주체들이 군대를 만들고, 세금을 거두며, 저항세력에 대항하여 연대를 형성하고, … 주민들의 봉기 위협을 막는 등의 노력을 한 결과"라고 결론짓고 있다.[6] 퀸시 라이

---

3 강진석, 『클라우제비츠와 한반도 평화와 전쟁』(서울: 동인, 2013), p. 43.

4 김성남, "4세대 전쟁개념", 『4세대 전쟁』(서울: 집문당, 2010), p. 31.

5 Herbert Spencer, *On Social Evolution: Selected Writings*, J. D. Y. Peel, ed.(Chicago Press, 1972), p. 191.

6 Charles Tilly, *corecion, Capital, and European States: AD 990-1900*(Malden, MA: Blackwell, 1990), p. 26.

116 정보화 시대의 전쟁관

트(Quincy Wright)는 전쟁 연구에서 16세기 말과 17세기에 걸쳐 유럽에는 전쟁이 끊이지 않았고, 특히 17세기 100년 동안 전쟁이 없었던 기간은 3년에 불과하였다고 말하였다. 즉 16세기와 17세기 200년간 프랑스의 전쟁 횟수는 126회, 전쟁 연수는 106년, 영국은 전쟁 횟수 61회, 전쟁 연수는 96년이었다고 집계하였다. 또한 18세기와 19세기 200년간 프랑스의 전쟁 횟수는 123회, 전쟁 연수는 86년이었으며, 영국은 전쟁 횟수 265회, 전쟁 연수는 109년이나 되었다고 기록하고 있다.[7]

각국은 전쟁에서 살아남기 위하여 군사력 육성에 모든 노력을 집중하였다. 이에 따라 "현대국가가 상비군 창설을 필요로 했듯이 군대 또한 현대국가를 건설하는 것이 필요하였다."[8] 전쟁은 국민국가를 필요로 하였다. 또한 국가는 중앙집권적 권력 강화를 위하여 전쟁을 벌였다. 이에 따라 전쟁 준비는 국가건설에서 가장 중요한 과업이 되었다.[9] 뿐만 아니라 군대는 젊은이들에게 국민의식을 길러주고 국가 인프라 건설에 기여하게 하는 등 근대국가 건설에 중요한 역할을 하였다. 19세기 초 독일 철학자 헤겔(Hegel Georg Wilhelm Friedrich)은 나폴레옹 전쟁을 겪으면서 애국심에 고취되어 국가주의를 주장하였다. 그에 따르면 국가는 역사 발전의 최종단계이며 발전의 변증법은 여기서 멈춘다고 하였다.[10]

국가는 전쟁에서 살아남기 위하여 징집제도에 의한 방대한 상비군을 육성하였으며 이를 위하여 국가 재정 규모를 획기적으로 확대하면서 현대 국민국가로 발전하게 되었다. 각국은 전쟁에 대비하여 공국(公國)들을 규합하여 절대 권력을 중심으로 하는 현대국가로 탈바꿈하게 되었다. 규모가 큰 국민국가가 전쟁 수행에 효과적이었기 때문이다. 나아가 대규모 상비군을 유지하고 막대한 전비(戰費)를 조달하기 위해서는 경제력 증강이 필수적이었으며, 이에 따라 부국강병

---

7   김충남 외, 『민주시대 한국안보의 재조명』(서울: 도서출판 오름, 2012), pp. 66-67.

8   George Clark, *The seventeenth Century*(New York, 1961), p. 98.

9   Tilly, ibid., p. 42, p. 74.

10 김충남 외, 전게서, p. 69.

(富國強兵)을 국가발전의 핵심전략으로 삼았다. 농노나 낮은 신분의 국민들도 군인이 되어 나라를 위하여 싸우고 세금을 내면서 시민으로 대우받게 되었다. 무기의 개발과 생산을 위한 '군사혁명(Military Revolution)'이 산업혁명을 일으킨 원동력이 되었다. 이처럼 전쟁과 국부(國富)는 긴밀히 연관된 것으로 전쟁이 곧 국가의 산업이었다.[11] 미국의 경우도 제1차 세계대전에 참전한 것이 현대국가로 탈바꿈하는 중요한 계기가 되었다.[12]

국가는 근본적으로 경제력이 확대되지 않고는 세금 징수에 한계가 있었기 때문에 각국은 중상주의 정책을 추구하게 되었다. 유럽 중상주의의 특징은 첫째, 국가 재정을 충실히 하여 군비를 강화하였으며, 둘째, 무기와 군사 장비를 생산할 수 있는 공업을 육성하였다는 것이다. 전쟁이 곧 산업이었고, 강화된 경제력으로 다시 전쟁을 벌였다. 이렇듯 국가 중심적 패러다임의 요체는 부국강병을 통한 국가안보의 보장이었다. 요컨대 근대국가의 건설 과정에서 국가안보는 국가의 기능 중에서 무엇보다도 중요한 것이었다.[13]

영국은 강력한 해군력을 바탕으로 광대한 식민지 개척과 무역활동 등 중상주의 정책을 추진한 결과 가장 먼저 근대 국민국가 건설에 성공하였다. 영국에 비하여 경제발전에 뒤처진 프랑스, 독일, 스페인, 러시아 등은 선진국이 된 영국과 중상주의 경쟁의 상대가 되기 어려웠다. 정상적인 방법으로 영국을 따라잡기 어려웠기 때문에 이들 국가들은 '과감한 발전 전략(Big Push)'이 필요하였다. 다시 말하면, 유럽 대륙 국가들은 영국을 따라잡기 위하여 영국보다 더 강력한 정부가 필요하였던 것이다.[14]

1871년 보불전쟁의 승리를 계기로 하여 프러시아를 중심으로 뒤늦게 통일

---

11 Anthony Giddens, *The Nation State and Violence*(Berkeley: University of California Press, 1985), p. 102

12 Marc A. Eisner, *From Warfare State to Welfare State: World War 1, Compensatory State Building and the Limits of the Modern Order*(University Park, Pa: Pennsylvania State University Press, 2000).

13 김충남 외, 전게서, p. 68.

14 상게서.

을 달성한 독일은 철혈재상 비스마르크(Otto von Bismarck)를 중심으로 강력한 정부 주도하에 국민국가 건설에 적극 나섰다. 당시 독일은 20세 이상 모든 남자의 군대 복무를 의무화하여 대규모의 상비군을 편성하면서 '군대의 시민화'로 국민들의 자발적인 애국심을 고취시켰다. 농노제를 폐지하는 대신 농민들이 의무적으로 군대 복무를 하도록 하였고, 농민에게 토지 소유권을 부여하여 중산층으로 육성함으로써 경제적 바탕을 튼튼히 하였다. 또한 귀족의 자제들을 장교로 영입함으로써 '노블레스 오블리주(Noblesse Oblige)' 전통을 확립하는 한편, 군대의 사회적 지위도 구축하였다. 독일은 또한 상비군을 유지하기 위하여 재정수입을 획기적으로 늘렸으며 이를 위하여 강력한 관료체제를 수립하였다. 19세기 독일 통일의 중심 역할을 하였던 프로이센 재정의 3분의 2가 군사비였다는 것을 감안할 때 독일의 부국강병책이 어떤 것인가를 짐작케 한다. 독일 특유의 중앙집권적 국가형태는 오스트리아, 러시아, 이탈리아, 일본 등이 모델로 삼게 되었다.[15]

국가의 생존과 발전은 지정학적 조건과 변화하는 대내외 환경의 도전에 어떻게 적응하느냐에 달려 있다. 환경의 도전 중에 가장 심각한 도전은 외부 침략이다. 국가 전쟁 패러다임에서 외부침략을 막아 내는 등 전쟁 준비가 잘된 나라는 발전하고 강한 나라가 되었다. 전쟁이야말로 국가와 민족의 죽느냐 사느냐의 문제이므로 경쟁력이 우세한 나라가 승리하기 마련이었다. 전쟁에 이기려면 대규모 동원체제를 갖추어야 하고 조직화되고 잘 훈련된 수많은 병력에 필요한 장비와 물자를 조달할 수 있어야 하였다.[16]

산업혁명도 전쟁 패러다임 진화의 큰 원인이었다. 서유럽과 북아메리카의 급속한 산업화로 국가의 부가 대폭 증가하였으며, 산업 현장에서 무기체계를 대량생산하고 또 그런 무기체계에 사용될 엄청난 탄약을 생산하였다. 대규모의 군대와 산더미 같은 보급물자를 수송하는 철도 시스템과 이를 지원하는 전신 시스

---

15 상게서, p. 69.
16 상게서, p. 70.

템의 발전은 대규모의 군사작전 또는 전역(戰役)을 수행할 수 있게 하였다.[17]

유럽 국가들은 국가 자산을 동원하고 수송하며 이를 결합하여 적을 상대로 싸우기 위하여 전문 장교단을 육성하고 일반참모단(General Staff)을 발족시켰다.[18] 또한 전차와 항공기 등 기계화된 무기의 효율적 사용을 위한 전술적·기술적 혁신은 용병술(用兵術)의 획기적 발전에 기여하였다. 이러한 새로운 전쟁 패러다임으로의 진화는 정치·사회·경제·기술적 분야에서 획기적 발전이 중대한 원인이었다. 새로운 군부 중심의 전쟁 패러다임은 대규모의 산업화된 군대 간의 충돌인 제2차 세계대전에서 최고의 정점을 이루었다.

제2절 군사력에 의존한 국가 간의 전쟁

군부 중심의 전쟁은 국가 간의 전쟁 패러다임이다. 국가는 단독으로 또는 연합국의 일원으로 전쟁을 통하여 국가의 생존과 번영을 추구하였다. 국가는 외부의 군사적 침입에 대처하여 국가의 생존을 보장하고, 번영을 뒷받침하여 경제력을 바탕으로 압도적인 군사력을 건설함으로써 어떠한 전쟁에서도 승리하는 강대국이 되기 위하여 군사력에 전적으로 의존하는 형태의 전쟁을 수행하였다.

---

17 루퍼트 스미스, 황보영조 옮김, 『전쟁의 패러다임』(서울: 까치글방, 2008), p. 101.

18 토머스 햄즈, 전게서, pp. 49-52.

1. 정부의 군사작전 지원을 위한 국가 총력전

국가 전쟁은 당시 유럽이 봉건제도에서 군주가 통치하는 국민국가 체제로 전환되면서 정치·경제·사회 분야의 구조가 발전하게 된 데 연유한다. 봉건기사 제도 이후 나폴레옹 군대가 출현하기까지는 수세기가 걸렸다. 신뢰할 만한 무기를 개발하는 데 시간이 걸렸을 뿐 아니라, 더 중요한 것은 정치제도와 부(富)를 창조하는 국가 경제와 사회구조의 발전에도 시간이 걸렸으며, 나폴레옹 시대의 대군을 유지하는 기술이 발전하는 데도 시간이 걸린 것이다. 정치적인 면에서는 국민국가로의 발전이 있었기 때문에 전투규모나 복잡성 면에서도 나폴레옹 전쟁을 감당해 낼 수가 있었다. 민족국가이기 때문에 프랑스는 대군을 징집하고 무장하며, 훈련하고 유지할 수 있었다. 또한 국민국가의 정부가 국가의 부를 창출하고 창의력을 발휘하며 인력을 동원할 수 있었다.[19]

국민국가들은 교리적으로 대규모 군대를 동원하여 적을 포위 격멸하고, 적으로 하여금 어떠한 정치적 요구도 하지 못할 때까지 추격하여 적의 저항능력을 분쇄하는 나폴레옹 전쟁시대의 장점을 확신하였다. 징병제도와 민족주의는 대규모의 군대 출현을 가능하게 하였고, 이러한 대규모 군대는 철도망을 통하여 이동과 보급이 가능하였다. 산업화된 경제력은 막대한 군수물자 생산이 가능하였고, 강력한 파괴력을 지닌 최신의 무기와 우수한 기동력을 보유함으로써 효과적인 국가 총동원과 부대의 기동은 승리를 보장한다고 확신하게 되었다.[20]

그러나 제1차 세계대전(1914)의 실제 전장에서는 나폴레옹 전쟁과 비교할 때 더욱 광범위해졌으며, 전장을 지배하는 군대의 규모도 커졌다. 1914년 겨울 서부전선의 참호선이 스위스로부터 영국해협까지 신장되었다. 양측 군대의 규모가 각각 3백만 명을 상회함에 따라 우회할 수 있는 노출된 측면이 없었고, 따라

---

19 상게서, p. 46-47.

20 존 베이리스 외, 박창희 옮김, 『현대전략론』(서울: 국방대학교, 2009), p. 21.

서 적을 포위할 수 없었다. 방어부대가 기관총과 장사정포와 같은 강력한 방어무기로 무장하고 참호와 철조망으로 보호받았으며, 산업동원을 통하여 풍부한 군수품을 철도로 신속하게 보급받을 수 있게 되자 나폴레옹 시대의 방식대로 방어부대를 신속하게 격파하고 패배시키는 것은 거의 불가능하게 되었다. 전쟁은 교착상태에 빠져 더 이상 공세로 결정되지 못하고 경제력과 인내심에 의하여 승패가 결정되었다.[21]

전쟁은 점차 영역과 범위 면에서도 확대된 총력전 양상을 보여 주었다. 주요 전장지역을 통해서만 적을 격파하는 것이 불가능해졌기 때문에, 전쟁의 지리적 영역이 확대되었고 비전투원들까지 공격 목표의 대상이 되었다. 독일군은 해양을 통한 영불연합군의 보급을 차단하기 위하여 민간 상선을 침몰시켰다. 또한 독일과 영국은 모두 항공기를 이용하여 적의 도시에 장거리 폭격을 실시하였다. 민간인 지역에 대한 폭격은 징병과 군수물자의 생산에 동원되는 적 국민들을 타격하여 전쟁 수행능력을 제한하고 차단하기 위한 것이었다. 적의 전쟁 지속능력을 파괴할 수 있다면 어떠한 목표물도 합법적인 표적으로 간주되었다.[22]

제1차 세계대전 시 두드러졌던 총력전의 요소들은 제2차 세계대전 시기에 이르러 전성기를 맞이하였다. 교전국들은 다시 한 번 그들의 군사, 경제 및 인적 자원들을 최대한 규모로 동원하였다. 징집된 인원은 여자를 포함하여 제1차 세계대전 당시의 규모를 상회하였다. 여성은 남성에 대신하여 농업과 공업에 종사하였을 뿐만 아니라 군대 내에서 비전투 임무를 수행하기도 하였다. 소련의 공군 같은 경우에는 전투원의 역할을 수행하기도 하였다. 공업 및 상업용 선박들은 정부의 통제를 받았으며, 전쟁 지속능력을 제공하기 위하여 활용되었다. 식량 및 석유와 같은 핵심 물품을 절약하기 위하여 배급제도가 시행되었다. 독일과 일본은 자국민은 물론 적 국민을 대상으로 징집과 강제노역을 시행하였다. 전쟁의 사

---

21 상게서, pp. 21-22.
22 상게서, pp. 23-24.

회적 총력성은 체계적인 검열과 선전, 민족주의 확산, 적에 대한 비난, 양심적 반대자나 외국 이주민과 같이 충성심이 의심스러운 집단에 대한 구속과 감금 등과 더불어 더욱 증가하였다.[23]

제2차 세계대전 시 독일은 전차, 보병, 급강하 폭격기를 전술적으로 결합시켜 이전의 소모전 방식이 아닌 우회와 교란을 통하여 적을 격멸하는 '전격전'으로 극적인 성공을 거두었다. 그러나 전격전에 의한 초전의 성공에도 불구하고 독일은 궁극적인 승리를 거두지 못하였다. 경제력 측면에서 압도적으로 우세한 미국과 소련의 소모전에 의하여 승리는 결국 미국과 소련에 돌아갔다.[24] 이를 국가 총력전 측면에서 보면 작전적으로 우세한 독일의 '전격전'이 전략적으로 전쟁 지속능력이 월등한 강대국에 의하여 전쟁에서 패배한 것으로 분석할 수 있다.

2. 군부 주도하 전쟁 수행

국가 간의 전쟁에서는 군사적 승리가 곧 전쟁의 승리로 귀결되었다. 따라서 정부에서는 국가동원을 통하여 전쟁 지속능력을 지원함으로써 군이 군사적 승리를 달성할 수 있었다. 이는 군이 주도하고 정부가 지원하는 군부 중심의 전쟁 패러다임이었다. 군부(軍部) 주도하 전쟁의 모습은 이 시대의 대표적인 전쟁 행위자이었던 독일과 일본, 그리고 미국의 민군관계를 헌팅턴(Samuel P. Huntington)의 『군인과 국가』를 바탕으로 분석하여 제시하고자 한다. 전문직업 장교단을 창시하고 발전시킨 프러시아와 이를 계승한 독일과 일본의 군국주의적 국가의 민군관계를 살펴볼 것이다. 또한 미국은 민주주의 국가의 사례로서 미국의 제2차 세계대전 시 민군관계를 분석함으로써 정부와 군대, 국민과의 관계에서 전쟁 시

---

23 상게서, p. 24.
24 상게서, pp. 24-25.

군대의 상대적 역할 비중을 분석하고자 한다.

1) 군대의 전문직업화

군대의 전문직업화(Professionalism)는 19세기 동안 두 시기에 걸쳐 집중적으로 나타났다. 나폴레옹 전쟁 중, 그리고 직후에 대개의 국가는 최초의 군사제도를 확립하고 장교단의 가입요건을 완화하였다. 19세기 말기에는 선발과 승진의 행정이 전면적으로 개정되어 참모본부가 조직되고 상급의 군사교육기관이 설치되었다.[25] 직업군인의 기원과 발전은 프러시아에 의하여 주도되었다. 1808년 8월 6일 프러시아 정부는 장교 임명에 관한 법령을 공포하였는데 이로 인하여 확고한 프로페셔널리즘(Professionalism)의 기준이 제정되었다.

> "장교에 임명되는 유일한 기준은, 평시에 있어서는 교육과 전문적 지식이며, 전시에 있어서는 탁월한 용기와 이해이다. 그렇기 때문에 이러한 자질을 가진 모든 개인은 평등하게 군인으로서 최고 지위에 오를 자격이 있다. 군대 내에 지금까지 존재해 오던 모든 계급적 차별은 모두 폐지한다. 그리고 모든 사람은 출신 성분 여하를 불문하고 평등한 의무와 평등한 권리를 갖는다."[26]

군대의 전문직업화는 18세기와 19세기의 인구 증가와 기술의 진보, 산업혁명의 시작과 도시화의 대두 등으로 노동의 직업적 전문화와 사회적 분업의 현상에 기인하였다. 전쟁도 사회의 변화와 마찬가지로 이미 단순한 문제가 아니게 되었다. 과거의 군대는 군대 안에 있는 모든 인간은 검과 창으로 적과 대적하는 동일한 기능을 수행하는 것뿐이었다. 그러나 군대의 규모가 커지고, 육군과 해군도 복잡한 조직이 되어 별도의 전문가가 필요하게 되었다. 지향하는 목표를 위하여

---

25 새뮤얼 헌팅턴, 허남성 외 옮김, 『군인과 국가』(서울: 한국해양전략연구소, 2011), p. 38.

26 상게서, p. 37.

상이한 전문가를 규합하고 지휘하는 전문가가 필요하게 된 것이다.[27]

또한 국민국가의 성장이 군사전문 직업을 태동하게 하였다. 국가 간의 경쟁은 군사적 안보라는 이익을 위해서 전념하는 전문가의 집단을 만들어 내는 원인이었다. 전쟁에서의 군사적 패배로 인한 국가 패망 또는 생존의 위협이 각 국가에게 직업군대를 만들도록 강요하였다. 국민주의와 민주주의의 대두는 직업군인제도의 출현과 밀접히 관련된 중요한 산물이었다. 이것은 무장국가(Nation in Arms)의 사고방식이며, 일정 기간 전 시민이 군에 입대함으로써 징집되는 부사관과 병을 보유한 국민군이라는 무장국가의 필연적 결과였다. 장교단이 아마추어리즘에서 프로페셔널리즘으로 변하였다는 것은 실제상으로 부사관과 병이 용병상비군으로부터 시민병으로 변한 것과 관련이 있다. 징병제도나 직업군인제도를 동시에 도입한 것은 군사적 안전보장의 필요성에 수반되는 대응조치였다. 프러시아는 나폴레옹에 의한 패배의 결과로서 장교단을 전문직업화하고 부사관과 병을 징병제에 의하여 모집하게 되었다. 다른 유럽 제국은 프러시아의 제도가 갖는 장점이 관찰에 의해서 또는 실제 불행한 경험에 의해서 자신들에게도 적용할 수 있다는 것을 알았을 때 프러시아 방식을 도입하였다.[28]

2) 독일의 전문직업적 군국주의[29]

1871년부터 1914년까지의 제정(帝政) 프러시아에서의 민군관계는 제한된 군부의 권력에 바탕을 둔 객관적 문민통제, 군부의 정치적 영향력 기반의 완만한 변화와 함께 광범위한 보수적 국가 이데올로기를 반영하고 있었다. 그러나 제정기의 마지막 20~30년간에는 국가를 둘러싼 환경의 변화가 이 균형을 무너뜨리

---

27 상게서, pp. 38-39.

28 상게서, pp. 39-46.

29 군국주의는 군사력에 의한 대외적 발전을 중시하여 전쟁과 그 준비를 위한 정책이나 제도를 국민 생활에서 최상위에 두고 정치 · 문화 · 교육 등 모든 생활 영역을 이에 전면적으로 종속시키려는 사상과 행동양식임.《두산백과》

기 시작하였으며, 마침내 제1차 세계대전에서는 군국주의(軍國主義)적 형태로 변질되었다.[30]

독일의 제도화된 군사전문 직업주의는 군인정신에 있어 직업윤리가 우세한 데에 따른 것이었다. 클라우제비츠의『전쟁론』은 장교단의 성서(聖書)였다. 전쟁은 정치의 수단이며 때문에 군인은 정치에 종사하는 것이라고 하는 것은 장교단 내에서 받아들인 교리였다. 프러시아의 참모총장이었던 몰트케(Heinrich von Moltke)와 슐리펜(Alfred von Schliefen)은 정치와 전쟁이 표면적으로는 별개의 것이지만 실질은 동일한 것이며 양자 사이에는 밀접한 관계가 있다는 것을 명확히 알고 있었다. 그러나 몰트케는 클라우제비츠의『전쟁론』이 자신의 전쟁사상 형성에 결정적인 영향을 준 작품으로 극찬하였지만 정치적 목적을 위하여 군사수단이 여기에 종속되어야 한다는 사실은 인정하지 않았다. 몰트케에 있어서 전쟁은 인간의 불가피한 숙명으로서 정책의 수단이 아니었다. 전쟁은 극기심을 가지고 냉철하게, 그리고 효과적으로 잘 지도하고 수행 실천하면 되는 것으로 그는 생각하였다. 그는 정치와 군사, 전쟁과 정책 간의 상호관계를 이해하는 시각과 관점에서 클라우제비츠와 견해를 달리하였다. 몰트케의 이러한 생각은 내각과 정치지도자들에 대한 군사지도자들의 발언권을 강력히 반영하는 동기부여가 되었으며, 19세기 말까지 독일제국을 지배한 군부의 지배적 논리가 되었다.[31]

보오전쟁(1866)과 보불전쟁(1870~1871)에서 오스트리아와 프랑스에게 승리하자 프러시아의 군부는 전 국민으로부터 인기를 얻게 되었다. 이 승리는 몰트케를 국민적 영웅으로 만들었고 제1차 세계대전까지 일관되게 예산의 증대를 허용하였다. 군인은 거역하기 어려운 자이며, 국민의 제1인자였다. 그리고 참모본부는 군사학의 성당(聖堂)이었고 국가안보의 보장자로 존경받았다.

"지금이야말로 군인은 신으로 받들어져야 할 것으로 간주되었다. … 중위는

---

30 상게서, pp. 134-135.
31 강진석(2013), 전게서, p. 44.

젊은 신으로, 퇴역 중위는 반신반인(半神半人)으로 세계를 활보하였다."

군부의 인기는 정치적 영향력을 강화시켰다. 이러한 정치적 영향력을 바탕으로 1888년부터 1897년까지 문민의 정치적 진공상태가 심하게 되었을 때 많은 군부의 지도자가 문관 내각에 입각하여 한때는 문민관계에 혼란을 겪었다.[32]

군부는 1880년대와 같이 1914년에도 인기가 있었다. 제정하의 문민관계의 균형은 제1차 세계대전에 의하여 완전히 파괴되었다. 전쟁 말기에는 참모본부가 독일의 정치를 좌우하고 있었다. 전투가 장군을 영웅으로 만들고, 그 영웅이 정치가로 변하였다. 참모본부가 정치에 관여한 것은 1914년부터 1916년 8월까지 참모총장이었던 팔켄하인(Erich von Falkenhayn)의 임기 중에 시작하였다. 이 기간에 군부의 권한과 역할이 확대되었다. 이와 같은 군부 권력의 확대는 제8군사령관 힌덴부르크(Paul von Hindenburg)와 참모장 루덴도르프(Erich von Ludendorff)의 탄넨베르그(1914. 8.) 전투의 승리가 근본적 원인이었다. 이 승리가 독일 국민에게 아직까지 있어 본 적이 없는 인기를 불러일으켰기 때문이었다. 힌덴부르크는 독일 국민의 우상이었으며 독일 국민은 그가 반드시 성공할 것이라고 믿고 있었다. 힌덴부르크의 숭배는 몰트케나 비스마르크를 포함하여 독일의 역사상 위대한 인물들을 훨씬 능가하는 것이었다. 그의 사직(辭職) 위협은 황제를 견제하기에 충분하였다. 루덴도르프는 참모본부가 정부 부서와 대립할 때에는 사직이라는 무기를 휘두름으로써 대부분의 경우 군부의 의견을 용인하도록 황제에게 강요할 수 있었다. 1918년에는 힌덴부르크와 루덴도르프가 문관 내각의 수상을 면직(免職)시킬 수 있었다. 다른 장교도 동일한 방법으로 참모본부의 의사에 복종하게 하였다. 군사령관들도 외교정책이나 국내정책에까지 그 권력을 미쳤다. 군부는 러시아와의 평화조약 체결을 저지하고 무제한 잠수함전의 도입을 감행하였다. 심지어는 국내 경제에 대해서까지 권력을 주장하였다. 전쟁 중 참모본부의 경제부서 통제는 일찍부터 식량, 물자, 노동력, 군수품에까지 팽창되었다. 공업

32　새뮤얼 헌팅턴, 전게서, pp. 139-141.

생산은 소위 힌덴부르크 계획에 의하여 통제되고 증대되었다. 군부의 권한이 독일 국민의 생활 구석구석까지 침투함에 따라 군사행동에 대한 수평적인 통제는 제거되었다. 18세기 이후의 전쟁 속성의 변화는 전쟁을 정치에 종속시킨다고 하기보다는 정치를 전쟁에 종속시키게 되었다.[33] 제1차 세계대전이 끝난 후 독일의 루덴도르프 장군은 1935년 그의 저서 『총력전』에서 "전쟁과 정치의 본질은 바뀌었다. 따라서 정치와 전쟁 수행의 관계도 바뀌어야 한다. 전쟁과 정치는 국민의 생존에 기여해야 하며, 그중에서도 전쟁은 국민 생존의지의 최고의 표현이므로 정치는 전쟁 지도를 위하여 봉사해야 한다"고 하여 정치가 군사에 종속되어야 한다고 주장하였다.[34]

바이마르 공화국(1918~1926)의 발족과 동시에 군부의 역할이 국가에 대한 완전한 우위로부터 본질적으로 국가를 지원하는 것으로 변화하게 되었다. 공화국 정부는 지극히 빈약한 존재로서 국민 일반의 광범위한 인정과 강력한 사회집단의 지지를 받지 못하고 있었다. 그 결과 정부는 전쟁의 패배와 혁명에도 불구하고 권력의 확고한 중심을 유지해 온 육군에 의존하지 않으면 안 되었다. 정부는 안정되고 규율 있는 조직인 육군에 의존하고 있었다. 공화국 발족 3년 후 정부가 극우파와 극좌파 양측에 의한 폭동에 직면하고 있을 때 육군의 고위층은 공화국 권위를 수호하고 당국을 위하여 비상계엄권을 행사하였다. 비상계엄권이 존재한 기간에만 바이마르 정부가 존재하였다고 하는 것은 그 존재가 육군의 지지에 의존하지 않을 수 없기 때문이었다.[35]

제2차 세계대전에서는 전체주의적 히틀러의 나치주의에 의하여 군 관련 조직의 권한은 축소되고, 분할되고, 제한되었다. 히틀러는 그 자신이 국가 원수, 나

---

33 상게서, pp. 142-145.

34 박계호, 『총력전의 이론과 실제』(성남: 북코리아, 2012), p. 57.; Evan Mawdsley, *World War II*, p. 46 재인용. 클라우제비츠는 "전쟁은 정치적 목적을 달성하기 위한 또 다른 수단"이라고 하였지만, 루덴도르프는 이와 반대로 정치가 군사에 종속되어야 한다고 주장함.

35 새뮤얼 헌팅턴, 전게서, p. 146.

치스 당수와 국방장관으로서 정치적 지위와 국방군 최고사령관 및 육군 총사령 관이라는 군사적 지위의 양쪽 직위를 겸하게 되었다. 1941년 러시아 침공 후 육 군 최고사령부는 러시아 전선에서 전쟁지휘 책임을 가지고 있었고, 국방군 최고 사령부는 그 이외의 방면에 군사노력을 지향하는 책임을 가지고 있었다. 이들 2 개 사령부를 통합시키는 것은 히틀러 자신과 자신의 사설 참모부였다. 단 하나의 부대를 어느 전선으로부터 다른 전선으로 이동시키는 데에도 히틀러의 승인이 필요하였다. 그러나 전쟁이 일단 시작되고, 특히 독일에 불리하게 전개되자 히틀 러는 결정의 범위를 확대하여 매우 세세한 전술적인 수준에까지 손을 대게 되었 다. 장군들의 조언은 히틀러에 의하여 무시되고 취소되었다. 그는 융통성 있는 국방조직보다도 고정된 국방조직을 주장하였으며 여하한 철수도 그의 승인 없 이는 허용되지 않았다. 그는 자신이 모든 대부대의 이동을 감독하였다.[36]

히틀러는 정부의 수반이었지만 군대 지휘관으로서의 역할을 직접 수행하였 다. 히틀러의 행동은 전쟁의 속성의 세 지주 중 정부와 군대의 두 지주에 해당하 는 한 사람에 의하여 전쟁이 수행되었음을 의미한다. 그는 군사력을 기반으로 국 가를 팽창시키고, 국가의 목표를 달성하기 위하여 정치·경제·문화·교육 등의 사회구조나 국민의 생활양식을 전면적으로 군사력 강화에 종속시키는 군국주의 체제를 갖추어 정부보다는 군대에 더 많은 비중을 두고 전쟁을 수행하였다고 분 석할 수 있다.

3) 일본의 군국주의

일본의 군국주의화에 영향을 미친 중요한 요인은 1868년에 이르기까지의 700년간에 걸친 봉건제도였다. 봉건제도하에서 일본의 지배계급은 상징으로서 의 천황, 국가의 실제 통치자로서의 장군, 지방 영주 또는 대영주, 장군이나 대영 주의 부하인 무사 계급으로 이루어져 있었다. 농민이나 소작인을 포함해서 대부

---

36 상게서, pp. 155-157.

분의 대중은 정치적 문제에서 제외되어 있었다. 1867년부터 1868년에 걸쳐서 수행된 대정봉환(大政奉還)[37]은 봉건제도에 종지부를 찍었다. 천황은 이제까지의 은퇴 생활에서 벗어나 국가의 나아갈 방향 설정에 역동적인 활동을 하게 되었다. 그리고 권력은 지방 영주에서 정부로 이전되었다. 무사 계급은 이와 같은 천황 지배권의 부활과 새로운 정치제도를 확립하는 데 있어서 지도자가 되었다. 1945년까지의 일본의 국가 이념은 본질적으로 천황의 권위와 무사에 의한 통치를 반영한 국가주의와 봉건적 군국주의의 결합이었다. 그것은 권위주의적이고 민족적 우월감을 가진 국가주의이며, 천황 중심적이고, 팽창적이며, 무인(武人)의 가치를 높이 평가하는 호전성(好戰性)을 가진 것이었다.[38]

일본 군대는 국가 이념과 굳게 연결되어 있었다. 대정봉환이 이루어지고, 이 국가 이념을 세운 세력이 근대 일본 군대를 창설하였기 때문이었다. 일본 군대는 천황과 밀접히 일체화되어 있었다. 국가 이념은 군대에 봉사하고 군대는 그 이념에 봉사하는 '가장 정치적인 군대'였다. 일본 군부는 문관의 간섭을 받지 않았다. 일본 정부는 법적으로 군사 부문과 문관 부문으로 분할된 이중 정부였다. 그러나 문관이 군사 부문에 대하여 전혀 권한을 행사할 수 없었던 것에 비하여 군부는 정치적 영향력에 의하여 그들의 권력을 문관 부문에 용이하게 발휘할 수 있었다. 1889년 헌법에 천황은 군 최고 지휘관으로서 상비군 유지에 관한 결정과 선전 포고, 전쟁 종결 및 조약 체결에 권한이 부여되어 있었다. 육·해군의 각 대신은 문관이나 각료와는 달리 천황에게 직접 건의를 할 수 있었다. 군부는 천황의 개인적인 도구였다. 군부와 천황과의 밀접한 일체화는 군부가 천황 숭배와 연결된 국가신도와 유착하는 객관적 기반을 제공하였다. 군부가 문관의 간섭을 받지 않는 것은 문관이 육군대신의 직위에 취임하는 것이 금지되어 더욱 보장되었다. 1900년에는 군 최고 수뇌부만이 이들 직위에 취임할 수 있었다. 종래의 관례가

37　1867년 일본 에도 바쿠후(江戶幕府)가 천황에게 국가 통치권을 돌려준 사건.《두산백과》
38　상게서, pp. 163-165.

성문화된 것이다.[39]

군부의 권력과 영향력은 외교정책과 국내정책에까지 확대되었다. 예를 들면, 1931년 만주사변 시 군사령관은 도쿄에 있는 군 지도자의 도움을 받아 외무성 당국과 내각의 반대를 일축하고 육군을 만주에 투입하여 만주를 점령하였다. 한 일본 장군은 "외무대신에게 우리나라 외교를 맡겨 두는 것은 대단히 위험할 것이다. 그의 외교정책은 국가의 운명을 전망할 수 없기 때문이다. … 육군만이 국책을 지도할 수 있다"고 한 것은 만주 문제에 대한 군부의 견해를 잘 표현하고 있다. 군부는 그들 자신의 외교정책을 추구하려는 경향뿐만 아니라 명확한 국내 경제계획의 채택을 추진하는 데도 주저하지 않았다. 아라키 대장(荒木貞夫, 아라키 사다오)은 "육군은 군사행동에 대비할 뿐만 아니라 외교정책에 있어서 확고하고 건전한 전제에 입각하여 독자의 방침을 추구하면서 경제적, 사회적 제 문제를 해결할 용의가 없으면 안 된다"라고 말할 정도였다.[40]

일본에서는 독일과는 달리 군인 정치가는 상례였다. 1885년 12월 내각의 발족으로부터 1945년 8월 항복하기까지 일본은 42개의 내각에서 30명의 수상을 배출하였다. 군인이 수상이 되는 여부와 관계없이 장군들은 종종 비군사적인 자리를 차지하였다. 1898년부터 1900년까지 야마가타 내각에서 10개중 5개의 직위를 군인이 점하고 있었다. 1930년대에는 군인은 종종 내상이나 외상, 또는 문부상 등의 지위에 있었다.[41]

군부의 정치적 영향력은 애국적, 파시스트와 군국주의적 사회에서 얻는 국민적 지지였다. 이들 중에는 재향군인회나 애국부인회와 같은 대중조직은 물론이고 현양사나 흑룡회와 같은 비밀결사도 포함되어 있었다. 이들 집단이나 다른 집단의 활동은 테러와 선동에 이르기까지 광범위하게 실시되었다. 군사학교는 그들 집단의 조직화, 지도와 자금 지원에서 중요한 역할을 하였다. 그들 집단은

---

39   상계서, pp. 170-171.
40   상계서, p. 174.
41   상계서, pp. 176-177.

대외적 팽창이나 국내의 개혁과 통제에 대한 군부의 대내외 정책을 끊임없이 지지하였다.[42]

일본의 군부는 전·평시 대내외 국가정책을 결정하고 전쟁을 지도하고 지원하는 중심(重心)적 역할을 수행하였다. 그들은 군사력을 기반으로 국가를 팽창시키고, 국가의 목표를 달성하기 위하여 정치·경제·문화·교육 등의 사회구조나 국민의 생활양식을 전면적으로 군사력 강화에 종속시키는 군국주의 체제로서 천황을 앞세운 군대가 정부를 종속시켜 전쟁을 수행하였다고 분석할 수 있다.

4) 미국의 정부: 문민통제에서 군부 지배로

미국의 군부의 사고 및 성격의 변화는 문민통제에 대한 군사 지휘관의 태도에서 찾아볼 수 있을 것이다. 1930년대까지 미국의 군부는 문민통제라는 관념을 철저히 준수하였다. 미국의 육·해군 장교들은 클라우제비츠의 고전적 교리를 표준적 복음으로 여겼다. 그들은 군대가 정부의 '도구'라고 언급하고 국가정책이 군사정책의 방향을 결정한다는 금언을 끊임없이 되풀이하였다. 1936년에 나온 지휘참모대학(Command and General Staff School)의 간행물에서 "전략은 정치가 끝나는 곳에서 시작된다. 군인들이 요구해야 할 것이라고는 일단 정책이 결정되면 전략과 지휘는 정치와는 별개의 영역에 있는 것으로 보아야 한다는 것이다. … 정치와 전략, 보급, 작전 간에는 경계선이 그어져야 한다. 이러한 경계선이 인식되고 나면 양측은 모두 침범하지 않아야 한다"라고 언급하였다. 이는 군부가 전쟁 중에 정치인들로부터 그들의 영역인 군사 부문까지 침범당할 것을 염려한 것이었다.[43] 이러한 현상은 제2차 세계대전 직전과 전쟁 초기의 몇 년이 지날 때까지 지속되었다. 군부는 그 당시에 효율적인 사무국과 참모진을 갖춘 영국식 미군 혼합 전시 내각 설치에 찬성하였다. 이는 1920년에서 1930년대에 군부가 가졌던

---

42 상게서, pp. 177-178.
43 상게서, pp. 408-409.

강력한 국가정책 조직이 되기 위해서는 민간의 지도가 필요하다는 생각을 다시 강조한 것에 불과하였다. 문민통제에 대한 군부의 태도는 제2차 세계대전 기간 중에 완전히 변하였다.[44]

제2차 세계대전은 미국의 민군관계에 있어 새로운 시대의 시작이었다. 몇 년 사이에 군부의 권한과 태도에 괄목할 만한 혁명이 일어났다. 제2차 세계대전 중 나타난 미국의 민군관계의 세 가지 주요양상은 다음과 같이 요약하여 말할 수 있을 것이다. 첫째, 정책과 전략상의 주요 결정에 관한 한 군부가 전쟁을 주도하였다. 둘째, 이러한 정책과 전략의 영역에서 군부는 미국 국민과 미국 정치인들이 원하던 방식 그대로 전쟁을 수행하였다. 셋째, 전쟁을 수행하기 위한 국내의 전선(Domestic Front)에서 경제동원에 대한 통제는 군 기관들과 민간기관이 상호 분담하였다.[45]

전문적 군부지도자들의 권한은 제2차 세계대전 중 절정에 이르렀다. 그러나 그들은 국가목표를 수행하는 최고의 화신으로 군부가 쉽게 정부의 공백을 채울 수 있는 국제적 전선인 외교정책과 대전략(Grand Strategy)에 관한 분야에 한정된 것이었다. 국내 전선의 경우에는 군부는 경제를 통제할 수 있는 권한을 요구하였고, 이를 위하여 민간 이익집단들과 경쟁했지만 군부는 경제동원을 위한 통제권은 얻지 못하였다.[46]

제2차 세계대전 시 미국의 민군관계는 제1차 세계대전 당시의 독일의 민군관계와 몇 가지 점에서 유사하였다. 1913년 이전의 독일 장교단처럼 1939년 이전의 미국 장교단은 비록 그 규모가 훨씬 작았고, 국민 생활의 중심으로부터 멀리 떨어져 있기는 했지만, 고도로 전문화되어 있었다. 그러나 이에 상응하는 문민통제의 제도적 장치는 훨씬 불충분하였다. 전쟁이 다가왔을 때 군부는 독일의 루덴도르프처럼 권력을 획득하고자 노력은 하지 않았다. 그러나 미국 군부는 권

---

44 상게서, p. 449.
45 상게서, pp. 423-424.
46 상게서, p. 424.

력을 받아들이지 않을 수 없었다. 미국 군부는 독일의 참모본부가 독일 민족주의의 대리인(Agent)이 되었던 것과 똑같이 미국의 자유주의의 대리인이 되었다. 그러나 미국 군부의 통제권은 결코 힌덴부르크와 루덴도르프 및 그뢰너(Wilhelm Groener)가 독일의 국내정치에 행한 수준에는 결코 미치지 못하였다.[47]

미국은 전쟁에 참전하였을 때 미국 국민들 모두가 성심성의를 다하여 전쟁에 임하였고 단결하였다. 완전한 승리(Total Victory)라는 국가목표는 다른 모든 것을 대신하였다. 군부는 국가의 의지를 집행하는 주체가 되었고, 기본적인 정책결정을 수행하기 위하여 전쟁기술자인 군인을 불러 모았다. 미국 국민과 정치인들은 전쟁에서 승리를 위하여 군부의 주도를 지지하였다. 스팀슨(Henry Lewis Stimson)은 진주만 공격이 있기 며칠 전 "나는 손을 씻었다. 이제 당신과 녹스의 손(즉 육군과 해군)에 달려 있다"라고 언급하고 자신이 담당해야 할 임무는 "휘하 장군들을 지원하고 보호하고 옹호하는 것"이라고 선언하였다. 그의 말은 전시에 문민의 권리 행사를 포기하였음을 상징하고 있다.[48]

전시 군사지휘권의 중심은 1942년 이전에는 4명의 고위 장성들로 구성된 합동위원회(Joint Board)에, 1942년에는 합동참모본부(Joint Chief of Staff)에 놓여 있었다. 이 기구는 작전기획과 지휘의 통합성 요구라는 순전히 군사적인 필요성 때문에 설치되었다. 이론적으로 볼 때 이 기구는 전문직업군의 대(對)정부 조언과 각 군에 대한 전문적 지휘를 담당하는 최고기관이 되어야 하였다. 그러나 조직상과 정치적인 연고에 의하여 군사 조직체로서는 물론, 정치적 조직체로서도 운용되었다. 합동참모본부는 전쟁의 전체적 지휘에 있어서 대통령 다음으로 가장 중요한 세력이 되었으며 그들의 활동 수준과 범위는 순수한 전문 직업군으로서의 권력 범위를 훨씬 능가하는 것이었다. 1939년 이전에는 군사지도자들이 집단적으로 대통령에게 직접 접근할 수 있는 아무런 법적 권한이 없었다. 그러나 1939

---

47 상게서, p. 425.
48 상게서, p. 426.

년 7월 5일 대통령령으로 합동위원회가 대통령 휘하에서 기능을 행사하도록 하였다. 합참으로 대체하였을 때에도 대통령의 군사 고문기관으로서 대통령 휘하에서 운용되었다.[49]

　대통령과 군사지도자 또는 합동참모본부와의 직접 접촉의 권한은 문관의 조언이 배제되었다는 사실과 결부되었다. 전시 상황에서 행정 수반인 대통령은 필연적으로 그의 군사 조언자들과 직접 대면하게 된다. 문민통제의 원칙이 유지되려면 어떤 수준에서 결정이 내려지든 군사적 견해와 그와 관련된 정치적 견해 사이에 균형이 존재해야 하였다. 그러나 전쟁과 군부에 대한 미국인들의 태도와 대통령으로부터 정책결정 권한을 앗아갈지도 모를 책략에 대한 두려움으로 루스벨트(Franklin Roosevelt)는 문관-군부로 구성된 전시협의회의 설치를 반대하였다. 문관들은 국가 대전략에 대한 조언에서 배제되었다. 합동참모본부 구성원 스스로가 그 협의체를 대체하게 되었다. 대통령에 대한 조언에 있어서 합동참모본부의 역할이 막강하였다는 사실은 루스벨트가 그들의 건의를 거부한 적이 별로 없었다는 사실에서도 확인할 수 있다.[50]

　전시협의회의 대용기구로서의 합동참모본부는 그들의 활동 영역과 관심의 영역을 정상적인 군사적 한계를 훨씬 초월하여 외교와 정치, 경제 분야까지 확대하였다. 대통령과 긴밀히 연계되어 있는 권한은 점차 확대되었고 대통령의 권한과 공존할 수 있었다. 연합국들 간의 긴밀한 전시 회담에 대비하여 미국 측의 입장 정리는 보통 군부와 대통령에 의하여 준비되었다. 문민장관들은 국내에 남아 있었던 데 반하여 합동참모본부의 참모장은 연합국과의 회담에 모두 참석하였고 영국 지도자들과 끊임없이 연락하고 외교 교섭도 수행하였다. 맥아더(Douglas MacArthur)나 아이젠하워(Dwight David Eisenhower)와 같은 지역 사령관들도 전장에서 정치·외교적 역할도 수행하였다. 적어도 해외작전과 관련된 대민 업무와 군

49　상계서, p. 428.
50　상계서, pp. 429-432.

정(軍政)은 대부분 군부가 책임지는 영역이었다. 군부는 정치적 지침을 스스로 마련해야 한다는 점을 깨닫게 되었고 합동참모본부는 '국가의 정책결정에 대한 행정적 조정권'을 장악하게 되었다.[51]

의회(議會)가 군부를 통제하는 두 가지 중요한 수단은 예산수립권과 조사심의권이다. 제2차 세계대전 기간 중 재원의 부족은 의회의 예산수립권을 유명무실하게 만들었다. 의회는 전시의 경우 군부가 필요한 것을 모두 가져야 하고, 군부가 상정한 예산을 의회가 본질적으로 따지는 것은 의회의 권한 밖이라고 생각하였다. 승리를 획득하기 위하여 어느 하원의원이 말했듯이 "의회는 하느님과 마셜(George Marshall) 장군을 기꺼이 믿었던 것이다. 육군성 또는 마셜 장군은 사실상 예산을 자기 스스로 책정하였을 정도였던 것이다." 의회가 군부를 통제하는 또 하나의 가능한 수단인 조사심의권은 의회에 의하여 자발적으로 제한되었다. 기술적인 군사문제에 개입하면 안 된다는 우려는 점점 심해져서 결국 의회가 자발적으로 국가 대전략에 관한 문제에 대해서는 관여하지 않는다는 데까지 이르렀다.[52]

결과적으로 제2차 세계대전 시 미국은 완전한 승리를 위하여 군부가 국가 의지를 집행하는 주체가 되었다. 군부가 국가 대전략을 수립하였고, 대전략의 집행을 위하여 군사적 부문뿐만 아니라 정부의 역할인 정치적 지침을 수립하고 외교적 역할도 수행하였다. 또한, 국민의 대표 국가기관인 의회가 자발적으로 군부의 통제를 포기하였다. 이를 볼 때, 제2차 세계대전 시 미국은 정부와 국민의 비중보다는 군부의 비중이 높은 '군부 중심의 전쟁'을 수행한 것으로 분석할 수 있다.

---

51 상게서, p. 433.
52 상게서, pp. 435-436.

3. 애국적 시민의 전쟁 수행의지

왕정 중심 전쟁 패러다임에서 국가의 군부 중심 전쟁 패러다임의 진화의 요인 중 하나는 국가주의에 입각한 애국적인 시민의 전쟁에 대한 적극적인 참여이다. 왕조국가는 국왕 한 사람이 곧 국가였다. 그러나 국민국가는 통치자가 아니라 국민 모두의 나라였다. 애국심이 발휘된 이유는 과거와는 달리 국가의 생존과 번영의 안보 목표가 국민 생활과 직접적인 연관이 되어 국민의 관심사로 등장하게 되었기 때문이다. 전쟁의 승패가 국가의 운명을 좌우하였기 때문에 전쟁에서 승리를 위하여 국가가 동원할 수 있는 모든 자원을 총동원하여 전쟁을 수행하였다. 군대는 전장에서 전투를 하였지만 후방에 있는 수많은 국민들은 남녀노소 할 것 없이 군인들이 동원되고 남은 빈자리에서 무기와 탄약을 만들고 정비, 수송, 의무, 보급시설에서 일을 해야만 하였다. 국가 지도자들을 중심으로 전 국민이 전쟁이라는 극한상황을 극복하면서 참여하였고, 정치인들은 전쟁을 지원할 수 있도록 법령을 제정하였다. 따라서 군부 중심의 전쟁 패러다임에서의 최종적인 승리는 전장에서 싸운 우수한 군대보다는 애국적인 시민의 참여에 의하여 보장된 전쟁 지속능력의 규모에 의하여 결정되었다.

나폴레옹 군대는 프랑스혁명으로 징집된 장정들 사이에 순수한 애국심이 형성되었으며 그 영향으로 훈련도 미약하였던 프랑스 보병이 적군을 상대로 큰 출혈을 무릅쓰면서까지 공격을 가할 수 있었다. 이러한 열정이 있었기 때문에 종대대형 공격에 필요한 병력을 계속 확보할 수 있었다. 프랑스가 조기에 성공을 거두게 되자 유럽의 다른 나라들도 군사력 기반을 확장해야 하였고, 국가주의(Nationalism) 개념도 전파되기 시작하였다.[53]

제2차 세계대전에서 독일이 전쟁 초기 전격전을 통하여 1개월 만에 프랑스를 석권(席卷)한 이유 중에는 정치·사회적인 분위기에 따른 국민의 여론의 차이

---

53 토머스 햄즈, 전게서, p. 48.

도 있었다. 제1차 세계대전 이후 영국과 프랑스의 연합국은 모든 가정의 남자 중 적어도 1명 이상은 참호전으로 인한 무의미한 희생자가 있었다. 연합국은 거의 2,800만에 달하는 인원을 동원하였는데 이 중 거의 1,200만 명이 희생되었다. 이러한 엄청난 희생에 대해서 연합국의 국민들은 그들의 정부와 군대를 비난하였다. 반면에 독일 국민들은 1,100만 명이 동원되어 그중 600만 명이 희생되어 비율로 보면 연합국 측보다 더 큰 희생을 치렀는데도 불구하고 이들은 연합국 국민들과는 전혀 다른 반응을 보였다. 독일 국민들은 그들의 군대에 대한 지지를 철회하지 않았다. 독일 군대는 여전히 독일 정부 내에서 존경받는 기관으로 남아 있었다. 이러한 여론에 의하여 영국과 프랑스는 제1차 세계대전 이후 마지노선 (Maginot Line)에 안주하여 전쟁 준비를 하지 않은 반면에, 독일은 제1차 세계대전에서 배운 교훈을 적용하여 새로운 군대 건설과 전투방식 개선을 하고 철저히 훈련하였다. 독일군은 외견상 형태가 달라진 군대가 아니라 새로운 무기와 부대구조의 이점을 유리하게 이용한 고도의 의욕으로 충만한 군대였다고 할 수 있다.[54]

제2차 세계대전 시 독일군의 폭격기가 영국 본토를 공격한 1940년 7월 이래 1945년 독일군이 항복할 때까지 영국은 수많은 민간인 희생자가 발생하였다.[55] 독일 공군은 시민 거주지나 산업시설, 유명한 사원 등을 무차별적으로 공격하였다. 영국 시민들은 공습경보가 울리면 지하철이나 지하시설로 대피해야만 하였다. 독일 해군은 대서양에서 무제한 잠수함전을 수행하여 영국 국민들은 미국이나 아르헨티나에서 수입하던 식량이나 생필품 부족으로 심각한 어려움을 겪어야 하였다. 이러한 극심한 어려움 속에서도 영국 국민들은 독일군 침공에 대비하여 지방에서 '향토방위대'를 편성하고 중요지역에는 기관총 진지와 대전차호를 준비하였다. 또한 독일군의 상륙에 대비한 기동타격 훈련은 유류 제한으로 롤러스케이트를 타고 실시하였다. 일반 국민들은 병기공장이나 군수공장에 동원

---

54 상게서, pp. 57-58.
55 영국인 사상자 수는 총사망자 6만 595명과 부상자 8만 6,182명에 달함. Robert Goralski, *World War II Almanac: 1931~1945*, p. 429.

되어 생산 활동은 물론, 보급이나 수송, 의무 등 각종 군사지원 활동에 적극 참여하였다. 처칠(Winston Churchill)은 뒷날 영국인들의 이런 노력을 "남자나 여자 모두 기계에 달라붙어 지쳐서 쓰러질 때까지 작업을 하였다. 그들은 노동시간 연장 끝까지 일을 하고, 귀가명령을 받으면 다음 날 작업시간이 되기 전에 미리 출근한 다음 작업반에 물려주었다"라고 회고하였다. 영국인들은 처칠의 지도력에 따라서 수많은 땀과 피와 눈물을 흘리면서 역경을 이겨 냄으로써 마침내는 연합국의 일원으로서 승리할 수 있었던 것이다.[56]

　　미국은 제1·2차 세계대전 시 초기에는 국민이 전쟁에 개입하는 것은 반대하되 연합국에 원조하는 것은 지지하는 입장이었다. 미국 국민들은 전쟁에 휘말려 들어가는 것은 찬성하지 않았다. 그러나 1941년 12월 7일 일본이 진주만을 기습하자 미국 국민들은 남녀노소 할 것 없이 모든 국민이 하나로 단결하여 국가대사에 정부가 하는 일을 적극적으로 지원하였다. 루스벨트 대통령이 대일 선전포고를 요청하였을 때 미국인 98%가 찬성하였고, 의회에서도 평화주의자 단 1명만 반대하고 상·하원 모두 찬성하였다. 미국 젊은이들은 장병집결소로 가서 훈련을 받고 전선으로 투입되었으며, 여자들은 공장의 노동자나 군 의무 또는 보급시설 등을 가리지 않고 임무가 주어지는 대로 동원되어 비전투원으로 역할을 수행하였다. 제1차 세계대전 시 프랑스 전역에서 용맹을 날린 퍼싱(John Joseph Pershing) 예비역 대장이 81세의 노구를 이끌고 입대를 지원하였으며, 시카고 대학 교수인 폴 더글라스(Paul Douglas)는 50세로 지원하여 이등병으로 입대하였다. 남녀노소 구분 없이 수많은 사람들이 지원한 결과로 미국은 전쟁기간 중 1,600만여 명이 군복을 입고 있었는데, 이는 미국인 10명당 1명의 비율이었다. 이렇게 미국인은 신분이 높고 낮음에 상관하지 않고 자원하여 전투원과 비전투원으로 기꺼이 임무를 수행하였다. 미국은 이를 바탕으로 유럽에서는 연합군의 주역으로 독일군을 패퇴시키고, 태평양에서는 일본군을 격멸하여 무조건 항복시킴으로

56　박계호, 전게서, pp. 416-417.

써 제2차 세계대전 이후에는 세계 최강국으로 등장할 수 있었다.[57]

제3절 국가안보와 국익을 추구한 전쟁

1792년 프랑스혁명과 나폴레옹 전쟁이 발발한 시점으로부터 제2차 세계대전이 종료되는 시점까지의 전쟁의 원인과 목적을 연구하기 위해서는 강대국의 국제관계를 설명하는 현실주의적 관점에서 분석하는 것이 합리적으로 보았다. 제1차 세계대전 중 영국의 학자 디킨슨(G. Lewes Dickinson)은 그의 저서 『유럽의 무정부 상태』(*The European Anarchy*)에서 제1차 세계대전의 원인은 "독일 때문도 아니고 또 다른 강대국 때문도 아니다. 진짜 진범은 유럽의 무정부 상태인 것이다"라고 말한다. 그는 "유럽의 무정부 상태는 국가들이 국가안보와 지배를 위한 동기에서 다른 나라를 압도할 수 있는 힘을 가져야만 한다고 생각하게 한 강력한 자극이 되었다는 것"[58]이다. 그 당시 유럽의 국제관계는 국제적 무정부 상태(International Anarchic)[59]이었던 것이다. 무정부 상태는 국가안보를 추구하는 국가들이 힘을 위하여 경쟁할 수밖에 없도록 한다. 힘이야말로 국가안보를 보장하는 가장 좋은 수단이기 때문이다.[60]

---

57 상게서, pp. 442-444.

58 G. Lewes Dickinson, *European Anarchy*, p. 101, p. 114.

59 국제적 무정부 상태는 강대국의 상위에서 이를 통제할 수 있는 권위적 기구가 존재하지 않는 상태로 국가들이 힘의 균형 상태에 유념하지 않을 수 없도록 하는 원인이라고 생각함. 존 J. 미어셰이머(John J. Mearsheimer), 이춘근 옮김, 『강대국 국제정치의 비극』(서울: 나남출판, 2004), p. 63 참조.

60 상게서, p. 64.

1648년 베스트팔렌(Westfalen) 조약은 주권 영토국가를 국제체제의 가장 지배적인 형태로 신성화한 이정표였다. 국제정치를 논할 때 이 영토국가 체제를 의미하며, 국제정치는 보편적인 주권이 존재하지 않고 국가들 위에 군림하는 지배자도 없는 정치라고 정의한다. 17세기 영국의 철학자인 홉스(Thomas Hobbes)는 그런 무정부 체계를 자연상태(State of Nature)라고 불렀다.[61] 이 책에서 유럽 강대국에 더 큰 관심을 두었는데 그 이유는 지난 200년의 대부분 기간 동안 세계정치를 압도하였던 나라들은 유럽의 강대국들이었기 때문이다. 일본과 미국이 강대국의 반열에 오른 1895년과 1898년 이전, 유럽은 세계 모든 강대국들의 고향이었다.[62]

모겐소(Hans J. Morgenthau) 등 인간본능 현실주의(Human Nature Realism)자들은 당시의 국제적 무정부 상태의 국제정치에서 국가 행위자의 가장 중요한 정책목표는 군사적 안보였다고 주장한다. 공격적 현실주의 이론을 주장한 미어셰이머(John J. Mearsheimer)는 "강대국이란 자신들의 안전을 다른 나라들의 위협으로부터 지켜 줄 수 있는 상부기관이 없는 세상에서 자신의 생존 여부에 가장 큰 관심을 가지고 있는 나라들"로 본다. 강대국들은 힘이야말로 그들의 생존을 보장하는 핵심요인이라는 사실을 곧 알아차린다. 그는 "국가의 궁극적 목표는 국제체제에서의 패권국이 되는 것이다"라고 주장한다. 방어적 현실주의자 왈츠(Kenneth Neal Waltz)는 "국가들의 궁극적 관심은 권력이 아니라 국가안보다"[63]라고 쓰고 있다. 스나이더(Jack Snyder)는 이러한 관점을 『제국의 신화』(Myths of Empire)에서 잘 지적하였다. 그는 "공격적 현실주의자, 방어적 현실주의자들 모두는 국제적 무정부 상태에서 존재하는 국가들에 있어 국가안보가 제일 중요하다는 사실을 인정한다. 그러나 이들은 국가들이 국가안보를 성취하는 가장 효과적인 방법이 무엇인

---

61 조지프 나이, 양준희 외 옮김, 『국제분쟁의 이해』(서울: 도서출판 한울, 2009), pp. 26-27.

62 존 J. 미어셰이머, 전게서, p. 39.

63 Kenneth Neal Waltz, *Theory of International Politics*, "Origins of War", p. 40.

지에 대하여 견해를 달리한다"고 기술하였다.[64]

인간본능 현실주의와 공격적 현실주의는 강대국이 끊임없이 권력을 추구한다고 보고 있다. 그러나 양자 사이의 결정적인 차이점은 공격적 현실주의가 국가들은 자연적으로 공격적 성격을 물려받고 있다는 모겐소의 주장을 거부한다는 점이다. 공격적 현실주의자는 국제정치 체제의 구조가 강대국들에게 자신들의 상대적 힘을 최대화시킬 것을 강요한다는 것이다. 그렇게 하는 것이 그들의 안보를 최대한 보장할 수 있는 최적의 방안이기 때문이다. 다른 말로 하면 국가의 생존의 요구가 국가들에게 공격적으로 행동하라고 명령하는 것이다. 강대국들이 공격적으로 행동하는 것은 그들이 원해서 혹은 그들이 다른 나라를 지배하려는 내적 본능을 가지고 있기 때문이 아니다. 강대국들이 생존의 가능성을 극대화시키기 원한다면 더 많은 힘을 추구해야만 하기 때문이다.[65]

1. 나폴레옹의 유럽 패권 전쟁과 세력균형

1792년 프랑스혁명 이후부터 1815년에 이르기까지 유럽의 강대국들은 거의 끊임없이 전쟁을 치르고 있었다. 기본적으로는 막강하고 공격적인 프랑스가 유럽의 강대국들, 즉 오스트리아, 영국, 프러시아, 러시아 등의 다양한 연합에 대응하여 전쟁을 치르고 있는 형국이었다. 프랑스혁명이 일어나자 유럽의 절대왕정의 국가들은 혁명사상의 파급의 가능성에 위협을 느껴 1792년 오스트리아·프러시아는 연합군을 조직하여 프랑스에 대항하는 전쟁을 일으켰다. 이는 프랑스의 힘을 제어하려는 것이 아니라 혁명으로 인하여 혼란해진 프랑스로부터 이득을 취하려는 것이었다. 그러나 프랑스는 곧 막강한 군사력을 건설하였고,

---

64   존 J. 미어셰이머, 전게서, pp. 68-69.
65   상게서, p. 69.

1793년 말엽에 프랑스는 잠재적 패권국이 되었다.[66]

1793년부터 1809년에 이르는 동안 프랑스에 대항하기 위하여 균형연합 5개가 개별적으로 형성된 적이 있었다. 그러나 어떠한 균형연합도 프랑스의 라이벌 강대국 모두가 포함된 것은 없었고 각각은 프랑스에게 각개격파 당한 후 지리멸렬하고 말았다. 그 이유는 프랑스가 강하기는 했지만 프랑스와 적대국인 네 나라 모두가 힘을 합쳐 유럽의 유린을 막아야 할 정도로 프랑스의 힘이 막강하지 않았기 때문이었다. 그러나 1805년이 되었을 때 나폴레옹 휘하의 프랑스군은 진정 막강한 군사력으로 성장하였고, 유럽 강대국이 모두 힘을 합쳐야 대항할 수 있을 정도로 강하였다. 나폴레옹은 1805년 오스트리아를 전격적으로 격파하여 균형동맹 밖으로 몰아냈고, 1806년에는 프러시아를 격파함으로써 프랑스에 대적하는 강대국들이 통합적인 균형연합을 형성할 수 없도록 만들었다. 그러나 프랑스가 러시아에 재앙적인 패배를 당한 1812년 연말, 상황은 급변하였다. 프랑스의 힘이 일시적으로 약해진 틈을 이용하여 오스트리아, 영국, 프러시아, 러시아는 1813년 함께 뭉칠 수 있었고, 패권을 향한 프랑스의 야욕을 종식시킬 수 있었다.[67]

1789년 발발한 프랑스혁명 그 자체는 프랑스가 그 이상을 전파하기 위한 전쟁을 야기한 직접적인 원인은 아니었다. 또한 유럽의 강대국들이 프랑스를 공격하여 프랑스혁명을 붕괴시키고 왕정을 복고하기 위하여 전쟁을 일으킨 것도 아니었다. 이 전쟁은 세력균형의 관점에서 발발하였다. 프러시아와 오스트리아가 반대로 허약하고 취약해진 프랑스로부터 이득을 취하기 위한 방편으로 전쟁을 개시한 것이다.[68]

프랑스는 전쟁이 발발한 후 몇 달간은 형편없는 전쟁을 치렀고 이는 1792년 프랑스 육군을 재편, 확대하는 계기가 되었다. 그 후 프랑스군은 1792년 9월 20일

---

66 상계서, p. 514.
67 상계서, pp. 514-515.
68 상계서, p. 517.

침입해 오는 프러시아군을 발미(Valmy)에서 격파하여 경이적인 승리를 거두었다. 그 이후에 프랑스는 공세적 입장을 취하게 되었고 1815년 6월 나폴레옹이 워털루에서 마지막으로 패퇴할 때까지 프랑스 육군은 쉬지 않고 전진하는 막강한 군사력으로 군림하였다.[69]

프랑스는 1793년에서 1804년에 이르는 기간에 유럽 전역을 정복하려고 시도하지는 않았다. 대신 프랑스는 서유럽에서의 패권적 지위를 추구하였다. 프랑스는 영토적 야욕이 제한적이었을 뿐만 아니라 프랑스의 라이벌 강대국 중 어느 나라의 영토를 점령할 생각을 가지고 있지 않았다. 물론 프랑스는 오스트리아, 영국, 프러시아, 그리고 러시아와의 전투에서 실력을 발휘했지만 이들 강대국 중 누구도 파멸시켜 세력균형 체제에서 몰아내겠다고 위협하지 않았다. 이는 흔히 말하는 제한전쟁(Limited War)이라고 볼 수 있는 것이었다.[70]

그러나 1805년과 1812년 사이 나폴레옹은 18세기 유럽에서 형성되었던 유럽의 제한전쟁적 성격을 깨뜨렸다. 그는 전 유럽을 정복하고자 하였으며, 프랑스를 패권국으로 만들고자 하였다. 1809년 프랑스는 중부 유럽 전체를 확실하게 장악하고 있었고 프랑스가 장악하지 못한 서유럽의 유일한 영토인 스페인을 정복하고 이베리아반도를 장악하고자 시도하였다. 1812년 6월 프랑스는 동유럽마저 장악한다는 목표 아래 러시아를 침공하였다. 유럽에서의 패권을 추구하기 위하여 나폴레옹은 다른 강대국을 점령하고자 하였고, 그들의 세력균형 체제 안에서 파멸시키려 하였다. 그러나 프랑스군은 1812년 6월부터 12월 사이 러시아군에게 거의 재앙적인 패배를 당하였다. 나폴레옹은 처음으로 무적이 아니라 격파할 수 있는 대상으로 보이기 시작하였다. 프랑스에 대항한 여섯 번째 연합이 완전히 형성된 1813년 10월 나폴레옹은 라이프치히 전투(Battle of Leipzig)에서 오스트리아, 프러시아, 러시아의 막강한 연합국에 또 한 번 패배를 당하여 독일을

---

69 상게서, p. 519.

70 상게서, pp. 519-520.

영원히 잃게 되었다. 1813년 프랑스 적국들은 프랑스 영토를 향하여 진격하였다. 1814년 2월의 몇몇 전투에서 나폴레옹군은 놀라울 정도로 잘 싸웠다. 그러나 연합군은 그해 3월 프랑스군을 대파하였고 1814년 4월 6일 나폴레옹이 전쟁을 포기하도록 하였다. 1815년 3월 나폴레옹이 유배된 엘바섬에서 탈출하여 프랑스로 돌아왔고, 유럽 연합국은 다시 뭉쳐 1815년 6월 18일 워털루 전투에서 프랑스군을 마지막으로 격파하였다. 패권을 향한 프랑스의 노력은 끝났다.[71]

2. 세력균형과 제국주의 정책의 충돌

제1차 세계대전은 1914년 7월 28일부터 1918년 11월 11일까지 4년 3개월간 32개국이 참전한 최초의 세계대전으로서, 그 원인에 대해서는 각국의 입장과 시대에 따라 각각 다른 주장을 하며, 서로 적국에 그 책임을 전가하고 있다. 그러나 대전 발발의 원인은 어느 한 나라나 정부에 있다기보다 당시의 시대적 배경과 각국의 제국주의 정책에 의한 이해관계 대립에 있었다.

장기적으로 볼 때 전쟁이 발발한 뚜렷한 요인은 독일과 이탈리아의 통일이었고, 이 두 국가의 탄생이 유럽 체제 내의 세력균형을 변경시키고 말았다. 즉, 이들 신흥세력과 기득권을 주장하는 기성세력 간의 알력은 결국 자국의 경제와 국위선양을 위하여, 또 영토 확장을 위하여 계속 투쟁하게 만들었다. 그러나 19세기 후반에 들어오자 유럽 전역은 주권재민(主權在民)의 통치체제가 확립되었고, 대부분의 국가는 독립국가로 대우받게 되었다. 유럽의 제 국가들은 유럽 내에 원료와 노동력, 잉여 생산품을 처리할 시장이 제한되자 결국 아프리카, 아시아 및 대양주로 시선을 돌려 경쟁적으로 식민지 정책을 추구하였다. 이러한 경쟁 속에 자국의 안전을 보장받기 위하여 열강은 동맹과 협상 양(兩)체제의 어느 한편에

---

71 상게서, pp. 522-527.

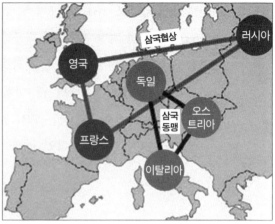

〈그림 3-1〉 유럽의 세력균형(1914)
* 출처: 합동군사대학교, 전게서, p. 5-65-3.

가담하지 않을 수 없었다. 그리하여 20세기 초기에는 〈그림 3-1〉과 같이 독일, 오스트리아·헝가리 및 이탈리아의 삼국동맹과 프랑스, 영국, 러시아의 삼국협상으로 두 진영이 첨예하게 대립하고 있었고, 단지 사라예보(Sarajevo) 사건은 열강에게 개전을 위한 하나의 빌미였을 뿐이었다.[72]

이와 같은 상태의 유럽의 국제적 상황을 영국의 자유주의자 디킨슨은 '국제적 무정부 상태'라고 정의하였다. 이는 고도의 조직화된 적대관계로 이를 중지시킬 만한 강대국의 상부에 권위적 기관이 없었다는 의미이지 결코 혼돈은 아니었다. 1888년 이후 독일은 빌헬름 II세(Wilhelm II) 치하에 있었다. 혹자는 이 독일 황제가 전쟁을 피하고자 노력하였다 주장하지만, 1888년부터 1914년에 이르는 결정적인 기간에 그는 팽창주의적이며 공격적인 지도자였다. 1890년 3월 비스마르크가 재상직을 물러날 무렵 독일은 대규모의 인구를 보유하였고, 역동적으로 발전하는 국가 경제와 막강한 육군을 보유하고 있었음에도 불구하고 아직 유

---

72 합동군사대학교 합동교육참고 12-2-1,『세계전쟁사(上)』(대전: 육군대학, 2012), pp. 5-114-2~3.

럽의 잠재적 패권 국가는 아니었다. 그러나 20세기 초반이 되었을 무렵 독일은 매년 그 상대적 힘의 비중이 지속적으로 증가하는 완전한 잠재적 패권국이 되어 있었다. 1900년부터 1914년 8월 사이 독일에 대한 두려움이 유럽에 만연해 있었다.[73]

독일 국민은 자신들의 야욕과 불안 때문에 영국에 대한 강한 증오심을 지니고 있었고, 선망과 열등의식이 뒤섞인 이 증오심은 부유하고 품위 있는 행운아들인 영국의 상류사회에 집중되어 전쟁이 일어나기 전부터 독일 해군의 장교식당에는 '그날(Der Tag)'이라는 간소한 토스트가 메뉴에 포함되어 있었다. '그날'이란 다름 아닌 독일이 영국에게 선전포고 할 '그날'임은 누구나 다 아는 일이었다. 한편, 영국도 아직은 그들이 유럽에서 최고의 지위에 있었지만 이러한 독일인의 증오에 응수하기 위하여 해가 계속됨에 따라 막대한 비용이 드는 해군 군비경쟁에 뛰어들 수밖에 없었고, 이런 분위기 속에 독일과 영국 외교관들은 사사건건 대립하였다. 또 영국인들은 날로 방자해 가는 독일인에게 호된 교훈을 안겨 줘야겠다 생각하였고, 더욱이 자기들의 번영과 영도적 지위에 차츰 불안을 느끼기 시작하였다. 프랑스 역시 영국과 같이 국제문제에 대한 여론이 비등하여 1870년 보불전쟁 패전에 대한 복수를 위하여 그들이 상실한 알자스·로렌 지방을 수복하기를 원하고 있었고, 프랑스 외교관들은 독일에 대항하는 연합국 체제를 계속 유지하려 하였다. 1914년 사라예보 사건의 역사적 과정은 프랑크푸르트 조약에서 비롯되었는데, 이 조약으로 프랑스는 알자스·로렌 지방을 신생 독일제국에 넘겨 줄 수밖에 없었다.[74]

철혈재상 비스마르크는 20여 년 동안 외교상 프랑스를 고립시키기 위하여 독일, 러시아 및 오스트리아를 결속시킨 삼제동맹이라는 비밀조약을 체결하였고 1882년에는 독일, 오스트리아·헝가리 및 이탈리아 간의 유명한 삼국동맹을 결

73 존 J. 미어셰이머, 전게서, pp. 555-556.
74 합동군사대학교, 전게서, pp. 5-114-3~5.

성하여 위험스러운 세력균형을 유지하고 있었다. 그러나 1890년 젊은 황제 빌헬름 II세는 비스마르크를 해임하고 러시아가 요구하는 재보장 조약을 거부함으로써 비스마르크가 그렇게도 우려하던 사태가 드디어 벌어지고 말았다. 결국 러시아는 수차에 걸친 협상 끝에 프랑스와 1894년 러불(露佛)동맹을 체결하기에 이르렀고, 이로써 대륙 내에서 프랑스의 고립 상태는 종지부를 찍었다. 그러나 아직도 영국만은 대륙의 어느 나라와도 공식적인 동맹관계를 회피하고 대륙문제에 대하여 불간섭주의를 채택해 왔다.

독일의 성장은 그야말로 인상적이었다. 1890년에 독일의 중공업은 이미 영국을 제쳤고, 20세기 초에 독일의 GNP 성장속도는 영국의 두 배에 달하였다. 1913년 당시의 독일은 유럽 전체의 산업능력의 40%를 장악하였다. 영국은 28%를 차지하였다. 또한 당시의 프랑스와 러시아는 유럽 전체의 12%와 11%를 차지하여 독일은 프랑스와 러시아에 비하여 3:1로 우세한 잠재력을 보유하고 있었다. 더욱이 1905년 이후 독일 육군은 유럽을 지배할 수 있는 군사력이었다. 실제로 독일은 1912년부터 확장을 위한 계획을 실천에 옮기기 시작하였다. 1914년 전쟁이 발발하였을 때 독일은 171만 명의 전투병을 전선에 배치할 수 있었다. 반면 프랑스는 단지 107만 명을 배치할 수 있을 뿐이었다.[75]

독일은 그 산업능력의 일부분을 대규모 해군력 증강 프로그램을 포함한 군사능력으로 전환시켰다. 1911년 독일의 '티르피츠 계획(Tirpitz Plan)'의 전략적 목표는 세계에서 두 번째로 큰 규모의 해군을 만들어 세계열강의 대열에 올라서는 것이었다. 이 같은 팽창은 영국의 해군 장관 윈스턴 처칠을 놀라게 하였다. 영국은 고립을 두려워하기 시작하였고, 전 세계에 걸쳐 있는 대영제국을 어떻게 방어할 것인지 걱정하였다. 그 두려움은 보어전쟁에서 독일이 남아프리카 공화국의 네덜란드 정착인이자 영국과 전쟁을 벌이고 있었던 보어인들에게 호의를 보이

---

[75] 존 J. 미어세이머, 전게서, pp. 567-568.

면서 더욱 악화되었다.[76] 결국 독일 국력의 팽창, 특히 함대의 건설은 영국에 직접적인 위협이 되었으며, 치열한 건함 경쟁은 마침내 영국으로 하여금 소위 명예로운 고립정책을 버리고 영불 해군협정과 영노 해군협정을 체결하게 하였고, 이러한 해군력의 경쟁과 아울러 양국의 식민지 획득 열의는 독일의 3B정책과 영국의 3C정책[77]으로 날카롭게 대립되었으며, 유럽 전역은 삼국동맹과 삼국협상의 대립관계에 놓이게 되었다.

이러한 전운이 감도는 속에서 전쟁의 위협을 느낀 각국은 전쟁 준비를 하느라 여념이 없었다. 이와 같이 유럽의 6대 강국이 전쟁 준비에 열중하고 있을 때, 슬라브 민족과 게르만 민족이 뒤섞인 발칸반도는 바야흐로 오토만 터키의 압제에서 벗어나 민족국가 형성을 위한 몸부림을 치고 있었으며, 이곳으로 세력 확장을 꾀하던 러시아와 오스트리아는 민족문제로 날카롭게 대립하게 되었다. 유럽 각국의 제국주의적 팽창을 위한 대립 및 첨예화한 민족문제 등 언제 어디서 전쟁이 터질지 모르는 일촉즉발의 위기에서 보스니아(Bosnia)의 수도 사라예보에서 울린 한 세르비아(Serbia) 청년의 총성은 이러한 화약고에 불을 질렀던 것이다.[78]

1914년 6월 28일 오스트리아 황태자 페르디난트(Franz Ferdinand) 부처가 관병식에 참석하기 위하여 사라예보에 왔을 때, 세르비아의 비밀결사단에 속해 있던 한 청년 프린치프(Gavrilo Princip)의 손에 암살되었다. 이러한 사건을 기다렸다는 듯이 오스트리아는 황제 프란츠 요제프 I세(Franz Joseph I)의 친서를 독일 황제 빌헬름 II세에게 보내어 지원을 약속받고, 7월 23일 48시간 시한으로 10개 조항의 최후통첩을 세르비아에 보냈다. 영국은 전쟁 발발의 위험을 피하기 위하여 세르비아에 최후통첩의 수락을 권고하였다. 세르비아는 타 조항은 모두 승낙할 수

---

76 조지프 나이(2009), 전게서, p. 127.

77 독일의 남진정책은 3B(Berlin-Byzantium-Baghdad)로 이어지고, 영국의 동진정책은 3C (Cape Town-Cairo-Calcutta)로 이어지는 식민지 획득과 육로(독일)·해상(영국) 무역, 철도 건설 등 독일의 팽창주의와 영국의 기득권 보호를 상징하는 식민지 제국 정책임.

78 합동군사대학교, 전게서, pp. 5-114-5~6.

있으나 제6조의 "6. 28 사건의 범행 가담자 재판에 오스트리아 대표를 참석시켜라!"라는 것은 세르비아의 주권을 침해하는 것이라 하여 그 수락을 거부하였다. 이에 대하여 오스트리아 사신은 무조건 수락이 아니면 전면거부라고 단정하여 국교단절을 선언하고 귀국하였다.

이를 이유로 세르비아 왕 페테르 I세(Peter I)는 7월 25일 동원령을 발령하자 오스트리아는 바로 7월 28일 대(對)세르비아 선전포고를 하였다. 이러한 위기에 양국의 분쟁이 확대되느냐 되지 않느냐 하는 것은 러시아가 세르비아를 어느 정도 지원하는가에 달려 있었다. 러시아는 오스트리아의 대세르비아 최후통첩에 대하여 7월 24일 오스트리아에 회답기한 연장을 요구하였으나 오스트리아가 거절하자, 29일에는 부분 동원령을, 30일에는 총동원령을 발령하기에 이르렀다. 독일은 전쟁에 개입하지 않을 수 없음을 인식하여 7월 31일 밤 러시아와 프랑스에 각각 최후통첩을 보내고, 러시아에 대해서는 8월 1일, 프랑스에 대해서는 8월 3일에 각각 선전포고를 하고, 8월 3일에는 작전계획에 따라 중립국인 벨기에를 공격하였다.

이에 영국은 독일이 중립국을 침범하였다는 이유로 대독 선전포고를 하였다. 이리하여 7월 28일 오스트리아의 대세르비아 선전포고 후 불과 1주일 만에 구주의 전 열강은 전쟁의 회오리바람에 말려들게 되었다. 다만 이탈리아는 오스트리아의 대세르비아 개전을 침략적 행위라고 규정하여 삼국동맹의 의무를 포기하고, 8월 3일 중립을 선포하여 1915년 5월 24일 대오스트리아 선전포고 시까지 중립을 견지하였다.[79]

제1차 세계대전은 우연히 시작된 것이 아니다. 오스트리아가 의도적으로 전쟁을 시작하였다. 그리고 독일은 전쟁이 필요하다면 나중에 하는 것보다 1914년에 하는 것이 낫다고 생각하였다. 제1차 세계대전을 거시적으로 보려면 구조나 힘의 분포뿐만 아니라 세력균형 체제의 과정에 관심을 기울여야 한다. 제1차

---

79 상게서, pp. 5-114-6~7.

세계대전의 전야의 당시 분위기는 전쟁이 불가피하다는 견해가 일반적이었다.[80] 윈스턴 처칠의 저서 『위기 속의 세계』(The World in Crisis)는 그 느낌을 잘 표현하고 있다.

> 그 당시에는 분위기가 이상하였다. 국가들은 물질적 번영에 만족하지 못하고 내부적으로나 외부적으로나 투쟁의 길로 내달렸다. 종교가 쇠퇴하는 가운데 민족적 열정이 지나친 찬양을 받으며 온 세상의 표면 아래에서 잠복한 채 활활 타오르고 있었다. 거의 온 세상이 고통받기를 원하는 것으로 보일 지경이었다. 분명 곳곳의 사람들이 위험을 무릅쓰기를 갈망하고 있었다.[81]

3. 군국주의와 패권추구 전쟁

제2차 세계대진은 1939년 9월 나치 독일이 폴란드를 공격하여 발발하게 되었다. 제1차 세계대전이 끝난 1918년부터 히틀러가 독일의 수상이 된 1933년 1월 30일에 이르는 동안 유럽에서 제일 막강한 나라는 프랑스였다. 프랑스는 엄청난 육군을 보유하고 있었고 독일의 공격으로부터 동부 국경선을 막으려는 데 모든 노력을 다하였다. 그러나 당시의 독일은 프랑스를 공격하기는커녕 자신을 보호하기에 벅찬 상황이었다. 독일은 분명히 유럽 최강의 군사력을 건설하는 데 필수적인 인구와 산업능력을 보유하고 있었다. 그러나 베르사유(Versailles) 조약(1919)[82]은 전략적으로 중요한 라인란트를 독일로부터 빼앗았고 독일 바이마르

---

80 조지프 나이(2009), 전게서, pp. 142-143.

81 Winston Churchill, *The World Cricis,* (New York: Scribner's, 1923), p. 188.

82 이 조약은 전부 15편 440조로 되었는데, 1편 26개조가 국제연맹 규약이었다. 이렇게 하여 탄생한 국제연맹은 국제평화의 유지, 국제협력, 국제분쟁의 평화적 해결을 사명으로 하고, 연맹 가입국은 분쟁을 연맹규약이 정하는 국제재판 또는 연맹이사회에 상정하여 전쟁에 의한 문제 처리를 지양하고, 전쟁을 하는 국가는 경제적, 군사적 제재를 받도록 하였다. 제2편에서는 독일의

공화국이 막강한 군사력을 건설하지 못하도록 하여 독일을 불구의 나라로 만들어 버렸다.[83] 제1차 세계대전의 뒤처리를 위하여 모였던 파리평화회의는 영구적 평화를 외쳤지만 독일에 대한 증오심과 위구심으로 인하여 독일에게 엄격한 책임을 부과함으로써 새로운 불씨를 잉태시키고 말았다. 독일 대표의 참석이 거부된 채 일방적으로 강요된 베르사유 조약은 한마디로 독일의 입장을 노예화시킨 올가미였다. 그중에서도 군비제한 조항은 독일군에게 가장 치명적인 타격을 주었다. 세계에서 가장 강력한 군사력을 보유하였던 독일은 군비제한 조치에 의하여 예전 수준의 1/8도 안 되는 국가방위군(Reichswehr)을 유지할 수밖에 없게 되었다.

이러한 시기에 독일에 2개의 사이비 이론이 떠돌아 독일 국민을 심리적으로 유혹하였다. 하나는 "배후로부터의 중상이론"으로 제1차 세계대전에서 독일이

신 국경을 정하고, 독일은 해외 식민지를 박탈당하며 유럽 영토 중 면적의 13%, 인구 10%를 뺏기게 되었다. 알자스-로렌(Alsace Lorraine)을 프랑스에 양도하고, 폴란드회랑이 60만 독일인과 함께 폴란드에 양도되어 독일령인 동프러시아는 본토와 분리되었으며, 발트해의 양항인 단치히(Danzig)는 연맹 보호하에 자유도시가 되었으나 폴란드가 대외관계와 관세를 간섭하게 되었다. 메멜(Memel)은 리투아니아(Lithuania)에, 오이펜(Eupen)과 말메디(Malmedy)는 벨기에에 양도하였고, 자르(Saar) 탄광지대는 프랑스에 15년간 양도한 후 국민투표를 시행하며, 실레지아(Silesia) 탄광지대는 폴란드에 양도하였다. 이 두 탄광지대와 알자스-로렌 지역의 양도로 독일은 매년 6천80만 톤의 석탄을 뺏기게 되었고, 이것 말고도 앞으로 10년간 매년 4천만 톤의 석탄을 프랑스, 이탈리아, 벨기에, 룩셈부르크에 양도하기로 하였다. 제1차 세계대전 시 영토의 1/6 즉, 28,000평방마일과 700만의 독일인이 타민족의 지배하에 들어가게 되었다. 이것은 독일에게 민족적 치욕을 안겨 준 것이었다. 또한 라인강 동안에 50km의 비무장지대를 설치하고 헬리골랜드(Heligoland)와 킬(Kiel) 군항의 군사시설을 파괴하도록 하였다. 배상위원회는 1920년 7월 배상금 분배에 관하여 프랑스 52%, 영국 22%, 이탈리아 10%, 벨기에 8%로 정하고, 1921년 4월 27일 배상액을 1,320억 금화 마르크로 결정하였는데 이는 천문학적 배상금으로 독일로서는 도저히 지불할 수 없는 것이었다. 그 지불 방법은 매년 10억 마르크씩 132년 동안 지불하도록 한 것인데 독일은 8월에 제1회분인 10억 마르크를 지불하였으나, 그것으로 이미 지불능력 한계에 이르고 말았다. 프랑스는 무력에 의해 배상금을 지불시키려고 1923년 1월 10일 벨기에와 합세하여 루르(Ruhr) 철광지대를 점령하였다. 베르사유 조약은 민족자결 원칙을 패전국에게 불리하게 적용함으로써 민주주의 원칙과 제국주의 요구가 타협된 결과로 처칠은 "매우 악의적이며 우매한 짓"이라고 하였고, 포슈(Foch)는 "이것은 평화가 아니고 단지 20년간의 휴전에 불과하다"라고 하였으며, 막스 베버(Max Weber)는 "앞으로 10년 내에 우리는 다 군국주의자가 될 것이다"라고 예언하였다. 합동군사대학교, 전게서, pp. 6-105-7~8.

83 존 J. 미어셰이머, 전게서, p. 569.

굴복한 것은 군대가 패배했기 때문이 아니라 독일 내에 잠복한 비독일적 요소, 즉 사회주의자, 공산주의자, 자유주의자, 그리고 유태인 등이 전쟁 수행을 방해했기 때문이라는 주장이다. 사실 대다수의 독일 국민이 패전의 원인을 석연치 않게 여기고 있던 때에 이 이론은 급속하게 대중 속으로 파고 들어갔다. 왜냐하면 제1차 세계대전이 종결될 때까지 독일군은 계속 승리하고 있었으며 적의 영토 안에서만 싸웠고, 국토는 조금도 적에게 유린당하지 않은 채 어느 날 갑자기 패배하였다는 발표가 나왔기 때문이었다. 또 다른 하나는 "생활권(Lebensraum)" 철학이었다. 원래 이 철학을 도출해 낸 장본인은 카를 하우스호퍼(Karl Haushofer)로서, 그는 영국의 지정학자 매킨더(Halford Mackinder)의 "대륙중심 지정학(Heartland Theory)"에 교묘한 탈을 씌워 지리학적 분석이 아니라 하나의 정신적 무기로 가르치기 시작하였다. 예컨대 이 지구에는 인력이 작용하는 중심지역이 있는데, 이곳을 장악하는 종족이 지구 상의 지배권을 장악할 수 있다는 것이다. 그리고 이와 같은 중심지역에 "생활권"을 마련한다는 것은 경제적 관점에서 볼 때 바로 "자급자족(Autarkie)" 체제의 달성을 의미한다. 생활권 철학은 1919년 이후 거의 20년 이상 독일 내 환상주의자들을 몽상 속으로 빠뜨렸고, 마침내 전 세계를 재난에 빠뜨린 신기루가 되고 말았다.[84]

여하튼 이러한 사이비 이론의 난무, 전후 불경기와 악성 인플레, 막대한 배상금의 부담, 군국주의에 대한 강렬한 욕구로 인하여 조직된 수많은 자유군단(Frei Korps) 및 각종 정치, 사회단체 간에 벌어진 테러와 폭동, 그리고 이와 같은 문제들을 치유하기에 너무도 힘이 모자랐던 정치적 불안정 등은 한마디로 당시 사회상을 압축해 놓은 조감도였다. 이렇게 되면 사람들은 허울 좋은 자유보다 이를 포기하는 한이 있더라도 권위에 의탁하여 안정을 얻고자 하는 강렬한 욕구가 생기게 마련이다. 이리하여 생활권 및 자급자족 체제, 그리고 대제국으로의 영광을 약속하며 권위의 위임을 호소한 나치의 선전은 독일 국민을 매혹하기에 충분

---

84   합동군사대학교, 전게서, pp. 6-105-16~17.

하였다. 독일은 1925년 로카르노(Locarno) 조약에 이어 1926년 국제연맹에 가입하였다. 로카르노 조약이란 베르사유 조약에 의하여 확정된 독일과 프랑스, 벨기에 국경, 그리고 라인란트(Rheinland)의 무장 금지를 독일, 영국, 프랑스, 이탈리아및 벨기에 5개국이 상호 보장하는 것이었다. 1929년 독일에서는 중산층이 붕괴되고 실업자와 공산주의자들이 발생하고 있었다. 이때 독일의 융커(Junker), 귀족, 군부에서는 강력한 지도자를 찾게 되었고, 이것을 이용하여 등장한 나치(Nazis)는 1932년 7월 선거에서 마침내 제1당이 되어 1933년 1월 30일 히틀러는 수상이되었다. 1934년 8월 2일 힌덴부르크 대통령이 사망하자 히틀러는 수상 겸 대통령이라는 총통으로 독일군의 총사령관이 되어 장교들의 충성서약을 받게 되었다.[85]

히틀러는 1933년 베르사유 조약의 군사조항은 부당하다는 이유를 들어 폐기를 주장하며 국제연맹과 군축회의에서 탈퇴하였다. 나치의 외교정책을 보면 1919년 6월 28일 조인된 베르사유 조약을 파기하고, 독일 주변 국가 및 오스트리아를 병합하며, 동부 유럽으로 확장하여 생활권을 확보해야 한다는 것이다. 히틀러는 정감적·심리적 동원으로 독일 민족을 결속시키고 경제적 지원체제를 확립한 후 유럽에서 2개의 강대국가의 존재를 부인하였다. 히틀러는 1934년 1월 26일 동유럽에서 프랑스 세력을 축출하고, 폴란드군의 위협을 피하며 독일군의 증강을 위한 시간을 획득하기 위하여 폴란드와 10년 기한부 불가침조약을 체결하였다. 이제 동쪽 폴란드의 국경 안전을 도모한 독일은 체코와 오스트리아에 대한 침공에 자유로운 입장이 되었다.

1935년 1월 국민투표 결과 자르 지방이 90% 찬성으로 독일에 복귀하자 3월 16일 정식으로 베르사유 조약의 군축 조항의 폐기와 재군비를 천명하고, 즉시 지원병제도를 의무병제도로 고치면서 육군의 병력을 10만 명에서 55만 명 36개 사단으로 확장하고 공군을 독립시켰다. 6월 18일 영국과 해군협정을 체결하고 독일 해군 건설에 전력을 경주하였다. 이때 독일과 이탈리아는 동맹관계에

---

85 상게서, pp. 6-105-17~18.

들어갔다. 추축이라는 말은 "국제정세는 로마와 베를린을 연결하는 선을 축으로 하여 전개된다"라고 한 무솔리니의 연설에서 나온 말이다. 그다음 날 코민테른의 인민전선 전술에 대하여 독일과 일본은 군사동맹과 비슷한 반공협정을 맺었고, 1937년 11월에는 이탈리아도 참가하여 삼국 반공협정이 체결되어 파시스트 국가의 국제적 제휴가 성립되었다.

히틀러가 집권한 이후 얼마 지나지 않아 유럽 국가들은 독일이 곧 베르사유 조약의 족쇄를 풀어 버리고 독일에게 유리한 방향으로 세력균형 상태를 바꾸어 놓으려 할 것이라는 사실을 인지하게 되었다. 히틀러가 오스트리아를 병합하고, 영국과 프랑스에게 체코로부터 수데테란트(Sudetenland)를 할당받은 것을 허락하라고 요구한 1938년이 되어서야 비로소 히틀러가 원하는 것을 알게 되었다. 1939년 3월 16일 체코를 완전히 병합함으로써 유럽 국가들은 히틀러의 의도를 명확히 인식하게 된 것이다. 체코의 병합은 인종적으로 보아 거주민의 다수가 독일인이 아닌 지역에 대한 최초의 점령이었다. 6개월 후인 1939년 9월 나치 독일은 폴란드를 공격하였고, 제2차 세계대전이 발발하게 되었다.[86]

독일이 막강한 육군을 보유하기 이전에 히틀러는 군사력의 위협과 사용을 통하여 유럽의 지도를 새로 그릴 수 있는 위치에 있지 못하였다. 그래서 1938년 이전 나치의 외교정책은 상대적으로 유순하였다. 1934년에는 폴란드와 10년 기한의 불가침조약을 체결하였고 1935년에는 영국과 해군조약을 체결하였다. 1936년에는 베르사유 조약으로 잃어버린 독일 영토로 인식되었던 라인란트를 점령한 후 재무장하였다. 오스트리아와 체코를 합병한 1939년이 되자 히틀러는 막강한 군사력을 갖추게 되었고 노골적인 공격태세를 취하게 된 것이다.[87] 전 조약을 파기하려고 마음먹은 히틀러는 유럽 민주국가 국민들의 공포와 희망을 적절히 이용한 점진적 접근전술(Piece Meal Tactics)을 채택한 것이다.

86　존 J. 미어셰이머, 전게서, p. 571.
87　상게서, p. 574.

영국, 프랑스, 소련은 모두 나치 독일을 두려워하였고 그들은 각자 타당한 봉쇄전략을 찾아내기 위하여 골몰하였다. 이들 나라들은 서로 힘을 합쳐 삼국협상과 같은 균형연합을 형성하여 양면에서 군사위협을 가하여 히틀러를 억제할 수도 있다는 사실에 대해서는 별 관심이 없었다. 오로지 각국은 책임전가 전략을 선호하였다. 1933년부터 1939년에 이르기까지 히틀러에 적대적인 강대국들 사이에 어떠한 동맹도 존재하지 않았다. 영국은 독일을 봉쇄하는 책임을 프랑스에 떠넘기려 하였고, 프랑스는 히틀러가 동쪽의 작은 나라들과 소련에 관심을 가지도록 떠밀고 있었다. 소련도 역시 영국과 프랑스에 독일 봉쇄의 책임을 떠넘기려 하였다. 마침내 1939년 3월 영국은 프랑스와 제3제국에 대항하는 연합을 결성하였다. 그러나 소련은 여기에 참여하지 않았다. 1940년 6월 독일이 프랑스를 점령한 후 영국은 소련과 동맹을 맺으려 했지만 실패하였다. 소련은 지속적으로 독일 봉쇄의 책임을 영국에 떠넘기려 했기 때문이다.[88]

전쟁은 정치의 계속으로서 전쟁의 목적은 정치적 이익을 달성하는 것이다. 국가의 정치적 이익은 국가안보이다. 국가안보는 국가의 생존과 번영의 국가이익을 수호하는 것이 된다. 당시는 통일국가가 새롭게 탄생되어 국민주권의 신장과 더불어 산업혁명의 여파로 국력이 크게 신장되었다. 국력 경쟁에서 이기기 위해서는 상대적으로 더 많은 노동력과 자원의 확보, 시장이 필요하게 되었다. 이를 위하여 유럽의 강대국들은 아시아나 아프리카 지역에서 해외 식민지를 확보하고, 유럽 내에서는 영토 확장 경쟁이 국가 간에 치열하게 전개되었다. 따라서 국가의 생존과 번영을 위한 국가안보 이익과 관련된 무력의 충돌이 전쟁 대부분의 원인이었다. 방어적 현실주의자들은 강대국이 어떤 특정한 시점에서 군사력이 방어에 유리한지 공격에 유리한지 판단이 가능하다고 주장한다. 영토 정복이 어려울 때 강대국은 국력의 증가를 위하여 군사적 위협에 대비한 방어에 중점을 두게 된다. 반대로 공격이 쉽다면 강대국은 상대방을 정복하고 싶은 유혹을 느끼

88　상게서, pp. 574-575.

게 되며 국제체제에서 전쟁이 만연하게 될 것이라고 한다.[89] 이 당시 강대국은 군사력을 통하여 국가의 이익을 추구하려는 군국주의적 성향의 국가로 변모하여 국가의 번영을 위한 전쟁의 유혹을 느꼈다. 상대적으로 약소국은 군사적 위협으로부터 국가의 생존을 위하여 세력균형을 통하여 방어하는 등 결국, 쌍방은 군사적 위협으로부터 국가안보를 위한 목적으로 전쟁을 수행한 '군부 중심의 전쟁 패러다임'으로 분석할 수 있다.

제4절 군사력 섬멸이 곧 전쟁의 승리

나폴레옹 전쟁부터 제2차 세계대전까지의 전쟁은 분명한 전략적 목적이 있었다. 국가를 창설하고 유지하는 국가안보가 그것이었다. 그 당시 전쟁 전략은 군사력으로 문제를 해결하겠다는 아군(我軍)의 의도 즉, 의지에 적이 굴복할 정도로 중요한 전략적인 목표를 달성함으로써 정치적 목표를 성취할 수 있다는 것이었다. 이러한 전략적인 목표들은 적의 전쟁의 중심인 군사력과 전쟁 지속능력이었고, "탈취"와 "점령", "파괴"와 같은 용어로 표현되는 경향이 있었다. 양차 세계대전에서 양 진영 모두는 이러한 목표를 달성하고자 하였다. 실제로 그러한 성과가 정치적 결과를 가져다주었다.[90]

이 전쟁은 클라우제비츠가 말한 삼위일체의 전쟁이었다. 모든 지역과 모든 국가, 모든 전선에서 국민과 군대와 정부가 서로 협력하였다. 이것이 없었더라면

---

89   상게서, p. 67.
90   루퍼트 스미스, 전게서, pp. 324-325.

전쟁은 어느 곳에서도 결코 일어나지 않았을 것이다. 이 당시의 전쟁 패러다임은 전쟁에서 정부와 국민보다는 군의 역할과 비중이 높았다. 전쟁은 적의 군사력을 직접적으로 파괴하거나 군사력의 배치 또는 전쟁 지속능력을 보장하는 적 지역을 점령, 탈취하는 것에 군사적 목표를 두었다. 이는 곧 군사적 승리가 전략적 승리로 이어져 전쟁을 종결할 수 있었다. 전쟁의 중심이 피아의 군사력이었다. 물론, 제1차 세계대전 이후에 양측 모두는 점차 상대의 전쟁 수행능력과 의지를 제일의 표적으로 삼았다. 이를 위해서 전장은 전국 곳곳으로 확장되었다. 최종적으로는 주민들을 직접적으로 표적을 삼았다.[91] 이것은 적 국민들의 총동원을 차단하여 적의 전쟁 지속능력을 약화시키기 위한 민간인을 대상으로 한 전쟁이었다. 그러나 굴복한 것은 국민이 아니었다. 독일과 일본의 경우, 압도적인 무력으로 파괴된 것은 군대와 국가였다.[92] 이 전쟁은 최후까지 군사력의 발휘 가능 여부에 의하여 승패가 결정되는 군부 중심의 전쟁 패러다임이었다고 분석할 수 있다.

1. 병력의 양적 우세에 의한 포위 섬멸전

프랑스혁명과 나폴레옹 전쟁이 유럽에 미친 영향을 말한다면 프랑스혁명 사상과 자주독립 정신의 전파라고 할 수 있다. 즉, 나폴레옹의 원정군은 가는 곳마다 프랑스혁명의 정신인 자유·평등·박애 사상을 퍼뜨려 자유주의 의식을 고취시켰고, 나폴레옹군과 전쟁을 하는 교전국 내부에 자주독립 정신과 민족의식을 높여 이후 여러 나라에 통일·독립운동이 일어나게 하였다. 또 군사적인 측면에서도 군사사상과 군사제도 및 전쟁 수행방법에 많은 영향을 미쳐 전근대적인 전쟁이 현대전으로 바뀌게 되는 전환점을 이루었다. 그 내용을 살펴보면 다음과

---

91 상게서, p. 182.
92 상게서, p. 183.

같다.[93]

첫째, 국민이 참여한 전쟁의 양상이다. 프랑스혁명 이전의 전쟁은 국민과 유리된 전쟁으로 국가의 주권을 행사하는 국왕이나 봉건영주가 소유한 용병에 의해서 수행되었기 때문에 일반 국민은 극히 냉담한 태도를 취해 왔다. 이에 대해서 클라우제비츠는 "전쟁은 국민으로부터 분리된 직업군인인 상비군을 수단으로 하는 군주에 의하여 수행되었다"라고 전쟁과 국민의 분리를 설명하였다. 그러나 프랑스혁명으로 국가의 주권이 국민에게로 돌아가자 전쟁은 국가 대 국가, 국민 대 국민의 생사를 건 전쟁의 양상으로 바뀌게 되었다.

둘째, 국민군대의 대두를 들 수 있다. 프랑스혁명으로 전제군주국가에서 국민국가로 바뀜에 따라 과거 군주 개인의 왕권을 지키기 위해서 운용되던 용병제도에서 국민 각자가 국가의 주인이며, 전 국민이 국방을 담당하는 징병제도를 채택함으로써 현대적 국민군대가 등장하게 되었다. 1793년 러시아와 오스트리아가 연합하여 프랑스혁명을 진압하고 프랑스에 절대군주제를 부활시키려고 침략해 왔을 때 육군대신(오늘날 국방상) 카르노(Carnot Lazare Nicolas Marguerite)는 전 국민에게 호소문을 발표하게 되는데, "무기를 들 수 있는 전 장정은 전쟁에 나오고, 노약자와 아녀자는 군수물자를 만들고 보급하는 일에 봉사하라"고 하였다. 이에 따라 당시 프랑스 국민의회는 1793년 8월 23일 의용군 제도에서 징병제도로 개혁하여 육군을 20만 명에서 70만 명으로 증강시켰던 것이다.

셋째, 산개대형 전술이 개발되었다. 군주 개인이 가지고 있던 용병들은 국가에 대한 애국심에서가 아니라 군주 개인에 대한 충성심과 금력에 얽매여 군주의 권위를 나타내는 상징적 존재였기 때문에 용병만으로 전쟁을 하게 되는 지휘관은 병사들을 확실히 장악하기 위하여 밀집횡대 대형을 취하였으며, 전장으로는 평탄한 지형을 택하게 되었으나, 나폴레옹은 군이 국민군으로 바뀜으로써 용병에 대해서와 같이 엄격한 감시를 할 필요가 없었고, 적 포병의 집중포화에서 피

---

93   합동군사대학교, 전게서, pp. 3-75-3~5.

해를 줄일 수 있으며, 병사 각 개인의 전투력을 최대한으로 발휘할 수 있는 산개대형을 취하게 되었다. 그래서 전투에 임하는 부대는 지형의 속박을 받지 않고 지형지물을 이용한 산병사격으로써 적진을 동요시킨 후 백병전을 실시하여 결전을 구하는 새로운 전술로 발전시켰다. 즉, 산개대형은 종심이 깊어 충격력이 강하고, 융통성이 많으므로 어떠한 전투 양상에도 적응력이 강하였던 것인데, 이에 따라 전투 시에 제1선에서 산개대형으로 적을 소모시킨 후 전기를 포착하여 제2선에서 밀집대형으로 준비해 둔 예비대를 투입시켜 적을 섬멸하는 새로운 전술을 구사할 수 있었던 것이다.

넷째, 창고 급양 제도가 폐지되었다. 용병들은 급양이 나쁘면 도망하든지 주민으로부터 식량을 약탈하였으므로 지방의 황폐와 국민의 반항심을 일으켜 작전에 많은 지장을 가져왔다. 이에 따라 급양의 개선으로 도망과 약탈을 막으려 하였으나 수송수단이 없었기 때문에 부득이 창고 급양 제도를 택하게 되었다. 이에 작전을 수행할 때는 우선 알맞은 장소에 창고를 준비하고 군대를 기동시켜 군대의 위치가 창고로부터 3~4일간의 행군 거리를 벗어나면 다시 새로운 창고를 준비하고 병사들의 급양에 충실을 기하게 되었다. 그러므로 기동과 과감한 추격전은 수행할 수 없었던 것이다. 여기에 비하여 나폴레옹은 적국 내에서도 자유·평등·박애 사상의 전파로 현지 주민의 협조를 얻어 일부의 보급품은 현지에서 얻게 되었고, 또 수송수단의 개발로 창고 급양 제도를 폐지할 수 있었다.

다섯째, 행군 속도가 배가되었다. 나폴레옹은 기동의 중요성에 착안하여 과거 1분간에 70보 행군하던 것을 120보로 바꾸었는데, 이는 프랑스 국민군대의 보다 자발적이고 의욕적인 국방 관념에서 이루어졌다.

여섯째, 프랑스혁명 이후 최초로 사단 및 군단이 편성되었다. 이는 현지 조달에 의한 보급과 산개대형의 형태에 적합한 부대를 유지할 필요성을 갖게 됨에 따라 장기 독립작전이 가능한 사단을 편성하게 된 것이다. 그러나 여타의 유럽 절대군주하의 국가는 상비용병 중심의 군대였기 때문에 작전의 융통성이 제한될 수밖에 없었다.

일곱째, 섬멸전략 사상이 정립되었다. 과거의 용병제도는 병력을 유지하는 데 많은 비용이 필요하였으며, 용병을 얻기가 어려웠다. 그 이유로 왕조시대 전쟁은 병력의 소모를 막기 위하여 결전을 피하고, 특히 작전이 어려운 겨울에는 서로 약속이라도 한 것처럼 동영(冬營)에 들어갔다. 이때의 전쟁은 결전에 의한 승리보다 외교에 의하여 적을 고립시키고 힘을 과시하여 적으로 하여금 전의를 잃게 하는 데 치중하였으며, 전투에서는 적의 병참선을 위협하여 스스로 물러나게 하는 방법을 사용하였다. 이렇게 하여 전쟁은 자연히 국력의 소모를 가져오는 지구전이 되었다.

그러나 1789년에 일어난 프랑스혁명은 군주·승려·귀족 등 특권층을 없애고 전제군주 정치를 공화제로 바꾸어 국민이 국가의 주인이 되었다. 따라서 전쟁은 국가와 국가와의 전쟁, 국가 총력전으로 바뀌었다. 과거 군주들의 용병제도가 징병제도에 의한 국민군대로 변화되었다. 이에 따라 국가 총동원령에 의한 현대적 총력전의 기초가 확립되었다. 또한 국가는 많은 재산을 가지고 있던 귀족과 승려 등 특권층에 대한 징세권을 발동하여 군사 활동에 필요한 재정을 확보하고, 동시에 징집권의 행사로 많은 병력을 적은 비용으로 확보할 수 있게 되어 과감한 섬멸전으로 전쟁을 신속히 끝낼 수 있게 되었다.

이와 같이 나폴레옹 전쟁은 위에서 제시한 바와 같은 변화를 가져오게 하였다. 특히 나폴레옹 장군은 시대적 변천과 신군대의 특징을 간파하고 새로운 전략과 전술을 활용하였던 것이다. 그는 구시대 고정관념을 벗지 못한 다른 유럽 국가의 장군들이 미처 생각하지 못하였을 때, 기동성이 좋은 소수의 병력으로 적의 대부대를 견제하는 한편, 군의 주력을 집결하여 결정적인 지점에서 전투력의 상대적 우세를 확보하고 적의 병참선을 위협하여 그 주력을 격파하였다. 또한 그는 패주하는 적을 과감하게 추격하여 적의 전투력을 분쇄함으로써 전쟁의 최종 목적을 달성하려고 하였다.

나폴레옹이 그의 섬멸전을 성공시키기 위하여 거의 하나의 공식처럼 적용한 몇 가지 작전원칙을 고찰해 보면 다음과 같다. 이것을 흔히 나폴레옹의 5대

작전원칙이라고 한다. 첫째, 단일작전선의 원칙이다. 나폴레옹은 항상 주력을 결정적 지점이라고 생각되는 1개 방향에 집중하였다. 만일, 여러 작전선을 유지할 경우에는 적의 주력에게 공격할 기회를 제공하여 각개격파 당할 우려가 있다는 것이다. 둘째, 적의 주력을 공격 목표로 삼는 원칙이다. 어느 도시나 다른 군사력에 목표를 두는 것이 아니라 어디까지나 적의 주력에 목표를 둠으로써 전역을 승리로 이끌려 하였다. 셋째, 적의 병참선을 차단하는 원칙이다. 아군의 주력을 적의 한 측면, 가능하면 적의 후방에 위치시켜 적의 병참선을 차단할 수 있도록 작전선(作戰線)을 선정하였다. 넷째, 우회의 원칙이다. 적의 전략적 측면, 즉 적을 가장 효과적으로 그의 병참선으로부터 구축해 낼 수 있는 측면으로 아군의 주력을 우회하려고 하였다. 다섯째, 병참선 확보의 원칙이다. 상기 제 원칙을 수행해 나가는 중에도 항상 자기의 병참선을 확보하고 작전을 수행하려고 하였다.[94]

2. 화력의 집중 포격에 의한 적 부대 섬멸전

제1차 세계대전의 극적인 사건과 참사는 한 인간 시대의 종말을 나타낸 것이었다. 1914년에 동원된 대규모의 징집 군대로 인하여 전쟁의 특징인 기동성과 작전상 유연성이 요구되는 속도전에 대한 모든 생각이 참호와 진흙 속에 깊숙이 묻혀 버렸다. 전쟁 개시는 신속히 이루어졌지만 어느 쪽도 결정적인 승리를 거두지 못하였다. 신속하고 결정적인 승리를 거두지 못한 대규모의 무력은 유용성이 없었다. 그 대신 비슷한 군대들끼리 교착상태가 이루어졌다. 전쟁은 야전군의 파괴와 격멸 그 이상을 의미하지 않았다. 전선이 교착상태에 빠짐에 따라 국가경제와 국민 전체가 야만성을 위해서 동원되었다. 국가 간의 총력전이 된 것이다. 양 진영의 대규모 경제 블록에서 생산한 물자는 서부전선[95]의 지루한 참호전에 이바

---

94 상게서, pp. 3-75-6~7.
95 1914년 10월 말, 서부전선은 북해에서 스위스로 이어지는 전선으로 벨기에의 상당 부분과 프랑

지하였으며, 오늘날의 모든 군대에 유용한 거의 모든 무기와 장비의 개발을 촉진시켰다.[96]

제1차 세계대전은 대부분 적 포격으로부터 자신을 보호하기 위한 참호전(塹壕戰) 형태의 전쟁이었다. 독일군은 주로 방어를 위하여 참호를 팠고, 연합국은 주로 공격을 위하여 참호를 팠다. 전선의 양 끝이 북해와 스위스 국경에 고정된 상황에서 각자가 충분한 병력으로 전선을 두껍게, 또는 매우 조밀하게 메우는 바람에 적의 배후를 공격할 측면이 생기지 않았다. 공격군은 약한 측면이 없었기 때문에 방어선을 돌파하거나 침투할 방법을 찾아야 하였다. 공격군은 자신을 보호하기 위하여 참호를 판 다음, 수비군 쪽으로 구덩이나 대호(對壕)를 파서 돌격대를 가능한 한 가까이 안전하게 접근시킨다. 그러면서 사격이나 지뢰, 포격을 통해서 수비군의 장벽의 분쇄나 돌파를 시도한다. 돌파구를 확보하거나 장벽을 통과할 수 있고, 적의 사격이 지체되거나 제지하는 일이 없을 때 지휘관은 요새 탈취를 시도한다. 이것이 참호체계를 공격에 활용하는 방법이었다. 수비군도 참호를 방어에 활용하였다. 19세기 보병은 후장식 라이플총의 살상률과 사거리 때문에 참호를 방패로 이용하게 되었으며, 전장 통신이 부족했기 때문에 이 참호들을 연결해 두어야 하였다. 참호는 방패와 달리 고정되어 있어서 그 점유자가 참호를 수호하는 수비군이 되기도 한다. 그래서 참호를 둘러싼 지역이 넓어지면 방어지역도 더 넓어지고, 참호체계도 더욱 커진다. 그러나 참호 내의 수비군은 성(城)의 경우와는 달리 군수물자를 제공받거나 포병의 지원을 받아 전력이 우세한 군대의 과감한 돌격에 맞서 오랫동안 저항할 방어물을 개발할 수가 없었다.[97]

거점을 확보하기 위한 참호 공격은 대량 포격의 지원하에 이루어졌다. 실제로 제1차 세계대전은 무엇보다도 포병전이었으며, 사상자의 최대 원인은 각 측

스 지역의 20%(프랑스 산업능력의 80%)를 점령한 교착상태로 4년 동안 이 전선이 거의 동일하게 유지되었다. 대규모 전투가 벌어졌지만 전선의 변화는 거의 일어나지 않았다.

96 루퍼트 스미스, 전게서, p. 143, p. 148.
97 상게서, pp. 149-150.

에 배치된 수천 문의 대구경 대포에 있었다. 산개한 부대를 공격하는 데 더 적합한 유산탄 포탄이 참호와 토치카를 파괴하는 데 더욱 효율적인 고성능 폭약의 포탄으로 곧 대체되었다. 포격은 다수의 목표물을 공격해서 방어의 완벽성을 깨뜨리려는 시도였다. 첫 번째 목표물은 수비군 자체였다. 비록 수비군을 격멸하는 데 실패하더라도 포격의 충격 효과가 정신을 쇠약하게 만들었다. 두 번째 목표는 참호체계를 파괴하고 전화 통신을 두절시키며, 철조망을 절단하고, 참호 자체를 무너뜨리는 것이었다. 세 번째 목표는 적군의 대포를 파괴하는 것이었다. 보병이 공격을 할 때 포병의 역할은 공격부대가 목표지점에 접근하는 동안 적군을 제압하고 수비군이 사격하거나 반격을 감행할 때 그 예비대를 포격하는 것이었다.[98]

이런 형태의 참호전은 대개 이렇다 할 소득이나 승리도 거두지 못한 채 병력과 탄약, 물자를 끊임없이 소모하였다. 보병의 공격은 그 희생이 엄청나서 공격자와 수비자 모두의 거대한 손실로 이어졌다. 이를테면 솜 전투가 시작된 첫째 날에 영국군 사상자가 6만 명 정도 발생하였고, 그 가운데 2만 명이 전사하였다. 가장 오래 지속된 같은 해의 베르됭 전투에서는 대략 55만 명의 프랑스군과 43만 4,000명의 독일군이 목숨을 잃었다. 군부 중심의 총력전이 속전속결의 승리를 이루겠다는 약속을 이행하지 못하고 그 대신 최대의 사상자를 냈다. 병사들이 오래 전투를 벌이면 벌일수록 사상자의 수가 더 늘어나고, 병력의 규모가 크면 클수록 사상자의 수 또한 더 늘어났다.[99]

이와 같은 교착상태는 1918년 3월 독일군의 최후 5대 공세[100]를 계기로 타개의 조짐이 보이기 시작하였다. 독일군은 교착된 전선의 돌파를 위하여 새로이 창안한 후티어(Hutier) 전술[101]을 구사하였고, 신 전술의 기습적인 운용으로 1914

---

98 상게서, p. 151.

99 상게서, p. 152.

100 협상에 의한 평화의 가능성이 없어지자 루덴도르프는 미군의 본격적인 개입 이전에 결정적 승리를 얻기 위하여 1918년 3~7월간 5차의 대공세를 실시하였으나 실패하였다.

101 후티어 전술은 독일의 후티어(Oskar von Hutier) 장군이 전쟁 막바지에 이르러 창안한 공격전술로 서부전선에서 독일군의 마지막 루덴도르프 5대 공세에 등장하였다. 이 전술은, 첫째 기습

년 마른 전투 이후 최초로 60km에 달하는 종심 깊은 돌파를 하였던 것이다. 후티어 전술은 1917년 9월 러시아의 리가(Riga) 공격 시 후티어 장군이 창안한 전술로서 그 기본을 속도와 기습의 달성에 두었다. 즉, 연막, 가스탄을 포함한 단기간의 공격준비사격 직후 또는 야간에 공격부대를 투입함으로써 기습을 달성하고, 공격부대는 경기관총을 주 무기로 하는 보병부대로 편성하여 이동 탄막에 근접하여 전진하면서 저항거점을 우회침투 한 후 분권화 통제를 실시함으로써 전진속도를 유지하는 것이었다.

그러나 후티어 전술에 의한 전술적 돌파의 성공에도 불구하고 독일군은 이를 전략적 승리로 확대할 수 있을 만한 기동력, 화력, 수송력이 부족하였기 때문에 끝내 결정적 승기를 놓치고 말았다. 뿐만 아니라 루덴도르프 5대 공세 실패 이후 연합군이 반격을 실시함에 있어서 전차의 위력은 최초 출현 시 보잘것없는 정도를 넘어 속수무책인 독일군에게 커다란 위협을 가하기에 이르렀다. 마침내 1918년 8월 8일[102]에는 영국군 전차가 대규모(420대)로 아미앵(Amiens)에 투입됨으로써 독일군에게 회복할 수 없는 충격을 주었다.

이 전쟁에서 독일이 패전하게 된 원인은 무엇보다도 믿을 수 있는 동맹국을 갖지 못하였으며, 자국의 제한된 자원에 비추어 반드시 준수해야 할 단기결전을 하지 못하고 독일이 가장 꺼리던 지구전과 양면전쟁을 수행할 수밖에 없었다는

을 그 기조로 하고 있다. 기습은 서부전선에서 연합군의 대공세에서와 같은 수일간에 걸친 공격준비사격 대신 단시간의 강렬한 공격준비사격을 실시한 후 즉각 공격하거나 야간에 공격함으로써 성공할 수 있다는 것이다. 둘째, 공격하는 보병부대의 바로 앞에 계속적으로 탄막을 형성하고, 보병은 전방으로 이동하는 탄막의 바로 뒤에서 전진하며, 이 탄막은 보병의 전진속도에 따라 이동시킨다. 셋째, 경기관총을 주 무기로 하는 소규모의 보병전투단은 취약지점에 침투하며, 견고한 진지는 우회하고 후에 후속지원부대가 이를 소탕함으로써 전진속도를 유지한다. 넷째, 최초공격 단계에서는 집권화 통제를 하다가 중포병의 사거리 한계에 도달하면 분권화 통제를 하여 연대 및 대대 단위로 전진하도록 한다. 마지막으로 공격부대에 최대한의 화력을 지원하기 위하여 자체에 박격포를 장비하고, 경포병은 보병을 후속 직접지원하며, 아울러 기총소사용 항공기를 운용한다. 이 후티어 전술은 제2차 세계대전 시 전격전의 모체가 되었다. 합동군사대학교, 전게서, pp. 5-114-109~110 참조.
102 이른바 독일군 암흑의 날

점이다. 이것은 슐리펜 계획에 숨겨진 전략적 의도를 이해하지 못하고 불필요하게 수정함으로써 자초한 것이다. 따라서 독일은 대부분의 선투에서 승리하였으나, 이러한 전술적인 승리의 누적이 전략적 승리, 즉 궁극적인 승리로 연결되지 못하고 말았다.

반면 연합국은 동맹 결성을 굳게 하고, 전쟁 초기부터 우세한 해군력으로 독일 해안을 봉쇄함으로써 독일을 경제적으로 고립시켜 후방 국민을 기아 상태에 몰아넣어 염전사상을 불러일으켰다. 독일은 국내의 심리전에서 졌다. 한편, 독일로 하여금 장기전을 통한 자원고갈로 전쟁을 지속하지 못하도록 강압하였다. 당시 연합국의 해상봉쇄를 타개할 만한 해군력이 없었던 독일은 무제한 잠수함전으로 영국에게 극심한 타격을 주었으나, 오히려 미국을 연합국 측에 가담하게 함으로써 치명적인 결과를 초래하였다. 미국의 참전은 독일을 더욱 고립무원의 상태에 빠뜨리고, 전쟁의 성격을 변경시켜 독일로 하여금 세계 여론의 지탄을 받게 하였다. 그리고 증강되는 미군의 병력은 예비 병력이 부족한 독일로부터 승리의 가능성을 빼앗고 말았다. 이리하여 1918년 들어 독일군은 군사령관에서 병사들에 이르기까지 전쟁을 비관한 나머지 그들의 작전에서 자신을 잃게 되었다. 따라서 킬 군항(軍港)의 반란이 없었더라도 독일은 조만간 패망할 수밖에 없었다.[103]

사상 초유의 대전인 이 전쟁의 두드러진 성격은 총력전으로 형식상 전투원과 비전투원의 구별이 있었으나, 실질적으로는 전 국민과 자원이 총동원된 전쟁이었다. 이 전쟁을 통하여 가스·기관총·화염방사기·전차·항공기 등 많은 신무기가 발달하여 대량살상을 가능케 하였고, 후티어 전술과 구로의 종심방어전술[104]

---

103 상게서, pp. 5-114-108~109.

104 종심방어전술은 독일군의 후티어 전술에 대비하여 프랑스의 구로 장군이 발전시킨 것으로, 이는 독일군의 루덴도르프 제5차 공세를 성공적으로 저지하는 데 결정적인 기여를 하였다. 이 방어전술은 먼저 구(舊) 전선을 전초선으로 변경하고, 전초선에서는 소수의 병력으로 적을 관측하도록 함으로써 방어진지를 기만하여 기습효과를 감소시키도록 하였다. 둘째, 반드시 지켜야 할 주방어진지는 전초선으로부터 1.8~2.7km 후방에 설치하여 적의 공격준비사격 효과를 감소시킴과 아울러 방자가 시간적 여유를 갖도록 하였다. 셋째, 그리고 전초선과 주방어진지 사이는 요새진지와 장애물 지대를 편성하여 적의 전진을 최대한 지연시켰다. 넷째, 포병은 전초선으로부터 주

등 새로운 전술이 창안되어 발전하였다. 결국 이 전쟁은 적국(敵國)의 항복을 받아 내기까지 대량살상무기를 활용하여 적의 중심인 군사력을 약화시키는 데 전략의 목표를 둔 화력전과 참호전 방식의 군부 중심의 전쟁 패러다임이었다.

3. 전격전에 의한 적 마비(痲痺)

기동전의 효시는 제2차 세계대전 시 독일군이 수행한 전격전(電擊戰, Blitz-krieg)이다. 누구도 "전격전은 이런 것이다"라고 한정 짓기는 어렵다. 전격전이란 용어는 제2차 세계대전 시 독일이 수행한 일련의 신속한 공격작전에서 유래된 것으로, 용병술어 연구에 따르면 전격전은 "적의 저항을 급속히 분쇄하기 위하여 기술적인 작전계획과 기동으로 공격을 실시하여 적을 격파하는 경이적인 급속 작전"이라 정의되어 있다. 그러나 그 의미나 한계가 명확히 규정된 것은 아니며, 상대적인 의미로 통용되고 있다. 즉, 어느 한 시대에 그 시대의 양상을 뛰어넘는 무기, 장비나 전술을 사용하여 기습을 달성함으로써 작전이 급진전되어 압도적으로 승리할 때, 이것을 전격전이라고 표현하고 있다.[105]

전격전의 출현은 한마디로 기갑사단의 편성과 독립운용 개념의 정립으로부터 비롯되었다. 기갑사단의 편성이나 독립적 운용이 그리 대단하지 않은 것처럼 생각되기 쉬우나 이것이 이루어지기까지는 당시 혁신적 사상에 몰두해 온 군사 엘리트들의 피나는 노력이 있었음을 상기할 필요가 있다. 제1차 세계대전 이후 유럽을 지배한 보병과 포병에 주로 의존하는 방어 위주의 전략사상은 자연히 전차를 방어 무기화하는 고정관념을 낳았고, 결과적으로 방어 시 보병의 역습을 지

방어진지 간 모두를 지원할 수 있도록 종심으로 배치하였다. 아울러 종전에 후방 깊숙이 위치하던 예비대를 주방어진지 적 후방에 배치하여 돌파 시 즉각 역습이 가능토록 하였다. 상게서, pp. 5-114-110~111 참조.

[105] 상게서, p. 6-105-20.

원하는 정도의 소극적 운용을 벗어나지 못하게 묶어 놓고 말았다. 그러나 혁신적인 젊은 군사 엘리트들은 "전차 미치광이"라는 혹평을 들으며 보수적 사상의 벽을 깨뜨리기 위하여 온갖 노력을 다하였다. 그 대표적 인물이 영국의 풀러(J. F. C. Fuller) 장군, 리델 하트 대위, 독일의 로츠(Wolfgang Lotz) 대령, 라이헤나우(Walther von Reichenau) 대령(후일 원수), 구데리안(Heinz Wihelm Guderian) 소령(후일 대장), 프랑스의 드골(Charles De Gaulle) 대령(후일 대통령) 등이었다.[106]

전격전은 제1차 세계대전 말기 영국군이 개발한 전차의 등장과 교착된 전선 돌파를 위한 독일군의 후티어 전술의 실패 경험, 그리고 풀러와 리델 하트가 주장한 기계화 부대의 운용이론을 종합하여 독일의 구데리안이 팬저(Panzer)[107]부대 편성을 주장함으로써 현재 양상으로 대두되었다 할 수 있다. 이를 구체적으로 살펴보면, 제1차 세계대전 시 주 기동수단은 제한된 철도망과 자동차를 제외하고는 말(馬)과 도보에 의존하는 원시적인 것이었으며, 전쟁 중기(1916. 7.) 솜 전투 시 최초로 영국군의 전차가 등장하였으나, 자체의 기계적 결함과 기동성의 미흡, 항속거리의 제한 등으로 크게 각광을 받지 못하였다. 항공력도 초기에는 정찰용에 불과하다가 전쟁 말기에 이르러 극히 제한된 전략폭격과 기총소사에 의한 근접지원 정도로 발전하는 데 그쳤다.

대전이 끝난 이후 영국에서는 풀러 장군과 리델 하트 대위의 기계화 부대 운용에 대한 신 연구가 상당한 수준에 도달해 있었으며, 1927년 실험적으로 전차, 장갑차, 화포 견인차, 보병 운반차로 구성된 기계화 부대를 편성하여 기동연습을 실시하고, 그 결과를 공식화하여 팸플릿으로 발간하기까지 하였다. 풀러 장군의 1918년 "마비(痲痺)공격"이란 제하의 논문과 1932년 『기갑전: 제3 야전교리에 관한 강의록』(Armored Warfare)을 저술하면서 전쟁을 소모전과 마비전으로 구분하여 소모전의 무모함을 들어 마비전의 당위성을 강조하고, 이를 위하여 적의 중추

---

106 상게서, p. 6-105-21.
107 독일어로 장갑이라는 뜻

기관 즉 지휘부를 신속히 타격하여 적을 마비시키는 데 주안을 두는 전차부대의 독립운용과 공지 합동작전을 주장하였다. 그는 마비의 핵심은 군대의 뇌와 신경 중추, 즉 군·군단·사단 사령부의 지휘관과 참모로 보았으며, 기본적인 성공요인은 기동과 속도에 있음을 갈파하였다.

또한 리델 하트는 1920년 『역사의 결정적 전쟁』(*The decisive war in the history*)을 저술함에 앞서 남북전쟁 시 셔먼(William Tecumseh Sherman) 장군, 몽골의 칭기즈칸에 대한 연구를 계속하던 중 영감을 받아 보병전술의 신이론 즉 기동력을 증진시킨 보병과의 결합을 주장하기에 이르렀고, 1922년에는 한 걸음 더 나아가 전차와 장갑차량에 탑승한 보병과 포병을 묶어 여단 규모의 기갑부대를 편성할 것과 이 기갑부대에 의하여 종심 깊은 목표를 공격하는 타격이론을 제시하였다. 그의 이론은 공군은 적의 공군력, 지휘기구, 그리고 병참선을 포함하는 전술적 목표를 공격하며, 지상부대는 공격지점을 여러 곳으로 하여 적의 약한 부분을 기습돌파하고, 돌파지점에서는 공군의 지원을 받는 기갑부대를 운용하여 적의 최소예상선을 따라 공격 기세를 유지하면서 적 후방으로 깊숙이 진격하여 적의 병참선과 퇴로를 차단한다. 공격 간에는 지휘관은 독자적인 지휘를 하고, 보급 및 수리부속품은 수일분을 휴대하며, 적 내부 붕괴를 위한 오열과 공정부대를 타격부대와 결합하여 운용할 것 등을 강조하였다.

또한 대용목표(Alternative Objectives)를 갖는 작전선을 택함으로써 적으로 하여금 다음 진격방향이 어딘지 알 수 없도록 해야 한다고 주장하였다. 새로운 영국 군사이론가의 출현은 제1차 세계대전 말기 전차와 항공기의 급변한 발전으로 인한 필연적인 결과였다고 볼 수 있다. 그러나 고지식한 영국군의 수뇌부는 이를 비웃고 전차는 오직 방어를 위한 보병지원 임무에 투입되어야 한다는 고집을 버리지 않았다.[108]

영국의 풀러나 리델 하트의 이론이 그들의 상관으로부터 조소를 받고 있을

---

[108] 상게서, pp. 6-105-21~23.

때, 독일의 젊은 엘리트 장교들은 그들의 이론을 흡수하기에 여념이 없었다. 풀러가 저술한 『기갑전: 제3 야전교리에 관한 강의록』(Armored Warfare)은 영국에서는 500부밖에 발간되지 않았으나 독일에서는 번역판으로 3만 부가 발간되고 있었다. 구데리안은 1922년 일반참모부 근무를 계기로 최초로 차량화 부대 운용에 관심을 갖기 시작하였으며, 패전으로 인하여 독일의 군비가 극도로 제한된 상황하에서 진지방어보다 기동방어에 의존해야 함을 착안하고, 기동전에서의 병력 방호문제에 봉착하여 영국의 풀러·리델 하트·마르텔의 이론에서 그 해답을 구하기 시작하였다.

그는 특히 리델 하트가 적 병참선에 대한 종심 깊은 타격을 위하여 전차와 장갑보병부대로 구성된 기갑부대의 사용을 강조한 사실에 깊은 감명을 받고 차량화 부대의 운용개념을 방어로부터 공격으로 전환하는 문제를 구상하기에 이르렀다. 구데리안은 제1차 세계대전의 패인 분석과 영국인들의 저서, 그리고 모의 전차훈련을 통하여 마침내 전차는 전차 단독 또는 보병과 협동해서 전투할 경우 결정적인 전과를 얻을 수 없으며, 전차가 주축이 되는 제병 연합부대 즉, 전차와 동일한 속도를 가진 보병, 포병, 공병, 통신 등 제 병종이 전차에 종속될 때에만 전차의 위력은 충분히 발휘될 수 있다고 확신하게 되었다. 이러한 구데리안의 주장은 1933년 수상직에 오른 히틀러의 절대적 관심을 끌어 편성과 운용개념의 정립은 곧 실전에서 전격전으로 나타나게 된다.

전격전은 3대 요결로 "3S", 즉 기습(Surprise), 속도(Speed), 화력의 우위(Superiority)를 필수조건으로 한다. 기습이란 적에게 심리적 충격을 가하여 전의를 상실케 하는 것이며, 이러한 기습효과는 오열의 활동에 의해서 그 일부가 달성되기도 하고, 선전포고 없는 급작스러운 침공으로 얻어지기도 한다. 기습에는 보통 전략적 기습, 전술적 기습, 기술적 기습의 세 가지가 있는데, 전략적 기습이란 예기치 않은 시간과 방향으로부터 공격을 당하는 경우이고, 전술적 기습이란 이전과 전혀 다른 전술[109]로 인하여 빚어지는 것이며, 기술적 기습이란 새로운 기동수단의

---

109 예컨대 기갑부대와 급강하폭격기 간의 협동된 공격전술은 종래의 포병화력에 의하여 지원받는

사용에 의하여 초래되는 기습을 말한다.

속도는 기계화 부대가 적진 깊숙이 침투함으로써 적으로부터 후퇴 또는 재편성의 여유를 박탈하는데, 한편으로는 기습효과를 보장해 주는 하나의 요소로 작용하기도 하고, 다른 한편으로는 적진 깊숙한 곳에서 벌어진 혼란을 틈타 진격부대로 하여금 안전의 이점을 누리게도 해준다. 마지막으로 화력의 우위란 전차포, 자주포, 급강하폭격기 등에 의한 압도적인 지원화력의 우세를 의미하는 것이다.

이상과 같은 3대 요결을 갖춘 전격전은 한마디로 "적을 섬멸하는 것이 아니라 적을 마비시키는" 특징을 가지고 있다. 슐리펜식 섬멸전이 적을 장벽에 몰아붙인 다음 망치 머리(Hammer Head)로 후려쳐서 분쇄하는 것이라고 한다면, 전격전이란 창으로 재빠르게 적의 중추신경을 찔러 적의 조직을 와해(Disorganization)시키고 저항력을 박탈(Demoralization)한 뒤에 무력화된 적의 병력을 '수집'하는 것이라고 할 수 있다. 이러한 의미에서 전격전 전술은 지연전 전술(Fabian Tactics)의 반대 개념인 것이다. 이처럼 독일군에 의하여 발전되고 수행된 전격전의 의의는 제1차 세계대전 이후 방어 제일주의 사상에서 "공격이 전장의 왕자"임을 재확인시켜 주었다. 또한 전격전은 적의 중추를 마비시켜 저항능력을 상실케 함으로써 최후까지 군사력의 발휘 가능 여부에 의하여 승패가 결정되는 군부 중심의 전쟁 패러다임이었다고 분석할 수 있다.

경우에 비해 볼 때 새로운 전술이다.

제5절 산업화된 무기와 국가 총력전

과거의 전쟁과는 달리, 군부 중심의 전쟁은 산업시대의 전쟁 양상이었다. 이 시대 전쟁은 표준화 무기의 대량생산, 대량동원, 대규모 군대, 대량파괴와 살육(섬멸전) 그리고 총력전으로 특징지어진다.[110] 이 전쟁은 광정면의 전투지역에서 대규모의 군대를 운용하고 지휘하며, 징집된 대규모 병력과 대량생산 된 탄약과 물자를 수송하여 기계적 수단으로 대량파괴·살육전이 치러졌다. 나폴레옹 전쟁은 수세기 동안 사용되어 온 머스킷 소총을 가지고 전쟁을 수행하고, 수천 년 동안 이용해 온 전령을 통한 통신이나, 소와 말을 동원한 행군과 보급선을 활용한 마지막 전쟁이었다. 수십 년이 채 지나지 않아 후장식 소총과 황동 탄약통이 전술의 대변혁을 초래하고, 증기동력과 철도의 도입으로 전쟁이 전면 확장되었으며, 전신의 발명으로 군 통신이 근본적으로 바뀌게 된다.[111] 이러한 19세기 이후의 무기와 수송수단, 그리고 통신상의 변화는 군부 중심의 전쟁의 특징인 섬멸전과 총력전을 가능하게 하였다.

1. 대규모 군대 편성과 대량살상무기 개발 경쟁

나폴레옹 전쟁(1797~1815)에서 과거와 비교할 때 가장 큰 변화는 국민징병제였다. 이로 인하여 군대는 규모가 더 커지고, 동기 유발이 더 잘되고, 용병에 덜 의존하게 되었다. 그러나 그 당시에는 병참과 지휘통제 체계가 군대의 대형화 추세에 보조를 맞추지 못하고 낙후되어 있었다. 군수품은 아직 말이 끌어 운송하였

---

110 권태영, "21세기 전력체계 발전추세와 우리의 대응방향", 『국방정책연구』(서울: 한국국방연구원, 2000년 겨울), p. 118.
111 루퍼트 스미스, 전게서, p. 99.

고, 머스킷 소총, 대포, 탄약, 그리고 제복 등은 여전히 숙련된 직공들이 수작업으로 제조해야 하였다. 명령은 여전히 나팔과 고함, 그리고 기병 전령을 이용하여 전달하였다. 지휘관은 연기 자욱한 전쟁터에서 망원경에 의존하여 상황을 파악하였다. 이 모든 것들이 효과적으로 배치해야 할 병력의 수를 심각하게 제약하였다. 나폴레옹은 1812년 러시아를 침공하였을 때 60만 대군을 지휘하였다. 그러나 그는 많은 수의 병사들에게 물자를 보급하여 지원하지 못하였다. 그래서 그 위대한 군대는 패배하여 대부분 집으로 돌아가지 못하였다. 나폴레옹은 대규모의 사단과 군단을 편성하였으나, 옛날의 연대를 확장한 것에 불과하였다. 그는 새로운 스타일을 고안한 것이 아니라 전쟁 패러다임의 혁명이 일어날 수 있도록 길을 닦아 놓은 것에 불과하였다.[112]

산업혁명이 군대에 적용되어 전쟁의 대변혁이 일어난 것은 크림전쟁이 일어난 뒤였다. 칼과 총구의 장전과 활강 머스킷과 대포로 시작한 한 세기가 연발 소총, 속사포, 그리고 기관총의 탄생으로 막을 내렸다. 고체 대포알을 발사하는 범선은 사라지고 증기 터빈 엔진과 고성능 포탄을 내뿜는 영국해군 전함 드레드노트(Dreadnought)[113]의 등장으로 세계 해군은 경악하였다.[114]

제1차 산업혁명은 크림전쟁과 제1차 세계대전의 양상을 바꾸어 놓았다. 징병제도가 군의 규모를 증가시켰다. 산업화 덕분에 규모가 커진 군대를 무장시킬 수 있었다. 증기동력과 전신의 발명은 수송혁신을 가져왔다. 철도와 증기선 덕분에 군대를 더 멀리 더 빠르게 이동시킬 수 있었다. 또 전신 덕분에 군대 이동을 통제할 수 있었고 지휘의 중앙 집중화를 가능하게 하였다. 이때부터 정보를 수집하고 명령을 하달하는 통신이 존재하게 하고, 철도를 통해서 몇 개의 전선에 병

---

112 맥스 부트(Max Boot), 송대범 외 옮김, 『Made in War: 전쟁이 만든 신세계』(서울: 플레닛미디어, 2008), p. 239.

113 HMS 드레드노트는 1906년 2월 10일 진수된 영국의 전함으로 두터운 장갑과 일시에 3톤의 포탄을 내뿜는 화력, 대형함에 최초로 장착한 증기 터빈 엔진이 내는 당대의 최고의 속도, 이 모든 면에서 기존의 전함을 뛰어넘음.

114 맥스 부트, 전게서, pp. 240-241.

력과 물자를 실어 나르며, 병력과 자원을 재배치하는 것이 가능하였다. 이로 말미암아 참모본부는 작전 혹은 전역계획을 수립하고 시행할 수 있었다. 그러나 군대는 철도 수송 이후에 이동은 도보행군이었고, 유선은 말을 탄 전령보다 더 빠르지 않았다.[115]

강선 후장포와 연발 라이플과 기관총을 포함한 소총류가 군대에 전례 없는 파괴력을 안겨 주었다. 해전에서는 기관총이 별로 대단한 역할을 하지 못하였다. 그러나 대포의 변화는 해상에서 더 큰 파급효과를 가져왔다. 강선대포로 쏘는 고성능 폭탄의 도입은 목조선을 폐기하게 만들었다. 한편 증기엔진의 발전은 돛을 대체하였다. 이로 인하여 강철로 제작한 증기선이 등장하게 되었다. 전함, 순양함, 구축함, 포함 등이 그 예들이다. 새로운 잠수함과 어뢰 등 수중무기의 개발은 해전의 양상을 바꾸어 놓았다.[116]

제2차 산업혁명으로 인한 내연기관과 무선 등 신기술의 응용은 제1차 세계대전의 정(靜)적인 전장의 기동성을 획기적으로 변화시켰다. 내연기관을 활용한 전차와 차량, 그리고 중폭격기들의 등장이 기동성의 변화에 결정적인 역할을 하였다. 무선은 기갑차량 내부에서의 통신을 가능하게 하여 대규모 기갑부대의 운용을 가능하게 하였고 기동속도의 획기적 향상에 기여하였다. 또한 기갑차량들은 지상을 공습하는 항공기와 무선을 통하여 긴밀하게 협력할 때 가장 효과적이었다. 이것은 독일군 전격전의 핵심이었다.[117] 또한 산업능력은 신형무기 개발을 촉진시켰다. 박격포와 수류탄이 발견되어 새로운 수준의 살상률을 보여 주었고, 철도포는 그 짧은 생애에도 불구하고 최성기를 구가하였다. 독가스는 사상자로 볼 때 덜 치명적이었으나 그것의 물리적 효과로 인하여 병사들에게 심리적 충격을 주었다. 병사들은 그 기이한 효과를 두려워하며 살았다.[118]

---

115 루퍼트 스미스, 전게서, pp. 99-101.
116 맥스 부트, 전게서, pp. 395-396.
117 상게서, p. 591.
118 루퍼트 스미스, 전게서, pp. 156-157.

항공기에 의한 공수작전은 적 후방 멀리 군대를 이동시킬 수 있는 또 하나의 전쟁요소였다. 내연기관의 대형 함정과 상륙용 주정은 대규모의 상륙작전을 가능하게 하였다. 상륙작전은 해상과 공중 지원화력과 함께 협동하여 유럽의 적 후방에 대규모의 군대를 투입하고, 미 해병대가 이 섬 저 섬을 다니며 작전을 벌인 태평양 전쟁에서도 중요하였다. 보병들은 휴대용 기관단총과 견착식 대전차 로켓으로 기계화된 적들과 싸웠다. 박격포와 대구경포의 개선과 더불어 미군이 근접폭발 신관을 도입하여 정확도와 살상률이 더욱 증가되었다. 일부 야포는 기갑전에 맞추어 장갑차량의 차대 위에 장착해서 기동성을 갖추게 되었다. 로켓은 독일의 V-1과 V-2 말고도 소련 붉은 군대는 한 번에 40발 이상을 휴대용 발사기에서 발사할 수 있는 '카추샤' 단거리 로켓도 배치하였다.[119]

해전에서도 전함과 순양함, 구축함, 그리고 잠수함은 내연기관의 활용으로 제1차 세계대전에 비하여 일반적으로 크고, 빠르며, 잘 무장되었으나 그다지 많이 변하지 않았다. 그러나 해전에 항공기가 도입됨에 따라 완전히 다른 양상을 띠게 되었다. 전함을 중심으로 조직되었던 함대는 항공모함을 중심으로 재편성되었다. 대서양전에서는 폭뢰[120]를 투하하는 항공기가 전통적인 군함뿐 아니라 잠수함보다도 해전에서 우월하다는 것이 입증되었다. 태평양전에서는 잠수함이 더욱 효과적이었다. 미 잠수함의 어뢰는 일본의 상선과 군함 모두에게 막대한 피해를 입혔다.[121] 해군력은 상대방의 전쟁 지속능력과 정치적 의지를 공격하는 데 활용되었다. 독일의 잠수함에 의한 영국의 대항 봉쇄는 영국을 심각한 식량난에 빠지게 하였다. 그리고 영국의 독일 해상봉쇄는 해상무역을 포기하고 육로 공급에 의존하게 하여 독일 국내에 영양실조와 정체 소요가 발생하게 하였다.[122]

항공기가 지상전과 해전에서 필수 불가결한 새로운 요소라는 것이 입증되

---

119 맥스 부트, 전게서, pp. 592-597.

120 폭뢰는 물속에서 일정한 깊이에 이르면 저절로 터지는 수중 폭탄임.

121 상게서, pp. 597-598.

122 루퍼트 스미스, 전게서, pp. 157-158, p. 163.

었다. 전쟁의 승리는 누가 항공기를 작전에 잘 통합하느냐에 따라 결정되었다. 특히 전략폭격에 적합한 중폭격기는 주로 미 육군 항공대와 영국 공군이 활용하였다. 이 전쟁에서 사용된 폭탄 대부분은 오로지 바람, 중력, 그리고 운(運)에 의하여 목표물로 유도된 고성능 폭발물에 지나지 않았다. 항공기의 표준 무장은 기관총과 대포였고, 전쟁 후반에 로켓으로 보완되었다.[123]

제2차 세계대전에서 항공전에 이은 새로운 전쟁요소가 전자전이었다. 광범위한 무선 사용으로 암호를 해독하기만 하면 사실상 무한정으로 적의 비밀을 알아낼 수 있었다. 영국은 이런 기술의 개척자였다. 제2차 세계대전에서 영국의 성공은 대부분 독일군이 메시지를 암호화하는 데 사용한 이니그마 머신(Enigma Machine)을 복제한 것이었다. 영국 과학자들은 수중음파탐지기를 개발하였다. 미국은 이 발명품들을 공유하였다. 미군은 자체적으로 일본 해군 암호와 외교 암호를 해독하였다. 독일과 일본의 암호 해독으로 연합군은 유리한 입장에 서게 되었다. 그와 유사하게 레이더, 수중음파탐지기, 그리고 무선항법장치 분야에서도 치열한 경쟁이 전개되었다. 영국 공군은 독일의 레이더를 교란하기 위하여 알루미늄 채프를 살포하는 영리한 시스템으로 1943년 독일 함부르크를 매우 효과적으로 폭격할 수 있었다. 독일군은 들어오는 폭격기를 감지하는 피아 식별장치를 개발하여 연합군 공습 편대를 격퇴할 수 있었다. 결국에는 연합군이 '무선표지[124] 전투(Battle of the Beacons)'에서 성공하여 전쟁을 승리로 이끌 수 있었다.[125]

2. 국가동원 능력과 군수산업 발전

산업혁명의 광범위한 파급효과는 상반된 효과를 가져왔다. 산업기술로 과

---

123 맥스 부트, 전게서, p. 598.
124 무선표지는 전자기파를 이용하여 항공기나 선박의 위치와 방향 등을 확인하는 장치임.
125 상게서, pp. 599-601.

거보다 더 많은 식량과 의약품, 의복 등 많은 상품을 생산하여 인구를 증가시키고 삶의 질을 높일 수 있었다. 그러나 산업화된 무기와 전쟁 동원능력은 수백만 명의 목숨을 빼앗는 결과를 낳았다. 그런 무기 때문에 제1차 세계대전은 그 이전의 왕조시대 전쟁보다도 더 속전속결로 끝났고 파멸적인 것이 되었다. 1914년에서 1918년까지 6,300만 명이 동원되었고, 800만 명이 죽었으며, 2,200만 명이 부상당하거나 불구가 되었다. 또한 수백만 명의 민간인이 죽었다. 독일과 프랑스는 전 인구 중 20%가 군인이었다. 영국은 13%를 동원하였지만, 그것도 나폴레옹의 국민징병제로 동원할 수 있는 7%보다 훨씬 더 많았다. 각 나라의 군대는 규모가 커졌을 뿐만 아니라 강력한 화력을 가지고 있었다. 1914년에는 포수나 포병 1명이 100년 전의 연대 전체보다 더 많은 적을 죽일 수 있었다.[126]

제1차 세계대전의 주요 참전국들은 군대가 소비하는 탄약의 양을 과소평가하였다. 1915년 초 양 진영의 장군들은 포탄 부족에 관하여 불평하였고, 정부의 민간기업과의 계약을 통한 조달 시스템은 폭발적인 수요를 충족하기 힘들었다. 각국의 정부는 동원을 촉진하기 위하여 철도와 해운 정기선을 국유화하였다. 그때부터 군이 지속적으로 전쟁을 할 수 있도록 하기 위하여 군수산업을 국가의 관리하에 두게 되었다. 이는 곧 설탕, 면화, 연료 등과 같은 생활필수품의 품귀현상으로 이어졌다. 각국의 정부는 더 많은 산업을 국유화하고, 가격과 화폐를 통제하며, 상품을 배급하여 이에 대처하였다.[127]

제2차 세계대전에서 사망자 수는 5,500만 명이었다. 이는 이전의 전쟁에서의 사망자 수를 모두 합친 것보다 많다는 것은 그리 놀랄 만한 일이 아니다. 이는 이 기간 동안 무기의 파괴력이 새로운 정점에 이르렀기 때문이다. 그러나 전투에 참여한 군인의 희생자만을 놓고 볼 때 제2차 세계대전은 18세기나 19세기의 전투보다 파괴력이 약하였다. 죽거나 부상당한 군인이 감소한 것은 화력의 살상효

---

126 상게서, pp. 398-399.
127 상게서, p. 400.

과를 감소시키기 위하여 군대를 분산시켰기 때문이었다. 자동차, 항공기, 그리고 무선수신기의 사용 증가로 군대가 병력을 훨씬 먼 거리로 분산시킬 수 있게 되자 화력에 노출되는 기회가 감소하게 되었다. 또한 무기의 살상력이 상승한 반면에, 의약의 발전은 사상자의 수를 지속적으로 감소시켰다. 응급구조와 야전병원의 조직, 의료기구의 소독과 안전한 마취제의 발명으로 외과 의사들이 체계적인 수술을 할 수 있게 되었고, 동시에 쇼크에 의한 사망자를 줄일 수 있었다. 또한 엑스레이 기계와 혈액형, 그리고 페니실린 같은 항생제의 발견은 부상과 질병으로 인한 사망자를 빠르게 감소시켰다.[128]

제2차 세계대전에서 미국을 포함한 연합국이 승리할 수 있었던 이유는 군수 산업 생산능력이었다. 1942년 무렵 미국의 생산량은 독일과 일본 등 동맹국들을 다 합한 것보다 더 많았다. 소련 역시 독일에게 석탄과 철강 산업을 3분의 2나 빼앗겼지만, 1941년에 입은 피해를 상당히 회복하여 곧 독일의 생산량을 능가하였다. 연합국은 산업기지를 동원하는 데 능숙했기 때문에 전차, 항공기, 그리고 선박을 더 많이 생산하였다. 반면에 히틀러는 1942년까지 경제를 전시총력 체계로 바꾸지 않고 있었다. 1943년 독일의 군수성 장관은 주요 개혁을 감행하였으나, 독일은 이미 전쟁에서 지고 있었다.[129]

미국은 헨리 포드(Henry Ford)가 개척한 대량생산 기술을 통하여 질과 양의 두 마리 토끼를 다 잡을 수 있었다. 항공모함에서 B-29 폭격기에 이르기까지 미국 공장들이 생산한 많은 기계들은 전쟁이 끝날 무렵 세계 최고가 되어 있었다. 군수품을 제조해서 성장한 보잉, 제너럴 모터스, 그리고 제너럴 일렉트릭과 같은 거대 기업들은 전후에도 계속적으로 미국과 세계 전체를 지배하였다.[130]

결과적으로 이 기간의 전쟁은 클라우제비츠가 말한 삼위일체의 전쟁이었다. 모든 지역과 국가, 모든 전선에서 국민과 군대와 정부가 서로 협력하였다. 이

---

128 상게서, pp. 601-603.
129 상게서, pp. 603-605.
130 상게서, pp. 605-607.

것이 없었더라면 전쟁은 그 어느 곳에서도 결코 일어나지 않았을 것이다. 그러나 앞선 전쟁과는 달리 굴복한 것은 국민이 아니었다. 독일과 일본의 경우, 압도적인 무력으로 파괴된 것은 군대와 국가였다. 이 전쟁은 나폴레옹이 국민동원령에 의해서 남성들이 혁명전쟁에서 싸운 것과 마찬가지로 전 세계 수백만 명의 남녀들이 참전한 엄청난 대규모의 전쟁이었다. 수천만 명의 사람들이 동원되어 대량의 군수물자를 생산하였다.[131]

이 전쟁은 군대가 전쟁을 주도하였다. 따라서 각국은 적국의 군사력을 섬멸하기 위하여 산업기술을 활용하여 대규모 부대의 기동력을 향상시키고, 대량살상무기들을 개발하였다. 이 기간에 개발된 전쟁수단은 보병의 연발소총과 대전차 로켓, 박격포, 포병의 대구경포와 자주포, 기갑의 전차와 장갑차, 항공기와 폭격기, 함선과 잠수함, 핵과 화생무기, 장거리 로켓 등 현대에서도 계속 사용되는 모든 각종의 무기들을 개발하였다. 특히, 원자폭탄은 전쟁과 군수산업이라는 연결고리에서 나온 최종 결과물이었다. 제2차 세계대전에서 양측은 모두 결정적인 승리를 가져다줄 혁신적인 기술 개발 경쟁을 하였다. 그 결과가 원자폭탄이었다. 이 원자폭탄은 전쟁 수행능력과 그 국민을 동시에 파괴할 수 있었다. 제2차 세계대전 중에 핵무기의 등장은 상상을 초월한 대량 인명살상과 재산 피해, 그리고 그 후유증으로 말미암아 인류의 큰 재앙으로 인식되었다. 이로 인하여 제2차 세계대전 이후 새로운 전쟁의 패러다임을 강구하는 계기가 되었다.

---

131 루퍼트 스미스, 전게서, pp. 183-184.

제6절 군부[132] 중심의 전쟁 패러다임

　군부(軍部, the Military) 중심의 전쟁 패러다임은 산업화 시대에 국가와 국가 간의 전쟁에서 정부가 군대에 의존하여 전쟁을 수행하는 패러다임이다. 이는 〈그림 3-2〉와 같이 군대의 역할 비중이 정부와 국민보다 큰 전쟁 삼위일체의 모습을 말한다. 군부 중심 전쟁 패러다임은 군 수뇌부 제거나 군사력 파괴 등 군사작전의 성공이 곧 전쟁의 승리로 귀결되는 전쟁의 모습이다.

　정부는 전쟁을 준비하고 정치적 목적을 설정하며, 전쟁을 지도하되 국가의 인력과 산업동원 등 총동원을 통하여 군사작전을 원활히 수행하도록 지원하는 역할을 수행하였다. 국민들은 국가에 대한 애국심으로 군대에 징집되고 전쟁 물자를 동원하여 군대에 제공하는 등 전쟁 수행의 원동력이었다. 그러나 정부와 국민의 역할은 군사작전의 성공을 위한 총력적인 지원에 국한되었고 군부의 군 지

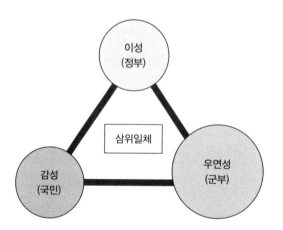

〈그림 3-2〉 군부 중심 전쟁 패러다임의 삼위일체

132　군부는 사전적 의미로 "군사에 관한 일을 총괄하여 맡아보는 군의 수뇌부 또는 그것을 중심으로 한 세력"을 의미함.

휘관과 군대가 전쟁을 주도하였다. 이 전쟁은 군부가 전쟁의 전략적 중심이었기 때문에 대부분 군사력 격멸이나 무장해제로 전쟁이 종결되었다. 따라서 국가 간 전쟁은 군부의 비중이 삼위일체의 다른 지주인 정부와 국민의 비중보다 높았던 군부 중심의 전쟁 패러다임이었다.

국가는 국가이익을 보호하기 위하여 전쟁을 준비하고 시행한다. 국가이익은 영토와 국민 그리고 주권을 수호하며 국가의 번영을 보장하는 것이다. 국가안보가 사활적 국가이익이었다. 국가는 무정부 상태의 국제체제하에서 국가의 생존과 번영을 보장하기 위하여 군사력에 의존하였다. 현실주의적 견해에 의하면 군사적 힘만이 진정으로 중요한 국제정치의 수단으로 본다. 영국의 역사학자인 테일러(A. J. P. Tayler)는 1914년 이전의 세계를 서술하면서 '강대국은 전쟁에서 승리한 국가'라고 정의하였다.[133] 국가 간 전쟁에서는 강대국이 국가의 생존과 번영을 위해서 최후의 수단으로 군사력을 사용한다. 전쟁의 정치적 목적은 외부의 군사적 위협으로부터 국가를 보호하거나, 국가 번영을 뒷받침할 자원을 확보하는 것이었다. 이를 위하여 전쟁으로 영토를 탈취하고 식민지를 점령하는 데 목표를 두었고, 군사력으로 상대의 주력부대를 섬멸하고 무장을 해제시켜 무력화된 상대 국가에게 무조건적인 항복을 요구하였다.

군부 중심의 전쟁 패러다임은 정부와 국민이 국가 총동원 상태에서 국가 산업생산과 자원을 총동원하여 군사작전을 지원한다. 군은 대규모의 기갑부대가 포병과 공군의 지원을 받으며 적 후방 깊숙이 진격함으로써 군사작전에서 승리하여 전쟁 종결에 결정적으로 기여하는 전쟁을 수행한다. 군부 중심의 전쟁 패러다임에서 전쟁술(Art of War)은 과거에 비하여 획기적인 발전을 이루었다. 전략과 작전술, 전술의 용병술 체계가 완성되었으며, 전격전과 공지전투 등 획기적인 작전적 전법이 개발되었다. 또한 군사과학기술의 발달로 핵·화학무기 등 대량살상무기(WMD)와 정밀타격무기가 개발되어 물리적 파괴능력이 획기적으로 발전하

---

133 조지프 나이(2009), 전게서, p. 38.

였다. 그러나 군부 중심 전쟁의 대표적인 사례인 제2차 세계대전에서 1,750만 명에 달하는 전투원과 3,900만 명의 민간인이 사망하였으며, 3,500만 명의 부상 자가 발생한 대량살상 양상의 전쟁이었다.[134]

　　따라서 이 시대의 군부 중심의 전쟁은 "국가가 국가안보 이익을 위하여 국가의 제 역량을 총동원하여 적대국에게 나의 의지를 강요하기 위한 무력집단 간의 충돌"로 정의할 수 있다.

---

134 루퍼트 스미스, 전게서, p. 182.

제4장
세계화 · 정보화 시대

제1절 세계화·정보화로 국민국가 권력 약화

1. 동기 부여자와 촉진자로서 세계화

프리드먼(Thomas Friedman)은 세계화를 "과학기술, 정보, 금융의 분산 및 민주화"라고 정의하였으며, 우리는 오늘날 그와 같은 현상을 목격하고 있다. 개방된 경제체계는 교역의 규모를 세계적인 수준으로 증가시키고 있다. 다국적 기업들은 세계의 경제와 각종 제도들을 상호의존적으로 만들고 있으며, 경제의 상호의존성과 함께 통신, 수송, 정보과학기술 등은 전 세계의 활동들을 실시간에 연결하고 있다. 어느 한 지역에서의 사건이 다른 지역에까지 즉각적인 영향을 미친다.

세계화는 부족 집단, 초국가적·비국가적 테러조직 및 범죄조직 등의 새로운 정치 행위자들을 국제정치의 전면으로 부각시켰다. 세계화로 인하여 문화, 종교, 가치의 차이에 대한 인식이 확산되면서 이념의 충돌 현상이 날로 증가하고 있다. 오늘날 내부적 위협과 외부적 위협의 구분이 모호해지고 있으며, 국가 주권에 대한 전통적인 개념과 권위가 약해지고 있다. 최근의 저강도 분쟁에서는 전쟁의 정치성은 극대화되었으나 국가의 역할은 축소되어 있다. 이는 제2차 세계대전 이후 지속적으로 약해지는 국민국가(Nation-State)의 영향력 때문이다.[1] 21세기의 시대적 성격의 요체가 세계화 혹은 세계성(Globality)이라고 한다면 이는 필연적으로 민족을 단위로 한 국가성(Statehood)의 약화를 함축하게 되는 것이다.[2]

이와 같은 세계화와 탈냉전은 군사·정치적 대립에 기반한 전통적인 안보개념을 약화시키며 안보 분야에 많은 문제를 야기하고 있다. 국가의 존재 의미로서 '안보' 자체의 중요성이 상실되고 있는 것이 아니라 새로운 시대적 전환에 따른

---

1   조상근, 『4세대 전쟁』(서울: 집문당, 2010), p. 31.
2   김동성, "21세기에서의 국가의 역할", 『국방정책연구』(서울: 한국국방연구원, 1999), p. 8.

안보의 대상과 성격, 그리고 위협 구조가 변하고 있다는 사실이다.[3] 세계는 점점 더 상호의존적으로 변화되고 있으며, 원유 공급, 테러, 주민의 이동 등과 같은 지역적 문제에 대해서도 매우 취약해졌다. 이것이 오늘날의 현실이며 우리는 이러한 현실로부터 벗어날 수 없다. 세계화된 환경에서 안보는 더 이상 한 국가 단독으로 해결하거나 전통적인 군사적 수단에만 의존할 수는 없게 되었다. 안보 문제를 해결하기 위해서는 한 국가뿐 아니라 세계적·다원적인 접근이 필요하며, 한 국가의 군사력에 의한 방위에서 모든 국력 요소에 의한 방위로 전환되었다.

2. 정보화로 권력 중심이 국민으로 이동

정보혁명은 세계가 운영되는 방법을 분명하게 변화시켰다. 세계는 전례 없는 데이터 전파 및 수신 능력을 보유하고 있으며, 속도와 규모 면에서 그 능력이 급격히 증가하고 있다. 이러한 능력은 여러 가지 측면에서 영향을 미쳤다. 지휘 통제 체계가 변화하였으며, 상황인식을 공유할 수 있게 되었고, 전쟁의 전략적 커뮤니케이션(Strategic Communication) 영역에 걸쳐 실시간의 전투 상황과 영향력을 보다 완전하게 이해할 수 있게 되었다. 언론은 전쟁 상황을 거의 실시간에 전 세계에 전파할 수 있게 되었다. 이로 인하여 정보력이 부족한 약소국이나 비국가 행위자도 보다 신속하면서도 상황에 따라서는 은밀한 방법으로 정보를 획득하고 공유할 수 있는 능력을 갖추게 되었다.

한 국가 내의 권력도 정부와 군으로부터 국민으로 중심이 이동하고 있다. 앨빈 토플러는 그의 저서 『권력이동』에서 "지식이 가장 민주적인 권력의 원천이다"라고 지적하였다. 그는 "원래 물리력과 부는 모두 강자와 부자의 소유물이었으나 오늘날 급변하는 풍요국가들에서 소득과 부의 온갖 불평등에도 불구하고 권력

---

3   상계 논문, p. 24.

투쟁은 앞으로 더욱더 지식의 배분과 그 접근 기회를 둘러싼 투쟁으로 바뀌어 갈 것이다"라고 예견하였다. 토플러는 "이러한 이유 때문에 지식이 어떻게 누구에게 흘러가는가를 이해하지 못하면 우리는 권력 남용으로부터 스스로를 보호하지 못하고 보다 살기 좋은 민주주의 사회를 창조하지도 못할 것이다"라고 주장하였다.[4]

과거의 국가는 전쟁을 준비하고 결심하는 데 정부와 군이 주도하였고 국민들은 정부와 군의 설득에 의하여 따르는 것이 당연하였다. 정부와 군이 전쟁에 관한 지식을 독점하였기 때문에 가능하였던 것이다. 그러나 정보화 시대에서는 정부와 군의 전쟁에 대한 지식독점 권력을 허용하지 않는다. 국민들이 정보화된 환경에서 진실이거나 거짓된 정보와는 상관없이 전쟁에 대한 지식을 공유하기 때문이다. 국가 전쟁에 관한 결정권이 정부와 군에서 국민으로 이동하였다. 전쟁에 관한 국가정책을 결정할 때 국민의 여론이 중요한 변수로 작용하고 있다. 전쟁의 삼위일체에서 정부와 군보다 국민 권력의 비중이 상대적으로 비대해진 것이다. 따라서 정보화로 인하여 국민이 전쟁의 중심(重心)이 되었다.

정보혁명의 이점과 함께 많은 문제점들도 식별되고 있다. 첫째, 엄청난 양의 정보는 우리의 정보 관리, 완전한 이해, 이에 대한 대응 능력을 초과하는 경우가 많다. 핵심적인 정보는 식별하기가 어렵고 엄청난 양의 데이터에 묻혀 버릴 수 있다. 인간의 두뇌가 이러한 정보의 홍수(Flood of Information)를 따라갈 수 있을 만큼 획기적으로 증대된 것도 아니다. 둘째, 데이터를 전파, 수신, 이해할 수 있는 능력은 제대마다 다르다. 정보의 전파체계가 제대마다 달라 전술적 수준의 제대는 상급제대의 보다 정교한 시스템으로부터 제공되는 정보를 수신하고 처리할 수 없는 경우가 많다. 셋째, 정보혁명은 또한 예측(Expectation)의 문제를 변화시켰다. 우리는 언론 보도를 충족시킬 수 있을 것으로 예측하고 있지만 전술적 수준의 제대들은 지칠 줄 모르는 언론과 국가 지도자, 상급제대의 정보 요구에 시달

---

4   앨빈 토플러, 이규행 옮김, 『권력이동』(서울: 한국경제신문사, 1990), pp. 44~45.

리게 되었다.

3. 비국가 무장 세력의 비대칭적 주민 공략

세계화 · 정보화의 영향으로 전쟁의 행위자 또한 변화하였다. 정상적인 국가 뿐만 아니라 계층적 구조로 구분할 수 없는 느슨한 네트워크로 조직된 비국가적 행위자들이 날로 증가하고 있다. 이러한 비국가 무장 세력은 실패한, 또는 실패하고 있는 정부, 인종 차별, 종교적 폭력, 인도적 재난, 국적이 없는 군사조직, 정보과학기술의 확산, 대량살상무기 증가 등의 환경하에서 활동하고 있다. 비국가 무장 세력 대부분은 그들의 군사적 능력만으로 정의되거나 공격될 수 없는 국지적, 지역적, 세계적 조직이 결합되어 날로 복잡해지고 있다.

이러한 비국가 무장 세력들은 우리와 전통적인 군사 대 군사(Military on Military)의 대칭적 전투를 수행하는 것은 어리석은 짓이라는 것을 잘 알고 있다. 그들은 간접적이고 비대칭적인 접근을 통하여 전쟁의 중심인 주민들에게 영향을 미칠 수 있는 전투방식을 선호하며, 비정규전을 포함한 모든 수단을 사용한다. 레바논 전쟁에서 보았듯이 이러한 사고방식의 비국가 무장 세력들은 강대국의 취약점을 공격할 수 있도록 혁신적으로 전쟁과 전술을 결합하였다. 그들은 전통적인 군사작전의 영역 밖에서 활동하는 것이 보다 유리하다는 것을 알게 되었으며, 기존의 방법과는 다른 방법으로 상대방의 주민들과 군사력에 영향을 미칠 수 있도록 행동하고 있다.[5]

그들은 강대국에 대한 군사기술적인 열세를 일거에 역전시킬 수 있는 군사적 수단의 확보에도 많은 노력을 기울이고 있다. 이는 군사적인 효과뿐만 아니라 강대국을 겨냥한 정치 · 외교적인 압력을 야기함으로써 궁극적으로는 자신들에

---

5   United States Joint Forces Command(USJFCOM) Joint Warfighting Center, "Joint Doctrine Update," JFQ 54, 2009, pp. 13-14.

게 적대적인 외교와 군사노선의 의지를 약화시키겠다는 의도에 따른 것이다. 여기에는 핵과 생화학 무기를 비롯한 대량살상무기와 적국의 민간지역까지도 공격이 가능한 장거리의 탄도미사일과 재래식 화력(대포, 로켓무기 등), 자살공격을 비롯한 대규모의 테러리즘, 그리고 정보통신 체계를 마비·교란시키는 사이버전 등이 포함된다. 이는 강대국의 군사적 우위를 상쇄하는 비전통·비대칭적인 전략 및 전술, 군사적 수단을 추구하는 계기가 되고 있다.[6]

제2절 비국가 전쟁 행위자 등장과 국민 역할 증가

과거 군부 중심의 전쟁 패러다임은 대부분 국가가 전쟁의 행위자로서 국가 간의 전쟁이었다. 이것은 국가의 생존과 번영을 위해서 다른 모든 이해관계를 희생하고 절대적인 승리를 목적으로 한 국가 간의 분쟁이었다. 이는 거대한 군사력을 배치하고, 국가 인력과 산업을 총동원하여 전쟁 수행을 지원하는 총력전의 개념에 기초한다. 군부 중심의 전쟁 패러다임에서는 평화-위기-전쟁-해결의 순서가 전제되어 있다. 마지막 순서인 해결은 다시 평화로 이어진다. 여기서 결정적인 요인은 군사행동인 전쟁이었다. 이와는 대조적으로 최근의 새로운 전쟁 패러다임은 한 국가가 대치하고 있는 대상이 다른 국가 행위자이든 아니면 비국가행위자이든 상관없이, 끊임없이 싸우는 대립과 분쟁의 개념에 기초하고 있다. 새로운 전쟁 패러다임은 전쟁에서 평화로 이어지는 순서가 있는 것도 아니고, 평화가 반드시 출발점이거나 종착점인 것도 아니다. 분쟁이 해결되는 경우도 있지만 반

---

6 김종하 외, "복합적 군사위협에 대응하기 위한 군사력 건설의 방향", 『국방연구』 제53권 제2호 (2010. 8.), p. 35.

드시 대립을 통해서 되는 것도 아니다.[7]

　　모든 국가와 군대는 국민들의 지지를 유지해야 한다. 게릴라와 비국가의 다른 병력도 이러한 원칙에 입각하여 전쟁을 수행한다. 무력의 기반인 병력과 물자를 지원받기 위해서이다. 비국가 무장 세력도 노동력과 보급품, 병력의 공급처를 주민에게 의존할 수밖에 없다. 전쟁의 삼위일체론을 국가가 아닌 비국가행위자들에게 적용하면, 국가가 아닌 국제군도 현지 주민과 지도자들의 마음을 얻기 위하여 노력한다. 또한 비국가 무장 세력도 현지 주민들에게 의존하고, 그들과 관련을 맺게 된다. 그들도 무장을 갖춘 무력이 존재하고, 그 무력의 사용과 관련한 정치적인 지시 같은 것도 있다.[8] 따라서 비국가 전쟁의 행위자들은 자신의 삼위일체는 유지하면서 상대방의 전쟁의 삼위일체를 무너뜨려 승리하려는 전략을 수행하고 있다고 분석할 수 있다.

1. 비국가 전쟁 행위자: 다국적군과 비국가 무장 세력

　　대부분 전쟁 행위자는 동맹이나 연합이든 유엔군이든 간에 분쟁과 대립이 다국적 집단의 형태이고, 전쟁 상대방도 국가가 아닌 비국가의 특정 무리를 대상으로 하는 것이어서 전쟁 쌍방의 대부분은 비국가행위자이다.[9] 현대 분쟁에서는 다국적 집단의 공동목표를 달성하기 위한 국제연합군의 일원이라 하더라도 국제병사(International Soldier)와 같은 실체는 존재하지 않는다. 각 병사는 모집 당시 군대가 소속된 국가에 충성을 맹세한다. 국가는 제한된 기간이나 작전 기간 동안 이들을 동맹이나 연합에 빌려준다. 따라서 전장에서 단지 병사들만이 국가를 대

7　　루퍼트 스미스, 황보영조 옮김, 『전쟁의 패러다임』(서울: 까치글방, 2008), p. 37.

8　　상게서, p. 363.

9　　상게서, pp. 360-361.

표한다.[10] 그들은 하부 국가적(Sub-National)이거나, 아니면 초국가적(Supra-National)인 집단과 환경 내에서 활동한다.

　　연합과 동맹에 관련한 주요 어려움은 공동의 목적과 그에 따른 전략적 목표에 대한 합의를 도출하는 것이다. 연합국들은 목표를 공유하기 때문에 참여한다. 연합은 격식을 차릴 필요가 없다. 실제로 2002~2003년 미국은 아프가니스탄 전쟁에서는 반(反)탈레반 세력의 북부동맹군(Northern Alliance)과 연합하였고, 나토(NATO)의 1999년 코소보 전쟁은 폭격이 지속되는 동안 코소보 해방군(KLA)과 제휴하였다. 인도주의적인 성격이 강한 작전들에서는 여러 비정부기구(NGO)들과도 비공식적인 연합을 맺었다. 그들이 참여한 것은 공동의 이념 때문이라기보다는 공동의 적이라는 상황과 필요에 의해서였다. 따라서 승리의 결과로 생겨나는 응집력 상실을 방지하기 위해서는 적절한 조치가 필요하다. 제2차 세계대전 이후 소련과 동맹국 간의 사이나, 1999년 폭격작전 이후 NATO와 코소보 해방군 사이의 깊은 분열은 이러한 조치를 취하지 않은 결과이다. 국제군 사령관은 언제나 동맹이나 연합 결성의 이면에 있는 정치적 요인들을 알아야 한다. 각 국가는 서로 다른 이유로 부대를 파병하였을 것이고, 정부와 국민은 그 위험과 보상에 대해서 서로 다른 평가를 내릴 것이기 때문이다. 이러한 차이 때문에 연합국들은 대개 가능한 선택들 가운데 최소 공통분모에 도달하는 목표들에 합의를 하는 것이다.[11]

　　다국적군도 비국가행위자이라는 개념은 한반도 전쟁에서 시사점을 주고 있다. 한반도에서 한국과 북한[12]은 전쟁 행위자로서 국가 간의 군부 중심 전쟁 패러다임의 전쟁 양상이 될 것이라는 의견이 있을 수 있다. 그러나 한반도에서의 전쟁은 6·25 전쟁 이후 유엔이 관리하는 정전상태로 전쟁이 발발하면 국제전의

10　상게서, pp. 364-365.

11　상게서, pp. 361-362.

12　북한은 유엔 가입국으로서 국제사회에서는 국가로 인정받고 있으나, 대한민국은 UN에 가입 시 북한과의 관계를 '민족적 특수 관계'로 규정하여 북한을 하나의 국가로 인정하지 않고 있음.

형태가 될 가능성이 많다. 한국은 미국을 포함한 UN의 국제연합군으로 전쟁을 수행할 전역계획을 보유하고 있고, 미국과 한·미연합군 체제를 유지하고 있기 때문에 국제연합군의 공동목표를 달성하기 위한 전쟁을 수행할 수밖에 없다. 한국은 한반도에서 전쟁이 발발하면 분단을 종식시키고 보다 나은 평화를 위하여 '한반도에서 통일'을 목표로 국가 총동원으로 전쟁을 수행할 것이다.

그러나 국제연합군의 공동목표가 한국의 전략목표와 동일하면 바람직하나 그렇지 않을 경우도 있다. 그 예를 들면, 1950년 6·25 전쟁에서 미국은 소련의 공산주의 확산을 저지하기 위하여 참전하였다. 미국의 최초의 목표는 소련의 지원을 받는 북한군에게 미군의 능력을 보여 주고 38선에서 전쟁을 종료하는 것이었다. 그러나 미국은 인천상륙작전이 성공하면서 전략목표를 한만 국경선까지 진출하는 것으로 변경하였다. 하지만 전쟁에 중공군이 개입하여 1953년 핵무기 사용을 거론할 상황으로 확산되자 미국 정부는 핵무기 사용을 배제하면서 한국 정부의 반대에도 불구하고 정전(停戰)과 한반도 분단이라는 전략적인 군사결정을 내릴 수밖에 없었다. 여기에는 외교적으로 해결책을 모색하겠다는 의도가 내포되어 있었다. 60여 년이 지난 지금 아직도 그 해결책을 찾지 못하였다. 북한이 다섯 차례의 핵폭발 실험을 하였다고 주장하기 때문에 이제는 핵 분쟁으로 발전하게 되었다.[13]

국제연합군의 일원으로서 한국군은 국제연합군의 공동목표에 한국의 전략목표인 통일과 일치시키기 위한 다원적인 노력이 필요하다. 우선 한국 내의 정부와 군, 국민이 삼위일체를 통하여 전쟁 수행능력과 국민 의지를 최고조로 함양해야 한다. 또한 연합국 간의 전쟁의 공동목표 설정에 한국의 의도를 포함시키기 위한 외교적 노력과 더불어, 연합국 국민들의 지지를 얻는 노력도 필요한 것이다. 한반도에서의 전쟁은 한국만의 독자적인 전쟁이 아니다. 단일 국가가 아닌 국제연합군인 비국가행위자의 일부로서 전쟁을 수행하는 것이다. 따라서 한국은

---

13 상게서, p. 327.

비국가행위자 일부로서 제한사항을 분명히 인식한 가운데 한국의 전략목표 달성을 위하여 연합국과 협의해야 할 과업을 인식하여 대처해야 한다. 이것이 새로운 전쟁의 패러다임을 연구해야 할 이유이기도 하다.

비국가 폭력집단은 폭력을 행사하기 위한 신념과 사람, 무기, 자금, 정보, 그리고 이들을 연결시켜 주는 네트워크가 필요하다. 사람을 희생시켜 자신의 목적을 달성하려는 비정상적인 행위든 자신의 행동을 정당화해 주는 신념이 필요하다. 그들은 가난으로부터 해방의 사회주의 신념이나 종교나 민족의 수호가 강력한 신념이 되고 있다. 이 집단에는 자신의 목숨을 바칠 각오가 되어 있는 신념으로 무장된 병사가 필요하다. 전쟁, 내전, 폭동, 테러 등은 결국 사람과 사람의 싸움이다. 위법적인 무장조직은 지원병과 분쟁지역을 찾아다니는 용병이 대부분이나, 납치당한 소년병과 신념화된 여성이 자살 폭탄테러를 자행하여 큰 문제가 되고 있다.

비국가 무력단체는 전 세계적인 다양한 루트를 이용하여 총이나 값싼 지뢰와 같은 무기를 조달받고 있다. 그 조직의 자금은 무력으로 위협하여 돈을 빼앗거나 마약이나 무기의 밀매, 인신매매 또는 불법적인 루트를 통하여 공급되고 있다. 또한 폭력 활동을 위하여 정보가 필요하다. 그들은 세계의 인터넷망을 이용하고, 지역에 있는 주민 정보원을 자금과 협박으로 회유하여 정보를 획득한다. 폭력집단은 이들의 전투원이나 무기, 자금을 효율적으로 연결하는 네트워크를 필요로 한다. 자연스럽게 일어나는 폭력도 배후에는 특정한 조직이 숨어 있는 경우가 대부분이다.[14] 비국가 폭력집단은 주민 속에서 은거하고, 주민이 전투원이며 무기와 자금의 네트워크이기 때문에 주민이 바로 그들의 중심이 된다.

토머스 햄즈는 그의 저서 『21세기 전쟁』에서 직접 대화를 통하여 만난 반군(叛軍)의 두 가지 인상을 기술하였다. 첫째는 그들은 승패 여부에 관계없이 투쟁을 계속하겠다는 결의에 차있었다는 점이다. 그들은 죽음을 두려워하지 않았고

---

14 다케나카 치하루(竹中千春), 노재명 옮김, 『왜 세계는 전쟁을 멈추지 않는가?』(서울: 갈라파고스, 2009), pp. 59-62.

승산이 없음을 알면서도 구애되지 않았다. 그들은 대의(大義)를 믿고, 강한 신념으로 정부를 충분히 쳐부술 수 있다고 확신하고 있었다. 그들은 투쟁을 불사(不辭)하면서 추구하는 사상이 저항의 중심을 이루고 있었다. 사실 그들은 정부군의 압도적인 군사력을 무력화시키는 데 있어서 그들의 사상에서 뿜어져 나오는 정치적인 힘에 의지하고 있었다. 둘째 그들은 창의적인 문제 극복능력을 가지고 있었다. 그들은 재래식 군사력을 고려하되 그것을 우회하는 방안을 모색하였고, 그들만의 독특한 방안을 찾는 데 성공하였다. 때로는 정부군의 훈련과 경험을 초월하는 전술과 전기(戰技)를 구사하였다. 반군들은 지금까지의 생명체 중에서 가장 창의적이고, 믿을 수 없고, 충성스러우며, 호전적이면서, 굳은 의지를 지닌 존재였다고 말할 수 있다.[15] 반군은 클라우제비츠의 삼위일체 중에서 정부와 군대의 비중보다는 국민의 적대감과 감성의 비중이 월등히 큰 전쟁 행위자였다.

2. 군(軍)에 대한 문민통제 강화

일반적으로 군대는 폭력을 관리하는 집단으로 인식되고 있다. 군대는 그 조직 특유의 폭력을 바탕으로 외부의 군사적 위협으로부터의 국가방위의 역할과 사회 안정의 보조수단으로서 역할을 수행하고 있다. 이런 면에서 군대를 국방을 담당하는 하위 조직, 또는 폭력 관리의 전문집단으로 파악하는 것은 당연하다. 민주주의 국가에서 군대는 문민통제(文民統制)의 원칙하에서 철저히 통제되고 관리되고 있다.

미국의 경우, 냉전시대 군사문제의 중요성의 증대는 군사정책과 군사행정에 대한 미 의회의 개입을 정당하고 불가피한 것으로 변화시켰다. 1940년 이전 미 의회는 군사정책에 별 관심이 없었다. 의회는 제한된 좁은 시각에서 육군성과

---

15 토머스 햄즈, 하광희 외 옮김, 『21세기 전쟁, 비대칭의 4세대 전쟁』(서울: 한국국방연구원, 2010), pp. 17-18.

해군성의 활동을 지켜보았다. 국방예산에 관한 심의는 가볍게 다루어졌으며, 국방예산에 관한 토론 주제는 흔히 국방비 지출과 관계없는 분야이기도 하였다. 의회는 정치적으로 중요치 않다는 단순한 이유로서 군사정책에 대해서 별다른 관심을 기울이지 않았다. 그러나 제2차 세계대전 이후 10년 동안 미 의회는 끊임없이 국방정책에 관한 주요이슈를 다루었다. 의무병역제도, 일반군사훈련, 상비군의 규모, 국방기구의 조직, 장교와 사병의 복무여건 등 군사정책의 본질적인 주요문제를 다루었던 것이다. 게다가 매년 당해 연도의 국방예산은 군사정책의 가장 중요한 쟁점으로 부각되었고, 육·해군의 건설공사와 해외 군사지원에 대한 승인 문제 등은 의회의 중요한 결정을 필요로 하게 되었다.[16]

국방예산 문제는 매년 군부와 의회 사이에 이루어지는 가장 중요한 접촉이다. 국방예산 문제는 의회로 하여금 군사정책의 대강을 심의하고, 규정하며, 또한 군사정책의 절차와 군사행정을 세부적 국면에 이르기까지 완전하게 검토할 기회를 준다. 국방예산은 의회에 제출된 이후에는 대통령의 예산이었다. 그러나 미 의회는 미 대통령이 국방예산을 결정하면서 군부의 전문가적 조언을 어느 정도 거부했는가를 군 수뇌부로부터 직접 설명을 들어야 한다고 주장하였다. 의회가 국가적인 차원에서의 군사정책 결정에 그 나름의 역할을 수행하고자 한다면, 의회도 역시 대통령이 제공받았던 것과 똑같은 독립적인 전문가의 조언이 필요하였던 것이다. 제2차 세계대전 이전의 군과 의회 관계의 패턴으로부터 전환점이 된 법률상의 이정표는 1949년의 국가안보법이었다. 국가안보법은 합동참모본부의 구성원이 "국가안보에 관련해서 그가 적절하다고 생각하는 어떠한 건의라도, 우선 국방장관에게 보고한 뒤에 의회에서 제안할 수 있다"고 허락하였던 것이다. 이는 군 수뇌부에게 자신의 견해를 직접 의회에 개진할 수 있는 권리를 부여한 미국 역사상 최초의 법률이었다. 국민을 대리하는 의회에서 군의 문민통

---

16 새뮤얼 헌팅턴, 허남성 외 옮김, 『군인과 국가』(서울: 한국해양전략연구소, 2011), pp. 543-544.

제를 더욱 강화하기 위한 조치였던 것이다.[17]

　미국의 국방성 내 민군관계는 서로 다른 세 가지 기능을 수행할 수 있는 것이어야만 한다. 전문적인 군사기능과 행정적·회계적 기능, 그리고 정책 전략의 기능이다. 국방성의 수직적 조직 체계에서는 민간인 장관과 각 군 참모총장이 세 가지 기능 모두에 대하여 책임을 공유한다. 이들 세 가지 기능들은 각각 국방성 내 별개의 단위들에 의하여 수행된다. 장관은 정책 전략에 대하여 책임을 지고, 각 군 참모총장은 전문적인 군사적 기능에 대하여 책임을 지며, 민간인이든 군인이든 일단의 다른 관료들은 행정적·회계적 업무에 대하여 책임을 진다. 국가안전보장회의 석상에서 합동참모본부를 대표하는 것은 바로 합참의장이다. 합참의장은 군의 견해를 정부에 전달하는 역할은 물론 행정부의 정치적 견해를 합동참모본부에 전달하는 역할도 담당한다. 국방성 장관은 군사행정을 담당하고, 국방성 소속인 합동참모본부는 군사정책을 담당하는 협조적인 관계이다. 국방장관직을 행정부의 정책을 대표하는 가장 막강한 지위로 강화시켜야만 합참의장이 더욱 군부의 전문적인 관점을 대변하는 사람이 되는 것이다.[18]

　국방성 내의 문민통제는 결국 예산통제이다. 국방성 내의 예산회계국은 대부분 직원이 민간인으로 구성되고 심리상태에서도 철저히 민간적이다. 예산회계국 직원은 회계 행정적 기능을 국방장관이 국방성을 통제할 수 있는 가장 중요한 수단으로 간주하였다. 국방예산은 비록 가장 강력한 수단은 아닐지라도, 군사조직에 대한 가장 효과적인 문민통제 수단의 하나이다. 이 같은 양상은 군인들에게 민간인들이 그들의 우위에 있다는 사실을 상기시키기 위해서라도 국방예산을 깎아내리는 것이 필요하다고 할 정도까지 이르렀다. 실제로 예산회계국은 미국 군사정책의 성격을 결정하는 데 핵심적인 역할을 담당해 왔다. 국방장관이 군사적인 요구와 회계상의 요구 사이에 독자적으로 균형을 맞출 수 없는 한, 군사정

17　상계서, pp. 552-561.
18　상계서, pp. 581-592.

책에 대한 기본적인 결정은 불가피하게 예산회계국장과 합동참모본부 간의 정치적 싸움의 결과에 의하여 영향을 받게 된다.[19]

한국을 포함한 대부분의 민주국가들은 미국의 경우와 유사하게 군사정책은 민간인 관료에 의하여 철저히 통제되고 관리되어 군은 문민통제의 원칙하에 철저히 통제되고 있다. 따라서 국민이 전쟁의 중심이 되고 있다. 전쟁을 승리로 이끌기 위해서는 국민의 지지가 필요하다. 그러므로 최근의 전쟁은 상대국의 전쟁 의지를 굴복시키기 위해서 상대국 국민의 심리를 공략하는 데 중점을 두고 전략을 구사한다. 과거의 군부 주도하 전쟁을 수행하였던 '군부 중심의 전쟁 패러다임'과는 다른, 국민의 여론이 주도하는 국민(國民) 중심의 전쟁 양상이 나타나는 이유가 여기에 있다.

3. 국민의 전쟁 의지와 민간전쟁[20]

민주주의 국가에서 모든 정책은 국민 여론의 영향을 받는다. 여론의 지지를 받지 못하는 정책은 채택되기도 어렵고 채택되었다 하더라도 제대로 시행되기 어렵다. 국가안보 관련 정책이나 조치도 마찬가지이다. 국민 여론은 평시 국방예산 결정과 전쟁 선포에 결정적 영향을 미친다. 또한 국민 여론은 전쟁을 수행하는 데 원동력을 제공하고 전쟁 현장에서 군대의 전투력과 사기에 절대적인 영향을 미친다. 현대전쟁에서 전쟁의 승패는 국민의 의지에 달려 있다. 민주국가들뿐

---

19 상게서, pp. 592-596.

20 영국군 4성 장군 출신인 루퍼트 스미스는 전쟁의 패러다임이 산업전쟁에서 민간전쟁(War Amongst the People)으로 바뀌었으며 오늘날 산업국가 간의 전쟁인 병력과 기계 간의 산업전쟁과 국제문제를 해결하는 결정적인 대규모 사건으로서의 세계대전은 더 이상 존재하지 않는다고 주장한다. 민간전쟁은 주민들 속에서 전쟁의 양상으로 주민들의 마음을 사로잡고 그들의 의도를 바꾸기 위해서 싸우는 전쟁을 말한다. 이것이 곧 현 시대에서 무력을 유용하게 사용하는 길이라고 주장한다. 루퍼트 스미스, 전게서.

아니라 독재국가들도 국민 여론에 의하여 국가안보가 좌우된다. 구소련의 몰락과 중동 일대의 독재국가들에서의 재스민 혁명은 이를 잘 대변해 주고 있다. 이는 국민이 국가안보의 중심으로 등장했기 때문이다. 이러한 현상은 이전의 '군부 중심 전쟁 패러다임'에서 전쟁 삼위일체의 정부와 군의 비중보다 국민의 비중이 더 커진 것으로 '국민 중심 전쟁 패러다임'의 시각에서 분석해 보고자 한다.

1) 민주국가의 민의(民意)와 전쟁

민주주의 국가의 일반 국민은 안보문제에 관하여 대중매체의 영향을 많이 받는다. 언론매체들은 언론의 자유나 국민의 '알 권리'를 내세워 국가안보 문제를 파헤치는 경우가 있다. 베트남전 당시 미국의 언론 보도는 미국이 월남전에 패배한 원인이 되었다.[21] 월남의 정치·사회적인 혼란과 만연된 부패, 반정부 시위는 미국의 월남전 반대운동 여론에 큰 자극제가 되었다. 미국 언론은 월남의 부패와 반정부 시위를 연일 보도함으로써 월남의 반정부 세력을 부추겨 월남 몰락을 재촉하였다. 언론의 보도로 월남이 근본적으로 잘못된 나라라는 인식을 주면서 미국사회에서는 미국이 왜 엄청난 원조를 하고 막대한 희생을 감수하면서 월남에서 싸워야 하느냐에 대한 회의론이 급증하였다. 월남은 쿠데타가 빈발하는 나라이고, 월남 정부는 부패하고 무능하며, 월남인들은 스스로 자기 나라를 지키려는 의지가 없다는 내용의 보도가 잇따랐다. 이 같은 부정적인 보도는 월남 정부의 권위를 더욱 약화시키고 공산주의자의 전의(戰意)를 북돋아 주는 결과를 초래하였다.[22]

이로 인하여 월남에서 월맹군과 이를 추종하는 베트콩의 세력은 점점 더 커져 갔다. 미군은 이를 물리치는 데 더욱 집중하였다. 미군과 월남 정부는 점령으로부터 해방 욕구와 월맹의 공산주의와 이념적 대립에서 월남 국민에게 아무런

---

21 김충남 외, 『민주시대 한국안보의 재조명』(서울: 도서출판 오름, 2012), pp. 29-30.
22 상게서, pp. 218-219.

대안도 제시하지 못하였다. 이런 활동은 월남 국민의 소외를 부추겼고 친미 월남 정권을 지지하는 국민의 의지가 갈수록 약화되었다. 그와 동시에 월남을 위해서 자녀를 계속 희생하려는 미국 국민의 의지도 급속히 사라져 갔다. 결국, 미국은 월맹의 정부와 국민과 군대의 삼위일체를 무너뜨리는 데 실패하였다. 반면에 미국과 월남은 삼위일체의 위험에 직면한 것이다. 미국이 전략적으로 실패하고, 월남이 패망한 이유는 바로 이런 이유 때문인 것이다.[23]

　　서머스(Harry G. Summers, Jr.)는 그의 저서『미국의 월남전 전략』(On Strategy: The Vietnam War in Context)에서 "미국이 월남전에서 실패한 이유는 간단히 미국 국민의 의지가 붕괴되었기 때문이다"라고 지적하였다. 그는 군을 전쟁터에 투입할 경우에는 전쟁 수행능력과 목적이 있어야 되지만 그것보다 먼저 국민의 지지가 없이 전쟁을 수행하는 것은 불가능하다는 것을 인식했어야 한다고 말한다. 군이 동원되어 전쟁에 투입되려면 국민의 지지가 필요하며 국민의 의사를 대표하는 의회를 통하여 미국 국민의 승인을 받아야 한다. 미국의 헌법은 군과 국민이 밀착되어야만이 전쟁에서 승리할 수 있다는 독립전쟁 당시의 교훈을 바탕으로 의회가 전쟁을 선포하도록 명시되어 있었다. 헌법에 의해서 의회가 전쟁을 선포하도록 한 것은 두 가지 목적을 가지고 있었다. 첫째는 전쟁 초기부터 국민의 지지를 확보하는 데 있고, 둘째는 적을 응징하는 데 있어서 사전에 합법적으로 의회의 승인을 받아 놓음으로써 후일에 국민의 반대가 야기되지 않도록 하자는 것이었다.[24] 월남전이 끝날 무렵, 다음과 같은 이야기가 미국에 한참 나돌았다.

　　"1969년 Nixon 행정부가 들어선 후, 월맹과 미국에 대한 모든 자료 즉, 인구, GNP, 군수물자 생산능력, 병력규모, 전차, 함정, 항공기의 대수 등을 국방성 컴퓨터에 넣고 "미국이 언제쯤 이길 수 있겠는가?"를 물었다. 그때, 컴퓨터에서

23　루퍼트 스미스, 전게서, pp. 287-289.

24　해리 서머스, 민평식, 『미국의 월남전 전략』(서울: 병학사, 1983), pp. 25-29.

나온 답은 "미국이 1964년 승리하였다!"는 것이었다."[25]

세계 최강의 미국에 대하여 월맹과 같은 약소국은 수치로 비교하면 상대가 되지 않는다. 그러나 이 이야기는 컴퓨터가 측정할 수 없는 단 한 가지, 국민의 전투의지가 전쟁의 승패를 바꾸어 놓은 중요한 요소라는 것을 풍자하고 정곡을 찌른 것이다. 클라우제비츠는 "적을 이기고 싶으면 적을 격멸하고야 말겠다는 의지가 실제적인 전투력이 되도록 온 힘을 경주해야 한다. 이것이 사기(士氣)이며, 사기는 전투력의 많은 부분을 차지하는 것이다"라고 말하고 있다.

해리 서머스는 월맹이 이용할 수 있는 취약점으로 미국 국민의 의지를 꼽았으며, 미국은 국민의 전투의지를 끌어내지 못했기 때문에 월남전에서 전략적으로 실패한 주요 원인이 되었다라고 주장하였다.[26] 이는 적에 대해서 미국 국민의 관심이 집중되지 않았고 또 군사력을 사용해서 달성하려는 정치적 목표에 대해서도 미국 국민의 관심을 집중시키지 못했기 때문이었다. 그 당시 국방부 공보담당 차관보였던 필(Phil G. Goulding)은 미 국방부는 주요 정책이나 주요 쟁점에 대하여 미국 국민을 납득시키기 위한 정부 차원의 노력은 한 번도 시도하지 않았으며, 홍보계획이라고 할 만한 작업을 한 번도 해보지 않았다고 술회하였다.[27] 이는 전쟁에서 국민의 여론의 중요성을 인식하지 못한 결과였다.

미군이 월남에서 철수 후 월맹군의 총공세로 월남이 패망한 사례는 국민의 의지가 전쟁에서 얼마나 중요한가를 명확히 보여 주고 있다. 미군은 월맹과 1973년 1월 파리에서 평화협정에 서명하고, 월남에서 철수를 완료하였다. 미군은 철수하면서 보유하고 있던 각종 최신무기를 모두 월남군에게 양도하였다. 당시 월남군은 전투기 600여 대, 헬리콥터 900여 대 등을 보유하여 공군력 세계 4위를 기록하였고, 월남군은 100만 명이 넘었으며 미국의 전폭적인 지원으로 최

---

25 상게서, p. 34.

26 상게서, pp. 34-35.

27 상게서, p. 26.

신장비로 무장하고 보급품도 풍성하였다. 세계 4위를 차지할 정도로 월등한 월남군은 기동력과 화력으로 월맹군의 공세를 분쇄할 수 있다고 자신하였다.[28]

그러나 평화협정을 위반하고 1975년 3월 월맹이 총공세를 감행하였을 때 단 한 차례의 공격으로 월남군 2개 군단이 무너졌다. 월맹 공산군의 공세가 시작된 이래 무질서한 퇴각만을 계속하였던 월남군은 불과 한 달 반 만에 사이공까지 포기하고 말았다. 그들은 패배주의에 빠져 절반이 도망가거나 포로가 됐으며, 전투다운 전투 한 번 못 해보고 스스로 무너졌다. 공산군에게는 월남을 '해방'시켜야 한다는 분명한 목적의식이 있었으나 월남군에게는 나라를 지켜야 한다는 의지가 없었다. 월남군은 무엇을 위하여 싸워야 하는지에 대한 국가관이 없었다. 월맹군은 그야말로 '거지 군대'였다. 그들은 소금만으로 한 끼를 때우고, 속옷은 구경할 수 없었으며, 전차부대를 제외하고 군화를 신은 병사도 없었다. 이런 거지군대가 최신식으로 무장한 월남군을 그리도 쉽게 괴멸시킨 것이다. 월남군은 월맹군에 비하여 전력에서 5배나 강했지만 투철한 정신력으로 무장한 월맹에게 허무하게 무너진 것이다.[29]

영국군 대장 스미스(Rupert Smith)는 부대 전력을 하나의 공식으로 "전력=수단×방법^2×3의지"로 표현하였다. 이 공식을 베트남전에 적용해 보면, 월맹군이 장비와 훈련 면에서 훨씬 나은 미군의 산업군대와 기술능력을 무효화하는 방식으로 미군의 의지를 무너뜨리고 부대의 전력을 무능화시켰다고 볼 수 있다. 1950년대 말라야에서 영국군은 본국 군대와 국민의 의지뿐만 아니라 말라야 주민들 다수의 의지에 부응하는 수단의 사용 방법을 발견하였다. 주민들의 지지를 상실한 공산주의 테러리스트들은 자신들의 방법이 부적합하다는 것을 발견하고 그 목표를 포기하였다.[30] 전투에서 최고의 요소는 승리에 대한 의지이다. 부대를 창설하고 유지하며 목표를 달성하기 위해서는 그것을 지휘할 정치적 의지와 리

---

28 김충남 외, 전게서, pp. 220-221.
29 상게서, pp. 222-223.
30 루퍼트 스미스, 전게서, pp. 294-295.

더십이 필요하다. 이것이 없다면 더욱 확고한 의지를 가지고 있는 적을 상대로 그 어떤 군대도 승리를 거둘 수 없다. 전장에서는 이러한 의지를 사기라고 부른다. 역경에도 불구하고 승리를 거두고자 하는 정신이다.[31] 이러한 부대의 사기와 정신은 결국 국민으로부터 나온다는 것이다.

2) 독재국가의 민주화 국민 여론과 민중봉기

냉전기간 중 소련의 정부와 군대는 강력하였지만 국민들의 지지를 상실하였다. 바르샤바 조약 동맹국과 위성국들의 국민의 지지는 결코 확실한 것이 아니었다. 소련의 국민들은 서서히, 그리고 확실하게 국가, 특히 정부로부터 등을 돌리기 시작하였다. 이전에 소련에서 들어 본 적이 없는 반대의 목소리가 들리기 시작하였다. 그리고 결정적인 것은 1980년 소련의 아프가니스탄 모험이었다. 이것은 불안정한 변경지대의 안전을 확보하기 위한 내정간섭이고, 국가와 국민의 생존에 필수적이 아닌 전쟁이었다. 이 전쟁은 설상가상으로 신속한 성과를 이루어 내지 못하고 꾸준히 상당한 사상자를 발생하게 하였다. 그 결과 소련 정부는 러시아 국민의 지지를 잃기 시작하였다.

1985년 미하일 고르바초프(Mikhail Gorbachev)가 공산당 총서기가 된 다음 국민의 대중적 지지를 쇄신하기 위하여 글라스노스트(Glasnost, 개방)와 페레스트로이카(Perestroika, 개혁) 정책을 도입하였다. 그러나 1980년대 후반에 동유럽 국민들은 자신들보다 서방 사람들이 얼마나 더 잘사는지를 인식하면서 바르샤바 조약기구 내부의 유대 약화는 물론, 대중적인 지지의 상실이 더욱 심화되었다. 이것은 통제 경제 자체의 비효율성뿐만 아니라 수십 년 동안 버터나 번영보다는 대포를 우위에 둔 결과였다. 성공적인 억제전략의 수행과 NATO 국가의 후원으로 말미암아 우세한 입장에 있던 미국 주도의 외교는 양 진영 간의 긴장을 완화시키는 일련의 조치를 이끌어 냈다. 1988년 12월 고르바초프가 동유럽에서 50만 명

---

31   상게서, p. 293.

의 병력을 철수하겠다고 선언하였으며, 다음 12개월에 걸쳐 소련군이 철수하자 동유럽 국가들은 저마다 바르샤바 조약의 탈퇴를 선언하였다. 어떠한 전쟁도 없이 러시아 국민의 의지 굴복으로 냉전이 끝난 것이다.

국제정치 전문가들은 오랫동안 민주주의가 효율적인 외교정책과 전략 수행에 그리 긍정적이지만 않다는 점을 지적해 왔다. 민주주의가 절차적 함정에 빠져 시간을 지연시키거나, 과도한 논쟁 과정에서 국가의 비밀이 새어 나가면 결국 국가안보에 도움이 되지 않는다는 것이 그 요지이다. 냉전체제에서 민주주의 미국과 전체주의 소련 간의 경쟁에서도 많이 지적되었다. 공산당 일당독재체제였던 소련이 미국보다 일사분란하게 외교안보 정책을 집행할 수 있었다는 것이다. 그러나 이런 논리는 절대적 진리가 아니었다. 미국이 월남전에서 헤어나지 못해 극심한 국론 분열을 겪었지만, 월남전 반전 여론은 결국 새로운 미국의 협상전략을 채택할 수 있었다. 반면에 소련의 아프가니스탄 침공은 브레이크를 잡는 장치가 없었기 때문에 국론 분열로 이어져 마침내 소련의 붕괴의 한 원인이 되었다는 것이다.[32] 결과적으로 전체주의 국가는 국민 여론을 통제하거나 조작할 수 있으나, 올바른 정보에 노출이 되면 국민 스스로 대안을 찾기보다는 걷잡을 수 없는 소용돌이로 빠져들게 되어 국가의 분열로 이어질 가능성이 있다는 사례를 보여 주고 있다.

2010년 말 튀니지에서 시작되어 아랍 중동국가와 북아프리카로 확산된 반정부 시위인 '아랍의 봄(Arab Spring)' 혁명으로 정보화 시대의 국민의 여론이 사회의 근본적 변화를 촉발하고 있다. 절대군주와 독재자에 의하여 억압된 민중들이 인터넷과 SNS(소셜 네트워크 서비스)를 활용하여 조직화하고 의사소통하며 공감대를 확산시킴으로써 반정부 시위와 파업, 행진과 대집회 등 광범위한 시민의 저항 운동을 일으켰다. 2011년 1월에 튀니지의 재스민 혁명(Jasmine Revolution)은 아프리카와 아랍권에서 쿠데타가 아닌 민중봉기로 독재 정권을 무너뜨린 첫 사례가

---

32 『한국일보』, 2016. 8. 22. A30면.

되었다. 이집트는 2월 코샤리 혁명으로 정권교체에 성공하였고, 리비아는 무아마르 카다피(Muammar Qaddafi)가 사망함에 따라 42년간 계속된 독재정치가 막을 내렸다. 또한 알리 압둘라 살레(Ali Abdullah Saleh) 예멘 대통령이 11월 권력 이양안에 서명함에 따라 33년간의 철권통치가 막을 내렸다. 혁명의 여파로 인하여 독재정권에 시달리던 알제리, 모로코 등 북아프리카 국가와 오만, 시리아, 바레인, 레바논, 요르단, 이라크, 쿠웨이트 등 아랍국가도 반정부 민주화 시위가 발생하였다.[33] 이러한 혁명의 결과 리비아와 시리아는 NATO와 러시아의 군사 개입으로 내전(內戰)으로 상황이 악화되었다. 특히 시리아는 러시아의 지원을 받는 정부군과 NATO의 지원을 받는 반군, 또한 이슬람국가(ISIL) 단체가 충돌하는 세력의 각축장으로 변하였다.

아랍의 봄 혁명이 발생하게 된 배경에는 여러 가지 요인이 직간접적으로 영향을 미쳤다. 미국 외교관들의 기록에 의하면 독재자나 전제군주, 인권침해, 정부의 부패 등을 비롯하여 경제 침체, 실직, 극심한 기근, 인구학적 요소 등도 시위의 발발 요인에 해당되며, 고학력자가 많은 청년 인구 중 사회적 상황에 대하여 불만족을 느끼는 인구가 그만큼 많았던 이유도 해당된다. 모든 북아프리카 국가들을 비롯하여 페르시아만(灣) 국가들에서 반체제 활동이 촉발된 것은 모든 부가 귀족들에게 수십 년간 집중되어 있었던 데다가 부의 재분배와 부패에 대하여 청년 인구들이 현 상황 유지에 대한 강한 반감을 드러내게 되었기 때문으로 풀이된다. 곡물 가격 급등과 세계적인 기근 또한 변화요인으로서 해당 국가들에서 그 위험 수준이 2007~2008년 세계 식량위기 수준에 버금갈 정도였다는 사실도 작용하였다.[34]

그러나 인터넷과 위성방송도 단단히 한몫을 하였다. 많은 젊은이들이 인터넷을 이용하는 데 어려움이 없었으며 서구사회에서 공부하였다. 귀족사회와 절

---

33 《네이버 지식백과》, http://terms.naver.com (검색일: 2016. 8. 22.)

34 《위키백과》, "아랍의 봄", https://ko.wikipedia.org/wiki/%EC%95%84%EB%9E%8D%EC%9D%98_%EB%B4%84(검색일: 2016. 8. 22.)

대왕정이 시대착오라는 생각을 하게 된 것이다. 중동에서 휴대전화가 보편화된 것은 이라크 전쟁 이후이다. 사업자들이 앞다투어 이라크에 진출하면서 인근 아랍국가들까지 휴대전화가 급속히 퍼진 것이다. 기지국 하나만 세우면 되는 휴대전화는 유선전화보다 인기가 높았다. 안테나 접시를 다는 것으로 수신 가능한 위성방송도 덩달아 성행하게 되었다. 재미없고 딱딱하며 종교 색체가 짙은 국영방송만 보던 아랍인들은 이렇게 서방 문화를 접하게 되었다. 청바지와 짧은 치마도 신기했지만 대통령을 임기제로 뽑는 민주절차는 더욱 매력적이었다. 시리아 남부에 사는 아하마르 씨(24)는 "위성방송에서 프랑스인들의 파업과 시위의 모습을 보고 충격을 받았다. 프랑스 정부는 그 사람들을 가두거나 죽이지 않았다는 사실도 알게 되었다"라고 말하였다. 아하마르 씨 이외의 시리아 사람들도 지금은 나라밖이 얼마나 다른지 알고 있다.[35]

시리아의 내전은 수도 다마스쿠스에서 100km 떨어지고 요르단과 국경을 마주한 곳인 다라에서 시작되었다. 2011년 3월 초 이 마을의 청소년 15명이 장난삼아 담벼락에 "시리아 국민은 정권의 전복을 원한다!"는 낙서를 하였다. 당시 아랍의 각 나라에서 유행하던 구호다. 아이들은 인터넷과 위성방송 채널에서 주위들은 대로 아무 뜻도 없이 적어 놓은 것이었다. 시리아의 비밀경찰은 아이들을 신속히 잡아들였다. '무카바라트(Mukhabarat)'라 불리던 비밀경찰은 시리아에서 공포의 대상이었다. 놀란 부모들은 경찰서로 달려가 탄원하였다. 부모들의 탄원은 시위로 발전하였다. 그날이 3월 15일이었다. 마을 사람들은 고작 100여 명이 벌인 시위가 기나긴 시리아 내전의 시작일 줄은 아무도 몰랐다.[36]

첫 시위 한 달 뒤인 4월 15일 '시리아 다라 청년그룹'이라는 블로그에 아부 칼릴이라는 사람이 정부에 대한 요구사항을 올렸다. 정권교체 및 언론의 자유, 최저임금 보장 등 20여 가지 내용이었다. 게시물은 페이스북과 트위터에 공유되

---

35 《시사IN》, "시리아의 광주 다라를 잊지 마세요", (제465호, 2016. 8. 8.), p. 1.
36 《시사IN》, 상게 사설, p. 2.

어 시위현장의 구호로 제창되었다. 시리아 관영방송은 시위가 시작된 한 달 후에 '외부 무장 테러단체가 국민들을 선동하고 있다. 정부가 곧 진압에 들어간다'라는 내용을 방송하였다. 그러나 시리아인들은 이미 인터넷과 위성방송을 통하여 서방 언론을 접하고 있었고, 아무도 관영 언론 보도를 믿지 않았다. 시위에 대하여 바샤르 알 아사드(Bashar al-Assad) 시리아 대통령의 무차별 발포와 강경진압, 구금과 고문이 날로 심해졌다. 시리아 국민들의 시위는 다라 지역을 넘어 전국으로 확산되었다.[37]

그럴 즈음 유튜브에 충격적인 영상이 올라왔다. 정부군에 사살된 시신 수십 구가 길거리에 방치된 장면이었다. 시리아 시민들이 SNS를 통하여 가려졌던 진실을 폭로하기 시작한 것이다. 2011년 6월 유튜브에는 13세 소년의 참혹한 시신 모습을 담은 2분 30초짜리 동영상이 게재되었다. 다라에서 가족과 함께 시위에 참여하였다가 실종된 초등학생이었다. 소년의 시신에는 엄청난 폭행을 당하였고, 다리엔 총탄을 여러 발 맞은 흔적이 있었다. "고문한 사람들은 자식도 없단 말인가? 악마다!"라는 여론은 시민들의 분노에 기름을 부었다. 최초 시위로부터 5년여가 지난 현재, 다라는 시리아 내의 봉쇄된 18개 도시 중 하나다. '혁명의 요람' 다라는 알 아사드 정부에게는 '반군의 소굴'에 불과한 것이다.[38]

아랍의 봄 혁명은 국민 중심 전쟁 패러다임에 많은 시사점을 주고 있다. 첫째는 독재국가에서도 인터넷과 SNS 등을 통한 외부 정보의 유입으로 시민의 민중봉기가 가능하다는 것이다. 다른 면으로 분석해 보면 독재국가 권력의 중심이 독재자가 아니라 정보화된 국민에 있다는 것을 증명하고 있는 것이다. 독제국가의 지도자였던 리비아의 카다피와 이라크의 후세인(Saddam Hussein) 대통령이 사살된 이후에도 전쟁이 종결되지 못하고 계속되었던 사례도 독재국가의 전쟁 중심이 지도자가 아니라 네트워크화 된 국민이라는 사실을 말해 주고 있다. 독재국

---

37 상게 사설, pp. 3-4.
38 상게 사설, pp. 4-7.

가에서는 외부의 정보를 차단하고 선전과 선동, 그리고 공포정치로 국민을 강압 통제하여 그 지도부가 권력의 중심으로 보이나, 외부의 진실된 정보가 유입되면 새로운 사실에 충격을 받게 되고 정부의 통제에 저항하는 의식이 싹트게 되는 것이다. 이를 바탕으로 네트워크화 된 선구자들에 의하여 반정부 투쟁이 가능하며 이 세력이 국민의 지지를 받으면 권력의 중심이 되어 사회의 근본적 변화를 촉발하게 되는 것이다.

김연호 미국 존스홉킨스대학 국제관계대학원(SAIS) 선임연구원은 북한 정보 자유 국제연대 주관으로 프레스센터에서 열린 '아랍의 봄, 북한에도 가능할까'라는 주제의 국제 심포지엄(2016. 7. 28.)에서 재스민 혁명을 불러온 원동력이 SNS 등을 통한 정보의 자유로운 유통에 있었던 것처럼 북한에도 외부 정보가 유입되어야 '아랍의 봄' 같은 저항이 가능하다고 지적하였다. 그는 "한 장의 사진은 수천 마디의 말, 그 이상의 역할을 하듯이 대북 TV 방송은 라디오보다 더 강력한 메시지를 전달할 것"으로 강조하였다. 이 심포지엄에서 이집트의 인권활동가 와엘 압바스(Wael Abbas)는 "이집트 언론은 공영신문뿐만 아니라 반정부 혹은 독립 신문까지도 정부의 감시하에 있었다"며 "호스니 무바라크(Hosni Mubarak) 독재정권을 무너뜨린 원동력은 평범한 이집트 블로거들의 용기 있는 활동이었다"고 소개하였다. 튀니지의 사회운동가인 헨나는 "지난 2011년 재스민 혁명을 통하여 독재정권을 무너뜨린 저항의 중심에는 표현의 자유를 위하여 희생된 300여 명의 사상자가 있었다"면서 "그들이 보여 준 용기의 대가로 시민들의 정보 접근권이 높아졌다"고 평가하였다. 김연호 선임연구원은 "외부의 문화를 접할 경우 북한 당국으로부터 혹독한 처벌을 받는데도 불구하고 지난 십여 년간 외부 미디어에 접근하려는 북한 주민들이 크게 증가하였으며, 북한 인구의 10% 이상인 300만 명 정도가 휴대폰을 사용하고 있다는 사실을 감안하면 휴대폰 활용은 큰 잠재력이 있다"고 말하고 있다.[39]

---

39 《연합뉴스》, "대북 TV 방송으로 북한서도 '아랍의 봄' 끌어내야"(2016. 7. 28.)

이와 같이 소련의 붕괴와 아랍의 봄의 사회현상은 철저히 외부의 정보로부터 차단되고 공포정치로 유지되었던 독재국가의 정부도 정보화된 국민의 권력으로 인하여 국가의 근본적인 변화를 촉발할 수 있음을 보여 주고 있다. 다시 말해서 민주국가나 독재국가 등 모든 현대국가의 권력의 중심이 국민이라는 사실이다. 이는 독재국가의 변화를 위해서 군사력보다는 소프트파워를 통한 간접전략[40]의 침식(Erosion) 방법이 더 유용하다는 점을 역설적으로 말해 주고 있다. 이 전략은 독재국가보다 상대적으로 우세한 자유민주주의 가치와 도덕적 우위를 바탕으로 인터넷과 SNS를 통하여 올바른 정보를 제공함으로써 점진적으로 독재국가 국민들이 스스로 각성하도록 하는 방법으로 새로운 전쟁 방식의 하나로 볼 수도 있다.

3) 주민들 속에서의 전쟁

최근 전쟁의 특징은 갈수록 더욱 주민들 속에서 군사작전을 수행한다는 것이다. 도시와 마을과 거리에 있는 사람들이 전장 속에 있을 수 있다. 주민들 사이에서의 무장한 적 병력과 민간인으로 위장한 적들로 인하여 고의든 아니든 간에 민간인들을 대상으로 군사 교전이 발생할 수 있다. 이는 민간인을 적으로 오인하거나 적과 매우 근접해 있고, 그들에게 테러를 자행하기 때문이다. 게릴라 전사들에게는 민간인을 방패로 한 작전이 강한 상대의 전투력을 무력화시키는 방법이기 때문이기도 하다. 그들은 주민들의 심리가 목표이기 때문에 민간인들이 표적이 될 수 있다. 그들은 주민들에 대한 직접적인 공격이 그들의 심리에 대한 공격으로 생각한다. 또한 전쟁과 주민의 가정을 연결해 주는 정보기기의 매개체가 있다. 주민들의 투표와 여론이 정책결정을 하는 정치인들에게 영향을 미친다. 제2차 세계대전에서도 주민들이 폭격의 표적이 되었다. 공격의 대상이 된 주민들

---

40 앙드레 보프르는 핵무기 존재하 국가이익을 달성하기 위해서는 군사력을 사용하기보다는 정치·외교·경제·심리 등 사회의 제반조치로 적의 심리적 의지를 굴복시켜 승리하는 간접전략을 제시함.

은 적국(敵國)의 주민들이었다. 이들은 적 군대의 전쟁 지속능력을 지원하는 기지로 생각되었던 것이다. 최근 전쟁에서의 주민공격은 이와 다르다. 주민들이 협력하든 하지 않든 간에 불특정 다수의 주민들을 공격할 뿐이고 주민들 사이에서 공격을 수행한다. 이러한 공격의 이유는 정치적 목표이다. 정치적 목표는 전시는 물론이고 그 이후에도 국민들의 의사나 심리를 공격하여 그들의 의지를 강요하는 것이었다.[41]

　　게릴라 전사는 은신하기 위해서 주민들의 도움을 필요로 한다. 그들은 물속의 고기들처럼 주민들 속에서 산다. 이를 위해서 자신과 자신의 집단이 사회 전체에서 소수자임에도 불구하고 주변 사람들에게 할 수 있는 한 정상적인 것처럼 보이려고 노력한다. 그는 자신을 유지하기 위해서 집단적인 사람들을 필요로 한다. 이것을 이해한 러시아군은 체첸군을 결정적 전투로 끌어들이기 위하여 1994~1995년 체첸의 수도 그로즈니를 공격하기에 앞서 주민들을 이동시켰다. 2004년 미군이 팔루자를 공격할 당시에도 지역 폭도들에 대한 결정적 공격을 감행하기에 앞서 주민들이 어느 정도 철수할 때까지 기다린 것도 사실은 이 때문이었다.[42]

　　주민들의 마음을 사로잡기 위해서는 '주민들'을 이해해야 한다. 주민들은 가족과 부족, 국민, 인종, 종교, 이념, 국가, 직업, 기술, 무역, 그리고 서로 다른 이해관계에 따라 다양한 실체를 구성한다. 그들의 다양한 입장은 단지 정치적 지도력을 통해서만 응집된다. 만약 상황이 공포와 불확실성으로 가득 차있다면 사람들은 먼저 상황을 완화시켜 주거나, 더 나아가 그것을 바꿀 수 있는 지도자를 의지하게 될 것이다. 게릴라 전사는 이 점을 잘 이해하기 때문에, 게릴라 지도자들은 주민들을 직접 위협하는 공격자로 상대를 표현하여 주민들이 자신을 보호하기 위하여 게릴라를 지지하도록 한다. 주민들은 직접적인 무력 위협에 직면한 경우

41　루퍼트 스미스, 전게서, pp. 334-335.
42　상게서, pp. 335-336.

를 제외하고 주민들이 이해할 수 있고 그들의 필요를 잘 만족시켜 주는 행정부를 원한다. 이 점은 농촌보다 도시 주민들에게 훨씬 더 중요하다. 농촌은 스스로 필요를 채우지만 도시 주민들은 생활이 상호 연결되고 의존적이어서 이 필요를 채워 줄 행정부가 필요하다.[43]

최근 이라크군이 이슬람국가(IS)의 거점인 모술의 탈환작전 과정에서 수니파인 현지 주민을 대상으로 '보복' 대신 선무공작을 벌이는 새로운 모습을 보이고 있다. 그동안 IS가 장악하였던 마을들이 이라크군이나 민병대에 탈환되면 IS의 핵심세력 역할을 해온 수니파 남성들이 보복살해를 당하는 것이 비일비재하였던 만큼 IS의 최대 거점인 모술을 탈환하는 과정에서도 유사한 사례가 발생할 것으로 우려했었다. 그러나 이라크 현지 지휘관들은 만약 모술에서 학살이 자행되면 화해는 절대 불가능할 것이라는 점을 모두 알고 있었다. 주부리(Abbas al-Juburi) 이라크 준장은 마을 주민 사이에서 무릎을 꿇고 "여러분의 고통을 잘 알고 있다"고 안심시킨 후 "이라크 보안군이 이전에 범한 실수를 원치 않는다"고 하였다. 이라크군의 장성들은 이라크 정국의 안정과 단합을 위하여 이라크 시민의 보호자로서 군의 역할을 재정립하고 있다. 이는 모술 현지 주민의 민심이 종파 간 갈등을 악화시킬 것인지, 아니면 유혈 보복의 상처를 봉합할 것인지를 결정하는 계기가 될 것이며, 향후 이라크의 진로가 결정될 것이다.[44]

냉전 이후 진행된 여러 분쟁에서 비국가 무력세력은 폭도들이 주민들로 구성되었을 뿐 아니라, 점령군을 공격하기 위해서는 물론, 지역적으로 자신의 파벌이나 소수 민족 집단을 위한 지배적 입지를 구축하기 위해서 주민들 속에서 전투를 벌인다. 그들은 주민들 속에 '은신처'를 두고 있다. 알카에다는 탈레반 치하의 아프가니스탄 사회에서 자신들의 존재를 공공연히 드러낼 필요는 없으나 자신

---

43 상게서, pp. 336-337.

44 《연합뉴스》, "'IS의 심장' 모술 탈환 나선 이라크군, 보복 대신 민심 얻기 총력", http://www.yonhapnews.co.kr/bulletin/2016/11/03/0200000000AKR20161103069200009.HTML?input=1195m(검색일: 2016. 11. 3.)

들의 집단 내에서는 안전하게 돌아다녔다. 게릴라 전사는 다음으로 '준비처'를 두고 있다. 그들은 이곳에서 무기고를 두고 폭탄을 조립하며, 공격계획을 수립하고 예행연습을 한다. 2001년 9월 11일 알카에다 공격의 준비처는 독일과 플로리다였던 것으로 보인다. 마지막으로 '작전처'가 있다. 이곳에는 공격의 표적이 있다. 게릴라 전사는 공격을 위한 무장과 대열을 갖추었기 때문에 이곳에서는 최소한의 시간만 머무른다. 타이밍과 위장과 사기는 기습을 달성하기 위한 주요 수단이다. 게릴라 전사는 작전처로 들어갈 때 가장 큰 위험에 처한다.[45]

최근의 세계는 정보매체를 통하여 시청자들이 참여하는 전쟁의 무대가 되었다. 텔레비전이나 일간 뉴스에서 이라크이든 이스라엘 점령지에서든, 아니면 지구촌의 다른 곳에서든 우리는 중무장한 병사들이 전차를 타고 부녀자들이 가득한 거리를 순찰하는 장면을 본다. 혹은 누더기를 걸친 민간인들과 아이들이 전차에 탄 중무장한 군인들을 공격하는 장면을 본다. 그러나 해설가들은 마치 2개의 대등한 부대가 충돌하는 것처럼, 그 상황을 재래식 군대의 관점에서 설명하여 혼란스럽게 만든다. 세계의 시청자들은 현장의 사건들만큼이나 혹은 그 이상으로 부대를 파병하는 정치지도자들의 결정에 영향을 미쳤다. 게릴라 전사들과 반란자들은 이러한 매체를 이용하여 세계인들의 마음속에서 상대의 정치지도자를 상대로 언론전과 심리전을 수행하고 있다.[46] 전쟁이 무력이 충돌하는 전투지역뿐 아니라 민가(民家)의 안방에서도 진행되고 있는 것이다.

---

45 상게서, pp. 339-340.
46 상게서, p. 347.

제3절 포괄적 안보이익을 위한 전쟁

1. 국민안보: 전·평시 포괄적 안보이익 추구

　　과거 국가 간의 전쟁이 주도하였던 군부 중심의 전쟁 패러다임에서는 안보라고 하면 군사안보만을 떠올렸다. 군사안보는 외부의 군사적 위협으로부터 국가의 생존과 체제의 안전을 보장하는 것이었다. 그러나 세계화·정보화의 환경 변화와 냉전의 종식으로 인하여 국가생존 차원의 군사안보에 추가하여 인간 개인 차원의 생명과 인권 보호에 관심이 확대된 포괄적인 개념으로 안보의 개념이 변하고 있다. 특히, 경제위기로 인한 대량실업, 오존층 파괴로 인한 지구의 온난화와 자연재해, 국제적 마약거래, 대량난민, 전염병, 인권 학대, 국제 테러리즘 등 비군사적인 위협과 관련된 안보의 중요성이 높아지고 있다. 이에 따라 안보의 개념은 경제, 사회, 자원, 환경보전, 테러리즘, 국제범죄, 사이버 공격 등을 총망라하는 포괄적 안보(Comprehensive Security) 개념으로 확대되었다.[47]

　　종래의 국가안보 정책의 핵심은 정치적 독립, 영토 보존, 체제 성격의 유지 등 정치·군사적 내용들이 우선적인 안보대상 가치로 인식되어 왔다. 그러나 최근에는 사회적 가치도 물질적 차원에서 '탈물질적(Post-Material)' 차원으로 확대 심화됨으로써[48] '국민 개개인의 삶의 질'이 안보의 쟁점으로 부각되고 있다. 안보의 대상이 국가에서 개인과 시민, 그리고 국제체제로 확대되고 있는 것이다.

　　안보의 가치 역시, 정치적인 것에서 경제적인 것으로, 물질적인 것에서 비물질적인 것으로 변화하고 있다. 냉전시대에 있어 공산주의 위협은 이념적 차원과 경제적 차원, 그리고 정치·군사적 차원에서 분별하기 어려운 총체적 특성을 가

---

[47]　김충남 외, 전게서, p. 41.

[48]　Ronald Inglehart, *The Silent Revolution: Changing Values and Political Styles among Western Publics*(Princeton: Princeton University Press, 1977), pp. 8-12.

졌다. 정치·군사적 위협은 곧 경제적 위협으로 간주되었기 때문에 체제 방어적 논리에서 국가 간 경제지원이 추진되기도 하였다. 그러나 이제 안보위협은 상이한 성격을 갖게 되었다. 기존의 군사위협이 가장 궁극적인 안보위협으로서 의미를 상실한 것은 아니지만, 비군사적 위협의 심각성은 군사적 위협에 버금가는 수준으로 확대되고 있다. 경제적 위기 이외에도 각종 자원 위기, 환경 위기, 인권과 인류안보의 위기, 문화적 정체성의 위기 등 포괄적 안보위협의 등장으로 안보위협의 원인이 다양해지고 있다.[49]

생존은 모든 국가가 추구하는 가장 중요한 목표이다. 한 국가가 생존할 수 없다면 경제적 번영과 같은 다른 중요한 목표들은 추구할 수 없게 된다. 국제적인 무정부 상태에서 국가의 생존과 안정을 보장하는 안보가 왜 중요한지는 말할 필요가 없다. 국제정치학자들은 국가가 수호하고 증진시켜야 할 국가이익(National Interests) 중에도 안보가 가장 중요하다고 보고 있다. 한스 모겐소(Hans J. Morgenthau)는 "모든 나라의 기본적인 국가이익은 외부로부터 생존의 위협을 막아 내고 정치적·문화적 정체성을 보존하는 것"[50]으로 정의하였고, 헤들리 불(Hedley Bull)은 안보, 번영, 이념적 목표를 국가이익의 3대 요소[51]로 보고 있다.

미국의 경우 물리적 안전, 경제적 번영, 미국적 가치의 확산을 국가이익의 3대 요소로 간주하고 있다. 그중에도 미국은 물리적 안전, 즉 국가안보를 가장 중시한다.[52] 미국이 중시하는 물리적 안전의 의미는 광범위하다. 즉, 미국은 외부의 위협으로부터 영토, 국민, 재산 등을 보호할 뿐 아니라 미국의 정치이념과 사회적 가치에 대한 위협까지도 안보의 대상으로 간주하고 있다. 특히 해상수송로

49   김동성, 전게 논문, pp. 20-12.

50   Hans J. Morgenthau, *In Defense of the National Interest: A Critical Examination of American Foreign Policy*(New York: Knopf, 1951), p. 172.

51   Hedley Bull, *The anarchical Society: A Study of Order in World Politics*(New York: Columbia University Press. 1977), p. 53.

52   Terry Deibel, Sean M. Lynn-Jones and Steven E. Miller, (eds.), "Strategies Before Containment: Patterns for the Future," *America's Strategy in a Changing World* (Cambridge, Mass.: MIT Press, 1992).

보호, 무역항에의 자유로운 접근, 핵심 자원 등에 대한 위협을 막아 내는 것 등이 안보의 필수요소로 간주된다. 9·11 테러 이후에는 국제 테러리즘과 그 근거지가 되는 빈곤과 저개발 국가 지역까지도 미국 국가안보의 관심사가 되고 있다.[53]

특히 탈냉전기의 전쟁은 대부분 영토와 인종, 종교, 테러, 대량살상무기 (WMD), 인도주의 문제 등의 원인이 도화선이 되었다. 10여 년의 기간을 두고 두 번이나 수행한 걸프전과 이라크전쟁은 이라크의 쿠웨이트 침공과 테러리즘의 지원, WMD 개발 의혹 등이었으나 그 이면에는 미국의 중동 에너지 자원에 대한 통제와 지역 패권 방지 등 다양한 이해 요인이 관련된 것으로 평가하고 있다. 코소보전 역시 직접적인 원인은 세르비아의 알바니아계 인종 청소에 대한 NATO의 대응이지만, 그 이면에는 NATO의 영향력을 동유럽으로 확장하려는 의도도 포함되어 있는 것으로 분석하고 있다. 또한 아프간전은 9·11 테러에 대한 응징에서 출발하였지만, 결과적으로 미국이 중앙아시아 지역에 전진기지를 마련하는 데 기여하였다.[54] 결과적으로 최근의 전쟁은 군사적 위협으로부터 단일 국가의 안보를 위한 목적에서 좀 더 포괄적인 안보이익을 위한 다국적 국가의 이익을 위한 목적으로 더욱 복잡한 전쟁 양상을 보이고 있다.

2. 정권 탈취 및 정권교체(Regime Change) 목적의 전쟁

과거 국가 간의 전쟁에서는 분명한 전략적 목적을 가지고 있었다. 국가를 창설하고, 파시즘의 적을 물리치며 오스만제국을 종식시키는 것이 그것이었다. 그러나 국민 중심 전쟁에서는 군사력을 사용하는 목적이 좀 더 복잡하고 덜 전략적인 것으로 바뀌고 있다. 과거 군부 중심의 전쟁에서는 군사력으로 문제를 해결하

---

53 김충남 외, 전게서, pp. 37-40.
54 권태영 외, 『21세기 군사혁신과 미래전』(파주: 법문사, 2008), p. 102.

겠다는 적의 의도를 굴복시키기 위하여 전략적인 군사목표인 군사력 격멸을 통하여 정치적 목적을 달성할 수 있었다. 이로 인하여 군사전략 개념은 "탈취"와 "점령", "파괴"와 같은 용어들로 표현되는 경향이 있었다.[55] 예를 들면 제2차 세계대전에서는 "독일과 일본의 무조건적인 항복"처럼 군사목표를 표현하는 것이 간단하였다. 제1·2차 세계대전에서 양 진영은 모두 전장에서 이러한 목표를 달성하고자 노력하였다.

그러나 현대의 상황에서 우리는 군사력 사용을 통해서 이러한 전략적 결과를 추구하지 않는다. 2003년의 이라크 침략의 경우가 그렇다. 군대가 달성하기 원하는 것을 명백히 정의하기 위하여 요즈음은 "인도주의 작전", "평화유지", "평화강제", "안정화 작전", "안정되고 안전한 환경 달성" 등 다양한 군사목표 용어가 사용되고 있다. 이제는 전략적 목표를 대규모의 군사력 사용만으로 달성할 수가 없다는 것이다. 대부분의 경우 군사력은 정치적 목적 달성을 위한 환경 조성의 전술적 성과를 달성할 수 있을 뿐이다.[56] 예를 들면 특정 국가에 민주정부를 수립하길 바란다면 민주주의 체제는 현지 주민들이 결정하는 것이기 때문에 최종적인 형태를 기술할 수 없는 것이다. 그러나 현지 주민이 승인 결정을 내리기 쉽도록 조건을 제시할 수는 있다. 따라서 전략적 군사목표는 최종 정치적 성과의 조건이 된다.[57]

제2차 세계대전 이후 영국과 프랑스 등 열강 제국으로부터 철수 기간에 발생한 다양한 식민지 해방 전쟁은 과거 군부 중심 전쟁과는 다른 새로운 전쟁의 정치적 목적을 보여 주었다. 새로운 다른 종류의 전쟁 행위자들, 곧 경무장한 이념적인 성격의 비국가(非國家)들이 존재하였다. 이들은 과거 전쟁과는 다른 게릴라 전술을 사용하였고, 그것을 더욱 발전시켰다.[58] 이들이 추구하는 정치적 목적

---

55 루퍼트 스미스, 전게서, p. 324.
56 상게서, p. 448.
57 상게서, p. 450.
58 상게서, p. 273.

이 다르기 때문에 수행하는 전쟁 방식도 변화될 수밖에 없었다. 그들은 식민지 해방과 공산화 혁명을 위한 정권 탈취에 전략목표를 두고 강대국 또는 정부군과 비재래식 전쟁[59]을 수행하였다. 그들의 전쟁의 정치적 목적이 달랐기 때문에 전쟁 수행방식도 과거 재래식 전쟁과는 양상이 달랐다.

마오쩌둥은 중국의 공산화 통일을 목표로 항일투쟁을 하고, 장제스의 정부군과 싸웠다. 그는 목표 달성을 위하여 우세한 적은 피하고 정부군을 약화시키기 위한 게릴라전을 수행하였으며, 중국 농민의 지지를 바탕으로 정치 · 군사적 우위를 달성하는 전략적 접근법인 분란전(Insurgency)[60] 전략을 개발하였다. 그는 이러한 정치적인 힘을 바탕으로 정부군의 군사력은 약화시키고 그의 인민군의 군사력을 확장시켜서 최종적으로 정규군으로 공격하여 장제스의 정부군을 중국 본토로부터 물리쳐 공산정권을 수립하였다.

베트남의 호찌민과 보응우옌잡 장군은 프랑스와 미국의 개입을 격퇴하고 공산정권으로 베트남 통일을 달성하는 데 전략적 목표를 두고 분란전을 수행하였다. 그들은 농민에 뿌리를 둔 마오쩌둥의 분란전 모델을 그대로 유지하되, 그들이 적으로 삼은 나라(처음에는 프랑스, 나중에는 미국)의 국가의지를 적극적으로 공략(攻略)하는 방향으로 수정하여 적용하였다. 즉 그들은 정치적인 전쟁을 멀리 떨어져 있는 상대방의 본토로 옮겨서, 그곳에서 상대방의 전쟁 지속의지를 파괴하는 방향으로 전쟁을 수행하였다.[61]

쿠바는 카스트로의 분란전 그룹이 소규모의 핵심적인 무장 게릴라를 통하

---

59 토머스 햄즈(Thomas X. Hammes)는 재래식 전쟁과는 양상이 다른 비재래식 전쟁을 중국의 공산혁명, 두 차례의 인도차이나 전쟁, 알제리 독립전쟁, 니카라과의 산디니스타 투쟁, 이란 혁명, 1980년대 아프가니스탄과 소련의 전쟁, 제1차 인티파다, 그리고 체첸에서의 분쟁을 들고 있음. 토머스 햄즈, 전게서, p. 30.

60 'Insurgency'는 반란전(反亂戰), 반군(反軍) 혹은 분란전(紛亂戰) 등으로 해석되고 있으나, 이 책에서는 비무장 시위와 폭동 등을 포함한 포괄적 의미를 가지고 있는 분란전 용어로 사용함. 마오쩌둥의 분란전 전략은 1단계 전략적 수세, 2단계 전략적 대치, 3단계 전략적 공세 단계 등 3단계로 구분되어 있음.

61 상게서, p. 97.

여 다수의 대중들에게 자발적인 봉기를 유도함으로써 일거에 바티스타 정권을 전복(顚覆)시키고 공산혁명을 달성하였다. 니카라과의 산디니스타[62] 민족해방전선은 마오쩌둥 이론을 수정하여 정치적 전략 그 자체가 목표가 되도록 하였다. 그들은 1979년 전면적인 도시 파업과 대중봉기, 그리고 농촌지역의 게릴라 부대를 이용하여 미국의 지지가 철회된 소모사 정권을 전복시키고 혁명정부를 수립하였다. 이외에 중동지역에서의 이란 혁명과 아프가니스탄, 이라크의 분란전 세력들도 외부의 지원을 받던 기존 정부의 전복을 통하여 정권을 탈취하는 목적으로 국민의 지지를 바탕으로 하는 비재래전 양상의 전쟁을 수행하였다.

　강대국이나 국제연합군의 과거 국가 간의 전쟁에서는 국가 총력전을 통하여 무조건 항복과 무력병합, 정치적으로 유리한 협상조건에 전략적 목표를 두고 전쟁을 수행한 반면에, 제2차 세계대전 이후의 전쟁에서는 영토를 점령하거나 탈취하기 위해서 군사적 개입을 하지 않았다. 사실, 개입하고 나면 영토를 보전하는 것보다는 그곳을 떠나는 것이 주된 관심사였다. 국제적으로 분쟁에 개입하는 것은 군사력 이외의 다른 수단과 방법으로 정치적 목적을 달성하기 위한 여건을 만들기 위해서였다. 개입의 목표가 상대방의 의도를 바꾸는 데 영향을 미치고, 어떤 의도를 결정할 수 있게 특정한 환경을 조성하는 데 있었다. 특히 심리전에서 승리로 이끄는 데 있었다. 그들의 군사적 목표는 포괄적이었고, "법과 질서를 유지하고", "안전하고 든든한 환경을 보장하며", "비행금지 구역을 유지하는 것" 등의 조건으로 표현되었다.[63] 이와 같이 정치적 목적이 변함에 따라 무력의 사용이 바뀌었고 군사전략적 목표도 좀 더 유연하고, 융통성이 있으며, 복잡한 것으로 변하고 있다.

　1990년대 발칸반도에 대한 국제적 개입의 목적은 결코 전쟁을 중단하게 하

---

62 산디니스타의 용어는 1930년대 미국의 니카라과 침공 때 이에 저항한 아우구스토 세사르 산디노(Augusto César Sandino)의 이름에서 비롯됨. 산디니스타 민족해방전선(FSLN: Frente Sandinista de Liberacion Nacional)은 니카라과 사회주의 정당으로 이들을 산디니스타로 부름.

63 루퍼트 스미스, 전게서, p. 227.

거나 가해자 측을 파멸시키는 것이 아니라, 군사력을 이용해서 인도주의적 활동이 가능하고, 협상이나 민사행정[64]을 통해서 소기의 정치적 성과를 거둘 수 있는 여건을 조성하는 것이었다. 그들은 안정과 더불어 가능하다면 민주주의라는 소기의 정치적 성과를 거두기 위해서 외교와 경제적 자립 동인, 정치적 압력, 기타의 조치를 위한 개념적 공간을 만들고자 하였다. 이와 비슷하게 1991년과 2003년 이라크에서도 군사력을 동원한 것은 이라크의 무조건적인 항복을 받아 내기 위해서가 아니라, 다른 수단을 통해서 새로운 민주정권을 수립할 여건을 조성하기 위해서였다.[65]

이러한 경향은 제2차 세계대전 이후에 탄생하였다. 그 이유는 두 가지였다. 첫째, 전략적인 군사목표를 달성하기 위한 수단과 방법 모두 정치적으로 수용하기 어려운 것이었기 때문이다. 흔히 무장을 제대로 갖추지 못한 적을 상대로 총력전하 군사적 대응은 격에 맞지 않는 무력 사용을 의미하였고, 상당한 대가를 요구하는 것이었다. 또한 핵무기에까지 이르는 확장은 그것이 부지불식간에 또 다른 세계 전쟁으로 이어질 수 있어 모든 면에서 비현실적인 대가를 초래할 것이기 때문이었다. 둘째, 정복해야 할 전략적인 상대가 없었기 때문이었다. 적은 대개 전술단계의 작전을 펼치는 소규모 집단이었다. 이에 대하여 대규모 부대의 기동작전과 대규모의 화력을 투입하는 것은 비효율적인 것이었다.[66]

미국 주도의 다국적군은 2003년에 사담 후세인과 그의 바트당(Bàath Party) 조직을 제거하고 민선 정부로 하여금 미국이 만족할 정도의 통치를 확립할 상황 조성을 목적으로 이라크를 침공하였다. 이라크를 점령하고 후세인과 그의 조직을 제거하는 개전 초기의 목표들은 매우 신속히 성공적으로 달성되었다. 그러나 이러한 목표들은 단지 전략적인 조건의 성취만을 가능하게 해줄 뿐이었다. 어떠

---

64 군이 점령한 지역에서 민간정부의 행정이 정착될 때까지 임시적으로 군 민사부대가 현지 지역 행정을 지원하는 민사작전 활동

65 상게서, p. 325.

66 상게서, pp. 325-326.

한 경우에도 무력을 사용하여 민주적인 이라크 정부수립의 전략목표를 달성하지 못하였고, 그것을 달성할 수도 없었다. 왜냐하면 이를 위해서 이라크 국민 대다수의 자발적인 협력이 필요했기 때문이다.[67]

2003년 5월 주요 군사작전의 종결을 선언한 후 발생한 이라크 내부의 폭도들은 이라크 국민들에게 미군 주도의 침략군이 얼마나 잔인한 악질인지를 보여주려 하였다. 다국적군도 동일한 국민들에게 폭도들이 얼마나 나쁘며, 그들 자신은 얼마나 좋은지를 보여 주는 것이 전략적 목표가 되었다. 양측은 국민들 사이에서 그들의 마음을 얻기 위하여 서로 싸웠다. 군사력으로 상황을 조성한 정치적 목적이 국민들의 의지에 영향을 미치는 것이었기 때문이다. 과거의 군부 중심 전쟁에서 적의 군사력을 격멸하여 적의 의지를 분쇄하는 전쟁 양상의 반대의 순서인 것이다.[68] 국민 중심의 전쟁의 전략적 목표는 국민과 지도자들의 마음을 얻어 지지를 획득함으로써 정치적인 승리를 거두는 것이다. 국민 중심 전쟁은 무력을 동원해서 얻고자 하는 최종적인 목표가 의지와의 충돌, 즉 심리전에서 승리하는 것이다. 그럴 경우에만 무력이 유용성을 갖게 되고, 소기의 정치적 결과를 달성해 낼 수 있는 것이다.

3. 민족분쟁과 국제적 개입

냉전이 종식된 후 대규모 전쟁의 가능성이 줄어들었지만 국지적 · 국내적 분쟁은 지속되고 있고 외부 국가와 국제기구의 개입 압력 또한 계속되고 있다. 냉전이 끝난 후 새로운 세기가 시작될 때까지 발생한 116개의 분쟁 중 89개가 순수한 의미에서의 내전이었으며 다른 20개는 외국이 개입한 내전이었다. 여기에

---

67 상게서, p.327.
68 상게서, p. 333.

는 80개국 이상이 관련되었고, 또한 2개 지역조직과 200개 이상의 비정부 단체들이 연관되었다.[69]

　대부분의 민족분쟁(Ethnic Conflict)은 갈등을 조정하는 체제가 고장 난 곳에서 일어난다. 갈등 조정에 대한 정부의 무능력은 종종 아프리카의 유럽 식민 제국들, 코카서스 및 중앙아시아에서의 소련 제국처럼 제국들이 붕괴한 이후에 나타난다. 이와 같이 실패한 국가들은 강력한 정부를 가지지 못했거나 경제적 사정, 정통성의 부재, 외부의 간섭으로 인하여 약화되었다. 아프가니스탄, 캄보디아, 앙골라, 소말리아에서는 냉전의 양극 갈등이 종식되어 외국군이 철수하였는데도 구성원들 간의 전쟁은 계속되었다. 냉전체제에서 여러 나라 민족이 함께 하나의 독립국가를 유지해 왔던 구(舊)유고에서는 티토(Josip Broz Tito) 대통령이 죽고 냉전이 종식되자 민족 간의 갈등을 조정할 중앙정부의 능력이 약화되었다.

　1991년에는 유고 연방이 붕괴하자 역시 민족분쟁이 일어났고, 르완다에서는 1994년에 후투족에 의하여 투치족이 집단학살 당하였다. 최악의 싸움 중 일부는 유고의 여러 공화국 중 가장 이질적인 집단이 모여 있는 보스니아의 세르비아인, 크로아티아인, 무슬림 사이에서 일어났다. 1991년 슬로베니아와 크로아티아가 유고 연방을 탈퇴하여 독립을 선언하자 세르비아인들과 크로아티아인들이 싸우기 시작하였다. 1992년과 1993년에 '인종 청소', 또는 보스니아의 무슬림 추방에 관한 보도들이 터져 나왔다. 1995년에는 세르비아군이 스레브레니차(Srebrenica)에서 6,000여 명의 무슬림을 학살하였고, 크로아티아군은 대대적인 인종 청소 작전을 벌여 크라지나(Krajina)에 사는 세르비아인들을 몰아냈다. 1998년에는 밀로셰비치(Slobodan Milošević) 세르비아 대통령이 코소보에 군대를 파견하여 코소보 해방군과 분쟁이 일어났다. NATO는 밀로셰비치에게 코소보의 알

69 Peter Wallensteen and Margareta Sollenberg, "armed Conflict, 1988-2000," report no. 60, in Margareta Sollenberg(ed.), *States in Armed Conflict 2000*(Uppsala, Sweden: Uppsala University, Department of Peace and Conflict Research, 2001), pp. 1-12.; 조지프 나이, 양준희 외 옮김, 『국제분쟁의 이해』(서울: 도서출판 한울, 2009) p. 252 재인용.

바니아인들에 대한 탄압을 중지하라고 최후통첩을 보냈다. 1999년에 NATO는 코소보 사태에 개입하여 78일간 세르비아를 공습하였다. NATO의 공습이 계속되자 밀로셰비치는 코소보에서 세르비아군을 철수시켰다.[70]

가장 넓은 의미에서 '개입'은 다른 주권국가의 국내적 사건에 영향을 미치는 외부적 행위를 가리킨다. 일부 분석가들은 실패한 국가나 집단 학살의 위험이 있는 곳에서는 외부인들이 인도주의적인 목적을 위하여 한 나라의 주권을 무시하고 개입을 하게 된다고 믿고 있다. 2005년 '위협, 도전 및 변화에 대한 유엔 고위급 패널'은 "전쟁의 영향과 인권 학대로부터 시민을 보호하는 데는 국제적인 공동책임이 있다는 규범"에 동의하였다. 이 책임은 "대량학살과 인종 청소, 또는 자주적 정부가 시민을 보호할 힘을 잃었거나 그럴 의향이 없는 것으로 증명되어 인권법에 심각한 침해가 있을 때는 최후의 수단으로서 안전보장이사회의 승인하에 군사적 개입을 행사할 수 있다"는 것이다.[71]

그들은 개입이라는 용어를 다른 국가가 국내적 사건에 '강력하게' 간섭하는 좀 더 좁은 의미의 행위를 가리키는 것으로 사용한다. 이 좁은 의미의 정의는 〈그

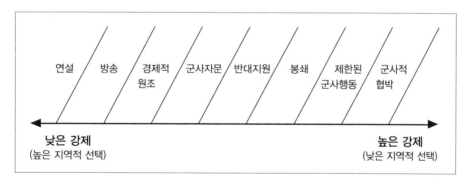

〈그림 4-1〉 개입의 영향력 스펙트럼
* 출처: 조지프 나이(2009), 전게서, p. 257.

70 상게서, pp. 253-254.
71 상게서, pp. 255-256.

림 4-1〉에서 보는 바와 같이 낮은 강제부터 높은 강제에 이르는 영향력 스펙트럼에서 높은 쪽 끝만을 나타내는 것에 불과하다. 낮은 쪽의 끝에 있는 개입은 단순히 연설일 수도 있다. 예를 들어 1990년 부시(George Bush) 대통령은 이라크 국민에게 사담 후세인을 몰아내라고 호소하였고, 1999년 사담은 몇몇 아랍국가의 국민들에게 그들의 지도자를 몰아내라고 호소하였다. 1980년대 미국 정부는 쿠바의 카스트로에 반대하는 메시지를 방송하기 위하여 라디오 마르티(Radio Marti)를 세웠으나 별 효과가 없었다. 그와 같은 연설과 방송은 대개 별 효과는 없지만 다른 국가의 국내정치에 개입하기 위하여 의도된 것이었다.

경제적 원조 또한 다른 국가의 국내문제에 영향을 미칠 수 있다. 냉전시기 엘살바도르에 대한 미국의 경제적 지원과 소련의 쿠바에 대한 지원은 그 국가들의 국내문제에 영향을 주려고 의도된 것이었다. 불법적인 경제원조의 한 형태이기는 하지만 고위 외교관을 매수하거나 외국의 선거에 자금을 지원하는 것도 그들이 원하는 결과를 도출하기 위하여 사용되었다. 좀 더 강제적으로 군사고문(Military Advisers)을 제공하는 방법이 있다. 미국은 베트남 전쟁 초기에는 경제원조로 그다음에는 군사원조로 개입하기 시작하였다. 이와 유사하게 소련과 쿠바는 니카라과와 기타 '의존'국가들에게 군사원조와 고문단을 제공하였다. 또 다른 형태의 개입은 반대파에 대한 지원이다. 미국은 우크라이나를 비롯한 몇몇 구소련 세력권 내의 국가의 민주적 활동을 고무하기 위하여 재정지원을 하였고, 시리아는 레바논에 깊이 개입해 왔으며, 베네수엘라는 라틴아메리카의 여러 나라들의 선거에 영향을 미치기 위하여 그들의 석유자산을 이용하였다.

강제 스펙트럼의 더 높은 끝 쪽에는 제한된 군사행동이라는 방법이 있다. 가령 1980년대 미국은 테러 지원에 대한 대응으로 리비아를 폭격하였다. 1998년 미국은 동아프리카의 미국 대사관들에게 테러리스트들이 공격을 가하자 이에 대한 보복으로 수단과 아프가니스탄에 크루즈 미사일 공격을 감행하였다. 미국은 2011년 9월 테러리스트들의 공격 후에 아프가니스탄의 탈레반 정부를 전복시키기 위하여 현지 반군에 대한 공중 및 지상지원을 하였다. 전면적인 군사적 침략이나 점령은 강제 스펙트럼의 가장 높은 쪽에 있다. 그 예로 1965년 도미니카 공화국, 1983년 그레나다, 1989년 파나마, 2003년 이라크에서 보인 미국의 군사행동과 1956년 헝가리, 1968년 체코슬로바키아, 1979년 아프가니스탄에서 보인 소련의 군사적 개입이 있다. 무력으로 개입하는 것은 강대국만 하는 일이 아니다. 예컨대 1979년 베트남은 캄보디아를 침공하였고, 1997년에는 르완다가 자신보다도 큰 나라인 콩고 문제에 군사적으로 개입하였다. 어떤 개입은 다국적이지만 종종 한 국가가 주도한다. 예를 들어 미국은 1995년 아이티에 대한 유엔 개입, 그리고 코소보에 대한 1999년 NATO 개입을 주도하였고, 나이지리아는 1990년대에 라이베리아와 시에라리온에 개입한 서아프리카 국가들을 주도하였다.[72]

제4절 상대 국민의 의지를 공략하는 새로운 전쟁

클라우제비츠의 『전쟁론』에서 "우리가 적을 무찌르기를 원한다면 우리의 노력을 적의 저항력에 맞추어야 한다. 이것은 분리할 수 없는 두 가지 요인의 산물, 곧 가용수단의 총량과 의지력으로 표현된다"고 하여 전쟁을 '힘겨루기'와 '의지의 충돌'의 산물로 주장하였다. 이것은 나폴레옹이 국력을 집중하여 달성할 수 있는 것이 무엇인지를 깨달은 당시의 시대를 경험한 데서 나온 클라우제비츠의 또 다른 명쾌한 이해이다. 외교문제로 복잡하게 얽힌 18세기의 '기동전'은 '의지의 충돌' 경향을 가졌다. 나폴레옹은 섬멸전에서 적의 주력군을 진압함으로써 힘

---

72 상게서, pp. 256-258.

겨루기에서 승리하였다. 상대 국가의 의지가 무너진 것은 그 이후였다. 이는 오늘날까지도 군사적 사고의 한 교리로 남아 있다. 힘겨루기의 승리를 통해서 적의 의지를 꺾을 수 있다는 생각에 아직도 막강한 군사력만 사용하는 경향이 있다. 이것이 이전의 국가 간의 군부 중심 전쟁 패러다임의 기본개념이다. 그러나 오늘날의 국민 중심 전쟁 패러다임에서의 공격 목표는 대개 국민의 의지이다.[73] 오직 힘겨루기만으로는 국민의 의지를 꺾기에는 부족하기 때문이다.

전쟁은 인간이 주체다. 전쟁의 본질은 나의 의지를 상대방에게 강요하는 것이다. 전쟁은 결국 인간의 심리적 공간에서 두 의지 간의 충돌에서 승리를 쟁취하는 것으로 볼 수 있다. 따라서 군사 전문가들은 전장영역을 전통적인 육지와 해상, 공중에서 우주와 사이버 영역으로 확대하였고, 최근에는 인간 영역까지를 포함하고 있다. 인간의 심리적 공간에서 나의 지도자와 국민, 군인의 심리는 안정시키면서, 적의 지도자와 국민, 군인의 심리를 교란·방해·약화시키기 위하여 고도의 정치·외교·사회·군사적 정보작전과 심리전이 중요시되고 있다. 그리고 시간적 공간에서 최소의 희생과 비용으로 승리하기 위하여 전쟁기간을 압축하는 초단기전과 초속도전을 추구한다. 반면에 상대적으로 힘이 약한 약소국들과 비국가 폭력조직은 최대한 장기전과 지연전을 유도하는 양상을 보이고 있다.[74]

1. 전쟁 억제와 간접전략

핵전쟁(核戰爭)을 포함한 총력전 패러다임은 공멸(共滅)을 초래하기 때문에 제한전 형태의 저강도 전쟁이 보편화되었고, 무력 사용보다는 전쟁을 억제하면서 정치적 목적을 달성하려는 간접전략을 선호하는 경향으로 새로운 전쟁 패러

---

73 루퍼트 스미스, 전게서, pp. 88-89.

74 권태영, "21세기 미래전 이론 분석 및 발전방향", 『국방정책연구』(서울: 한국국방연구소, 2004), pp. 25-26.

다임이 등장하였다.

세계의 대부분 정치지도자들은 핵전략은 전망이 없고 무모한 것이며 핵무기의 대량 사용과 핵전쟁 수행은 불가능하다고 인식하고 있다. 핵무기에 의한 전쟁 위협이 계속됨에도 불구하고 수천 개의 핵탄과 이의 운반체계의 발달로 핵무기를 대량으로 사용하는 전쟁은 불가능하며, 여기에는 승자도 없으리라는 것이 확실해졌다. 아마도 비준되지 않은 핵무기의 사용이나 테러, 분란활동 또는 다른 목적으로 핵무기를 이용하는 특별한 경우는 있을 수 있다. 그러나 핵무기가 존재하는 한 정치적 전략 목표 달성에 영향을 미치면서 전략적 억제수단으로 사용될 것이라고 전망하고, 동시에 핵 공포에 사로잡히게 되면서 정치와 군사전략 변화에 엄청난 영향을 미쳤다.[75]

강대국들은 정치적·전략적 목표를 달성하기 위하여 다른 방법을 모색하기 시작하였다. 첫째는 몇몇 선진국이 자국의 이익 구현을 방해하는 적대국가에 정치·경제적 압력을 가하고, 군사력 사용 없이 적을 내부적으로 분열시켜 정치적 목적을 달성하는 방법을 채택하였다. 둘째는 국지전을 수행하는 방법이었다. 실제로 냉전시기에는 두 강대국이 주도하였던 NATO와 바르샤바 동맹이 서로 협력하여 한반도와 베트남, 중동 그리고 아프가니스탄 등에서 국지전을 통하여 영향력 확대를 추구하였다.

소련이 서부 유럽뿐만 아니라 미국까지 미사일 공격을 할 수 있는 능력을 갖춘 1960년대부터 이미 많은 정치지도자와 군사이론가들은 총력전이 불가하고 제한적인 국지전으로 전환할 수밖에 없다는 불가피성을 제기하기 시작하였다. 예를 들면 리델 하트는 핵을 사용하는 총력전에서 교전하는 어느 쪽이든 승리를 쟁취할 수 없을 것이며, 이런 전쟁은 회피하라고 하였다. 유럽 방어임무와 제한전쟁을 성공적으로 수행하기 위해서는 강력한 비핵, 재래식 군사력을 육성해야 하고, 이러한 재래식 무력의 사용은 총력전으로 발전하지 않는다고 주장하였다.

---

75 A. A. 가레에프, 전갑기 옮김, 『러시아 군인이 본 미래의 전쟁』(대전: 육군군사연구소, 2013), p. 76.

또한 M. D. 테일러(Maxwell D. Taylor) 대장은 '대량보복전략'을 포기하고, 전면 핵전쟁을 하지 않고서도 전쟁의 목적을 달성할 수 있는 '유연반응전략'[76]으로 전환해야 하는 불가피성을 역설하였다. 그는 "우리는 예전의 핵 독점을 상실하였고, … 대량보복 공격의 주요 전략개념은 암초에 부딪혔다. … 우리의 전략적 요구를 다시 평가해야 할 때가 되었다"라고 주장하였다. 1962년 미국에서 태어난 '유연반응전략'은 1967년 NATO의 공식적인 군사교리로 채택되었다. 이 전략은 세계 핵전쟁을 대상으로 하였을 뿐만 아니라, 핵을 사용하지 않는 전쟁과 무력충돌의 폭넓은 영역을 고려한 것이었다.[77]

강대국들은 차후 전쟁에서 재래식 무기가 주로 사용될 것이나, 핵무기 사용 가능성을 고려한 전투활동과 작전수행 준비는 계속될 것으로 보고 있다. 또한 현대의 첨단정밀 재래식 무기는 짧은 시간에 대규모의 적 부대를 격파할 수 있으나, 이로 인한 부작용과 장기간의 피해복구 소요는 부여된 최종목표를 달성하기 위하여 병력과 장비의 엄청난 소모를 초래할 것으로 보았다. 따라서 장차 전쟁에서는 간접접근의 중요성의 확대로 직접전략과 간접전략의 결합을 필요로 하면서 더욱 다양한 형태의 전쟁 성격을 띨 것으로 예측하고 있다.[78]

제2차 세계대전 후 리델 하트는 자신의 책 『간접접근전략』으로 총력전 이론을 반대하는 가장 뛰어난 군사이론가 중의 1명으로 등장하였다. 이 책의 주요사상은 총력전 전략의 거부, 정치와 용병술에 간접접근전략 부흥의 필요성이었다. 그는 "전략은 처절한 군사행동 없이 목표를 달성할 수 있도록 한다면 가장 현대적일 것이다"라고 강조하였다.[79] 그는 결전의 회피와 적의 실수를 기다리는 것,

---

76 '유연반응전략'은 M.D. 테일러 대장이 주장하고 1962년 당시의 맥나마라(Robert McNamara) 미국 국방장관에 의하여 체계화된 전략으로 게릴라전에서 핵전쟁에 이르기까지 모든 형태의 전쟁에서 효과적인 공격과 방어체계를 갖춤으로써 적의 침략 의도를 억제하고, 전쟁이 발발하였을 때에는 적의 태도에 따라 유연한 방법(수단과 무기)으로 대처하며, 전쟁의 확대를 피하면서 이의 해결을 위한 제반조치를 강구하려는 정치적 · 군사적 전쟁 억제 방책임.

77 A. A. 가레에프, 전게서, pp. 76-78.

78 상게서, pp. 208-209.

79 바실 헨리 리델 하트, 『간접접근전략』, p. 444, p. 470.

정면작전의 거부, 적의 약한 곳에 대한 예기치 않은 방향에서의 기습적인 타격, 전역에서 기동의 중요성, 적 후방 교란을 위한 정치적 조치, 기책(奇策)과 다른 새로운 교전방법 등 간접접근전략을 엄청나게 폭넓게 생각하였다.[80] 그는 이 전략[81]이 최소의 노력으로 결정적 승리를 달성하기 위한 것이라고 하였다. 이를 위해서는 적 부대를 분리시켜 적의 보급로를 위협하거나 퇴로를 차단할 수 있는 기동, 즉 '간접접근(Indirect Approach)'을 해야 한다고 강조하였다. 그는 물리적인 최소저항선(Line of Least Resistance)과 심리적인 최소예상선(Line of Least Expectation)을 지향해야 한다고 주장하였다.

프랑스의 앙드레 보프르 장군은 제1·2차 세계대전의 비참한 살육과 파괴에 대한 반성과 더불어 핵무기의 출현에 의한 인류 멸망을 초래할 전면 핵전쟁을 회피하기 위하여 '간접전략'을 주장하였다. 간접전략은 핵무기가 존재하는 상황에서 국가이익을 달성하기 위해서 군사력을 사용하기보다는 정치·외교·경제·심리 등 사회의 제반조치로 적의 심리적 의지를 굴복시켜 승리하려는 전략이다. 그는 군사력을 사용하는 것을 직접전략으로, 군사력 이외의 다양한 수단을 활용하는 것을 간접전략으로 명명하였다. 그는 리델 하트의 간접접근전략을 직접전략의 일종으로 보고, 간접전략의 범위를 더욱 확대하여 개념화하였다. 그래서 앙드레 보프르의 간접전략에서는 외교, 경제, 사회, 심리 등 다양한 수단이 적극적으로 사용되고, 전장(戰場)보다는 전장 이외에서의 활동이 더욱 중요시된다. 그의 전략개념은 전·평시를 막론하고 비군사적인 수단을 포함한 다원적 차원에서의 간접접근을 주장하여 현대 전략의 모든 분야에서 적용 가능하다.

일부 전문가들은 최근 세계는 적을 직접적으로 격멸하는 것이 아니라, 내부로부터 그들의 군사력을 붕괴시키는 새로운 전쟁의 시대로 접어들고 있고, 전략

---

80   A. A. 가레에프, 전게서, pp. 109-110.

81   리델 하트는 '전략'이라는 용어를 사용하고 있으나, 실제로 그가 주장하는 내용은 현재의 '작전술' 수준에 해당하는 것임.

목표 달성은 정치적·경제적 압력에 의하여 달성된다고 주장하고 있다.[82] 미국의 군사전문가 킬(Eari E. Keel)은 "우리는 우리의 적을 억제하기 위해서가 아니라, 적에게 영향력을 가하여 적국의 국내 및 군사정책을 우리의 이익에 적합하게 수립하도록 하는 효과적인 전략을 수립해야 한다."[83]라고 하여 간접전략의 목표를 세련되게 제시하고 있다. 결과적으로 최근 세계는 전면적인 대규모의 전쟁은 회피하고, 전쟁을 억제한 가운데 정치·외교·경제·심리 등 사회의 제반조치를 통한 간접전략으로 목표를 달성하는 방식을 선호하는 것으로 분석할 수 있다.

2. 강대국의 복합전[84]

앞에서 논의한 바와 같이 제2차 세계대전 이후 강대국들은 핵무기의 공포로 인하여 국가 총력전에 의한 핵전쟁을 회피하고, 국지전이나 대리전 등 제한적인 전쟁을 통하여 그들의 영향력을 확대하는 방향으로 정치와 군사전략을 변화시켜 왔다. 또한 무력에 의한 직접적인 접근보다는 정치·외교·경제·심리 등 사회의 제반조치로 적의 내부를 붕괴시키거나 심리적 의지를 굴복시켜 승리하는 간접접근을 중시하는 방향으로 전략이 발전하였다고 볼 수 있다. 전쟁의 양상이 정규군에 의한 총력전에서 비정규전과 비군사적 조치를 병행하는 복합전(Compound Warfare) 형태로 변하고 있는 것이다.

---

82 상게서, p. 113.

83 Eari E. Keel, "Forward a New National Strategy," *The Need for Immediacy*(Washington DC: National Defence University Press, 1993), pp. 45-73.

84 복합전이란 용어는 미 육군 지휘참모대학의 교수인 토마스 후버(Thomas Huber)에 의하여 1996년 최초로 사용되었다. 그는 역사적으로 많은 전쟁에서 정규전과 비정규전의 상호 보완적 운용이 전쟁의 승리에 상당한 기여를 하고 있음을 인식하고 이를 "정규군 또는 주력군(Regular or Main Force)과 비정규군 또는 게릴라(Irregular or Guerrilla Force)를 동시에 운용하여 수행하는 전쟁"으로 정의함.

1) 미국의 복합전[85]: 재래식 전쟁 패러다임의 반성

(1) 미국의 잘못된 자신감

미국은 제1·2차 세계대전의 승리를 통하여 세계 최고의 군사력을 보유한 최강국으로 부상하였다. 세계대전에 연합국 일원으로 참전한 미국이 승리를 주도할 수 있었던 것은 막강한 경제력을 바탕으로 한 군사력이었다. 미국의 세계대전에서의 승리의 경험은 미국을 과거의 군부 중심의 패러다임에서 벗어나지 못하게 하였다. 압도적인 군사력으로 전쟁에서 승리한 국가가 강대국이라는 인식을 버리지 못한 결과였다. 그러나 미국의 잘못된 자신감(False Confidence)은 이후 전쟁에서 패배를 자초하였다. 제1차 세계대전에서 얻은 그릇된 자신감으로 인하여 미군은 제2차 세계대전 개입 초기 북아프리카에서 치러진 첫 전투에서 대패하였으며, 6·25 전쟁에서도 마찬가지로 훈련과 준비가 부족하였던 스미스 특수임무부대가 비슷한 경험을 하였다. 1942년부터 1950년까지 8년이라는 기간 동안 미군은 전쟁 초반에 늘 적에게 압도당하였다. 그럼에도 불구하고 베트남전에서도 똑같은 실수를 반복하였다.[86]

많은 역사학자들과 군사 전문가들은 베트남전에서의 실패가 전략적·작전적·전술적 수준 간의 상호 연계성이 부족한 데서 원인을 찾고 있다. 이는 장병들이 받은 명령이 가끔은 효과적으로 수행되어 전투현장에서 군사적인 승리를 달성하였으나, 정치적 목적을 달성하는 데 오히려 역효과를 내도록 하였다. 베트남 국민들은 자신들의 생명과 재산이 대규모 군사작전에 의하여 파괴됨에 따라 미군으로부터 점차 멀어졌다. 미국의 군사행동은 바로 그 베트남 사람들의 "마음과 생각(win the heart and mind)"을 얻기 위한 것이었는데 이를 달성하지 못한 것이다.

---

85 미국의 복합전은 미군에서 공식적으로 표방한 용어는 아니다. 필자는 미군의 아프간전(2001)과 이라크전(2003)의 양상, 그리고 재래전과 비재래전 영역을 포괄한 전 영역 작전(Full Spectrum Operation)에 중점을 둔 미군 교리 발전 추세를 고려하여 복합전 형태의 작전을 수행하는 것으로 판단하여 제시함.

86 더니간(Jim Dunnigan)·마케도니아(Ray Macedonia), 육군본부 옮김, 『미(美) 육군개혁』(Getting It Right)(대전: 육군본부, 2012), pp. 6-7.

또한 미군은 베트남에 대한 문화적 이해의 한계를 가지고 접근하였던 것도 문제였다. 많은 미국인들이 아시아인들을 함부로 다루는 경향이 있었고, 이는 결국 월맹의 공산 민족주의자들과의 정치적 전쟁에서 역효과를 내게 하였다. 미국은 제2차 세계대전 중에 너무나 훌륭히 싸웠기 때문에 자국이 가진 기술적인 우위와 인간적인 능력을 혼동하였던 것이다. 이러한 문화적인 차이를 극복하는 데 시간이 많이 필요하였다. 특히 미국 시민의 지지를 획득하는 데 실패하였다. 정의롭고 민주적인 정부를 원하였던 베트남 사람들을 돕는 것은 칭송받을 만한 목표였다. 그러나 전투가 격렬해짐에 따라 미국이 도우려 하였던 많은 베트남 사람들이 오히려 피해를 입고 적대적으로 변해 가고 있었다. 이로 인하여 미국 국민들은 베트남전의 도덕성과 국민 동의 없이 전쟁에 개입할 권한이 대통령에게 있는지에 대한 논란이 벌어지면서 법적, 정치적, 도덕적 논쟁을 불러일으켰다.[87] 결국에는 미국 국민의 반전(反戰)운동으로 인하여 군사적인 성과에도 불구하고 전쟁은 실패로 귀결되었다. 미국의 적은 과거의 재래식 군대가 아닌 게릴라였고 그들의 전쟁의 목적과 방법이 상이하였다. 미국 국민도 군 주도하 전쟁을 원하지 않았다. 결과적으로 미국은 과거의 군부 중심의 전쟁을 수행하였으나 전쟁의 환경은 더 이상 과거의 전쟁의 모습이 아니었다.

세계에서 가장 강대한 나라인 미국이 어째서 인구 2,200만의 경제력도 변변치 않은 작은 나라를 상대로 전쟁에서 패배하였는지를 규명하려고 노력하였다. 베트남전에서 패배하여 좌절을 경험한 미군은 왜 패배하였는지를 분석하고 대대적인 개혁을 추진하였다. 그러나 결론적으로 이 개혁은 또다시 군부 중심의 전쟁 패러다임으로 전쟁을 수행하기 위한 준비였다. 미군은 1973년 중동에서 부각된 현대전의 신속성과 치명성을 보았다. 이로 인하여 미군은 바르샤바 조약의 공산 측 군이 기습적인 공격을 통하여 초전에 NATO군을 압도할지 모른다는 불안감을 갖게 되었다. 당시에 추진된 개혁을 통하여 많은 아이디어들이 탄생하였

---

87 상게서, pp. 62-68.

다. 미군은 용병술에 작전술(Operational Art)을 포함하여 기존의 전략-전술의 2분법에서 전략-작전술-전술의 3분법으로 용병술 체계를 정립하였다. 그리고 미군은 작전술 이론으로 공지전투(Air-Land Battle)[88]를 발전시켜 1982년판 FM 100-5 『작전요무령』에 반영하였다.[89] 이와 더불어 미군은 징병제도를 폐지하고 우수한 지원병을 모집하였고 장교의 재교육을 강화하였다. 또한 국립훈련센터(National Training Center)를 창설하고 전투지휘훈련(Battle Command Training Program) 등 혁신적으로 컴퓨터를 통한 실전적 훈련을 강화하였다. 미군은 비록 전투에는 직접 참가해 본 적은 없지만, 간접적으로라도 "전투를 경험한" 부대를 만들어 냈다. 이러한 노력들은 1990년 걸프전을 통하여 현실로 입증되었다. 미군의 예상치를 훨씬 뛰어넘는 엄청난 성과였다.[90]

유럽의 대평원에서 소련군의 위협에 맞서도록 길들여진 미국 군대는 사막에서 벌어지는 고강도(高强度, High Intensity) 전쟁을 수행하는 데 적합한 것이었다. 이라크를 상대로 하는 전쟁에서 눈부신 성공을 거둔 미군은 첨단무기에 대한 신뢰를 더욱 굳히게 되었다. 정밀무기가 목표물의 창문으로 정확히 날아드는 모습을 보여 주는 많은 카메라 영상은 수년에 걸친 연구개발의 정당성을 옹호하기에 충분하였다. 이라크와의 전쟁에서 얻은 교훈은 적절한 첨단무기를 보유하고 있으면 전장을 압도할 수 있다는 것이었다. 걸프전을 승리로 이끈 교훈을 널리 알리는 한편, 병력 감축에 골몰하는 사이 미군은 비재래식 전쟁에 대해서 아무런 관심을 갖지 않게 되었다. 불행하게도 미국 군대와 비재래식 전쟁과의 관계가 청산된 것은 아니었다.[91]

---

88 "공지전투는 재래전에 핵, 화학, 전자전 등의 가용 전투력을 최대로 통합, 제대별 종심공격으로 전장을 확대하여 적 선두 및 후속제대를 동시에 타격함으로써 조기에 주도권을 장악하여 승리의 가능성을 증대시키는 공세적 기동전을 말한다. 이는 현대전의 고유의 3차원적 통합을 강조하여 공지전투로 부른다. 기본적으로 공지전투는 중강도 및 고강도 전쟁에 중점을 둔 교리이다." 노양규, 『작전술』(대전: 충남대학교 출판문화원, 2016), pp. 181-183.

89 상게서, pp. 174-185.

90 더니간 외, 전게서, pp. 9-10.

91 토머스 햄즈, 전게서, p. 19.

걸프전은 최첨단 기술과 압도적인 화력으로 군사작전을 실시한 전쟁이었다. 이후에도 미군은 민간인들과 뒤섞인 대반란전이 아니라 오직 계속해서 그들이 싸우고자 하였던 재래식 전쟁에만 대비하였다.[92] 이는 『미 육군개혁』 책자에서 "미래의 전쟁은 지난번 것과는 다를 것이기 때문에 지난번 전쟁을 그대로 재생하려고 준비할 필요가 없다. 무기가 변하고 전쟁의 형태가 변하며 세계가 변화한다. 앞으로도 전쟁은 있을 것이지만 그것은 미래의 전쟁이지 과거의 전쟁은 아니다"[93]라는 조언이 현실화된 것이다. 걸프전에서 군사적 승리가 곧 전쟁의 승리로 귀결된 군부 중심의 패러다임은 궁극적으로 전쟁을 종결시키지 못하고 다음의 전쟁을 기약할 수밖에 없었다. 전략적으로 이라크의 후세인 정권을 제거하고 민주적인 국가를 수립하지 못했기 때문이었다. 그 결과 2001년 9월 11일 뉴욕의 세계무역센터에 대한 국제 테러리스트의 공격은 지금까지의 미군이 인식한 전쟁 패러다임을 획기적으로 전환하게 된 계기가 되었다.

(2) 대테러 전쟁의 교훈

2001년은 새롭게 부시 미국 대통령이 취임하여 90년대 군사력 운용의 중점이었던 인도적 구호와 평화유지 작전에서부터 국가적 수준의 재래식 위협을 억제할 수 있는 방향으로 전환되는 출발점이었다. 이러한 변화는 충분한 재정적 능력과 미(美) 본토에 대한 즉각적인 위협이 없는 상황에서 긍정적인 조치로 평가되었다. 하지만 9월 11일 하루 동안 발생한 사건으로 인하여 지금까지 사용되어 왔던 군사전략이 송두리째 바뀌게 되었다. 지역적 위협세력이나 대량살상무기를 사용한 공격에 초점을 맞추었던 국가전략은 비대칭적이고 예측할 수 없는 방법을 사용하여 낮은 수준의 기술력으로 美 본토를 공격한 적들과 마주하게 된 것이었다.[94]

---

92   손석현, 『대반란전 사례 연구』, (서울: 국방부 군사편찬연구소, 2016), p. 140.

93   더니간 외, 전게서, p. 306.

94   U.S. Joint and Coalition Operational Analysis(JCOA), "Enduring Lessons from the Past Decade of

2001년 10월 7일 미군은 9·11 공격을 자행한 자들에 대한 반격을 시작하였다. 부시 행정부는 알카에다 테러리스트들의 인도문제를 탈레반과 협상하였으나 실패로 돌아가자 공격을 개시하였다. 미 지상군이 대담하게 아프가니스탄으로 진입해 들어가면서 공군 화력을 통제하였는데, 특이한 것은 아프가니스탄의 반탈레반 세력이 다국적군과 손을 잡고 복합전을 수행한 것이었다. 작전 초기 미군의 공격은 성공을 거두어 탈레반 정부를 신속히 제거하였고, 알카에다에 심대한 손해를 주었다. 미군은 아프가니스탄 지도자들과 동맹을 구축하면서 비재래식 전력을 공격하는 데 초점을 두었다. 아프간 지도자들은 미국의 압도적인 화력지원에 힘입어 탈레반을 카불로부터 축출하였다. 2개월도 되지 않아 북부동맹은 남쪽과 동쪽의 산악지대 일부를 제외한 모든 지역을 통제하게 되었다. 적은 퇴각한 것처럼 보였으나 미군은 적을 찾을 수 없었다. 탈레반은 기습의 충격에서 벗어나 아프간 부족 전술로 되돌아갔다. 그러나 미군은 적이 흩어졌으며 무력화되었다고 간주하였다. 미 정부도 탈레반의 위협이 사라진 것처럼 보이자 초점을 다른 곳으로 옮겼다. 미국은 사실상 전투가 끝난 것으로 인식하였다. 그러나 아프간은 부족정치의 혼란상이 재개되고 해묵은 종족갈등이 전면에 자리 잡게 되었다. 지루한 대테러전이 진행되었다.[95]

미국은 아프가니스탄 전쟁이 거의 마무리된 것으로 판단한 2003년 3월 20일 제2차 이라크 전쟁을 시작하였다. 이 전쟁은 9·11 테러 발생 이후 대량살상무기의 제거와 테러활동을 방조하는 국가들에 대한 응징이라는 측면에서 준비된 전쟁이었다. 부시 대통령은 2002년 5월 1일 미 육사 졸업식에서 선제공격(Preemptive Action) 필요성을 언급하였다. 그리고 이라크 공격에 대한 국제사회의 부정적 여론을 희석시키기 위하여 공격의 불가피성을 제시하기도 하였다. 결정적 작전은 충격과 공포(Shock and Awe) 작전으로 부시 대통령이 최후통첩을 한 후

Operations," *Decade of War*(U.S.A. Joint Staff J-7, 2012), p. 2.

95 토머스 햄즈, 전게서, pp. 226-227.

미사일과 항공폭격으로 정밀타격을 실시하면서 시작하였다. 항공폭격과 동시에 지상군을 투입하고 이라크 내의 쿠르드 반군과 연합한 특수부대와 합동으로 복합전을 수행하였다. 지상군은 합동성에 기초를 둔 기동전 개념으로 3주 만에 560km를 기동하여 바그다드를 조기에 점령하고 군사작전을 종결하였다.[96] 미군은 전쟁을 단기적으로 첨단기술에 의한 재래식 방법으로 수행하려 하였다. 그들이 예상하던 대로 상황이 전개되자 자신감을 얻은 나머지 "주요 적대행위가 종식"되자 2003년 5월 1일 부시 대통령은 전쟁 승리를 선언하였다. 그러나 이라크전은 유감스럽게도 그 본질이 첨단기술에 의한 전쟁이 아니라 4세대 네트워크 전쟁이었다. 적대행위는 5월 1일에 끝나지 않았고 그 끝이 분명하게 보이지 않는 가운데 계속되었다.[97]

아프간과 이라크의 전쟁은 군사작전 초기에는 압도적인 승리를 가져왔지만 그 이후의 질서회복과 안정화, 민주주의 정권 수립 등의 과정에서 엄청난 비용과 전사자[98]가 발생하였다. 미군은 그동안 발전시켜 온 재래식 전쟁 수행방식이 활용되지 못하여 저강도 분쟁에 적합한 교리의 발전이 요구되었다. 이를 위하여 2011년 10월 美 합참의장인 마틴 뎀프시(Martin Dempsey) 대장은 지난 10년간의 전쟁에서 우리가 배울 수 있는 실제적 교훈을 식별하기 위하여 합동참모부 J-7 예하의 합동 및 연합 작전분석처(JCOA, Joint and Coalition Operational Analysis)에 임무를 부여하였다.

JCOA의 연구결과는 지난 10년간의 전쟁 중 전반부 5년은 미 정부와 군이 다른 위협과 환경에 적합한 전략을 적용하지 못하여 수많은 시행착오와 도전을

---

96 노양규, 전게서, pp. 300-302.

97 토머스 햄즈, 전게서, p. 250.

98 아프간 전쟁은 2001년부터 2014년 12월 28일까지 이루어져 미국의 전쟁비용은 무려 1조 달러 이상이고 미군 전사자는 2,346명(2001~2002년 초기 61명)임. 이라크전은 2003년부터 2011년까지 7,700억 달러의 전비와 전사자 4,474명(2003년 주요작전 종결 시 139명)이 발생함. 신인균, "美, 육군 전투병 원할 듯 전사자 발생, 보복테러 우려", 『신동아』 제676호, http://shin donga. donga.com/3/all/13/175007/1(검색일: 2017. 5. 23.)

경험하였던 것으로 분석하였다. 이후 5년간의 작전은 이러한 문제점들에 대한 분석을 통하여 잘 해결한 것으로 평가하였다. 그들은 2003년부터 현재까지 이라크·아프간·필리핀에서의 대반란 작전과 미국·파키스탄·아이티 등지의 인도적 지원, 그리고 지역 및 범세계적 차원에서 대두되는 위협 연구 등을 포함하여 46개의 교훈을 도출하였고 관찰과 훌륭한 실사례를 재편성하여 열한 가지 전략 주제들을 통하여 지난 10년간의 교훈과 변화들에 대하여 논의하였다. 그 내용을 축약하면 다음과 같다.[99]

① 환경에 대한 이해(Understanding the Environment)

연합임시행정처(Coalition Provisional Authority)는 이라크 육군을 해체하고 중간급 관료들을 해고하도록 명령하였다. 이러한 조치로 인하여 이라크의 통치 역량은 손상되었으며 동맹군에 대한 저항에 불을 붙이는 계기가 되었다. 결과적으로 수년간의 치안 공백이 조성되었으며, 재건 노력의 효과는 감소되었고 주민들은 동맹군과 이라크 정부에 불신을 갖게 되었다. 또한 테러조직과 범죄세력들의 영향력이 확장되는 결과로 이어졌다. 강력한 중앙정권을 수립하여 하향식 통치구조(Top-Down)를 구축하려는 시도는 부족 단위 생활환경과 문화, 역사적으로 오랜 전통으로 남아 있는 상향식 의사소통(Bottom-Up) 방식을 무시한 것이었다.

작전환경에 대한 완벽한 이해를 위한 정보수집에 있어서는 전통적인 적대세력에 대하여 초점이 맞추어져 있어 원활하게 진행되지 못하였다. 이는 반란군이나 테러리스트, 범죄세력들로부터의 비대칭적이고 비정규적인 위협을 대처하는 데 있어 효과적이지 못하였다. 또한 인간정보(HUMINT)의 부족, 주민들로부터 정보를 얻기 위한 통역인의 부족, 다른 정보 출처와의 정보융합 노력 부족 등은 문제를 더욱 악화시켰다. 전통적인 정규전의 정보수집 노력은 적대세력과 행동들에 중점을 두었으며, 이는 대반란전(COIN) 수행에서와 같은 주민 중심작전

---

99   JCOA(2012), op.cit., pp. 1-40.

에서 필수적인 백색정보(White Info)를 간과하는 문제를 초래하였다.

지역 지휘관들은 주민, 종교, 문화, 정치, 경제들에 대한 정보를 필요로 하였다. 정보 산물들은 적의 행동에 대한 이해를 어느 정도 제공했지만, 지역적 수준에서 필요한 정보는 많이 부족하였다. 그리고 우선정보 요구(PIR)에 대해서도 정립된 것이 없거나 비정규전 수행을 위하여 부대가 알아야 할 정보를 제공해 줄수 있는 목록표 또한 없었다. 결과적으로, 주민에 관한 정보를 얻기 위한 과정은 경험과 학습을 바탕으로 하는 양상을 보였고 후속부대에 인수인계도 제대로 이루어지지 않았다.

지난 10년간의 후반부에 군은 위에서 언급한 과제들을 극복하기 위하여 노력하였으며, 작전환경에 대한 이해를 발전시키기 위하여 점차 혁신적인 방법을 발전시켰다. 이러한 방법으로 순찰, 슈라(Shura)[100] 참석, 주요 직위자 면담(Key Leader Engagement) 등과 같은 주민들과 직접적인 접촉을 통한 방법과 정보융합을 위한 융합부서의 구성, 의사소통과 협력 강화를 위한 연락반 운용, 모든 출처의 정보 분석 등을 사용하였다. 지휘관들과 각 조직들에 의하여 실시된 이러한 노력들은 일반군(General Purpose Forces)과 유관기관, 현지군, 비정부기구, 학계 등과 향상된 정보 공유를 가능케 하였다. 이렇게 수집된 정보들은 고가치 인간표적(HVI) 선정, 주요 직위자 파악, 주둔국의 역량 강화, 법치주의 확립, 주민 화해, 적대세력과 자원 유입경로에 대한 효과적인 식별을 가능하게 하였다. 더불어 반란전이나 테러활동 내부의 드러나지 않았던 것들에 대한 정보를 제공해 주었다.

이와 비슷하게, 상급부대 지휘관들도 작전환경에 대한 이해를 증대시키고 효과적인 접근방식을 찾기 위하여 다양한 조직들과 소통의 노력을 기울였다. 이러한 정보는 정보기관, 동맹군, 주둔국, 정책연구소, 학계, 민간 전문가, 민간기구, 비정부기구들로부터 얻을 수 있었다. 이들 전문가들은 지역적 문제에 관한 고찰을 제공하고, 동기를 부여하며 사후관리를 위한 도움을 제공하였다.

---

100 슈라는 '협의'를 뜻하는 아랍어 용어이다. 무슬림 사회에서 무언가 중대한 결정을 내리기 전에 상호 간의 협의를 통하여 결정하는 것을 말함.《위키백과》

② 재래식 전쟁 패러다임(Conventional Warfare Paradigm)

2001년 아프가니스탄과 2003년 이라크에서 미군은 주요 전투작전을 통하여 재래식 전투를 신속하고 확실하게 수행하는 능력을 보여 주었다. 비슷한 규모의 정규군이나 지역적 침략세력에 대항하여 압도적인 능력을 발휘할 수 있도록 역량을 유지하는 것은 여전히 미국에게 중요한 과제이다. 그러나 재래식 전쟁 수행방식을 통한 문제해결은 주요 전투 이외의 작전을 수행할 때에는 효과적이지 못하였으며, 지휘관들로 하여금 효과 달성을 위한 수단과 방법을 조정하도록 하였다. 그 이유는 적대세력들이 재래식 전쟁에서 미국의 압도적인 역량을 목격한 이후 비대칭적인 수단을 사용한 전투수행 양상으로 진화했기 때문이다.

재래식 전쟁은 제2차 세계대전, 한국전쟁, 사막의 폭풍전쟁에서 수행된 전투들이다. 재래식 전쟁의 성격은 첫째, 적국의 정규군을 대상으로 군사력을 사용한다. 둘째, 적군의 중심을 파괴하기 위한 중앙화된 지휘통제 방식과 대량의 자산을 운용하여 정보를 획득한다. 셋째, 국가의 항복을 이끌어 낼 때까지 상대방 국가의 군사력에 대한 약화를 목적으로 한다. 넷째, 군이 최상위의 기관으로서의 역할을 수행한다. 재래식 전쟁에서 군은 목표 달성을 위하여 적군을 상대로 군사력을 사용하는 직접적인 방법을 사용하였다. 그러나 지난 10년간 군은 효과 달성을 위하여 직접접근과 간접적인 접근방법을 결합시키는 노하우를 체득하였다. 이러한 접근법은 정밀무기의 사용, 자금지원 활동, 정보작전(IO) 수행, 주요직위자 면담을 통한 위협논의를 통하여 가능하였다. 더 나아가, 간접적인 접근방법을 통하여 테러와 반란세력 지원에 관한 실체들이 드러나게 되었다.

지휘관들은 민간인 사상자 방지를 위하여 전술적 인내를 바탕으로 다른 전술수단을 찾도록 조치하였다. 예를 들어, 민간 거주지역에서 몸을 숨기고 있는 적대세력을 소탕하기 위하여 항공폭격이 아닌 저격수를 운용하는 것과 같은 방식의 적용을 말한다. 마침내 군은 군사력 사용과 부수적 피해 방지 두 가지 모두를 성공적으로 수행할 수 있는 방법을 찾았다. 군은 민간인 피해를 줄이면서 임무 수행 효과를 유지하거나 높일 수 있었다. 이와는 대조적으로, 민간인 사상자가 발생하여 정치적 관점이나 국제뉴스에 보도되는 경우에 반란세력의 영향력이 강해지고, 미군 행동의 자유는 약화되는 현상이 발생하였다.

재래식 전쟁의 특징은 군을 통제하기 위하여 계층적인 하향식 지휘구조를 갖고 있으며 정보 획득을 위하여 대량의 자산을 운용한다는 것이다. 전술제대에서 획득한 정보와 첩보는 전체적인 기동계획 조정이 이루어지는 상급 제대에서 활용된다. 반면에, 지난 10년간 주민 중심의 작전에서는 이러한 방법들이 효과적이지 못하다는 것이 식별되었으며, 오히려 적합한 하위제대에 융통성과 권한을 부여하는 방법이 작전의 성공을 촉진하였다. 지휘관들은 임무의 유형에 맞는 지휘를 위하여 권한과 역량들을 신중하게 분권화하였다. 작전의 의도를 설명하고 예하부대에 창조적인 방법을 사용하도록 허용하고 주어진 환경에서 전술적 대안을 찾도록 하였다. 또한, 문제가 발생할 경우에는 집권적인 역량과 분권적 역량의 강점을 조화시켜 융통성 있는 지휘통제로 발전시켰다.

③ 메시지 전투

지난 10년간의 군사작전에서 적대세력들은 전장에서의 물리적인 승리만이 전체적인 목표 달성을 충족시키는 유일한 방법이 아니라는 것을 깨달았다. 지역적 또는 전 지구적으로 영향력을 행사해서 자신들의 이익을 달성하고자 하였다. 미국 또한 이러한 인식의 형성에 관심을 가지기 시작하였고, 정보 분야에서 우위 달성을 위하여 노력하였다. 이러한 경쟁을 여기에서는 메시지 전투(Battle for Narrative)라고 정의하겠다.

주요 전투에서 미국은 군사력을 사용하여 성공적인 결과를 달성하였다. 그러나 작전이 주요 전투에서부터 멀어짐에 따라 다른 국력의 도구(외교력, 정보력, 경제력)들의 역할이 더 중요해졌다. 반란군이나 테러리스트들은 휴대폰을 사용해서 조작된 정보들을 언론매체에 제공하였다. 적들은 대중을 대상으로 조작된 첫인상을 만들어 내기 시작하였다. 아프가니스탄 칸다하르 도시에 매설된 급조폭발물(IED) 폭발로 민간인 사상자가 발생하였을 때 이것이 무인공격기 프레데터

(Predator)에 의한 공격으로 발생한 것으로 언론에 잘못 보도된 사례가 있었다. 사실이 아니었음에도 수년이 지난 지금까지 현지 주민들은 아직도 그와 같은 사상자들이 연합군의 공습으로 발생한 것으로 믿고 있었다. 이러한 교훈을 바탕으로 미국은 보다 주도적인 훈련 방법들을 적용하고 개발하였다. 예를 들어, 이라크 다국적군 사령부(MNF-I)에서는 현상과 문제들에 대한 정확한 이해를 위하여 국내와 국제 뉴스 보도를 모니터링할 수 있는 부서(Cell)를 운용하였다. 만일 이라크 정부 인사가 동맹군들의 노력에 해를 끼치는 발언을 하였을 경우, 다국적군 사령부 지휘관은 즉시 그를 만나 사태 해결을 위하여 노력하였다.

마지막으로, 지난 10년간 수행된 메시지 전투를 통하여 얻은 교훈은 말 그 자체로는 충분하지 않다는 것이었다. 말과 행동이 일치해야 하였다. 미국의 이미지는 미국의 이익이나 전략을 부정하는 전술적인 행동들에 의하여 크게 손상되었다. 이라크 아부 그라이브(Abu Ghraib) 사건에서 유출된 사진들은 미국의 임무 수행과 영향력을 약화시켰다. 수년 뒤 이라크와 아프가니스탄 테러리스트들은 아부 그라이브 사건을 언급하며 미국에 대한 공격의 동기로 사용하였다. 아프가니스탄에서 2012년 봄 코란을 불태운 사건 또한 저항을 불러왔다. 실제로 수감자들이 코란을 이용하여 의사소통을 하고 있는 것을 식별하여 종교서적들을 포함한 여러 가지 문서들을 정리하고 있는 상황이었다. 하지만 이러한 행위에 대한 배경설명이 제대로 이루어지지 못하여 수감자들에 대한 종교적 박해로 인식되었다.

④ 민간정부 전환

지난 10년간 작전의 주요한 특징의 하나는 민간정부 전환(Transition)이다. 2004년 이라크에 주권 전환, 2006년 10월 아프가니스탄 전역에 대한 작전지휘권의 NATO 연합군(ISAF)으로의 전환, 대규모 자연재해 시 초기 복구를 위한 도움을 제공한 후 현지 정부로 복구 통제를 전환한 사례 등이 있었다. 작전단계 간 민간정부 전환을 잘 통제한 경우에는 전략적 이익의 발전을 위한 기회가 되었으나 다른 한편으로, 그렇지 않은 경우에는 적들에게 기회를 제공하고 우리의 의도한 목표 달성이 실패하기도 하였다.

　지난 10년의 첫 5년은 적합한 계획의 부재, 전략적인 자원의 공급과 민간정부 전환의 작전적 실패로 전체적인 임무 달성이 위태로웠다. 지난 10년간 민간정부 전환의 특징은 다음과 같다. 전환 준비는 계획과 훈련측면에서 부족하였다. 파병 전 훈련은 주요 전투, 전술과 대규모 기동에 초점을 맞추었으며, 비상상황이나 안정화 작전에 대한 것은 거의 없었다. 비전투 기술이나 민사훈련 등은 전투기술들과 함께 훈련되지 않아 작전부대에 통합시키기 어려웠다.

　이라크에서 주요 전투 이후의 계획수립은 민간기관들에 주로 의존하였는데 이는 치안상황이 안정적이고 이라크 정부와 치안군의 충분한 역할수행이 가능할 것이라는 가정을 기반으로 하였다. 민간기구들이 상당한 역할을 수행했음에도 불구하고 초기 계획단계에서 충분한 참여는 이루어지지 못하였다. 군과 민간 주도의 노력들이 계획단계에서부터 연계성을 갖지 못했기 때문이다. 민간과 군의 통합 노력의 부재는 민간정부 전환에 걸림돌이었다.

　위에서 언급한 민간정부 전환 과제들은 지난 10년의 후반기에는 대부분 해결되었다. 지휘관들은 핵심적인 교훈에 대한 학습을 바탕으로 작전환경을 이해하였으며, 상황에 기반을 두고 민간정부 전환을 계획하였다. 이와 더불어 현지군의 구체적인 약점에 대하여 인지하고 역량을 향상시키며 성공을 촉진하기 위한 조력자의 역할도 강화하였다. 계획의 수립과 자원의 공급이 적절하게 이루어졌으며, 중요한 민간정부 전환기간 동안에 주요 참모들은 핵심적인 역할을 수행하였다.

　⑤ 적응성

　적응성(Adaptation)은 군과 군사작전의 핵심요소이다. 9·11 사건 이후 첫 5년간 미 국방부 정책, 교리, 훈련, 장비들은 주요작전을 제외한 비재래전 작전에 적합하지 않은 것들이었다. 군은 다른 국가의 군대에 대항해서 승리하도록 훈련되어 왔으나 이라크나 아프가니스탄에서 적응력 있는 반란세력들과의 전투수행을 위한 준비는 되어 있지 않았다. 재래식 전쟁에 적합한 장비들은 대반란 작전이나 안정화 작전에 적합하지 않았다. 결국 이는 전구에서 필요한 능력에 대한 긴급한 작전적 수요의 증가를 초래하였다.

주요 전투작전 수행을 위하여 부대가 편성된 이후 제대에는 변화된 환경에 맞는 새로운 형태의 조직 발전이 요구되었다. 이러한 사례는 반란세력과 화해를 임무로 하는 이라크 전략본부에서 운용한 군 전략교전실(Force Strategic Engagement Cell), 주둔국의 통치역량 강화를 위하여 지역단위에서 운용된 지방재건팀(Provincial Reconstruction Team), 지역 문화에 전문적 도움을 제공하기 위한 지역인력팀(Human Terrain Team), 주도권 장악을 위한 대반란 작전 학교(COIN Academy)의 설립으로 나타났다. 동시에 조언자나 교훈 조직들이 작전 전반에 걸쳐 전술적 그리고 작전적 문제점들을 식별하고 극복하기 위하여 운용되었다.

군은 또한 이러한 환경에서 성공을 보장하기 위하여 새로운 방법을 적용하였다. 한 예로 F3EAD(Find, Fix, Finish, Exploit, Analyze and Disseminate) 접근방법은 기존의 D3A(Decide-Detect-Assess)를 대체하였다. 특수전 부대(SOF)는 F3EAD 방법을 사용하여 반란군에 대한 고가치 인물(High Value Individual)을 탐색하였다. 시간이 지나면서 이러한 방법은 일반군(GPF)들에 의하여 많이 사용되었다. 이러한 방법은 군복을 입지 않고 주민들 사이에 숨어 있는 적들을 식별해 내는 데 효과적이었다. 새로운 장비들의 보충은 위에서 언급한 방법들에 혁신적인 도움을 제공하였다. 예를 들어, 군은 새로운 정보, 감시, 정찰(ISR) 자산을 운용하여 첩보수집 역량을 강화시켰다. 이러한 자산들이 증가되자 하위제대까지 보다 나은 첩보 제공이 가능하였고 민간인 피해도 최소화시킬 수 있었다. 지뢰방호차량(MRAP)과 같은 장비들은 비대칭적인 위협으로부터 향상된 부대 방호를 위하여 공급되었다. 필요한 역량들이 신속하게 공급되었지만 군은 파병에 앞서 이들 장비의 능력과 취약성, 상호작전 시 문제점, 정비문제들에 대하여 제대로 된 교육을 받지 못하였다. 부대들이 학습하고 작전환경에 적응해 나갔으나, 그들의 경험, 훈련, 교훈들은 전구 내에서나 국방부 조직 내에서조차 원활한 공유가 이루어지지 않았다. 교훈을 분석하고 실제 데이터를 전구에서 수집하기 위하여 노력하는 많은 조직들이 있음에도 불구하고, 이러한 노력은 합동군 전반에 걸쳐 통합되지 못하였다.

⑥ 특수전 부대와 일반군의 통합

이라크와 아프가니스탄과 같이 역동적인 환경에서 수행된 동시다발적인 대규모 작전들은 특수전 부대와 일반군의 통합(Special Operations Forces-General Purpose Forces Integration)을 요구하였고 결과적으로 양측 모두에게 통합의 승수효과를 가져왔다. 초기 특수전 부대와 일반군은 원활한 협조가 되지 않았고 때로는 서로 반대로 운용되었다. 이후 특수전 부대와 일반군의 역량을 통합시키기 위한 노력들은 성공적이었다. 두 전력의 통합은 이라크와 아프가니스탄 치안군의 역량 개발에서 두드러진 성과를 얻을 수 있었다. 이러한 통합은 특수전 부대의 지휘관들에 의하여 촉진되었으며, 인적 자원과 물적 자원에 대한 지원을 바탕으로 하였다.

초기에는 작전을 함께 하면서 특수전 부대와 일반군 사이에 마찰이 발생하였다. 2003년 이후 이라크에서 특수전 부대들의 작전은 일반군과 잘 협조되지 못하였다. 일반군들은 작전에 대하여 사전에 통보받지 못하였고, 특수전 부대로부터 오는 첩보도 공유할 수 없었다. 결과적으로 자신들의 전장이 방해받는 것에 대하여 불만이 증폭되었다. 시간이 지나면서 특수전 부대와 일반군 간에 통합을 위한 노력이 계속되었고, 상호 간의 역량의 이점을 활용하기 시작하였다. 이러한 접근은 정보 융합실을 제도화하는 결과로 연결되었다. 정보 융합실은 달성 가능한 목표들의 확장을 가져왔으며 이러한 목표를 실행하는 데 통합효과를 발휘하였다. 2008년 말 치안상황의 급격한 진전이 있었다. 2003년 여름 이후 적대세력의 공격 수준이 가장 낮았는데 이는 특수전 부대와 일반군 간의 통합 노력의 결과였다.

2009년에서 2010년 아프가니스탄에서 특수전 부대와 일반군의 통합은 상당한 진전이 있었다. 특수전 부대들은 전장을 통제하는 일반군과 원활하게 협조하였고 필요시 지원도 제공하였다. 특수전 부대들이 전장을 통제하는 일반군의 기동 방해를 제거하는 데 작전목표를 두고 지원하였다. 이들은 협력하여 작전을 수행하고 주둔국의 역량을 개발시키며 행동의 자유를 보장하였다. 일반군은 현지의 정규군과 경찰력에 초점을 맞추었고, 특수전 부대는 현지의 특수부대와 경찰 대테러 부대에 초점을 두고 치안 역량을 개발시켰다.

⑦ 유관기관 간 협조

지난 10년간 수행된 광범위한 작전에서 유관기관 간 협조(Interagency Coordination)는 계획과 훈련, 실행단계에서 일정하지 못한 참여, 정책의 차이, 자원 부족, 조직문화의 이질성 등으로 인하여 원활하게 수행되지 못하였다. 이와 유사하게 군은 비정부기구(NGO)들과의 협력에서도 어려움에 봉착했었다. 이라크와 아프가니스탄에서 작전 초기 유관기관 간 통합 노력은 실패였다. 지난 10년간의 첫 5년 동안 국방부와 협력을 맺고 있는 정부 부처들과의 협력은 제대로 이루어지지 않았다. 정부기관 간 협력은 통합 노력의 중요성에도 불구하고 많은 시간이 소요되었다. 이라크에서 유관기관 간 통합은 결국에는 이루어졌는데 군과 정부 부처 주요직위자들 간의 지속적인 노력이 있었기에 가능하였다.

이러한 노력들은 협력을 위한 제도적인 장애물들을 극복해야만 가능한 것들이었다. 장애물은 첫째, 서로 다른 조직문화와 목표이다. 즉각적인 실행을 위한 계획수립 지향의 군과 협력적이고 장기적인 계획수립을 선호하는 국무부, 국제개발처(USAID)와의 시각 차이는 불화를 가져왔다. 둘째, 자원의 불균형이다. 군의 예산과 인력이 국부무보다 상대적으로 커서 협력적 노력이 원활하게 이루어지지 못하였으며, 국무부가 큰 영향력을 행사하고 있는 지역에서는 양측 간 책임소재 문제가 발생하기도 하였다. 셋째, 의사소통의 부족이다. 상호 간의 이해 부족과 정책 부재는 통합적인 협력을 복잡하게 하였다. 넷째, 보안이다. 보안이 요구되는 환경에서 적용하고 운용할 수 있는 능력에 차이가 있었다. 다섯째, 훈련이다. 군의 훈련은 전통적인 전투기술에 초점을 맞추었으며 강력한 계획수립 능력을 갖춘 인원들을 양성한 반면, 민간 훈련과 교육은 군과의 협력이 아닌 자신들의 임무 수행에 초점을 맞추었다.

군과 비정부기구들과의 협력은 일반적으로 이익이 되었지만 상호 이해 부족으로 인한 문제도 발생하였다. 왜냐하면 군의 성향이 비정부기구들에 대하여 지시하려는 반면, 일부 비정부기구들은 중립성을 유지하고 작전을 수행하기 위하여 인도적인 측면을 강조하는 분위기가 있었기 때문이다. 이라크에서 비정구기구들은 주민 화해를 위하여 중요한 기여를 제공하였으며 긴급구호도 제공하였다. 비정부기구들이 크게 기여한 것은 전투작전 수행 동안 민간인들에 대한 피해 방지를 향상시킨 것이었다. 이라크와 아프가니스탄, 리비아에서 비정부기구들은 민간인 사상의 사례를 강조하고 군의 관심을 촉구하였다. 이라크에서 군 호송작전 도중 민간인들에 대한 피해사례가 많이 발생했었다. 군은 피해 방지 대책을 조치하였으며 민간인 피해는 눈에 띄게 감소하였다. 일부 비정부기구들은 국제안보지원군(ISAF)과 계속 일하며 민간인 사상자 감소를 위한 활동으로 지역사회의 관심을 대변하였다. 리비아에서 비정부기구들은 민간인 사상자 피해 평가를 요구하였으나 발표되지는 않았다. 적절한 대응의 부족은 세 번째 교훈에서 언급한 메시지 전투에서와 같은 지속적인 부정적 영향이 발생하게 함을 인지해야 한다. 다른 기관 파트너들과 비정부기구들과의 협력에 있어 공통적인 문제는 정보의 교환이었다. 상호 정보교환을 촉진시키기 위한 통신망 활용이 요구되었다.

⑧ 다국적군 연합작전(Coalition Operations)

지난 10년간 미국은 많은 동맹국과 연합작전을 하였다. 연합적인 노력의 통일을 달성하고 유지하는 것은 국가이익, 문화, 자원, 정책들의 충돌로 인하여 도전에 직면하였다. 국가적 단서조항은 연합작전을 수행하는 데 있어 가장 큰 걸림돌이었다. 각국이 국가적 단서조항이라는 형식의 정책결정으로 잠재적인 행동과 임무들을 제한하였다. 단서조항은 연합군에 혼란을 초래하고 노력의 통합을 제한하는 장애물과 같았다. 예를 들어, 비행 승무원들에게 다른 국가들의 비행 승무원을 지원하는 행동에 제한을 가하는 규정을 두어 공중지원을 하는 데 있어 어려움이 발생하였다. 어떤 제한사항들은 정책으로 명문화된 것도 있는 반면, 어떤 것들은 국가마다 제각기 기준이 달랐다. 이러한 사례로 아프가니스탄에서의 교전수칙에 있어 자위권 기준이 연합군 국가들마다 천차만별이었다.

연합작전 수행능력의 차이는 연합군 내에서의 또 다른 문제였다. 서로 이질적인 시스템의 사용은 역량의 발휘를 제한하였다. 예를 들어, 이라크에서 사용한 디지털 데이터 링크는 일부 연합국들과 시스템의 차이로 인하여 일정한 정보의 교환이 가능하지 않았으며, 작전환경에 대한 공통의 이해를 불가능하게 하였다. 이는 결국 전장 인식능력을 감소시켰으며, 군이 위험에 노출되는 결과를 초래하였다. 우군 부대의 위치정보가 있는 곳에서 우군 간 교전이 관측되었으나, 상호운용시스템의 부재로 작전 실무자에게 전달되지 못하였다.

연합작전은 참여 국가들의 국가이익에 영향을 받는다. 서로 다른 국가들은 다른 이익을 갖고 있으며 이는 어떠한 작전을 수행하고 어떻게 수행할 것인가에 영향을 미친다. 아프가니스탄에서 개별 국가들은 전체적인 전구전략에 서로 다른 가치를 부여하였다. 서로 다른 지역에서 하위 작전의 차이에 영향을 미쳤으며 전체적인 전구전략의 운용에 제한으로 작용하였다. 덧붙여, 일부 국가들은 공격작전을 더 하고자 하였다. 이라크와 아프가니스탄에서 공격작전의 목표는 적대적인 세력들을 대상으로 하였으나 연합군 내부의 서로 다른 접근방식으로 작전의 수행에 영향을 미쳤다.

위와 같은 문제에도 불구하고 미국은 시간이 경과하면서 연합국가들과 보다 효과적인 작전수행을 해나갔다. 연합군 내부에서의 협력은 미국에 많은 이점을 제공하였다. 첫째로, 병력 수준과 자원을 강화시켰다. 둘째, 군사력의 사용에 있어 여러 국가들로부터의 정치적인 투명성과 합법성을 획득하였다. 셋째, 문제들을 어떻게 해결할 것인가에 대한 의견 수렴과 국가들의 강점을 극대화시키는 능력을 습득하였다. 예를 들어, 영국의 경우 북아일랜드에서 얻은 경험을 바탕으로 이라크에서 주민 화해 노력을 위한 도움을 제공하였고, 헬만드와 바스라 지역에서의 대테러작전 교훈을 공유하였다. 이탈리아는 카라비니에리(Carabinieri)에서 얻은 자신들의 경험을 바탕으로 아프가니스탄 경찰 역량 개발 훈련에 도움을 제공하였다. 넷째, 연합국가들의 경험요소를 증가시켰다. 이러한 이점들은 미국으로 하여금 미래의 주요작전에서 연합작전을 계속하도록 하는 요인으로 작용하고 있다.

⑨ 주둔국과의 협력

주둔국과의 협력(Host-Nation Partnering)은 전략적 목적을 획득하고 중요한 목표 달성을 촉진시키는 데 필수적이다. 협력은 주둔국으로 하여금 치안과 위협 대처능력 향상을 위한 지속 가능한 역량을 발전시켜 탈출전략을 제공하였고, 작전의 합법성과 행동의 자유를 강화시켰다. 또한 협력은 미국과 현지의 치안군 사이에 연결고리 역할을 하였으며 이는 군 내부와 다른 정부조직, 사회 모두에게 영향을 미치는 기회의 증가를 가져왔다. 협력은 직접적 행동이 아닌 영향력을 통하여 목표 달성을 촉진시키는 방법도 제공하였다. 그러나 협력이 항상 효과적이지는 않았으며 자원의 공급도 원활하게 이루어지지 않았다.

미국과 주둔국과의 협력이 미국의 목표 달성을 촉진하는 데 도움을 제공하였으나 구체적으로 정의된 임무로 인하여 주둔국과의 불화가 발생하였다. 예를 들어 항구적 평화작전-필리핀에서 임무는 알카에다와 연계되어 있는 테러리스트 조직들을 소탕하는 것으로 제한되어 있었다. 미국은 필리핀 반군 조직을 초기에 위협으로 규정하지 않았다. 왜냐하면 그들은 알카에다와 연계되어 있지 않았기 때문이다. 이것은 주둔국 필리핀과 미국 사이의 불화를 초래하였고 장기적인 치안 안정화를 달성하기 위한 주둔국의 역량 개발을 제한하는 결과를 초래하였다. 이와 유사하게 콜롬비아에서 미국이 지원한 헬리콥터들은 대(對)마약 임무 수행에 대해서만 사용이 승인되었다. 많은 목표들이 대마약작전과 관련되었을 때부터 이러한 제한은 장비 사용에 대한 혼선과 혼란을 초래하였다. 이러한 혼선은 콜롬비아 혁명군(FARC)이 콜롬비아 경찰을 공격하였을 때 명백해졌다. 이 공격으로 인하여 탄약이 부족하였던 몇 명의 경찰들이 희생당하였다. 미국이 지원한 헬리콥터가 근처에 있었으나 경찰들을 보호하기 위해서는 사용되지 않았다. 그 이유는 장비 사용에 대한 미국의 제한조치 때문이었다. 이 사건으로 인하여 보다 융통성 있는 장비 사용을 위한 규정과 절차 정립이 필요하게 되었다.

⑩ 국가 대리자의 활용(State use of Surrogates and Proxies)

2001년과 2003년 아프가니스탄과 이라크에서 미국이 신속하고 효과적으로 주요한 전투작전을 수행한 이후, 전쟁 관련국들은 비대칭 위협을 양산하기 위하여 대리전을 지원하거나 이용하였다. 대리전의 특징은 국가적인 지원자들로부터 자원을 공급받으며 범죄자, 테러리스트나 다른 이해관계를 가진 자들의 집단으로 구성되어 있다는 것이다. 그리고 미국의 역량에 대항하기 위하여 값싸고, 비대칭적인 접근법을 사용한다. 대리전은 비국가적인 세력들로 하여금 직접적인 행동 없이 한 국가의 이익이나 목표에 상반되는 행동을 할 수 있게 한다. 예를 들어, 이라크에서 자금과 물자를 지원받은 반란세력들은 연합군의 위협이 되었으며 많은 사상자를 초래하였다. 이스라엘에 반대하기 위하여 헤즈볼라(Hezbollah)는 미사일 저장시설과 같은 고성능의 장비들을 공급받았다. 아프가니스탄에서는 국제안보지원군(ISAF)에 대항하기 위하여 테러분자들과 반란세력에게 자원과 지원을 제공한 다른 국가들도 있었다. 범죄와 테러조직, 비국가적 행위자들은 계속 증가하였고 세력이 강화되었다. 자금지원과 밀수를 통하여 자원을 공급받으며 대리전 수행을 가속화하였다.

군사적 역량에 있어 미국의 압도적 힘으로 인하여, 적은 값싸고 낮은 수준의 기술적 접근방법을 사용하거나 새로운 방법을 사용하였는데 이는 전통적인 위협에 대응하기 위하여 설계된 미국의 첨단 역량에 허를 찌르는 것이었다. 하나의 사례는 이라크와 아프가니스탄에서 연합군을 대상으로 한 급조폭발물 사용이었다. 연합군 장갑차량들이 피해를 방지하기 위하여 설계되었으나 급조폭발물 공격(IED)에는 취약하였다. 적은 도구와 비용으로 반란세력들과 테러분자들은 사상자를 계속 발생시켜 인명피해를 강요하였다.

⑪ 초강력 위협의 등장(Super-Empowered Threats)

테러는 일부 사람들과 소규모 조직을 형성하여 행동으로 영향을 미친다. 그러나 지난 10년간, 개인들과 소규모 조직들은 세계화된 기술들을 이용하고 정보를 사용하여 영향력을 확장하고 국가와 같은 파괴적인 역량을 갖추게 되었다. 이 보고서의 앞에서 논의한 바와 같이 외부 지원세력, 국가적 지원세력 또는 테러조직들에 의한 지원은 위험을 증폭시켰다. 이들 세력들은 반란세력이나 테러집단에 기술이나 역량을 제공하기 때문이다. 예를 들어, 이라크와 아프가니스탄에서 테러조직에게 고성능 급조폭발물 기술을 제공해 준 경우 장갑차량의 관통, 사상자를 초래하는 결과로 이어졌다. 헤즈볼라의 경우에도 국가적 세력으로부터 많은 지원을 받았다.

정보작전과 언론매체 조작도 분명한 전투수행 도구로 비국가 조직들에게 초강적인 힘을 부여하였다. 이들 조직들은 언론매체로 이미지를 신속하게 전송하거나 자신들의 채널을 통하여 공개한다. 신속한 전송으로 이들 세력들은 전 세계를 대상으로 첫인상을 만들어 내는데 대개 사람들이 믿는 경향이 있어 효과적인 방법으로 사용된다. 사실 일부 조직들은 증거나 사진들을 조작하여 자신들의 정보작전에 사용한다. 한 가지 사례는 2006년 레바논 전쟁에서 헤즈볼라에 의하여 사용된 것으로 이스라엘이 공습한 여러 지역에 시체를 가져다 놓고 레바논 민간인 학살에 대한 증거라고 주장하였다.

인터넷은 초강력 힘의 등장을 가능하게 한 도구로 테러분자들과 조직원의 모집, 훈련, 자금지원, 지휘통제를 용이하게 하였다. 감정적 호소를 통하여 대원들을 모집하고 반란세력 홈페이지상에서는 허위선전, 훈련 물자, 안내 등을 제공하는데 이는 다른 공격을 촉진시켰다. 자금지원은 인터넷 사이트와 새로운 방식의 자금세탁을 통하여 이루어진다. 테러리스트들은 웹사이트상의 비디오 영상을 사용하는데 이는 주로 아랍 방송에서 사용되고 있다.

　결과적으로 9·11 사건 이후 10년간의 전쟁에서 미군이 얻은 교훈은 '군부 중심의 전쟁 패러다임'의 재래식 전쟁은 주요 작전(Major Operation)에서는 효과를 발휘하였으나, 그 이후의 비재래전 작전에서는 효과를 달성할 수 없었다는 것을 분석하여 제시하고 있다. 또한 미군이 현장에서 경험한 교훈을 바탕으로 현지에 적응한 결과의 대부분은 현지의 문화와 인종 및 종족의 특성, 종교, 정치와 경제에 대한 이해가 중요한 것이었다. 또한 이를 바탕으로 미군은 현지 주민의 지지와 협력을 바탕으로 원활한 안정작전과 대반란 작전을 수행할 수 있는 체제와 능력을 갖출 것을 제시하고 있다. 이는 새로운 전장환경이 과거의 재래식 전쟁 패러다임의 적용이 비효과적이고 주민 중심의 작전이 필요하다는 것이다. 이것은 마치 앞으로의 전쟁은 '국민 중심의 전쟁 패러다임'의 적용이 필요하다고 주장하는 것처럼 보인다.

　(3) 비재래전 교리 발전: 안정작전과 대반란전 등

　미국 국가전략은 9·11 테러 사태와 아프간·이라크전 등 대테러 전쟁에서 얻은 교훈을 바탕으로 획기적으로 안보정책을 전환하는 계기를 마련하였다. 미국은 안보환경을 국제테러 및 범죄집단이 〈표 4-1〉과 같이 실패한(Failed), 실패 중인(Failing), 회복 중인(Recovering) 취약국가(fragile state)[101]를 안식처로 하여 지역안보뿐 아니라 미국의 안보에도 위협을 가하고 있다고 평가하였다. 이 평가를 기초로 국가전략이 기존의 국가적 규모의 재래식 안보위협으로부터 불안정을 야기하는 취약국가 내 적대세력의 안보위협에 대처하는 방향으로 전환된 것이다.

　부시 미국 정부의 국가전략은 미국의 국익과 가치를 반영하는 국제주의 정

101　취약국가는 분쟁 또는 민간폭동의 위험이 있거나 그러한 상황에 처해 있는, 혹은 이로부터 전환되고 있는 위기(Crisis) 또는 약체(Vulnerable) 상태에 있는 국가를 말함. 미 육군 FM 3-07, 『안정작전』(Stability Operations)(미 육군, 2008), p. 17.

<표 4-1> 취약국가 구조

위기국가[102]		약체국가[103]
실패한 국가	실패하고 있는 국가	회복 중인 국가

폭력분쟁 ◄─────────────────────────────► 정상화

* 출처: 미 육군 FM 3-07, 전게서, p. 18 참조.

책에 입각하여 수립되고 각국이 평화롭게 지낼 수 있는 더 안전하고 더 나은 세계를 건설하는 것을 그 목표로 하였다. 따라서 국가전략의 목표를 달성하기 위해서는 테러 및 범죄집단의 은거 환경을 제거할 필요가 있었다. 미 국가안보전략의 평화와 안정의 복원은 '취약한 국가'를 자국민의 요구를 충족시키면서 국제사회에서 책임감 있게 행동하고 합법적으로 통치되는 '정상적인 국가(Normal State)'로 변화시키는 것으로 그 핵심이 되었다.[102]

이러한 국가안보전략을 달성하기 위하여 미국 국방부는 '무력의 효율적 사용'이 아닌 '무력의 효율적 불사용'을 지향하는 정책과 전략 개발에 노력하였다. 즉 전 세계적으로 적대적 환경을 제거하여 미 군사력의 사용이 불필요하도록 하여 분쟁을 예방하자는 것이다. 그 방법 중의 하나가 전역(戰役)의 '0단계 작전'[103]의 개념이었다. '0단계 작전'의 아이디어는 유럽 사령부에서 유럽과 아프리카에서 테러가 증가하자 이를 예방하기 위한 접근법으로 고안되었다. 과거의 방법은 이미 활동하고 있는 테러리스트들을 발본색원하여 제거하는 것으로 수동적 대

---

102 상게서, pp. 18-20.

103 "미군은 전역을 5단계로 구분하고 있다. 1단계는 억제 및 개입(Deterrence/Engagement)으로 군사작전을 준비하고, 2단계는 주도(Seize Initiative)는 군사적 행동을 개시하고, 3단계는 결정적 작전(Decisive Operation)은 주요작전을 수행하고, 4단계는 전환으로 군사작전 이후의 안정작전과 민간이양 단계이다. 새로운 0단계 작전은 기존의 4단계 어느 곳에 속하지 않는 것으로 분쟁의 발발 혹은 1단계 진입 이전에 이를 예방하는 것이 목표이다." 남보람, 『전쟁이론과 군사교리』(서울: 지문당, 2011), pp. 110-111.

응에 지나지 않는다고 판단하였다. 따라서 보다 능동적인 방법으로 테러리스트들이 모집되고 훈련되는 최초의 시점, 즉 그 원인을 예측하여 사전에 제거하는 예방적 조치가 더 효율적이고 경제적이라는 결론을 얻었다. 이를 위하여 전역에서의 '0단계 작전'은 기존의 '1단계 억제'에서 '평시 개입(Peacetime Engagement)'과 같은 군사적 방책을 시행하기 전에 적대적 환경을 제거하여 '무력 사용이 불필요한' 상황을 조성하는 것으로 전역계획에 새롭게 반영되었다. 그 한 사례가 2002년 창설된 '아프리카의 뿔 합동임무군 CJTF-HOA(Combind Joint Task Force-Horn of Africa)'의 활동이다. 미 국방부는 아프가니스탄의 테러리스트들이 '통제되지 않는 진공지역'인 아프리카 뿔 지역으로 유입될 것으로 판단하고 CJTF-HOA를 보내 테러리스트를 발본색원할 계획이었다. 그러나 미 국방부는 곧 활동의 중점을 수정하였다. CJTF-HOA는 지역 내에서 우호적인 관계를 조성하여 테러리스트의 활동을 원천적으로 예방하기 위하여 인도적 구호와 의료지원 등 이른바 '마음을 움직이고 바꾸는 활동(Win Heart and Mind)'에 중점을 두고 군사작전을 수행한 것이다. CJTF-HOA의 장기적 접근법은 동아프리카에서 대테러 임무를 성공적으로 수행하였다고 평가를 받고 있다.[104] 결과적으로 미군은 새로운 국가안보전략에 기여하기 위하여 기존의 공격과 방어의 재래전 위주의 교리보다는 안정작전(Stability Operation)과 대반란전(Counterinsurgency Operation) 등 비재래전 교리에 중점을 두고 발전시켜오고 있다.

① 안정작전 교리 발전

미 국가안보전략(National Security Strategy)에서는 "일부 분쟁들은 미국의 포괄적인 이익과 가치에 심대한 위협을 가하기 때문에 평화와 안정을 복원하기 위해서는 분쟁에 대한 개입이 필요할 수 있다"라고 하여 광범위한 개입전략의 일부로서 안정화 전략을 다루었다. 끊임없는 분쟁의 시대에서 안정작전은 아프가니

---

104 상게서, pp. 110-114.

스탄과 이라크의 군사작전 이후 더 확실하게 정립되었다. 분쟁을 종식하기 위하여 군사적인 개입이 필요하지만, 군사작전 이후 궁극적으로 항구적인 평화와 안정을 보장하기 위해서는 재건(Reconstruction)[105] 및 안정화(Stabilization)[106]가 요구되었다. 재건 및 안정화 과업은 2005년 부시 미 대통령이 하달한 「국가안보지침 제44호(NSPD-44)」에 근거하여 미 국무부의 재건 및 안정화 조정관실(S/CRS)에서 주관하며, 미 국무부는 미 정부의 노력과 활동을 통합적으로 조정 및 지휘한다. 미 대통령 지침은 국무장관에게 국방장관과의 조정을 거쳐 분쟁의 전 영역에 걸쳐 계획되거나 수행되고 있는 모든 군사작전에 동시·통합하도록 하였다. 따라서 군의 안정작전은 미 국무부의 주관하에 정부 노력의 일부로서 계획하고 그 역할을 수행하고 있다. 과거 미 국무부의 민간기관이 수행해 왔던 안정화 과업이 군의 주요임무로 새롭게 부여된 것이다.

이러한 변화를 인정하여 美 국방부는 2005년 11월에 시행된 「국방부 훈령 3000.05」를 통하여 안정작전의 중요성이 전투작전에 뒤지지 않는다고 밝혔다. 안정작전은 국방부가 준비하고 수행하며 지원해야 할 핵심적인 미국의 군사작전으로 강조하였다. 또한 안정작전은 전투작전에 상응하는 우선순위가 부여되어야 하고 교리, 편성, 훈련, 교육, 연습, 자원, 리더십, 인원, 시설 및 계획을 포함하는 모든 국방부의 활동에 걸쳐 다루어지고 통합되도록 하였다. 더 나아가, 이 국방부 훈령은 안정작전이 군사작전의 승리를 위하여 기존의 전투작전보다 더 큰 중요성을 가질 것임을 시사하고 있다. 이로써 군은 기존의 공격 및 방어임무와 동등한 수준의 지위로 안정작전 임무를 새롭게 추가하였다. 이러한 근본적인 변화가 군의 안정작전 교리 발전의 기초를 제공하고 있는 것이다.

---

[105] "미 국무부의 재건 과업은 장기적인 발전 기반을 만들기 위하여 국가 또는 영토 내에서 약화, 손상, 또는 파괴된 정치적, 사회경제적 및 물리적 기반구조를 새롭게 구축해 나가는 과정이다." 미 육군 FM 3-07, 전게서, p. 21.

[106] "미 국무부의 안정화 과업은 성공적인 장기적 발전을 위한 환경을 조성하기 위하여 노력함과 동시에 차후 법과 질서의 붕괴, 폭력으로 이어질 수 있는 근본적인 긴장을 관리하고 감소시키는 과정이다." 상게서.

2006년판 미 합동교리 JP 3-0 『안정작전』(Stability Operations)에서는 "안전하고 안정된 환경을 유지 혹은 복구하고 필수 공공서비스, 긴급 기반시설 재건, 인도주의적 지원을 제공하기 위하여 국력의 기타 요소들과 협조하에 미국 이외의 지역에서 실시되는 다양한 군사작전, 과업, 활동을 포함한다"라고 개념을 정의하였다. 이는 안정화 작전에 있어 분쟁의 전 영역에서 군사작전의 전·중·후에 정부 노력의 일부로서 군의 추가적인 역할을 제시하고 있다. 안정작전은 궁극적으로 '군사작전 목표를 넘어서 국가정책 목표 달성을 목적으로 수행한다'고 할 수 있다.

　　미 육군은 2008년 기준 교범인 『작전』(Operation)을 전면 개정하면서 무게중심을 공격·방어작전에서 안정작전 쪽으로 옮겼다.[107] 이는 지상작전의 구성요소에 안정작전을 포함하여 전 영역 작전[108]으로 발전시킴으로써 구현되었다. 이 교리는 합동군의 일부로서 공격·방어·안정작전 및 민간지원 작전[109]을 계속적으로 동시에 수행하는 것이다. 공격 및 방어에 관련된 과업은 전투력의 파괴적인 효과에 중점을 둔 기존의 군의 과업이었다. 그러나 안정 과업은 2005년 새롭게 군에 부여된 과업으로서 건설적인 효과에 중점을 두고 있다. 이를 위하여 2008년 판 미 육군 FM 3-07 『안정작전』(Stability Operations)은 美 정부의 재건 및 안정화 노력의 큰 맥락 속에서 군의 안정작전을 다루고 있다. 안전하고 안정된 환경 조성, 지역 적대세력 간의 화해 도모, 정치·법·사회·경제기관의 설립, 법치에 의하여 운영되는 합법적인 민간 당국으로의 책임 이양 등을 위한 강제적이고 적극적인 군사력 사용에 대한 군의 역할을 기술하였다. 특히, 민간 당국으로의 책임 이양은 군이 국가 및 국제사회의 목표를 추구함에 있어 해당국의 장기적인 발전을 위

---

107 남보람, 전게서, pp. 108-110.

108 2008년 2월 미 육군 FM 3-07 『작전』(Operation)이 새롭게 발간되면서 '전 영역 작전' 개념을 육군이 작전수행 개념으로 채택하고, 전 영역의 성공을 위해서는 민간 환경을 호전시키는 안정작전이 필수적임을 강조하고 있음.

109 민간지원 작전(Civil Support Operation)은 안정작전과는 달리 미 본토 내에서의 군사작전으로 재해·재난구조, 민간질서 회복 지원, 국가 특수행사 지원 등을 수행함.

하여 필수적으로 이루어져야 하는 사항이다. 이러한 노력의 성공은 외부 행위자로부터의 장기적인 헌신을 필요로 하고 궁극적으로는 자국민의 지원과 참여에 의하여 결정된다.

미군의 안정작전은 미 국무부에서 분쟁 이후에 수행하는 재건 필수과업(Department of State Post-Conflict Reconstruction Essential Tasks)의 5개 안정화 영역(Stability Sectors)[110]이 달성될 수 있도록 5개 필수 안정화 과업(Stability Tasks) 목록을 선정하여 수행하며, 전 영역에 걸쳐 노력의 통일을 달성할 수 있도록 한다. 이러한 안정화 영역과 과업은 국력의 모든 요소들 간에 과업 수행을 연결하여 범정부적인 공동의 노력을 통합함으로써 공동의 목표와 바람직한 최종상태를 달성하게 되는 것이다.

미군이 수행하는 5개 필수 안정화 과업은 다음과 같다. 먼저 민간안보의 확립(Establish Civil Security)은 주둔국의 각종 위협에 대처하여 안전하고 안정된 환경 구축을 목표로 한다. 이를 위하여 적법하고 안정된 군 및 정보기관 등 안보 관련 기관을 설립하는 데 주안을 두고 주둔국의 역량을 육성하는 것이다. 민간통제의 확립(Establish Civil Control)은 개인 및 단체에 대한 위험을 감소시키고 사회적 치안을 위하여 행동 및 활동을 통제한다. 이를 위하여 국제규약에 토대를 둔 합법적이고 효율적인 기능을 하는 사법체계를 구축하도록 지원하는 것이다. 필수 공공서비스 재개(Restore Essential Service)는 광범위한 인도주의적 문제나 사회복지에 주안을 둔다. 통치지원(Support To Governance)은 주둔국 정부의 기본적 기능을 지원하되 정부 자체가 존재하지 않을 경우 국제법에 의거 군이 과도 군사정부(Transitional Military Authority)를 통하여 기본적인 민간행정 기능을 제공하며 지역주민자치 및 선거지원을 통하여 안정된 민주주의를 확립하는 것이다. 경제 및 사회기반시설 개발지원(Support To Economic and Infrastructure Development)은 국가를 복구하고

---

110 ① 안보(Security), ② 재판 및 중재(Justice and Reconciliation), ③ 인도주의적 지원과 사회적 복지(Humanitarian Assistance and Social Well-Being), ④ 통치 및 시민참여(Government and Participation), ⑤ 경제 안정화 및 사회기반시설(Economic Stabilization and Infrastructure)

장기적으로 자생력 있는 경제를 육성한다. 이를 통하여 궁극적으로 자유경제, 민주주의 국가 건설을 지원함으로써 미국의 정책목표를 달성하는 것이다.

안정화 작전과 민사작전과의 관계는 "민사부대는 성공적인 안정화 작전 수행에 필수적이다"[111]로 설명하고 있다. 민사부대 요원들은 주둔국 정부의 인원들에 버금가는 언어능력, 문화적 이해력, 자문능력, 민간 전문기술 등 특수한 전문지식을 군 지휘관에게 제공한다. 민사부대는 민사작전을 통하여 지역주민에게 군사작전이 미치는 영향을 최소화하고, 민간인들이 군사작전을 방해하는 것을 최소화하며, 군사작전을 수행함에 있어서 군의 법적, 도덕적, 준수사항에 대한 건전한 조언을 지휘관에게 제공하는 역할을 수행한다. 이를 위하여 민사작전은 군이 작전을 수행하는 지역 내에 있는 주둔국 기관과 군과의 관계를 개선하여 지역주민과 군부대 간의 마찰을 최소화하는 데 주된 노력을 한다. 따라서 민사작전은 안정화 작전의 일부로서 군부대에 배속된 민사부대에 의해서 수행하는 활동으로 이를 통하여 민간영역에 관련된 과업을 수행하여 군부대를 지원하는 것이다.

② 대반란전 교범 발간 및 적용

2003년 이라크 전쟁이 종파 간의 내전으로 비화되기 직전까지 미국 행정부와 미군 지휘부는 내전 상황이 아니라 지속적으로 개선되고 있다고 공식적으로 주장하였다. 그러나 이러한 견해에 동의하지 않은 미국의 장군들이 있었다. 특히 이 중에서 미 육군의 퍼트레이어스(David Howell Petraeus) 장군[112]은 미군에 대반란전 개념을 본격적으로 도입하였다. 그는 당시 해병대 전투사령부 사령관인 매티스(James Mattis) 장군과 함께 새로운 대반란 작전 교범을 작성하였다. 미 육군 FM

---

111 상계서, p. 94. "안정화작전에서 민사의 역할" 참조.
112 퍼트레이어스 장군은 이라크전 개전 시에 제101 공수사단을 지휘하였고, 이후 이라크 안전이양 준비사령부 사령관을 역임하였다. 2007년에 이라크 주둔 다국적군사령관, 2008년 중부군사령관을 역임하였고, 후에 오바마 정부에서 CIA 국장으로 임명되었음.

3-24『대반란전』(*Counterinsurgency*)은 미 육군과 해병대 장교는 물론, 영국과 오스트레일리아의 군인, 미국 인권변호사와 정치학 교수까지 총 135명이 참여한 회의에서 승인되어 2006년 4월에 최초 발간되었다.[113] 이 교범은 2009년 10월에 미 합동교리 JP 3-24『대반란 작전』(*Counterinsurgency Operation*)으로 개정되어 발간, 배포되었다. 이 교범에서는 반란과 대반란을 규정하기 위한 기초지식을 제공하고, 대반란에 대한 전략적 및 작전적 접근방법과 이를 시행하기 위한 대반란의 원칙, 그리고 작전환경 정보 분석기법의 사용기술 및 기획·시행·평가 절차 등을 기술하여 정규작전과의 차별성을 규정하고 있다.

이 교범에서 반란은 정치적 목적을 달성하기 위하여 전복과 폭력을 사용하는 내부적인 위협으로 통상 정치 변화와 정부 타도, 외부 행위자에 의한 저항 또는 한 지역에서 정치적 통제의 무력화 등 네 가지 일반 목표들의 결합으로 이루어진다. 반란자들은 그들의 목적을 달성하기 위하여 일부 주민들의 관점에서 핵심 불만사항들을 조작하거나 유발시킨다고 규정하고 있다.[114] 대반란은 반란자들을 물리치고 모든 핵심 불만사항을 조치하는 포괄적 민간인과 군의 노력으로 정의하고 있다. 모든 대반란 노력들은 주민을 보호하고, 반란자들을 물리치며, 주둔국의 합법성을 강화하고, 주둔국의 능력을 강화하는 데 있다. 반란과 대반란은 갈등의 양면으로 보았다. 즉, 반란자들은 통치 권한을 전복하거나 변화를 강요할 힘을 얻으려 한다. 반대로, 대반란자들은 반란자들을 물리치고 반란자들의 확산이나 재발 방지를 위하여 핵심 불만사항들을 처리하려 한다. 현지와 범세계적인 국민 대중의 우호적 태도, 그리고 지지와 지원은 반란자와 대반란자 모두에게 가장 핵심적인 고려사항이다. 따라서 반란의 전략 및 작전상황을 이해하고 평가하는 것이 대반란 작전의 성공에 필수적이라고 강조하고 있다.[115]

이 교범에서 대반란전은 공격과 방어 그리고 안정작전을 동시에 균형 있게

---

113 손석현, 전게서, pp. 20-21.

114 미 합동교범 JP 3-24, 『대반란 작전』(2009), pp. 7-8.

115 상게서, p. 3.

수행하도록 요구하고 있다. 대반란 작전은 합동군이 안보상황과 다양한 다른 요소들에 따라 전투와 건설을 연속적으로 동시에 수행하는 것을 강조하고 있다. 대게릴라 작전들은 공격과 방어 등 군사적 대응에 집중한다. 그러나 치명적인 군사적 노력에만 치중해서는 안 된다. 대게릴라 작전은 주민들을 보호하는 것이 필수적이다. 대게릴라, 공세적 대테러, 정보수집과 대정보 등의 균형과 기타 작전 등은 주민의 안전을 위하여 필요한 것이다. 안정작전은 결과적으로 대반란 작전에 중요하다. 안정작전은 갈등의 요인들뿐 아니라 반란의 핵심 불만사항을 다루므로 장기적인 대반란전 성공에 필수적이다. 이를 위하여 합동군은 비군사적 기구와 통합된 전투임무를 수행해야 한다고 강조하고 있다. 군은 전투원이면서 때로는 국가를 재건하고 건설할 능력을 갖추어야 하고, 현지 치안군을 양성하여 법질서를 확립하는 임무를 수행해야 한다는 것이다. 따라서 군대는 다른 미국 정부 부처와 기관들의 대표와 외국 정부들과 보안군, 정부 간 국제기구들, 비정부기구들, 그리고 적절한 기술과 전문성을 가진 민간 분야의 구성원들을 포함하고, 경우에 따라서는 그들에 의하여 지휘될 수 있는 비공식 또는 공식의 통합된 민·관·군 팀들에서 근무할 준비를 해야 한다는 것을 포함하고 있다.[116]

결과적으로 분석해 보면, 미군은 2003년 이라크전에서 압도적인 군사능력에 기초한 군사적 승리에만 초점을 두고 전역계획을 수립하였다. 미군은 군사작전 이후의 계획은 세부적으로 발전시키지 못하였다. 이로 인하여 미군은 후세인 정부를 제거하고 이라크군을 격멸하고 와해시켰음에도 불구하고, 이후에 출현한 반란세력의 실체와 전쟁의 속성을 파악하는 데 너무나 많은 시간과 대가를 지불해야 하였다. 이라크에서 무질서와 약탈행위가 증가하면서 전쟁은 종파 간의 갈등과 내전으로 확대되었고, 미군은 반군의 강력한 저항에 직면하게 된 것이다. 비재래전의 수렁에 빠진 미군은 점차 이러한 환경에 부합한 대반란전 작전이 필요함을 깨닫고 새로운 접근방법을 적용하기 시작하였다. 즉 적을 격멸하는 작전

---

116 상게서, pp. 21-23.

보다는 '주민들의 마음과 생각을 획득(Win the Hearts and Minds)함으로써 반군과 주민을 분리시키는 작전'이 더 중요하다는 것을 깨닫게 되었다. 대반란 작전의 적용으로 미군은 적을 소탕한 점령지역에서 주민을 반군과 분리시키고, 이라크 행정기관의 통제체계를 구축해 나갔다. 현지 수니파 주민들은 자신들의 안전이 보장되자 안바르 각성운동을 통하여 미군에게 협조하게 되었다. 미 정부는 병력을 증파하였고, 병력의 여유를 갖게 된 미군은 주민의 안전을 중요시하는 방향으로 전환하면서 이라크 치안을 안정적으로 개선할 수 있었다.[117] 이로써 미군은 2008년부터 이라크에서 병력을 철수하여 2010년 8월 19일 마지막으로 남아 있던 미전투여단까지 철수함으로써 '이라크 자유작전'은 공식적으로 종료되었다.[118]

결론적으로, 미군은 아프간전과 이라크전 등 대테러 전쟁 과정에서 얻은 교훈을 바탕으로 군의 고유 역할인 공격과 방어임무에 과거 미 국무성의 역할이었던 안정작전 임무를 추가함으로써 비군사적인 과업도 수행할 수 있는 군대로 변모시켜 왔다고 분석할 수 있다. 이러한 변화를 촉발시킨 것은 미군이 대테러 전쟁을 통하여 군사적 성공이 전쟁의 승리로 귀결될 수 없음을 인식하였기 때문이었다. 미국은 그들의 적(敵)인 국제테러 및 범죄집단이 취약국가를 안식처로 하여 주민 사이에서 전쟁을 수행하기 때문에 취약국가를 정상화하지 않으면 반란세력을 제거할 수 없다는 인식전환을 바탕으로 국가전략을 재수립하였다. 미국은 현지에 정상국가를 건설하기 위해서는 현지 주민의 절대적 지지가 필요하였고, 이를 위하여 군에게 안정작전이나 대반란 작전이 요구되었던 것이다. 이는 곧 주민이 전쟁의 중심이며, 주민이 적보다 우군을 지지할 때 전쟁에서 승리할 수 있다는 '국민 중심의 전쟁 패러다임'으로의 전환으로 분석할 수 있다. 그러나 미군이 재래전을 무시하고 비재래전에만 치중하고 있는 것은 아니다. 미군은 공격과 방어 등 재래전을 통하여 여건을 조성하고, 안정작전과 대반란 작전 등 비

---

117 손석현, 전게서, pp. 261-262.
118 이근욱, 『이라크 전쟁, 부시의 침공에서 오바마의 철군까지』(서울: 한울, 2013), pp. 316-319.

재래전을 연속적이고 동시적으로 수행함으로써 작전적 성공이 전략적 승리로 연결되도록 하고 있다. 이를 필자는 미군이 재래전과 비재래전을 혼합한 복합전의 형태로 전쟁을 수행하는 것으로 분석하였다.

2) 러시아의 비선형전[119]: 크림반도 합병과 우크라이나의 내전 개입

러시아의 푸틴 대통령은 2014년 3월 18일 우크라이나 크림 공화국과 합병 조약을 전광석화같이 체결하여 서방을 당황하게 하였다. 러시아의 크림반도 합병은 친러시아계 크림반도 주민의 절대적 지지를 바탕으로 군사력을 투입하여 가장 짧은 기간에 싸우지 않고 이긴 완벽한 전승(全勝)[120]의 전쟁사적 사례로 기록될 것이다. 러시아의 크림반도 합병과 우크라이나 동부의 친러시아 반군의 활동은 러시아의 새로운 전쟁 방식으로서 분석해 볼 가치가 있다. 러시아는 우크라이나의 친러시아계 현지 주민의 절대적 지지를 바탕으로 러시아 군대의 개입 흔적을 나타내지 않으면서 전쟁을 수행하였다. 아울러 동남부 우크라이나 주민의 지지를 확보하기 위하여 고도의 심리전도 함께 펼쳤다. 이는 미국과 서유럽의 직접적인 마찰이 부담스러웠기 때문이다.[121] 이러한 러시아의 우크라이나 개입은 재래식과 비재래식 지상군을 사용하고 다양한 외교·정보·군사·경제적 수단을 배

---

119 "이 비선형전(Non-Linear Warfare) 개념은 러시아에서 규정한 것으로, 간접침략 방식으로 현지 대리(Proxy) 조직을 이용하여 현지 권력자의 이익에 부합하도록 유도하는 것이다. 조작된 메시지와 허위정보를 제공하여 서방의 언론과 정책을 조종하고, 주민을 선동하여 다른 조직을 흡수하여 우호세력을 키우는 것 등을 포함한다." U.S. Army TRADOC Pamphlet 525-3-1, *The U.S. Army Operating Concept-Win in a Complex World 2020-2040*(U.S. Army, 2014), p. 47.

120 『손자병법』「모공」편에 의하면 전승은 싸우지 않고 온전한 상태로 이기는 것으로 적을 온전한 상태로 굴복시키고, 나도 온전한 상태를 유지하는 것이 최상책으로 강조함.

121 《네이버캐스트》, "신냉전 시대의 전략적 급소, 우크라이나", https://terms.naver.com/entry.nhn?docId=3579250&cid=58784&categoryId=58786(검색일: 2016. 8. 13.)

치하고 통합한 하이브리드전[122]의 한 형태를 보이고 있다.[123]

러시아의 우크라이나에 대한 정책은 서방과의 전략적 완충지대로 남겨 놓는 것이다. 우크라이나를 잃으면 강대국이 되려는 러시아의 꿈은 물거품이 되기 때문에 러시아는 우크라이나를 결코 포기할 수 없는 국가이다. 레닌은 "우크라이나를 잃으면 러시아는 머리를 잃는다"고 말한 바 있는데 이는 러시아 집권층의 정서를 잘 대변하고 있다. 러시아는 내심 우크라이나를 독립국가로 인정하지 않았기 때문에 심리적으로도 받아들이기 힘든 것이 사실이다. 러시아는 우크라이나 동부의 불안을 조성함으로써 크림반도에 대한 실효적 지배권을 확보하였고, 우크라이나의 NATO 가입을 저지할 수 있었다.[124]

크림반도는 1991년 소련이 해체되고 우크라이나가 독립하면서 우크라이나에 속한 자치공화국으로 남아 문제를 안고 있었다. 부동항을 갖춘 크림반도는 지중해와 유럽으로 진출하는 해상 교통로로서 제정러시아 때부터 반도 남서쪽의 세바스토폴에 흑해함대가 주둔해 왔다. 이러한 전략적 중요성으로 인하여 소련이 해체된 이후에 러시아와 우크라이나 간에 크림반도를 둘러싼 분쟁이 시작되었다. 1992년 러시아 의회는 크림반도를 우크라이나에 양도한 1954년의 결정을 무효화한다고 결의하였다. 이에 우크라이나는 반발하였고 유엔은 우크라이나의 영유권을 인정하였다. 하지만 러시아가 흑해함대의 통제권을 포기하지 않음에 따라 수년간 대립하다가 1997년 5월 흑해함대의 분할과 함대기지의 사용 문제 등을 타결하고 우호협력 조약을 체결함으로써 갈등이 일단락되었다.

크림반도 사태의 발단은 2005년 1월 우크라이나 대통령으로 취임한 빅토

---

122 "호프만(Frank G. Hoffman)은 하이브리드전(Hybrid Warfare)은 전통적인 군사능력에 비정규적 전술 및 대형, 무차별한 폭력과 강압을 포함하는 테러분자의 행동, 그리고 범죄적 무질서를 포함하는 전쟁의 다양한 형태들을 통합한다고 정의하였다." 박휘락, "혼합전의 개념과 한국군 수용방향", 『군사평론』 제405호(2010), p. 104.

123 U.S. Army TRADOC Pamphlet 525-3-1, *The U.S. Army Operating Concept-Win in a Complex World 2020-2040*(U.S. Army, 2014), p. 11.

124 Ibid., p. 5.

르 유센코(Viktor Yushchenko)가 북대서양조약기구(NATO) 가입을 위하여 흑해함대의 철수를 시사하자 러시아가 가스공급을 중단하여 우크라이나를 압박하면서 양국 간에 갈등이 재발하였다. 2009년 12월 친러시아 성향의 빅토르 야누코비치(Viktor Yanukovych)가 대통령에 당선되면서 양국 관계가 호전되는 듯하였으나, 2013년 11월 야누코비치 정권이 유럽연합(EU)과 진행하던 경제협정 협상의 중단을 선언하고 러시아와 경제협력을 강화하는 입장을 취하자 이에 반발한 시민들이 키예프를 중심으로 이른바 유로마이단(Euromaidan)이라 불리는 대규모 시위를 일으켰다.[125]

2013년 12월부터 시작된 우크라이나 반정부 시위로 2014년 야누코비치 대통령이 탄핵되고 친서방 경향의 임시 과도정부가 들어서자, 러시아계 인구가 절반 이상을 차지하는 크림반도에서는 유로마이단에 반대하여 우크라이나로부터 분리 독립을 요구하는 움직임이 커졌다. 이에 러시아는 크림반도의 러시아인을 보호한다는 명분 아래 2월 27일 러시아군 무장병력을 투입하여 공항 등 주요 시설을 점령한 데 이어 3월 1일 러시아 상원이 우크라이나에서 군사력 사용을 만장일치로 승인하였다.[126] 러시아군이 크림반도에 주둔하면서 3월 3일에는 크림반도 전역을 장악하여 사실상 러시아의 지배하에 들어갔다. 3월 11일에 크림 자치공화국 의회는 우크라이나로부터 독립하여 크림공화국(Republic of Crimea) 성립을 선포하였으며, 3월 16일 러시아 합병을 위한 주민투표를 실시하여 97%의 찬성으로 가결되었다. 3월 21일에는 러시아 연방의회가 합병을 승인하고 푸틴 대통령이 러시아-크림공화국의 합의문서에 최종 서명함으로써 크림반도 전역은 러시아의 일부가 되었다.[127] 미국과 유럽연합의 반대에도 불구하고 크림반도를

125 《두산백과》, "크림반도 분쟁", https://terms.naver.com/entry.nhn?docId=3340562&cid=40942&categoryId=31787(검색일: 2016. 8. 13.)

126 《시사상식사전》, "러시아의 크림반도 합병"(2014), https://terms.naver.com/entry.nhn?docId=2175238&cid=43667&categoryId=43667(검색일: 2016. 8. 13.)

127 《두산백과》, "크림반도 분쟁", https://terms.naver.com/entry.nhn?docId=3340562&cid=40942&categoryId=31787(검색일: 2016. 8. 13.)

무혈(無血) 합병한 러시아 푸틴의 완벽한 전승이었다.

　　러시아의 크림반도 합병이 보인 전쟁 양상의 특징은 첫째, 군사적 강국(強國)이 수행한 제4세대 전쟁의 방식이라는 것이다. 제4세대 전쟁은 약소국이나 비국가 단체가 강대국을 상대로 싸우는 비대칭적인 전쟁 방식으로 알려져 있었다. 그러나 러시아는 마오쩌둥의 분란전 전략을 수정 적용하여 우크라이나와 이를 지원하는 서방국가의 국가안보 의지를 굴복시키는 전쟁을 수행하였다. 러시아는 경제적 압박과 정치전으로 우크라이나의 친러시아 주민을 공략하여 지지를 획득하였고, 친러시아계 주민의 지지를 바탕으로 친러시아 민병대를 육성, 확장하였다. 또한 그들은 반군으로 위장한 비정규전 부대를 투입하였고, 우크라이나 동부와 크림반도에서 하이브리드전을 수행하여 크림공화국 체제를 전복시킴으로써 정치·군사적 우세를 달성한 것이다. 러시아는 크림반도에서 친러시아계에 의하여 정치·군사적 우세를 점유하여 결정적 시기가 조성되자 최종적으로 군대를 파병하여 전광석화와 같이 크림반도 지역을 장악하였고, 주민투표를 통하여 크림반도를 병합함으로써 전쟁을 종결하는 전형적인 분란전 전략을 수행한 것으로 분석된다.

　　둘째, 현지 주민의 지지를 바탕으로 한 친러시아계 반군을 활용한 비정규전 작전만으로 승리하였다는 것이다. 러시아는 크림 자치공화국의 합병이라는 제한적인 군사목표를 설정하고 우선 먼저 민심을 장악하기 위한 비밀공작을 수행하였다. 친러시아계 주민을 대상으로 총정치국의 병력을 투입하여 친러시아 민병대를 조직하고 확장시키면서 친러시아계 주민을 선동하여 친러 지지 데모를 조장하여 국제여론도 유리하게 조성하였다.[128] 또한 친러시아 반군은 우크라이나 정부군을 대상으로 게릴라전을 수행하여 정부군이 과잉 대응토록 유도함으로써 현지 주민으로부터 우크라이나 정부군에 대한 반감이 증가하도록 조장하였다.

　　러시아가 반군에 개입하였다는 사실은 여러 가지 정황으로 증명되고 있다.

---

128 장순휘, "러시아의 우크라이나 크림반도 합병에 대한 안보적 교훈", 『육군협회소식』 제22호(서울: 육군협회, 2014. 4. 25), p. 18.

이고리 니콜라예비치 베즐레르는 1965년 소련 우크라이나에서 태어나 러시아 총정보국 소속 임원이자 고를로프카 지역 경찰과 민병대 지휘관으로 2014년 크림 위기와 우크라이나 친러시아 분쟁에 참여하였다.[129] 그는 2012년까지 러시아 총정보국(GRU)의 중령으로 분견대를 지휘하였고 은퇴하였다. 우크라이나 장교에 의하면 그는 2014년 2월 러시아 총정보국 요원의 연락을 받고 크림반도로 이동하여 군사 및 정보시설을 점령하고 폭력사건에 개입하였다. 또한 그는 우크라이나 동측 도네츠크주(州)의 우크라이나 보안청(SBU) 건물을 장악하였다.[130] 2014년 4월 14일에는 한 남성이 반군이 장악한 고를로프카 경찰청으로 들어가 스스로 경찰청장이 되었다고 주장하는 내용의 유튜브 영상이 업로드되었다. 그 후 그 남성이 베즐레르인 것으로 확인되었다.[131]

셋째, 군사력을 최소로 은밀히 사용하여 미국과 서방의 군사적 대응 기회를 상실케 하였다는 것이다. 미국의 정보군사 전문가들이 러시아군의 크림반도 주위에 병력 집결을 경고하였으나 미군 수뇌부는 크림반도에 대한 러시아군의 작전기도를 전혀 예측하지 못하였다. 우크라이나 동부와 남부에서 대규모 군사훈련을 가장한 양동작전과 정치적인 위장 전술을 동시 복합적으로 시행하여 미국과 서방이 전혀 눈치채지 못하게 한 것이다. 크림반도에 투입된 러시아 병력은 러시아 흑해함대 병력과 은밀히 침투한 소수 정예부대로 확인되었다.[132] 2월 27일 러시아군으로 추정되는 군복을 착용한 무장 세력이 크림반도와 세바스토폴의 지역 청사와 공항, 군사기지를 점령한 것이다. 그들은 국가를 나타내는 표식과 차량 표지판을 제거하여 정확한 정보를 확인할 수 없었다.[133] 사실 미국이 러시

129 SBU serches for the Russian Lt Colonel who was taking over militia in Horlivka. (TSN, April 18, 2014).

130 Horlivka Lt Colonel of Russian Federation appeared to be real, but in reserves. (Dumskaya, April 16, 2014).

131 "'Russian Lt Colonel' meets Ukrainian police officers," (BBC, April 14, 2014).

132 장순휘, 전게 논문, p. 19.

133 Alissa de Carbonnel; Alessandra Prentice(2014. 2. 28.), "Armed men seize two airport in Ukraine's

아군의 크림반도 장악을 알았다 하더라도 속도가 너무 빨라서 대응은 현실적으로 불가능하였을 것이라는 판단을 하고 있다.

러시아의 크림반도 합병으로 미국과 유럽은 1994년 우크라이나와 체결한 부다페스트 협약[134]이 휴지 조각이 되면서 안보 공약에 대한 국제적인 신뢰를 상실하고, 북한에게는 핵 개발 포기의 설득력을 잃게 되었다. 미국과 유럽은 3월 17일 러시아로의 크림반도의 편입 결정을 불법으로 규정하고 러시아 측 인사의 자산을 동결하고 여행 제한 등 제제를 부과하였다. 유엔 총회도 3월 27일 우크라이나 크림 자치공화국이 주민투표로 러시아와 합병을 결정한 것을 불법으로 규정하는 결의안을 채택하였다. 그러나 러시아 군사 강국이 불법적으로 수행한 하이브리드 전쟁 승리의 결과는 번복되지 않고 있다. 미국과 유럽은 하이브리드전 양상의 소규모 분쟁에 과거의 군부 중심의 전쟁 패러다임인 세계대전을 각오하고 총력전 방식의 대규모 군사력으로 대응할 수 없기 때문이다. 우크라이나 사태는 우크라이나의 동부 도네츠크와 루간스크 2개 주(州) 주민들의 친러시아 정서가 확고하고, 반군에 동조하며, 러시아가 지속적으로 지원하는 것을 볼 때 러시아의 압력에 굴복한 휴전협정 체결 밖에는 방법이 없다고 전문가들은 보고 있다. 우크라이나에서 러시아의 정치적 목적을 달성하기 위하여 이루어진 새로운 전쟁 방식이 국민이 중심이 된 전쟁 패러다임인 것이다.

3) 중국의 삼전[135]

중국의 삼전(三戰: 심리전·언론전·법률전)은 중국이 남중국해 내에서 진행하고

Crimea, Yanukovich reappears"(Reuters. 2014. 3. 1.)

134 부다페스트 협약: 1994년 우크라이나가 핵을 포기하는 대신에 미국, 러시아, 유럽은 우크라이나의 안전보장과 항구적 독립을 약속한다는 내용의 협약으로 북한 핵 포기를 위한 설득력 있는 자료로 활용되었음.

135 중국 인민해방군의 정보전 개념으로 2003년 중국 공산당의 중앙위원회(Chinese Central Committee)와 중앙군사위원회(Central Military Committee)에서 삼전의 개념을 승인함. 삼전의 개념은 「중국 정치공작조례」의 제2장 제18조에 서술되어 있음.

있는 반접근/지역 거부(A2AD, Anti-Access/Area Denial) 전략의 주요목표인 미국의 세력 투사에 대응하기 위하여 구상되었다.[136] 미국이 동맹국과 우호국을 지원하고 있는 상황에서 중국은 군사력을 이용하여 해결하는 것은 불가능할 것이라는 전략적 판단과 더불어 1991년과 2003년 사이에 이라크 및 아프가니스탄 내 미군의 군사작전을 분석하여 삼전의 개념을 '최첨단 전쟁'이라 지칭하면서 도입하였다.[137]

2003년 중국 공산당의 중앙위원회[138]와 중앙군사위원회가 삼전을 지지하였다는 사실은 현대 정보사회에 핵무기의 사용이 사실상 불가능하며, 물리적인 힘은 점점 선호되지 않는 선택이 되고 있다는 것을 중국이 인정한다는 점을 반영하고 있다. 또한 물리적 충돌에 집중하는 전략들은 많은 문제를 야기시키고 '승리하지 못한(Un-Won)' 전쟁을 너무 빈번히 일으킨 전례를 고려하고 있다.[139]

이와 더불어 이라크와 아프간전에서 미국이 자국의 의회와 UN, 그리고 NATO를 설득하여 미국이 무력을 행사할 수 있도록 '법률적 정당성(Legal Legitimacy)'을 구축하고, 국내외 여론을 형성하기 위하여 언론을 사용하고, 이라크군의 사기를 꺾을 수 있게 심리전을 활용한 수법에 매우 깊은 인상을 받았다. 결국 중국 인민해방군 분석가들은 인민해방군이 현대전에 대한 접근방식에서 부족한 부분을 보강하기 위하여 삼전으로 지칭되는 하나의 프로세스를 도입할 필요가 있다는 결론에 도달하였다.[140]

중국의 삼전(Three Warfare)은 심리전, 법률전, 언론전의 3개 요소들로 구성되어 구체적이고 상호 연결된 목표를 가진 정치전 작전(Political Warfare Campaign)으

---

136 국방정보본부, 『중국의 삼전』(서울: 국방정보본부, 2014), p. 10.

137 상게서, p. 237.

138 중국 중앙군사위원회는 "중국 인민해방군의 최고 지휘권을 보유하고 있어서 인민해방군을 지휘하고 명령을 하달함." http://english.people.com.cn/data/organs/militarycommission.html

139 상게서, p. 7.

140 상게서, p. 237.

로 개념화하였다.[141] 그 내용은 아래와 같다.

심리전(Psychological Warfare)은 상대의 민·군 관계자들을 저지하고 심리적 충격을 가하여 사기를 저하시킴으로써 상대의 군사작전 수행능력과 의사결정력을 저하시키는 것이 목표다. 심리전은 해당 목표를 이루기 위해 불신 조장, 반정부적 감정 조장, 상대 교란 및 사기 저하 등의 수법을 사용한다. 자국의 불만을 표현하고, 권력을 과시하거나 위협을 가하기 위해서 경제적 불매운동, 외교적 압력, 어업 방해 및 다른 국가들의 영토에 석유 탐사작업을 허용하는 등의 방법을 이용한다.

법률전(Legal Warfare)은 국내법과 국제법을 이용해 중국의 이익을 취하거나 법적으로 중국에게 유리한 입장을 구축하는 것이 목표이다. 법률전은 상대의 행동반경을 축소하고 행동 환경을 조작하는 데 사용될 수 있다. 또한 법률전은 국제적으로 중국을 지지하는 여론을 만들고 중국 인민해방군의 정치적 영향을 관리하는 데 사용될 수 있다. 법률전은 삼전 중에서 특히 중요한 역할을 수행한다. 독립적으로 사용될 수 있는 군사기술이며 언론전에 사용될 수 있는 자료를 제공해 주는 역할을 수행한다. 법을 제정하거나 위조된 법을 사용하는 행위, 영토 주장을 정당화하기 위해 위조지도[142]를 사용하는 행위, 국제연합 해양법 조약(UN-CLOS)과 기타 국제협약들의 선택적인 부분들만 이용해 중국의 이익을 취하는 행위, 그리고 남중국해 내 중국의 영향력을 강화하기 위해 싼샤시(三沙市)나 시사군도를 지방 도시로 설정하는 법적 왜곡 행위 등이 포함된다.

언론전(Media Warfare)은 중국의 군사 행위에 대한 지지 여론을 강화하고 중국의 이익에 반하는 행위를 방지하기 위해 국내 및 국제 여론에 영향력을 행사하

---

141 삼전은 2011년 미 의회 보고서에 제시된 이후 미 국방부에서 더 많은 정보를 확보하여 더 넓은 범위의 정의와 적용 상황에 대하여 2013년 분석 완료한 결과임.

142 대표적인 예는 남중국해의 약 1백만 평방마일을 아우르는 U자 모양의 남중국해 9단선(Nine-Dash Line)임.

는 것이 목표이다. 언론전은 심리전과 법률전을 진행하기 위해 사전에 해당 지역에 대한 우위를 점하기 위한 핵심(Key)이다. 분석가들은 '인식과 태도에 영향력을 행사하기 위한 지속적인 행위들'이라고 정의하였다. 언론전은 영화, TV프로그램, 책, 인터넷 및 국제 언론 네트워크 등 여론에 영향력을 미칠 수 있는 모든 매체들을 활용한다. 언론전의 책임은 국가적 규모에서는 중국 인민해방군, 지역적 규모에서는 중국 무장경찰(PAP: Peoples Armed Police)에게 있다. 이러한 매체들은 언론전의 목표인 친중국 정서 유지, 국내 및 국외의 여론 조정, 상대의 사기 저하와 상황에 대한 인식 조정을 이루기 위해 사용된다.[143]

중국의 삼전을 분석해 보면 기존의 군부 중심 전쟁 패러다임과는 다른 특성을 가지고 있다. 첫째, 중국 해방군은 '전쟁이 단순히 군사적 갈등이 아니라 정치적, 경제적, 외교적 및 법적인 차원에서도 진행되는 종합적인 교전'으로 여기고 있다는 것이다.[144] 전쟁이 비군사적인 범위까지 확대되고, 평시에도 다양한 비군사적 수단을 활용하여 수행되는 개념으로 확대 해석되고 있다는 점이다.

둘째, 전쟁의 목표도 적 부대를 섬멸하여 전쟁의 목적을 달성하는 것이 아니라 상대의 인식과 심리를 조작하여 분쟁 환경을 중국에 유리하게 조성하는 데 두고 있다는 것이다. 이러한 맥락에서 심리와 정신, 그리고 의견의 충돌이 직접적인 물리적 충돌보다 더 중요한 21세기 전쟁은 누구의 군대가 승리하느냐보다는 누구의 주장이 승리했느냐가 더 중요한 기준이 되었다.[145] 전쟁의 목표를 물리적 타격을 통하여 나의 의지를 강요하는 것이 아니라, 적의 심리와 정신적 의지와의 충돌에서 승리를 달성하는 데 두고 있다는 것이다.

셋째, 전쟁의 중심을 피아의 '국민'에 두고 있다는 것이다. 삼전은 대중의 인

---

143 상게서, pp. 23-25.

144 Timothy Walton, "Treble Spyglass, Treble Spear: China's 'Three Warfares'," *Defence Concept*. Volume 4, Edition 4, 2009. p. 51. 재인용, 상게서, p. 25.

145 상게서, pp. 25-26.

식을 겨냥하고, 주요 목적은 구체적인 심리적 접근방식을 설정하여 대중의 의문을 사며 이러한 의문을 해결하는 것이다. 예를 들어 남중국해에서 전역 수행방법(Campaign Method)은 연안지역의 소국가들에게 적용되며 목표는 해당 소국가들이 제공받는 국제사회의 지원을 약화시키고 중국의 역량과 정치적 결의를 지속적으로 강조하는 것이다. 또한 중국은 내륙 주민들에게 중국을 국가 주권의 수호자로 회자하며 중국의 이웃국가들이 불법적인 행위를 저지르는 것처럼 묘사한다.[146]

삼전은 상대국의 정부를 국민 및 국제적 여론을 통하여 간접적으로 압박하는 것이다.[147] 이는 법률전을 통하여 정당성을 주장하는 가운데, 경제적, 정치적 및 군사적인 수단을 조합하여 심리전으로 압박하고 여론전을 통하여 적의 국민여론을 중국에 유리한 환경으로 조작함으로써 결국, 상대국 정부의 의지를 굴복시키려는 전쟁이기 때문이다. 또한 국내적으로는 중국 인민해방군과 국민들을 대상으로 삼전을 사용하여[148] 중국 국민들의 지지와 단결을 도모하는 데 목표를 두고 있다. 삼전을 통한 군사 정치 작업의 전시(戰時) 목표는 적군의 의지를 약화시키고 중국 국민들의 사기를 진작시키며, 중국 인민해방군 활동에 대한 국제적 지지를 규합하는 데 두고 있다[149]는 점에서 전쟁의 중심이 피아의 국민에게 있다는 것을 분석할 수 있다.

넷째, 전쟁의 수단이 군사력 위주에서 경제적·정치적·군사적 조합으로 다양화되었다는 것이다. 앞에서 설명한 바와 같이 중국은 현대 정보사회에 핵무기의 사용이 사실상 불가능하며, 군사적 충돌에 집중하는 전략들은 많은 문제를 야기(惹起)시키고 승리하지 못한 전쟁이 많아 군사적인 힘은 점점 선호되지 않는 선택이 되고 있다는 것을 인식하고 있다. 특히 중국은 자국의 경제력을 이용하여

---

146 상게서, pp. 27-28.

147 상게서, p. 332.

148 중국과는 다르게 미 국방부의 '정보작전 합동교리'는 미국 국민들을 대상으로 정보전 또는 정보작전을 사용하는 것을 명백히 금지하고 있음. 상게서, p. 290.

149 상게서, p. 236.

아시아 국가들과 국제사회의 각국들이 중국의 정책과 목표를 지지하도록 심리적인 압력을 행사할 수 있을 것이라는 전제 아래 삼전을 구상하였다.[150] 따라서 군사력은 전쟁수단의 일부로 또는 경제적·정치적인 연성 국력(Soft Power)의 상승효과를 보장하는 수단으로 활용하고 있다. 중국은 군비 확장, 전투지휘, 세계 항행 위성시스템, 또는 심해 연구 잠수함 기술 측면에서 군사기술 역량이 크게 발전하였다. 주변국들과 해상 역량의 격차가 벌어지고 있고, 중국은 이를 인식하고 있다. 이로써 중국이 연성권력을 사용할 수 있게 된 것이다.[151]

다섯째, 전쟁 방법의 변화이다. 중국은 삼전을 통하여 전략적으로 유리한 환경을 조성한다. 전쟁의 진정한 목표는 병력과 같은 물리적 존재가 아닌 적국 지도자들의 심리이다. 승리는 심리적 자극에 좌우된다. 해당 자극을 중국에 유리하도록 효과적으로 가하기 위하여 적국의 의사결정자들의 의도, 특성 및 사고방식뿐만 아니라 적국 병력들의 심리적 상태를 정확히 파악하고 평가해야 한다. 따라서 심리전은 적국 지도자들과 국민 대중의 사고방식을 주 표적으로 한다.[152]

중국의 정책결정자들과 전략가들은 중국의 문화유산을 지혜의 샘으로 여기며 상당히 의존한다. 중국은 삼전을 통하여 손자의 「모공」 편에서 벌모(伐謀, 적의 의도를 제압)와 벌교(伐交, 적의 동맹국을 차단)를 통하여 전승(全勝, 온전한 채로 승리)을 달성하거나, 이를 결정적 시기로 하여 군사력을 운용하는, 이겨 놓고 싸우는(先勝而後求戰, 선승이후구전) 방법을 지향하고 있다. 이는 중국식 전략적 사고방식과 전적으로 맞닿아 있으며 마오쩌둥 전략과 유사한 수정된 전략으로 볼 수 있다. 삼전을 통하여 정치적인 힘을 비축하고, 적의 의지를 약화시켜 전략적으로 유리한 상황을 조작하여 결정적 시기를 조성한 다음, 최종적으로 군사력을 운용하여 최종목표를 달성하는 마오쩌둥 전략의 현대적 수정으로 이해할 수도 있다.

이와 같이 최근에 중국이 채택한 삼전은 강대국이 군사적 수단에 의존하여

---

150 상게서, p. 5.
151 상게서, p. 337.
152 상게서, p. 74.

적의 부대를 섬멸하여 전쟁의 목표를 달성하는 이전의 군부 중심 전쟁 패러다임과는 상이한 전쟁 패러다임이다. 중국은 강대국이지만 미국과 중국 주변 소국가를 상대로 삼전을 수행하고 있다. 중국은 군사력을 경제력, 정치력과 조합하여 상대의 국민 대중을 대상으로 언론을 통하여 심리적·정신적 압박을 가함으로써 의지를 약화시키고, 이를 통하여 정부의 정책을 중국에게 유리한 방향으로 결정하도록 강요하여 정치적 목적을 달성하는 방법으로 전·평시 전쟁을 수행하고 있다. 이는 새로운 전쟁 패러다임이며, 이 연구에서 가정한 '국민 중심 전쟁 패러다임'을 잘 증명하고 있는 실례(實例)라고 할 수 있다.

3. 약소국(弱小國)과 비국가 단체의 제4세대 전쟁

제2차 세계대전 이후 현대전쟁의 양상으로 새로이 대두된 전쟁 개념이 4세대 전쟁이며, 미국의 전문가들은 하이브리드전(Hybrid Warfare)[153]으로도 개념을 정의하고 있다. 세계 공산혁명의 과정과 그 이후 냉전 구조의 해체로 인하여 기존의 국가가 해체되거나 국내의 소수 세력들이 독립을 추구하는 현상이 나타나면서 국가 내부의 무력분쟁이 급증하게 되었다. 이로 인하여 전쟁의 중요 행위자였던 국가 이외에 새로운 행위자인 비국가행위자가 전쟁의 중요 행위자로 등장하면서 저강도 분쟁 형태의 새로운 전쟁 양상으로 발전하였다. 4세대 전쟁은 마오쩌둥의 인민전쟁에서 태동(胎動)하여 베트남과 남미의 반군과 민병대, 중동에서의 알카에다 등 초국가 국제 범죄집단에서 현지 상황에 맞게 전략을 수정하여 실

---

153 하이브리드전에 관한 이론이 미국을 중심으로 한 서구의 학계 및 군사 전문가들에게 주목받기 시작한 것은 2007년 프랭크 호프만(Frank G. Hoffman)의 『21세기의 분쟁: 하이브리드 전쟁의 태동』(Conflict in the 21st Century: The Rise of Hybrid Wars, Potomac Institute for Policy Studies)이 출간되면서부터임. 호프만은 하이브리드전을 "국가 또는 정치집단이 재래식 전쟁 수행능력, 비정규전 전술과 조직, 무차별적인 폭력과 강압을 동반하는 테러 행위, 그리고 범죄 행위 등의 다양한 전쟁 방식을 사용하여 수행하는 전쟁"이라고 정의하고 있음.

전에 적용하면서 전투 형태가 진화적으로 발전해 왔다.[154]

1) 마오쩌둥의 인민전쟁(1921~1949)

이런 전쟁을 처음으로 시작한 사람은 마오쩌둥이다. 마오쩌둥은 마르크스주의를 신봉하는 공산당 지도부와는 달리 중국에서의 공산혁명은 농민들의 힘에 근거해야 한다고 주장하였다. 그는 중국의 사회구조에서 산업노동자들은 성공을 보장할 만큼 충분히 강한 세력을 대표하지 못한다고 인식하였다. 반면에 수억 명에 달하는 농민이야말로 적절히 조직되기만 한다면 중국을 통제할 수 있는 힘을 가질 수 있다고 보았다. 그는 우세한 적(군벌의 군대와 정부군)을 만나면 직접적인 대응을 피하고 농민들이 그의 편에 서게 해야 부대의 능력을 향상시킬 수 있고 혁명에서 승리할 수 있다고 확신하였다. 이러한 전제를 기초로 전략적 접근법을 개발하였다. 그의 전략적 접근법은 게릴라 전술인 16자 전법(戰法)으로 홍군(紅軍, Red Army)의 미래전략의 요체가 담겨져 있다.[155]

- 적이 진격해 오면 물러나라(적진아퇴, 敵進我退)
- 적이 휴식하면 괴롭혀라(적주아요, 敵駐我擾)
- 적이 지쳐 있으면 공격하라(적피아타, 敵疲我打)
- 적이 물러나면 추격하라(적퇴아진, 敵退我進)

마오쩌둥은 혁명이란 도시 프롤레타리아들이 일거에 정부를 타도하는 것이 아니라 인민들의 지지를 받아야 하는 하나의 정치적 투쟁으로 보았다. 나아가 농민이야말로 탁월한 정보망이며, 끊임없는 병력의 제공처이자 식량과 노동력의 근원임을 알게 되었다. 이 점이 군대가 민간인을 상대할 때 준수해야 할 지침인

---

154 토머스 햄즈, 전게서, pp. 29-31.
155 상게서, pp. 84-85.

"6대 주의사항(1927. 9.)"의 핵심 내용을 이루고 있었다. 이러한 인민에 대한 관심이 군벌과 국민당 정부에 대항하는 강력한 무기가 되었고 인민들은 마오쩌둥의 군대를 지지하는 것으로 화답하였다.[156]

- 농가에서 밤을 보내고 난 뒤에는 잠자리에 사용한 짚과 나무판자를 돌려주라
- 빌린 것은 무엇이든 돌려주라
- 손해를 입힌 것에 대해서는 보상해 주라
- 공손히 대하라
- 상거래는 공정하게 하라
- 포로를 인간적으로 대하라

마오쩌둥은 대장정 기간 중 연안(延安)에서 집필한 그의 저서『항일 유격전쟁의 전략문제』(抗日遊擊戰爭的 戰略問題)에서 분란전 활동의 3단계를 제시하였다. 이를 정리하여 '인민전쟁 전략'으로 재구성해 보면, 1단계는 '전략적 수세' 단계로서 정치적 힘을 키우고, 2단계는 '전략적 대치' 단계로 적극적 유격전 활동을 통하여 정치·군사적인 힘을 구축하여 결정적 시기를 조성한 다음, 3단계는 '전략적 공세' 단계로 정규군을 투입하여 전쟁을 종결하는 것으로 설명할 수 있다.

마오쩌둥은 거의 1만 5,000km에 이르는 대장정(大長征) 기간 동안 전략적 수세 상황에서 국민당 정부군과의 직접적인 대결을 피하고 농민들을 공산당 편으로 끌어들여 정치적 힘을 구축하였다. 이후 대다수 인민의 전폭적인 지지를 기반으로 전략적 대치 상황에서 게릴라전 형태의 유격전을 통하여 국민당 정부군을 약화시키고, 중국 내 각종 분란을 조성하여 국민당 정부의 정치·사회·경제적 무능함과 부패성을 부각시켰다. 또한 마오쩌둥의 반군은 정부군의 무기를 탈취

---

156 상게서, pp. 85-86.

하고 투항을 유도하여 결국 정치·군사적인 우세를 달성하게 되었다. 이렇게 힘의 균형에 변화가 이루어진 다음에야 최종적으로 마오쩌둥은 예비로 보유하고 있던 공산당 정규군을 투입하여 국민당 정부를 전복시키고, 중국 본토의 공산혁명을 달성하였다.[157]

이렇게 보면, 마오쩌둥 전략의 핵심은 반군이 강력한 정부군의 힘을 약화시키고, 군사력의 균형을 깨서 반군의 재래식 군사력이 우세를 달성할 수 있도록 하는 것이 정치적 힘이라는 사실이다. 정치적인 힘은 인민에서 나오고 인민의 확고한 지지를 받는 세력이 전쟁에서 승리한다는 공식을 제시하고 있다. 인민전쟁은 확실히 새로운 형태의 전쟁 수행방식으로서 환영을 받았다. 마오쩌둥은 반군활동에 있어서 핵심은 정치적인 힘이라는 것을 최초로 간파한 것이다.

2) 베트남의 저항전쟁[158](1955~1975)

호찌민과 보응우옌잡 장군은 처음에는 프랑스(1955~1964)와 나중에는 미국(1964~1975)과의 베트남 전쟁에서 마오쩌둥의 인민전쟁 개념을 새로운 방향으로 발전시켰다. 그들은 마오쩌둥의 농민에 뿌리를 둔 3단계 '인민전쟁 전략' 모델을 그대로 유지하되, 그들의 적으로 삼은 나라의 국가의지를 적극적으로 공략하는 방향으로 모델을 수정하였다. 즉, 그들은 정치적인 전쟁을 멀리 떨어져 있는 적의 본토로 옮겨서, 그곳에서 상대방의 전쟁 의지를 파괴하는 방향으로 개념을 발전시켰다.[159]

호찌민은 프랑스와의 제1차 인도차이나 전쟁에서 마오쩌둥의 3단계 모델을 적용하고 있음을 공공연하게 언급하였을 뿐 아니라, 1951년 2월에는 연설에서 실제 언급하였다.[160] 호찌민의 혁명 전략은 1단계는 정치·군사 행동의 근거지

---

157 상게서, pp. 92-93.
158 호찌민은 베트남 전쟁을 외부의 침략자들로부터의 저항전쟁으로 언급하였음.
159 상게서, p. 97.
160 상게서, p. 101.

를 설치하고 핵심요원을 전장에 배치하며, 2단계는 정치적 조직을 편성하여 게릴라전을 수행하고 정치 · 군사적 우세를 달성하면, 3단계는 게릴라전을 정규전으로 전환하는 것이었다.

보응우옌잡 장군은 호찌민의 3단계 혁명 전략을 바탕으로 정치 · 사회적 수준과 군사적 수준의 전략으로 구분하여 인민전쟁 5단계 전략을 수립하였다. 정치 · 사회적 수준의 전략은 우선 인민대중이 지지하는 세포조직을 형성하여 내부 분열을 조장하고 지속적인 반정부 · 반미 시위를 유도한다. 이를 기반으로 대중조직을 확대하고 베트콩 등 무장 선전대를 창설하여 본격적인 정치선전 전술로 남베트남의 국민적 지지를 획득하면서 공산 세력을 확장하는 원동력을 제공하는 데 목적을 두고 있다. 한편, 군사적 수준의 전략은 농촌지역을 혁명 근거지로 하여 베트콩이 반정부 및 게릴라전을 수행하고, 이를 통하여 미군에 대한 무장 및 정치투쟁을 강화해서 미국 본토에서 반전 여론을 조성함으로써 미국의 전쟁 의지를 약화시켜 주월미군을 철수시키는 것이다. 최종단계는 미군이 철수하면 월맹의 정규군을 투입하여 혁명을 완수하는 전략이다.

호찌민은 수천 명의 공산당원을 사전에 월남에 남파하여 사회 각 부분을 장악하였다. 당시 월남에는 월맹의 사주를 받은 공산당원과 인민 혁명당원 약 5만여 명이 암약하였다. 이들은 민족주의자, 평화주의자, 인도주의자로 위장한 채 시민단체와 종교단체를 장악하여 미군 철수를 주장하고 폭력시위를 벌이는 등 사회혼란 조성에 앞장섰다. 월남 패망 직후 가톨릭 신부, 불교 승려는 말할 것 없고 장관, 국회의원, 사이공 시장, 상당수의 군 장성, 경찰 간부 및 판검사 등이 간첩이었음이 드러났다. 또한 그들은 월남 지역의 베트콩을 이용한 게릴라전으로 남베트남 정부군과 연합군을 공격하였으며 월남 국민들은 민주주의든 공산주의든 관심도 없었고 전쟁에 지쳐 빨리 끝나기를 기다렸다.[161]

호찌민은 월남을 지원하는 미국 정치지도자의 정치적 의지를 굴복시키기

---

161 김충남 외, 전게서, pp. 217-218.

위하여 국제적으로 반전 여론 조성과 미국 국민을 대상으로 선전전을 통하여 정치전쟁을 수행하였다. 월남의 정치·사회적 혼란, 만연된 부패, 반정부 시위는 미국의 월남전 반대 운동에 큰 자극제가 되었다. 월남전에서 미군을 지휘하였던 웨스트모얼랜드(William Westmoreland) 장군은 회고록을 통하여 언론이 전쟁에 끼친 부정적 영향을 개탄하였다. 군대나 전쟁을 잘 모르는 젊은 기자들은 언론사들의 상업적 방침에 따라 자극적인 기사만을 골라 과장 보도하거나 불평분자의 소문만 듣고 여과 없이 보도하여 미국의 반전 분위기를 더욱 고조시켰다.[162]

미국의 반전운동이 최고조에 달한 결정적 계기가 된 것은 미국 TV매체로 생생히 방영된 월맹의 구정 공세였다. 구정 공세로 인하여 군사력 면에서 미국과 월남에 유리하도록 급격한 변화가 일어났지만, 정치적 분위기는 월맹에게 훨씬 더 결정적으로 유리한 방향으로 전개되었다. 미국 정부는 부패한 월남을 위하여 왜 싸워야 하는지에 대한 회의론과 항상 이기고 있다는 미군의 입장 발표에 대하여 믿지 못하는 여론으로 국민의 신뢰를 잃게 되었다. 그 결과 미국의 여론은 전쟁을 반대하는 쪽으로 급선회하였으며, 미국의 군사적 개입을 중지하라는 국제적 압력도 이전보다 거세어져 갔다.[163] 결국 미국은 1968년 5월 월맹과 비밀협상을 시작하였고, 1973년 1월 평화협정에 서명하였다. 이 협정은 월남을 사실상 포기하는 것이나 마찬가지였다. 이 협정 체결 직전 미군은 철수를 완료하여 월남이 독자적으로 나라를 지키지 않으면 안 되었다.

미군이 철수하면서 미군이 보유하고 있던 각종 최신무기는 모두 월남군에 양도되었다. 당시 월남은 전투기 600여 대, 헬리콥터 900여 대 등을 보유하여 공군력 세계 4위를 기록하였고, 월남군은 100만 명이 넘었으며 미국의 전폭적인 지원으로 최신장비로 무장하고 보급품도 풍성하였다. 월남군은 세계 4위의 월등한 군사력을 바탕으로 한 기동과 화력으로 월맹군의 공세를 분쇄할 수 있다고 자

---

162 상게서, p. 218.
163 토머스 햄즈, 전게서 pp. 110-111.

신하였다. 그러나 월맹군이 총공세로 전환 후 단 한 차례의 공격으로 월남군 2개 군단을 무너뜨렸다. 공산군의 공세가 시작된 이래 무질서한 퇴각만을 계속하였던 월남군은 불과 한 달 반 만에 사이공까지 포기하고 말았다.[164]

월맹과 월남 민족해방전선의 군대는 그야말로 '거지'군대였다. 그들은 소금으로 한 끼의 식사를 겨우 해결하고 전차부대를 제외하고는 군화 신은 병사가 없었다. 이런 거지군대가 최신무기로 무장한 월남군을 그리도 쉽게 괴멸시킨 것이다. 공산군에게는 월남을 해방시켜야 한다는 분명한 목적의식이 있었다. 그러나 월남군에게는 나라를 지켜야 한다는 의지가 없었고 패배주의에 빠져 있었다.[165]

베트남 전쟁은 군사력이 강한 국가가 승리하는 군부 중심의 전쟁이 아니었다. 월맹이 월남과 미국의 국민을 대상으로 심리를 공략하여 국가의 의지를 굴복시킨 새로운 전쟁이었다. 싸울 의지가 없는 오합지졸 같은 군대는 아무리 최신무기를 가졌다 해도 그것들은 단지 고철에 불과하다는 점을 월남군은 생생히 보여 주었다. 결국, 베트남 전쟁의 승패를 결정지은 중심은 월남과 미국의 '국민의 의지'였다는 것을 보여 주는 중요한 사례이다.

3) 니카라과의 공산화(1961~1979)

니카라과(Nicaragua)의 산디니스타(Sandinista National Liberation Front)[166] 무장 혁명조직은 미국의 지원을 받는 소모사 정부를 무너뜨리고, 공산주의 혁명을 달성하기 위하여 여러 가지 시행착오를 통하여 그들의 혁명 방법을 발전시켜 나갔다. 이들은 대학생, 조직원들을 주축으로 농촌 및 산악지역이 아닌 대도시를 기반으로 종교단체, 정부 관료 및 군 고위직을 대상으로 세력 구축을 시도하였다. 특히,

---

164 김충남 외, 전게서, p. 221.

165 상게서, p. 223.

166 산디니스타: 1961년에 결성된 니카라과의 무장 혁명조직으로 1930년대 미국이 니카라과를 침공하였을 때 저항운동을 하였던 '아우구스토 세사르 산디노'의 이름에서 유래, 1979년에 니카라과의 소모사 가문의 독재체제를 무너뜨리고 1985년에 산디니스타 공산주의 정부를 공식 수립함.

그들은 국가 경제를 구성하고 있는 대기업 등 각종 기업인들과 노동자들을 포섭하여 전국적인 파업을 조장하였다.

국외적으로 그들은 각종 여론매체와 정치단체를 자신들에게 유리한 쪽으로 활동시키기 위하여 국내 온건파 정치세력들을 포섭하였다. 이러한 기반을 토대로 산디니스타 무장 혁명조직은 국민들과 국제여론에 자신들은 공산주의자가 아니라, 단지 부패한 정부를 타도한 후에 올바른 정부가 수립되기를 원하는 온건파라는 것을 확신시키기 위하여 노력하였다.

산디니스타 무장 세력은 정치적 노력만으로 국민들의 저항활동과 국제적 여론을 확산시킴으로써 세력균형 관계를 변화시켜 자연스럽게 정부를 붕괴시키고 공산정권을 수립하였다. 그들은 마오쩌둥의 인민전쟁 전략의 1·2단계 후에 전략의 마지막 단계로서 혁명의 정규군을 투입하는 과정을 생략한 채 국민의 지지만을 바탕으로 정권을 탈취한 국민 중심의 전쟁을 수행하였다.

4) 팔레스타인의 인티파다(1987~1993)[167]

이스라엘 지역의 팔레스타인인들에 의한 1차 인티파다는 이전의 마오쩌둥의 '인민전쟁'과는 직접적인 교리적 연계가 없이 팔레스타인 일반 국민들이 주도한 자발적인 비군사적 봉기이다. 강력한 이스라엘 군대와 맞서 비무장 군중들이 돌멩이 하나로 가자지구에서 이스라엘군을 철수시킴으로써, 그간 주변의 여러 아랍국들이 성공하지 못한 정치적인 승리를 이룬 역사적 사건이었다.

총과 전차로 무장한 절대 우세의 강력한 이스라엘 진압군에 맞선 팔레스타인인들은 군사적으로는 그들을 이길 수 없다고 판단하여 제일선에 소년·소녀들을 배치하고 오로지 돌멩이 하나로 맞서게 하였으며 총뿐만 아니라 화염병도 일체 사용하지 못하게 하였다. 이로 인하여 국제사회는 총과 전차로 무장한 이스라엘군을 잔인한 정복자로 인식하였으며, 팔레스타인 군중들은 인도의 간디처럼

---

167 인티파다는 봉기·반란·각성 등을 뜻하는 아랍어임.

숭고한 애국자 또는 성직자로 묘사되었다.

국제사회의 여론은 팔레스타인을 지원하기 시작하였으며 이스라엘은 물론 이스라엘을 지원하는 미국을 비난하기 시작하였고, 이스라엘군 내부에서도 동요가 일기 시작하였다. 그 결과 그들은 국제사회 여론과 이스라엘 내 좌익세력의 압력에 의하여 정치적으로 패배하여 이스라엘 영토 일부를 팔레스타인인들에게 양도하게 되었다.

1차 인티파다로부터 패배한 이스라엘은 그 교훈으로 4세대 전쟁을 이해하게 되었다. 이스라엘 샤론 리쿠르트 연합 당수는 이슬람 사원에 대한 안전 점검을 구실로 2000년 9월 28일 경찰기동대 1,000명의 호위를 받으면서 이슬람교의 세 번째 성지인 알아크사 사원을 방문하는 대대적인 행사를 가졌다. 샤론의 의도된 방문은 팔레스타인의 분노를 폭발시켰다. 팔레스타인인들은 거리로 나왔으며 이 기회를 놓치지 않고 아라파트[168]는 무장군 세력을 투입하여 팔레스타인인들의 폭동을 무장폭동으로 발전시켰고 이스라엘은 이를 구실로 대규모 군사력을 투입하였다. 양국 모두가 자국민들에게 급진적이고 폭력적인 활동을 부추기고 장려함으로써 폭력은 더 확대되었다. 이로 인하여 세계인들은 이스라엘군을 뒤에서 쏘는 무장 세력 팔레스타인인과 아라파트처럼 수염을 기른 테러리스트들이 보내는 불분명하고 과격한 메시지만 접하게 되면서 팔레스타인인들에게 등을 돌렸고, 국제 여론은 이스라엘의 무력진압의 당위성을 인정하는 방향으로 선회하게 되었다.

인티파다는 팔레스타인과 이스라엘 공히 무력을 사용하지 않고 도덕적 우위를 바탕으로 상대 국가의 국민과 세계 여론을 조작하여 정치적 승리를 추구하는 새로운 형태의 전쟁이었다. 이 전쟁은 비군사적 수단만으로도 전쟁의 정치적 목적을 달성할 수 있으며, 전쟁에서 여론전과 선전전의 효용성을 보여 주고 있다.

---

168 야세르 아라파트(Yasser Arafat, 1929. 8. 4-2004. 11. 11): 팔레스타인 해방운동가, 1996년 팔레스타인 자치정부의 수반으로 선출됨.

5) 아프가니스탄 전쟁(소련: 1979~1989, 미국: 2001~2014)

소련은 아프가니스탄 내부의 정쟁에 의한 불안정이 인접의 소련 이슬람 지역으로 번질 것을 두려워한 나머지 아프가니스탄을 침공하였다. 소련 제40군을 투입하여 재빠르게 주요 인구밀집 지역을 점령하고, 아민(Hafizullah Amin)을 처형한 다음 꼭두각시 정권을 내세웠다. 초기에는 소련이 쉽게 승리를 거둔 것처럼 보였다.[169] 소련은 군부 중심의 전쟁 패러다임에서 벗어나지 못하였다. 1950~1960년대 동구권 국가에서 압도적인 군사력을 투입하여 친소 정권을 수립한 것과 같이 아프가니스탄에도 고강도 전쟁에 대비한 군대를 투입한 것이다. 그러나 아프가니스탄의 지형과 기상, 그리고 반군(反軍)은 소련이 상상하였던 것과는 다른 것이었다. 짧고 치열한 군부 중심의 전쟁이 되리라던 예상은 벗어나고 장기 지구전으로 바뀌어 버렸다.[170]

아프가니스탄 부족들은 크게 4개 부족[171]으로 구성되어 평시에는 내부 투쟁을 하고 있다가 외부세력이 침입하면 내부 투쟁을 중단하고 연합하는 전통을 갖고 있다. 1979년 소련의 아프가니스탄 침공 시에도 부족들은 연합하여 10년간 매복과 암살, 사보타주[172] 등을 활용하는 전략을 펼쳤다. 또한 외부적으로는 민족과 종교적으로 이해관계가 있는 이란, 파키스탄, 인도 및 우즈베키스탄 등의 주변 국가와 미국으로부터 자금은 물론 각종 무기를 지원받아 무장조직을 운용하였다.

이에 대하여 소련군은 대반란전 전략으로 화력과 기동에 의한 초토화 작전을 채택하였다. 이로 인하여 아프가니스탄 민간인이 피해를 받고 농토가 피폐화

---

169 토머스 햄즈, 전게서, pp. 232-233.

170 손석현, 전게서, p. 177.

171 아프가니스탄은 면적 647,500km²에 인구는 약 3천2백만 명으로 부족은 파슈툰족(42%), 타지크족(27%), 하자라족(9%), 우즈베크족(9%) 등으로 구성되어 있음.

172 사보타주(Sabotage): 고의적인 사유재산 파괴나 태업 등을 통한 노동자의 쟁의 행위를 말함. 프랑스어의 사보(Sabot, 나막신)에서 유래된 말로 중세 유럽 농민들이 영주의 부당한 처세에 항의하여 수확물을 사보로 짓밟은 데서 연유했음.

되어 인구의 약 40%가 난민이 되었다. 이는 더욱 민중의 마음이 소련으로부터 돌아서게 하는 결과를 초래하였다. 아프간 민중의 지원을 받는 반군의 능력이 소련의 지원을 받는 정부군을 훨씬 초과하였다. 결국 장기간에 걸쳐 연합한 부족들의 소규모 게릴라전에 의하여 소련군은 2만 5천 명의 피해를 입었으며 패배를 인정하고 1989년 2월에 철수하게 되었다. 소련군의 패배는 아프가니스탄 주민의 지지를 획득하는 데 실패한 결과였다.

소련군이 철수한 후 아프가니스탄은 탈레반과 알카에다의 두 세력의 각축장이 되었다. 알카에다는 아프가니스탄 전 지역을 지배하려는 결의를 보이고 미국에 대하여 9·11 테러공격을 감행하였다. 2001년 10월 7일 미군은 9·11 공격을 자행한 알카에다와 오사마 빈라덴(Osama bin Laden)의 포기를 거부한 탈레반 정권을 분쇄하기 위하여 공격을 시작하였다. 초기 전투의 결과 단시간 내에 탈레반 정권을 성공적으로 제거하였고, 알카에다에 심각한 피해를 입혔다. 그러나 탈레반과 알카에다에 대한 미국의 지속적인 소탕작전에도 불구하고 집중력 부족과 각 기관 및 아프가니스탄 임시정부 간 협조 부재로 탈레반과 알카에다, 밀수업자, 마약 상인, 외국 세력, 대부분의 파슈툰족 등 반정부군이 재기할 수 있는 기회를 갖게 되어 지금도 전쟁이 진행 중에 있다.

반정부군이 구사하는 접근방법도 전쟁의 복잡성을 더해 주고 있다. 그들은 장사정 로켓과 원격조종 폭탄을 사용하여 다국적군과 미군에 대하여 간헐적인 공격을 감행하고 있다. 그들은 거의 피해를 입지 않으면서 외국에서 파견된 부대를 상대로 불안감을 조성하고 있는 것이다. 이들은 다국적군과의 협력을 원하는 아프가니스탄 사람들에게 연합군은 당연히 떠나가겠지만 반정부군은 그렇지 않다는 것을 상기시켰다.[173]

또한 이들은 UN, 비정부 단체 및 독립적 경찰 전초부대에 대한 직접적인 공격을 통하여 아프가니스탄을 향한 여러 지역에서의 국제지원 활동을 중단시켰

---

173 토머스 햄즈, 전게서, p. 245.

다. 이것은 정부가 지방민들의 삶을 개선할 수 있는 방법들 중의 한 가지를 차단한 것이었다. 지원기구와 정부 대표자들이 철수하자 더욱 심각해진 것은 반정부군만이 파슈툰족의 번영과 권력 회복을 도와줄 수 있으며 반정부군만이 항상 그곳에 존재한다는 선전효과를 달성하였다는 것이다. 정부는 비정부기구에게 효과적인 안전을 제공할 수 있는 재원이 부족하였다. 그래서 원조기구 종사자들을 암살하는 것은 그들에게 가장 경제적인 작전 방법이 되었다.[174]

반정부군은 현지 주민의 지원과 지지가 전쟁의 승패를 좌우하는 중심이라는 것을 잘 이해하고 있다. 반정부군은 현지 주민이 다국적군과 미군을 지지하고 지원하는 것을 차단하고, 그들만을 지지하고 지원할 수 있도록 비정규전의 접근 방법을 수행하였다는 것이다.

6) 이라크 전쟁(2003~2011)

2003년 3월 20일 이라크를 공격한 미국의 부시 행정부는 그들이 수행하는 전쟁의 유형을 제대로 이해하지 못하였다. 미국은 전쟁을 단기적으로 첨단기술에 의한 재래식 방법으로 수행하려고 하였다. 그들이 예상한 대로 미국은 사담 후세인 정권을 제거하고 공화국 수비대 등 이라크 정규군을 격멸한 후 동년 5월 1일에 "주요 적대행위 종식"을 선언하였다. 그러나 유감스럽게도 이라크전은 그 속성이 첨단기술 전쟁이 아니라 4세대 네트워크 전쟁이었다. 적대행위는 종식되지 않았고 그 끝이 분명히 보이지 않는 가운데 계속되었다.[175]

이라크 반군들은 미국의 '전쟁 수행의지의 분쇄'라는 전략 개념으로 미군과 미국을 지원하는 타국 정부나 비정부기구, 미국과 일하거나 협조하는 것으로 믿어지는 이라크 주민들을 공격하였다. 그들은 유엔 현지본부와 일본의 지원활동가, 한국의 하도급자, 이라크 경찰 총수와 시장들, 구호기구 종사자들, 이탈리아

---

174 상게서, p. 246.
175 상게서, p. 251.

군과 미군의 호송 행렬 등을 공격하였다. 또한 이라크 경찰과 시민을 대상으로 폭탄 공격과 암살행위를 감행하였다. 그들은 국제지원기구들을 축출하고 미국에 협조적인 이라크 주민을 협박하면서 안정을 확립하려는 미군의 능력을 대폭 감소시키려 하였다. 반군들은 미국은 안정을 확립할 능력이 없는 것을 보여 주어 이라크 주민들을 미군으로부터 분리시키고, 미군은 언젠가는 떠날 것이며 반군들은 계속 남아 있을 것임을 주민들에게 주지시켰다. 이라크 국민들로 하여금 다국적군을 돕는 것이 안전하지도 않고 현명한 처사가 아니라는 것을 인식시키고자 노력하였다.[176]

반군은 미국은 승리할 수 없다는 것을 인식시켜 정치적 의지를 좌절시키는 데 기대를 걸었다. 그들은 베트남, 레바논, 소말리아에서 미군의 사상자 발생에 미국 국민이 반감을 가지고 있음을 잘 알고 있었다. 그들은 다수의 시신이 본국에 소환되면 미군은 철수할 것으로 기대하고 있었다. 이를 위하여 반군 무장 세력들은 유기된 탄약들을 이용하여 급조폭발물(IED)[177] 공격을 활발하게 전개하여 미군과 다국적군 사상자를 전쟁기간보다 더 많이 발생시켰다. 이 외에도 그들은 국제적 매스컴 등을 이용하여 미국과 동맹군의 이라크군 포로 학대와 민간인 학대 등을 선전함으로써 국제적 지지를 획득하려고 노력하였다. 동시에 미군과 다국적군 포로에 대해서는 방송을 이용하여 공개 참수를 함으로써 동맹국의 국민들에게 공포와 염전사상을 독려하여 정치적 의사결정에 영향을 미치도록 시도하였다.

미국은 대대적인 증파와 함께 이라크의 수니파 주민들로 구성된 '이라크 아들들(Sons of Iraq)' 프로그램에 의하여 미군과 시아파의 이라크 보안군(ISF)과 함께 근무하는 지역 보안군을 확장해 갔다. 이라크 아들들 운동은 '안바르 각성' 운동과 마찬가지로 점차 성장을 거듭하여 지역 보안군이 10만 명 이상으로 확장되었

---

176 상게서, pp. 255-257.
177 급조폭발물(IED: Improvised Explosive Devices): 각종 폭탄 유기물 등을 이용하여 제작한 인명살상용 폭발물.

다. 이라크 아들들에게 미군은 봉급을 지급하였다. 이로 인하여 알카에다에 대한 수니파의 지지는 약화되었고 수니파 주민들이 알카에다 조직을 거부하면서 2009년 이후에는 알카에다 조직에 대한 이라크 내부의 지지는 사실상 사라졌다.[178] 반미 성전을 부르짖으면서 세력을 확장하던 이라크 알카에다는 2006년 12월에 '이라크 이슬람국가(Islam State)'라는 단체를 결성하게 된다. 그 뒤 이라크 이슬람국가는 2011년 미군이 철수하고 시리아가 내전을 겪으면서 더욱 세력을 확장하여 이슬람국가(IS)로 바뀌었다. IS는 이슬람 제국의 건국을 목표로 전쟁을 일으키면서 중동은 더욱 끊임없는 격전의 소용돌이로 변해 갔다.[179]

2008년 3월 남부 바스라 지역에서의 작전 종료와 함께 이라크의 치안상황은 점점 더 개선되었다. 2009년 6월 30일부터 이라크 보안군은 모든 도시지역 치안에 대하여 전적인 책임을 지고 미군은 보조적인 역할을 맡았다. 대반란전 작전은 반군분자들을 처리하기 위하여 계속되었고, 23개 지방재건팀(PRT: Provincial Reconstruction Team)에 대한 안전을 제공하였다. 이로 인하여 재건활동은 활발히 전개되었고 이라크 안보상황은 점차 개선되었다. 2008년부터 미군은 이라크로부터 병력을 철수하였고 안보상황의 진전에 따라 철수 병력도 증가하였다. 2010년 8월 19일 마지막으로 남아 있던 미군 전투여단이 철수함으로써 '이라크 자유작전'은 공식적으로 종료되었다.[180] 이로써 충격과 공포란 이름으로 시작된 전쟁이 8년여 만에 공식적으로 끝난 것이다.

이라크 반군들은 4세대 조직의 모든 특성을 보여 주었다. 그들은 다국적 국가의 정치적 의지가 피로에 지치도록 하면서 승리를 추구하고 있었다. 다국적 국가들의 국민들에게 승리할 수 없는 전쟁임을 인식시킨 것이다. 또한 이라크 주민들에게는 다국적군을 지지하는 것이 안전하지도 현명한 처사도 아님을 테러와 암살, 선전전을 통하여 인식시켰다. 그들은 "우리는 장기적인 투쟁을 벌이고 있

---

178 손석현, 전게서, pp. 248-249.
179 상게서, p. 250.
180 상게서, p. 249.

고, 4세대 전쟁기술과 전술을 사용하여 당신들 국민과 당신들을 지원하는 이라크 국민들의 의지를 분쇄할 것이다"[181]라는 분명한 메시지를 보냈다. 그러나 알카에다 등 이라크 반군들은 미군의 대반란 작전으로 이라크 수니파의 지지를 받지 못하자 점점 세력을 잃어버리고 사라지게 되었다. 이는 현지 주민의 지지가 전쟁의 승패를 좌우하는 새로운 패러다임의 전쟁 사례였다.

7) 4세대 전쟁의 특징

4세대 전쟁은 제2차 세계대전 이전의 군부 중심 전쟁 패러다임과는 전혀 다른 성격을 띠고 있다. 기존의 전쟁 형태가 적의 군사력을 파괴하거나 무력화하는 것에 초점을 두고 있다면 4세대 전쟁은 군사적인 승리보다는 적의 정치적인 의지를 직접 분쇄하는 데 초점이 있다는 것이다.

4세대 전쟁에서는 활용할 수 있는 모든 네트워크를 동원하여 적국의 정치지도자들에게 좌절을 안겨 주는 것이 목적이다. 적국은 절대로 전략적인 목표를 달성할 수 없으며, 설사 달성된다 하더라도 엄청난 대가(代價)를 치를 수밖에 없다는 것을 그들에게 인식시키고자 한다.[182] 4세대 전쟁은 적국 의사결정자의 심리를 직접 겨냥하여 공격한다. 즉, 적국 정치지도자들은 국민의 여론에 취약하기 때문에 공격의 중심을 국민으로 보고 직접 공략하고 있다.

4세대 전쟁 행위자들은 다양한 네트워크를 통하여 불특정 다수의 국민을 소프트 타깃(Soft Target)[183]으로 테러를 감행하여 대중의 공포를 조장하고, 언론전

---

181 토머스 햄즈, 전게서, p. 258.

182 강진석, 『클라우제비츠와 한반도 평화와 전쟁』(서울: 동인, 2013); 강진석, 『현대전쟁의 논리와 철학』(서울: 동인, 2012), pp. 121-122.

183 소프트 타깃은 정부기관이나 공적 기관을 대상으로 하는 '하드 타깃'의 반대개념으로 민간인을 대상으로 이루어지는 테러행위를 가리킨다. 이 개념이 정립된 것은 지난 2001년 9·11 테러 이후이다. 위험이나 저항 없이 쉽게 테러를 자행할 수 있으며 불특정 다수를 대상으로 삼기 때문에 파급효과를 극대화할 수 있어, 알카에다와 같은 반정부 세력들이 주로 이를 이용한다. https://m.terms.naver.com/entry.nhn?docId=928574&cid=43667&categoryId=43667(검색일: 2016. 7. 18.)

과 여론전 등으로 국민의 심리를 공격하여 정치지도자의 의지를 좌절시키려 한다. 따라서 4세대 전쟁은 수개월 혹은 수년 내 끝나는 전쟁이 아니라 수십 년이 걸리는 장기전이다.

또한 강대국이 승리한다는 군부 중심의 전쟁 패러다임의 인식을 깨트린 전쟁이다. 4세대 전쟁은 강대국이 패한 유일한 전쟁 형태이다. 미국은 베트남, 레바논, 소말리아에서 실패하였고, 프랑스는 베트남과 알제리에서, 소련은 아프가니스탄에서 이런 형태의 전쟁에서 패하였다. 러시아는 체첸에서, 미국은 이라크와 아프가니스탄, 그리고 알카에다와 ISIL(이슬람국가) 네트워크를 상대로 도처에서 피를 흘리고 있다.[184]

제4세대 전쟁을 평가해 보면 다음의 다섯 가지로 특징을 정리할 수 있다. 첫째, 공격 중심이 상대국의 군사력에서 정책결정자의 심리 변화로 변하고 있다는 것이다. 과거 군부 중심의 전쟁 패러다임은 전쟁의 목표가 적의 군사력을 분쇄하여 재창출 능력을 파괴하는 것이었지만, 4세대 전쟁은 그런 방식을 취하지 않는다. 이전 세대와는 달리 적의 군사력을 파괴함으로써 승리를 달성하려 하지 않는다. 대신 4세대 전쟁에서는 직접적으로 적 지도부에게 전쟁 목표는 달성할 수 없을 뿐더러 값비싼 대가를 치러야 한다는 인식에 도달하도록 가용 네트워크를 동원하여 적의 정치적 의지를 분쇄함으로써 승리를 달성한다. 결국 군사적 대결보다는 상대 정치지도자와 이들에게 영향을 미치는 국민 대중을 대상으로 특별한 메시지를 전달하는 수단으로 네트워크를 사용한다.[185]

둘째, 대부분이 군사적 약자(弱者)가 강자(强者)를 상대한 전쟁이었다. 마오쩌둥이나 호찌민은 그들의 군사력이 상대방 군사력에 비하여 상당한 열세에 놓여 있었다. 그렇지만 4세대 전쟁기술을 사용하여 상대방의 정부의 의지를 약화시키고 자원을 고립시켜 나중에는 상대방의 군사력 파괴가 가능하도록 전력(戰

---

184 토머스 햄즈, 전게서, p. 29.
185 상게서 p. 297.

力)의 우위를 달성할 수 있었다. 즉 약자가 4세대 전쟁기술을 통하여 정치 · 군사적 우세를 달성한 후 마지막으로 정규전을 통하여 전략적 목표인 정권을 탈취한다는 것이다.

토프트(Ivan Arreguin-Toft)는 『약자는 전쟁에서 어떻게 승리하는가?』(*How The Weak Win Wars*) 라는 저서를 통하여 군사적 약자가 전쟁에서 이긴 확률이 1800년대 11.8%에서 1949년~1998년까지 55%로 점점 커지고 있다고 분석하였다. 그 이유는 약자가 강자를 상대로 효과적인 비대칭성을 추구하는 반면에 강자는 전쟁으로 인한 국력 소모로 말미암아 국민으로부터 반감(反感)을 사게 되어, 결국에는 정치지도자의 의지 굴복으로 이어져 패하기 때문이라고 주장한 바 있다. 이러한 비대칭성을 바탕으로 군사적 약자인 반군 조직과 초(超)국가적 비국가 단체(알카에다와 탈레반, 이슬람국가 등)도 전쟁 수행의 주체로 부각되고 있다. 이러한 전쟁의 진화로 인하여 오늘날 초국가 테러단체들의 미국과 러시아 등 강대국을 상대로 한 전쟁이 가능하게 되었다.[186]

셋째, 4세대 전쟁 세력들은 현대의 정보화와 세계화에 기반을 두고 자유와 개방성을 최대로 활용하는 특징을 갖고 있다. 그들은 상대 정치지도자와 이들에게 영향을 미치는 사람들에게 특별한 메시지를 전달하는 수단으로 네트워크를 사용한다. 인터넷은 언론전, 선전전을 위한 정치적 도구로 활용될 뿐 아니라 각 지역에 흩어져 있는 반국가 및 초국가 단체와의 통신수단으로도 활용된다. 즉 분란전 세력들은 정치 · 경제 · 사회 · 문화 · 군사 등의 제반분야에서 이용 가능한 세력들을 네트워크화하여 기상천외한 방법과 수단으로 전쟁을 수행하고 있다. 세계화되고 개방적인 사회이면서 실패한 국가는 이들 세력에게 은신처를 제공하고 분란활동을 촉진시켜 상대의 정치지도자의 의지를 굴복시킬 수 있는 유리한 여건을 조성하고 있다.[187]

---

186 성윤환, "북한의 새로운 도발양상 연구", 『전투발전』 통권 제144호(2013), pp. 17-18.
187 상게 논문, p. 18.

넷째, 4세대 전쟁은 수개월 혹은 수년이 아니고 수십 년에 걸쳐서 장기적이고 동시다발적인 비대칭·비정규전 양상을 보이고 있다. 중국 공산당은 27년, 베트남인들은 30년, 산디니스타들은 18년간 싸웠고, 팔레스타인인들은 1967년 이래 계속 싸우고 있다. 아프가니스탄 주민들은 소련을 물리치기 위하여 10년간 싸웠고,[188] 미국과는 1991년 이후 2011년까지 10년간 계속되었다. 그들은 국제적, 초국가적 네트워크를 사용한다. 그들은 이전 세대 전쟁에서 필수적이었던 전시 하부구조를 구축할 필요가 없다. 그들은 군인이 아닌, 대개는 급조한 다른 형태의 전사(戰士)들 간의 전략적인 대립으로 바뀌었다. 그들은 강대국과의 군사적 대결은 회피하고 상대 정책결정자들의 심리를 변화시킬 수 있는 전쟁수단으로 테러와 언론전·선전전, 게릴라전·분란전, 유혈전 등 비대칭·비정규전 형태로 전쟁을 수행하고 있다.[189]

재래전과 오늘날의 비정규전은 클라우제비츠의 삼위일체의 세 가지 지주를 분석도구로 활용하면 〈그림 4-2〉와 같이 작전선(Line of Operation)을 구분할 수 있다. 재래전은 군대와 주민을 분리시킨 상황에서 적의 군대를 파괴하고, 그 정부로 하여금 전쟁을 도발하지 못하게 하며, 국민의 지원을 받지 못하게 함으로써 삼위일체의 균형을 무너뜨려 승리하는 것이었다. 그러나 비국가 범죄단체의 비정규전은 강력한 적의 군대와의 접전은 회피하여 군대의 효용성을 감소 또는 제거한 가운데 적 주민과 정부를 상대로 끊임없이 공략함으로써 자신의 의지를 강요하는 것이다. 이를 위하여 비정규전은 적 정부에 영향력 행사를 위하여 전쟁의 중심인 은신처 주민들의 지지를 얻거나 적 주민의 의지를 침식시키는 것에 작전 중점을 두고 있어 재래전과의 분명한 차이점이 있다.[190]

---

188 상게서, p. 44.
189 상게 논문, p. 18.
190 루퍼트 스미스, 전게서, pp. 220-221.

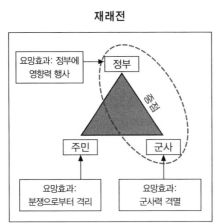
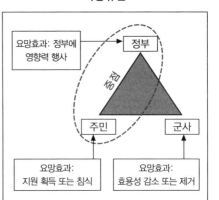

| 재래전 | 비정규전 |

재래전

요망효과: 정부에 영향력 행사 → 정부

중심

주민   군사

요망효과: 분쟁으로부터 격리

요망효과: 군사력 격멸

비정규전

요망효과: 정부에 영향력 행사 → 정부

중심

주민   군사

요망효과: 지원 획득 또는 침식

요망효과: 효용성 감소 또는 제거

비정규전: 주민들에 대한 합법성 및 영향력 확보를 위한 국가 및 비국가적 행위자들 간의 무력 투쟁. 비정규전은 적대세력의 힘, 영향력, 의지 등을 약화(침식)시키기 위하여 간접적, 비대칭적 접근을 선호하며, 군사적 수단과 기타 능력을 포함한 모든 수단을 이용한다. [DoD JOC: Irregular Warfane (IW), Sept 07]

〈그림 4-2〉 재래전과 비정규전의 작전선

* 출처: 게리 럭(Gary Luck), 전덕종 옮김, 『합동작전: 통찰과 최선의 적용』(USJFCOM, 2008), p. 13.

다섯째, 싸우는 목적이 정권 탈취로 바뀌고 있다. 즉 과거 군부 중심 전쟁에서는 국가와 국가 간의 전쟁이었고 전쟁 목적을 상대국에 대한 무조건적 항복이나 정치적 협상에 의한 영토나 자원 확보, 무력에 의한 영토 병합 등에 두고 있었다. 반면에, 4세대 전쟁은 국가와 비국가 단체 간의 전쟁 양상으로서 개인 및 집단의 신념을 구현하고, 정권 탈취에 전쟁 목적을 두고 있다는 것에 차이가 있다. 비국가 단체는 정복해야 할 전략적인 대상이 아니고, 실패한 국가를 혁명기지로 활용하기 때문이다. 즉 4세대 전쟁은 강대국 지원을 받는 자유민주주의 정권에 대항하여 정권을 탈취하는 공산화 혁명전쟁이나 실패한 국가와 정권을 대상으로 비국가 단체의 신념을 구현하기 위한 기지로서 정권 탈취를 추구하는 반란전 등이 대표적인 사례라 하겠다.[191]

---

191 상게 논문, p. 19.

결론적으로 제4세대 전쟁은 전쟁의 주체와 행위자, 목적과 목표, 수단과 방법 등에서 이전의 군부 중심 전쟁과는 상이한 전쟁 패러다임이다. 전쟁의 속성이 정부와 군대의 비중보다도 국민의 비중이 훨씬 큰 형태의 전쟁으로서 이전의 전쟁과는 다른 모습을 보여 주고 있다. 국민이 전쟁행위의 주체이면서 국민의 의지가 전쟁의 개시와 종료를 결정짓는 중심이라는 것이다. 국민이 중심이기 때문에, 약자와 비국가 단체는 혁명기지로서 은신처를 제공받기 위하여 인근 주민으로부터 절대적 지지를 얻거나 지원할 수밖에 없도록 환경을 조성하는 데 노력하고, 이를 기반으로 가용한 모든 네트워크를 이용하여 적국의 국민을 직접적으로 공략하여 정치적 의지를 굴복시키는 데 작전의 초점을 두고 전쟁을 수행하고 있다고 분석할 수 있다.

제5절 국력 요소(DIME)와 국민 의지가 전쟁의 수단

오늘날의 전쟁 패러다임에서는 전쟁의 수단도 변하고 있다. 군부 중심 전쟁에서는 주로 정규군이 주도하고 비정규군은 보조적인 역할을 하였다. 그러나 오늘날의 전쟁은 비정규전을 주도하여 적대 국민의 우호적인 지지와 지원을 획득하여 작전여건을 조성하고, 정규전으로 전쟁을 종결하는 양상으로 변화하고 있다. 결국 적대 국민 의지로 굴복시키는 것이 전쟁승리의 핵심으로 인식하여 물리적·정신적 영역을 공략하기 위하여 군사와 비군사적 수단을 융합[192]하여 사용하

---

192 융합(Convergence)은 다른 개념의 상품들을 화학적으로 결합하여 새로운 상품을 창출하는 의미로 사용되는 새로운 트렌드의 용어로서, 내비게이션, 스마트폰 등과 같이 전자제품에 인간적인 요소를 결합하여 새로운 개념의 창의적인 상품을 개발하는 것임. 안보 면에서 융합은 복합 위

고 있는 것이다.

비국가 단체의 비정규군과 국제 테러집단, 네트워크로 연결된 자생적 테러 단체나 개인(외로운 늑대)도 폭력수단으로 활용하여 게릴라전이나 유격전, 테러와 분란전 등으로 강대국의 정규군과 전쟁을 수행하고 있다. 또한 인터넷이나 매스컴, 그리고 SNS 등 정보화된 네트워크를 동원하여 상대의 국민들을 대상으로 여론전과 선전전을 수행하는 등 비군사적 수단의 활용이 점차 확대되고 있다.

강대국들도 경성 국력(Hard Power)과 연성 국력을 융합하여 복합적으로 사용하고 있다. 그들은 과거에 비합법적으로 비난하던 비정규전(Unconventional Warfare) 작전을 정규작전과 혼합하여 수행하고, 제 국력수단(DIME)을 사용할 뿐 아니라, 안정작전과 심리전 등 연성 국력 수단의 비중을 확대하는 경향이 있다. 세계화된 환경에서 안보는 더 이상 전통적인 군사적 수단에만 의존할 수는 없게 되었으며, 군사력에 의한 방위에서 모든 국력 요소에 의한 방위로 전환된 것이다.[193]

1. 최첨단 군사과학기술과 조잡하고 급조된 무기의 충돌

이라크 자유작전에서 미군은 게릴라를 물리치기 위해 블록마다 싸워야 했다. 그런 식의 전투는 구시대적이라고 했던 그 전투였다. 이라크 자유작전은 첨단화된 무기조차도 할 수 없는 것들이 있다는 것을 보여주었다. 이러한 전투양상으로 인해 정보혁명에 열광한 사람들이 전쟁에 미치는 정보혁명의 영향을 과대평가하고 있다는 비판을 받았다. 그런데 이 말은 어느 정도 사실이다. 실제로 정보혁명의 영향은 상당히 과대평가 되어왔다. 그러나 최근의 무기체계 발전 결과

협을 해결하기 위하여 이질적인 제 국력 요소의 결합으로 창의적인 새로운 개념의 국력을 창출하는 것으로 해석할 수 있음. 통합(Integration)은 여러 개의 동일한 사물을 결합하여 승수효과(Synergy Effect)를 추구하는 용어로서 융합과 차별됨.

193 Gary Luck, *Insight on Joint Operation*.(USJFCOM Joint Warfighting Center, 2008), p. 11.

를 무시하는 것 또한 잘못이다. 정보기술의 발전은 비정규전보다 전통적인 전투에서 더 즉각적인 파급효과를 발휘하였다. 정보화 시대에 이룩한 군사 무기체계의 변화는 첫눈에 알아볼 수 있는 것은 아니다. 왜냐하면 21세기의 기본 군사 시스템은 제2차 세계대전의 군사 시스템과 거의 유사하게 보이기 때문이다. 예를 들어 지상군의 전차와 보병무기는 기능과 디자인 면에서 획기적으로 변하지 않았다. 구축함은 평균속도가 100년 동안 증가하지 않았다. 미 공군의 1962년 마지막으로 제조한 B-52H 폭격기는 최근까지도 사용되었다. 1970년대 이후 빠르게 변화한 것은 기존 시스템을 더욱 강력하게 만들 수 있는 통신·정밀 조준·정찰·무장기술들이었다.[194]

1940년 이래 지상군은 여전히 보병과 기갑부대 위주로 구성되어 있다. 보병의 전투도구는 가장 변화가 적었다. 현대의 군인들은 방탄복으로 과거의 군인보다 더 잘 보호받고 있다. 그러나 소총과 박격포, 기관총 등의 보병 화력은 제2차 세계대전의 미군 화력과 그리 큰 차이가 나지 않는다. 정규군에게는 불행하게도 소형무기의 확산[195]으로 기술 수준이 낮은 게릴라들도 가장 첨단화된 군대와 거의 대등한 기반을 마련할 수 있게 되었다. 정규 보병에게는 무선을 이용하여 화력을 요청하는 유리한 점이 있으나, 주민들 사이에서 게릴라들과 전투를 치를 때 그 유리점은 상당히 감소되었다. 전차들은 과거와는 달리 안정된 회전포탑, 야간투시경, 레이저거리측정기, 그리고 조준 컴퓨터가 장착되어 야간에도 기동하면서 전투를 수행할 수 있게 되었다. 합성장갑과 반응장갑은 이전 것보다 훨씬 더 강력한 방호력을 제공하고, 열화우라늄탄을 발사하는 주포는 강한 파괴력을 가지고 있다. 장갑차는 바퀴와 궤도를 장착하고 자주포와 로켓 시스템을 부착하는 등으로 개선되었고, 대전차포도 휴대용 미사일로 발전되었다. 그러나 비평가

---

194 맥스 부트(Max Boot), 송대범 외 옮김, 『Made in War: 전쟁이 만든 신세계』(서울: 플레닛미디어, 2008), pp. 798-799.

195 약 2억 5,000만 정의 군용·경찰용 소형무기가 전 세계에 유통되고 있고, 그보다 더 많은 소형무기가 90여 개국 1,249개 공급업체에서 생산되고 있다. 상게서, p. 802.

들은 이러한 전투차량은 아무런 경고가 없이 공격하는 게릴라전에는 별로 쓸모 없을 것이라고 비판하고 있다.[196]

해·공군의 무기는 주로 대규모 재래전에 대비하여 발전되고 있다. 이 무기 체계의 압도적인 기술적 우위가 전투의 승패를 좌우한다. 따라서 각국은 기술적 경쟁을 바탕으로 고성능 무기를 개발하고 있다. 각국의 무기개발 경쟁은 C4ISR 체계와 이를 회피하기 위한 스텔스 기술 개발이 핵심으로 볼 수 있다. 국민 중심 의 전쟁 패러다임에서 해·공군 무기의 개발은 물리적 타격을 통하여 적과 적대 세력의 전투의지를 약화시키고, 아군과 국민의 의지를 보호하기 위한 것으로 볼 수 있다. 그러나 민간인 오폭과 엄청난 피해 등으로 전략적으로 군사력의 과다한 사용에 대한 많은 문제를 야기하고 있다.

해군의 무기는 항공모함, 잠수함, 해상군함으로 나뉘어져 있다. 항공모함은 고성능 항공기 70대를 보유한 초대형 핵 추진으로 발전하였다. 또한 수직이착륙 기와 헬기 탑재 항공모함도 개발되었다. 잠수함은 핵 추진 공격 잠수함과 핵 추 진 탄도미사일 잠수함으로 개선되어 전략적 목적으로 운용되고 있다. 주력 순양 함과 구축함들은 이지스(AEGIS) 위상배열 레이더를 장착하여 대함, 대공, 대탄도 탄 작전능력을 보유하여 독자적으로 작전하거나 고속정 및 소해정과 합동작전 을 수행한다. 그러나 2000년에 예멘의 아덴항에서 미 구축함 콜호는 테러리스트 의 자살폭탄 공격을 받고 심하게 파괴되었다. 기뢰와 폭발물을 잔뜩 실은 싸구려 모터보트도 현대 군함에 큰 위협을 가할 수 있다. 따라서 얕은 수심의 연안 해역 에서 기뢰 제거와 잠수함 사냥, 테러리스트와의 전투에 초점을 맞추기 위하여 최 근에는 다른 연안함보다 갑판과 연료 저장량이 크고 빠르며 스텔스 기능을 갖춘 인디펜던스급 연안전투함[197]을 건조하였다.[198]

---

196 상게서, pp. 799-802.

197 미 해군은 2016년 현재 프리덤호(LCS-1)와 포트워스호(LCS-3), 코로나도호(LCS-4) 등 3척의 연안전투함을 전력화하여 남중국해 등 태평양 해역에 운영 중에 있다.

198 상게서, pp. 802-808.

공군의 무기는 스마트 폭탄과 정밀타격 미사일을 탑재한 가운데 스텔스화되고 있다. 스텔스 항공기는 F-111 나이트호크, B-2 스피릿 폭격기와 F-22 랩터, F-35 합동타격기 등이 있다. 이들은 기존의 방공망을 무력화시켜 낮에도 보이지 않게 되었다. 공중급유기는 전투기의 항속거리와 전투 효과를 상당히 향상시켜 주었다.[199] 또한 대공 미사일과 미사일 방어 시스템은 지상, 해상, 공중, 우주에 다양한 센서와 무기를 사용한 다층 방어망을 구축하고 있다. 따라서 지상, 해상, 공중의 무기들은 적국 영토에 근접할 때 다양한 미사일의 공격을 받을 수 있다. 스마트 폭탄은 스피드나 장갑이 가져다 준 방호력을 약화시키고 있다. 국방분석가 비커스(Michael Vickers)와 마티나지(Robert Martinage)는 "2010년 이후에는 해양 및 초지평선 광역접근 차단능력과 장거리 공중방어 시스템이 계속 발전함에 따라 항공모함과 고장갑 전차와 스텔스 기능이 없는 모든 항공기의 생존 가능성은 점점 더 의문스러워지고 있다"고 주장한다.[200]

미국은 인공위성을 이용한 정찰 시스템과 연계된 고지능 고속 크루즈 미사일, 즉 정밀 정찰 타격무기(Precision Reconnaissance Strike Weapon)와 고도 초정밀 정찰지능 타격무기(Extremely Precision Reconnaissance Intelligence Strike Weapon)를 발전시키고 있다. 후자의 경우, 목표물에 근접하여 내장된 목표물의 형상과 특징을 인지하여 판단하고, 표적에 일치할 경우는 돌진하여 무력화시키고, 상이할 경우는 자동적으로 안전한 지역으로 비행하여 자폭할 수 있도록 설계한다는 구상이다. 장사정 정밀 미사일은 국경을 넘고 수평선을 넘어 멀리 위치한 표적을 정확하게 타격할 수 있다. 향후의 전장은 전후방 구분이 무의미해지고 기존의 접적 선형전투는 비접적 비선형 전투로 변화되며, 대량 확보 시 기존의 순차적 전투는 동시 병렬적 전투로 변화될 것이다. 그리고 적의 중심을 직접 겨냥하여 소량파괴 최소 희생으로 정치·군사적 목적을 달성할 수 있으므로 저강도 분쟁의 개입 문턱을

---

199 상게서, pp. 808-812.
200 상게서, pp. 821-822.

낮추는 데 기여할 것이다.[201]

한편 정보화된 사회에서는 누구나 무기를 만들 수 있다. IED는 탄약과 기폭 장치를 다양한 형태로 결합한 폭발물이다. 따라서 특정한 제조방식이 없고 대개 주변에서 쉽게 구할 수 있는 농업용품이나 공장, 약국, 병원에서 얻을 수 있는 화학약품을 조합하여 만들 수 있다. IED는 대규모 군대의 무기에 있는 정교한 첨단 기술 장비와는 정반대일 수 있다. 하지만 오늘날 게릴라전이나 비대칭전에서는 아주 잘 맞는다. IED는 크기가 작고 숨기기 쉬워 신분이 노출될 위험도 적다. 사제 폭발물의 파괴력은 매우 강력하고 끔찍하다. 실제로 이러한 공격은 게릴라들에게 여론전의 승리를 안겨 줄 수 있다.[202]

비국가 테러리스트 단체들은 기술 발달로 인하여 더욱 강력해지고 있다. 전투 기본 화기인 돌격소총과 기관총, 박격포, 유탄발사기, 지뢰와 폭발물들이 오래전부터 지구 전체에 퍼졌다. 투사들은 AK-47과 같은 싸고 신뢰할 만한 무기를 쉽게 구입할 수 있다. 작은 규모의 테러리스트들이 휴대용 미사일에서 화생방 무기까지 보유하여 1세기 전의 군대보다 더 큰 파괴 능력을 갖게 되었다. 9·11 테러는 그런 비정규전이 얼마나 끔찍한 파괴력을 발휘할 수 있는지 그 가능성을 보여 주었다.

앞으로 슈퍼 테러리스트들이 효과적인 대량살상무기로 수십만 명, 심지어 수백만 명을 죽일 수 있을 것이라고 상상하는 것은 무리가 아니다. 정보시대의 기술로 핵탄두 미사일은 방어할 수는 있으나 핵 가방을 가진 테러리스트를 저지하기는 힘들 것이다. 알카에다가 "미국판 히로시마를 만들겠다"고 공언한 엄포를 막을 수 있는 대책은 이론상 거의 없다.[203] 그러나 보이지 않는 적과 수행하는 전쟁에서 IED와 휴대용 대량살상무기보다 더 방심할 수 없고 더 적합한 무기가

201 권태영, "21세기 전력체계 발전추세와 우리의 대응 방향", 『국방정책연구』(2000), p. 128.

202 모이제스 나임(Moises naim), 김병순 옮김, 『권력의 종말』(서울: 책읽는 수요일, 2016), pp. 237-238.

203 맥스 부트, 전게서, pp. 824-825.

있다. 오늘날 게릴라와 테러에서 사용되는 최종병기(Ultimate Weapon)는 임무 수행을 위하여 목숨을 바칠 준비가 되어 있는 의식화된 개인들이다.[204]

결과적으로 군사적 수단에 대한 기술의 발전 및 무기의 기반체계는 제2차 세계대전의 틀에서 획기적으로 변화하지 않았다. 그러나 현대의 무기는 첨단 과학·정보기술을 활용하여 치명성과 정밀성, 스텔스 기능이 더욱 발전하고 있다. 그중에서도 지상무기보다는 해·공군 무기가 좀 더 첨단화를 추구하고 있다. 해·공군 전력은 국가 간의 대규모의 재래전에 대비하고, 저강도 분쟁에서는 전략적인 정밀타격에 대부분 운용하기 때문이다. 하지만 지상 전력은 대규모 전쟁보다는 저강도 분쟁이나 대반란전 등의 운용에 초점을 두고 무기체계들이 발전하고 있다. 국민 중심 전쟁에서는 전통적인 대규모 지상작전보다 비재래전 상황에서 분산형 지상전투가 빈발하였기 때문이었다. 새로운 전쟁 패러다임은 지상 전력 발전에 딜레마를 제공하고 있다. 지상군은 재래식 전쟁과 비재래식 전쟁을 동시에 준비해야 하므로 지상전력 발전의 우선순위에 커다란 영향을 미치고 있는 것이다.

2. 인명피해 최소화: 무인·비살상 무기 개발

국민이 중심인 전쟁에서 승리하기 위해서는 적과 아군, 그리고 주민의 인명피해를 최소화하여야 한다. 전쟁에서 과도한 인명피해는 우리 국민의 지지를 얻지 못할 뿐 아니라 적 지역의 주민에게도 적대감정을 확산시켜 전략적으로 많은 문제를 야기한다. 따라서 무기체계는 아군의 피해를 최소화하기 위하여 무인화하려는 경향이 있다. 또한 군은 주민 속에서 싸우는 전쟁에서 적과 주민을 분리하고, 전투 간 적과 주민의 피해를 최소화하기 위하여 비살상 무기에 대한 필요

---

204 모이제스 나임, 전게서, p. 239.

성을 인식하게 된 것이다.

　로봇 기술이 획기적으로 발전되고 있다. 극소 전자-기계체계(Micro Electro-Mechanical System) 기술은 다기능 소자를 고밀도로 집적화한 것으로 감지기능과 구동기능이 이전과 비교할 바 없이 탁월하다. 이외에도 인공지능(AI) 및 제어기술, 시스템 통합기술, 연료전지 기술 등이 비약적으로 발전하고 있다. 글로벌 호크(Global Hawk)와 같은 고고도 정찰기는 U-2기를 대체하고 있고 15cm밖에 안되는 초소형 무인기도 개발하고 있다. 무인기는 정찰임무뿐 아니라 전투임무도 수행할 수 있도록 기술이 발전하고 있다. 무인전투기(UCAV)는 광역 전장감시 체계와 연동하여 위험부담이 큰 대공망 제압작전 임무를 전천후로 수행할 수 있다. 미국의 UCAV 지지자들은 F-22 전투기가 인간이 조종하는 마지막 전투기가 될 것으로 예측하고 있다. 무인 잠수정(UUV)은 기뢰 탐색과 제거, 그리고 정찰 감시와 해상 전투용으로 발전될 것이며, 지상무인체계(UGV)도 지뢰 제거, 정찰 감시, 불발탄 탐지 및 수집, 이동 탐지, 그리고 지상 전투용으로 그 능력과 기능을 계속 확대해 나갈 것이다. 이들 무인체계는 위험한 임무에 투입되어 인명피해를 최소화하고, 고성능이면서 인간의 생리적 한계를 극복할 수 있어 전투원의 역할을 보조하거나 대체하게 될 것이다.[205]

　무기체계의 근원적인 에너지가 변화되고 있다. 육체적 에너지(근력)에서 기계적 에너지(증기기관), 화학적 에너지(화약), 핵 에너지를 거쳐서 빔 에너지로 급속히 발전되고 있다. 왜냐하면 '빛'과 같이 빠른 것(18,600mile/sec)을 무기화한다면 어떤 것도 대적할 수 없기 때문이다. 지향성 에너지의 대표적인 무기로서 고에너지 레이저(HEL) 무기, 고출력 마이크로웨이브(HPM) 무기, 전자기 펄스(EMP) 무기, 그리고 플라스마 무기 등이 있다. 이들은 미래전에서 핵 못지않은 위력과 위상을 나타낼 가능성이 높다. 고에너지 레이저 무기는 C4ISR과 연계·결합하여 적의 탄도미사일을 방어하는 무기로 발전되고 있다. 고출력 마이크로웨

---

205 권태영(2000), 전게 논문, pp. 129-130.

이브 무기는 적의 미사일을 방어하거나 레이더와 수신기의 소자를 파괴하며, 항공기에 탑재 시 적 기지를 공격하는 핵무기에 버금가는 위력을 발휘할 수 있다. 전자기 펄스 폭탄은 초고주파를 집속 방사시키면 모든 무기체계의 전자기 장치를 무능화시켜 국가 및 군 지휘통제 체계와 첨단무기를 마비시킬 수 있다. 플라스마 무기는 전자장을 광속으로 가속하여 각종 무기를 파괴 및 무능화시키는 것으로 우주 플랫폼에서 장거리를 투사할 경우 가공스러운 무기가 될 수 있다.[206]

비살상 무기(Non-Lethal Weapon)는 전쟁 패러다임의 변화에 따라 소량파괴와 최소살상으로도 정치·군사적 목적을 달성할 수 있는 새로운 전쟁수단과 방식의 요구에서 개발되기 시작하였다. 이는 인도적 차원의 작전, 평화유지 작전, 또는 저강도 분쟁에서 피아의 살상을 최소화하면서 전략적 목표 달성을 위하여 필요하였다. 신기술의 혁신적인 발전은 이러한 목적에 안성맞춤 격의 무기로서 다양한 종류의 비살상 무기를 출현시키고 있다.

미 국방부는 "2015년도 비살상 무기 연례보고서"에서 비살상 무기와 탄약, 장비들이 미군과 용의자들 간의 비살상 교전거리를 증가시키며, 통상적인 무력 사용이 확대되는 상황에서 민간인 사상자를 30%~75% 가량 줄일 수 있다는 것을 입증하였다고 분석하였다. 따라서 미 합동통합 생산팀은 비살상 무기의 효용성을 인식하여 "살상효과를 보완하기 위하여 각 군에서 통합된 비살상 능력은 합동전력의 적응성을 향상시키고, 민간인 사상자를 최소화하는 것이 포함된 전략적 목표를 지원한다"는 비살상 무기의 새로운 비전을 제시하였다.

비살상 무기는 전투원의 생물 화학적 손상을 유발하는 무기로서 섬광탄(시각 일시 마비), 악취탄(구토 유발, 심리적 충격), 초저주파음탄(구토, 두통 유발), 음향탄(고막 손실), 거미줄망탄(신체기동 제한) 등이 발전되고 있다. 그리고 물리적 손상과 기능 장애 및 파괴를 위해서는 거품고무탄(차량 이동 차단), 흑연탄(전기 차단), 초강력부식탄(장비 부식), 윤활제 및 접착제(활주로·도로에 살포, 기동 마비) 등이 논의·발

---

206 상게 논문, pp. 131-132.

전되고 있다. 이러한 기술의 획기적 발전은 전쟁 수행방식에 커다란 변화를 예고하고 있다.[207]

정보기술은 비정규전 위협에 대항하여 중요한 역할을 할 것이다. 내장 마이크로칩은 전 세계를 돌아다니는 컨테이너선을 추적하여 테러리스트가 무기를 밀수하는 것을 막는 데 사용할 수 있다. 컴퓨터와 연동된 카메라는 스캐닝한 얼굴 인식 패턴에 따라 테러리스트를 가려낼 수 있다. 개처럼 냄새 맡는 기계는 신체 냄새로 용의자를 인식할 수 있다. 또한 빅데이터를 활용하여 테러리스트의 음모에 관한 정보를 찾아낼 수 있을 것이다. 그러나 정보기술을 보유하였다는 것만으로 테러리스트를 완전히 물리칠 수 없다. 사실상 강대국이 보유한 값비싼 첨단 무기체계는 대테러전과는 거의 관계가 없다. 따라서 강대국은 대게릴라전, 스파이 정보, 안정화를 통한 국가 재건 능력을 확보하기 위하여 국방 관련 정부기관의 문화를 바꿀 필요가 있다.[208]

3. 간접적인 연성 국력[209]의 활용

오늘날 전쟁에서는 나의 의지를 보호하고 적대 국민 의지를 공략하기 위하여 간접적인 방법인 정보작전(심리·언론전 등)과 정치·외교, 경제 등 국력 제 요소를 활용하고, 전 세계 네트워크 조직을 이용한다. 이는 연성 국력을 수단으로 하여 상대방의 마음을 얻기 위한 것이다.

경성 국력[210]과 연성 국력은 〈표 4-2〉와 같이 동전의 양면처럼 상관성을 지

---

207 상게 논문, p. 132.

208 맥스 부트, 전게서, pp. 825-826.

209 조지프 나이(Joseph S. Nye, Jr.)는 연성 국력을 "다른 이가 당신이 원하는 것을 원하게 만드는 권력"으로 정의함. 조지프 나이(2009), 전게서, p. 113.

210 군사력과 경제력 등을 통하여 다른 나라의 입장을 변화시키는 것으로 회유(당근)와 위협(채찍)에 의존할 수 있음. 조지프 나이, 홍수원 옮김, 『소프트 파워』(서울: 세종연구원, 2006), p. 30.

〈표 4-2〉 국력(Power) 행동의 스펙트럼

구분	경성 국력		연성 국력	
행동 스펙트럼	명령성 ←——— 강제 ———— 회유책 ———— 어젠다 설정 ———— 매력 ———→ 차용성			
자원의 유형	명령성 ←——— 무력 제제 ———— 보상 매수 ———— 제도 ———— 가치문화 제반정책 ———→ 차용성			

* 출처: 조지프 나이(2006), 전게서, p. 35 참조.

닌다. 즉 자국의 목적을 달성하기 위하여 자국의 의지를 통하여 타국의 행위에 영향을 미치기 위하여 두 가지 파워를 사용하기 때문이다.

명령성 파워(Command Power: 타국의 행동을 바꿀 수 있는 능력)는 강제나 회유에 의존한다. 차용성[211] 파워(Co-optive Power: 타국이 원하는 바를 구체화시키는 능력)는 추구하는 가치와 문화의 매력이나 또는 타국이 선호하는 비현실적인 대상을 선호하지 못하게 정치적 선택의 어젠다를 조작하는 능력에 좌우된다. 명령성과 차용성 사이의 행동 유형은 강제에서 경제적 회유와 어젠다 설정, 순수한 형태의 매력에 이르기까지 스펙트럼에 따라 다양한 양상을 보인다.[212]

이라크·아프간 전쟁 초기의 주요작전에서 미국은 군사력을 사용하여 성공적인 결과를 달성하였다. 그러나 주요 군사작전이 종료되었으나 전쟁은 종결되지 않았다. 미군은 비국가 무장집단의 비정규전에 의하여 사상자가 증가하고 안정작전의 성과 달성이 어려워졌다. 이에 따라 군사력보다 다른 국력의 도구들(외교력, 정보력, 경제력)의 역할이 더 중요해졌다. 특히 정보전의 메시지 전투가 중요한 요소로 등장하였다. 인터넷, 소셜미디어, 개인용 전자기기들의 확산은 통신에

---

211 일부 학자는 포섭적 파워 또는 흡수력으로도 해석하고 있음.
212 상게서, pp. 33-34.

관한 인식 변화를 야기하였다. 이것은 군으로 하여금 정보를 통제하고 제한하는 것을 더 이상 가능하지 못하게 만들었다. 군이 이러한 변화들을 빠르게 수용하지 못하는 동안 비국가 폭력단체들은 새로운 통신수단의 사용을 통하여 상당할 만한 기술들을 발전시켰으며 거리낌 없이 행동하였다. 예를 들어, 반란군이나 테러리스트들의 휴대폰을 사용해서 조작된 정보들을 언론매체에 제공하였다. 적들은 대중을 대상으로 조작된 첫인상을 만들어 내기 시작하였다. 아프가니스탄 칸다하르 도시에 매설된 급조폭발물 폭발로 민간인 사상자가 발생하였을 때 이것이 무인공격기 프레데터에 의한 공격으로 발생한 것으로 언론에 잘못 보도된 사례가 있었다. 사실이 아니었음에도, 수년이 지난 지금까지 현지 주민들은 아직도 그와 같은 사상자들이 연합군의 공습으로 발생한 것으로 믿고 있었다.[213]

아프간 전쟁에서 미 특수전 부대는 반탈레반 세력인 북부동맹군과 연합하여 작전을 수행하였다. 미군은 북부동맹군으로부터 큰 도움을 받았다. 최일선에서 싸운 북부동맹군 덕분에 미군의 지상병력의 손실을 최소화할 수 있었다. 그러나 더욱 큰 것은 그들이 중요한 정보원으로서 역할을 했기 때문이었다. 미국이 그들과 협력하여 전쟁을 효과적으로 수행할 수 있었던 이유는 무기만이 아니었다. 그들의 환심을 사기 위한 비군사적인 노력이었다. 예를 들면 미 CIA는 조브레이커(Jawbreaker)라는 암호명의 10명의 팀을 카불 북쪽에 위치한 판지시르 계곡에 파견하였다. 이곳에서 그들은 북부동맹의 지도자 모하메드 파힘(Mohammed Fahim)과 접선하기로 하였다. 조브레이커 팀은 이번 임무에 반드시 필요한 무기를 하나 가지고 있었다. 100달러짜리 지폐로 300만 달러가 든 박스상자 3개가 바로 그것이었다. 동맹세력을 매수하기 위한 자금이었다.[214] 또한 아프간 북부지역에 투입된 미 특수부대는 북부동맹군을 지원하기 위하여 총과 탄약, 군화와 담요를 비롯한 필요한 물자를 요청하였다. 미군은 MC-130 화물수송기가 터키의

---

213 U.S. Joint and Coalition Operational Analysis(JCOA), "Enduring Lessons from the Past Decade of Operations," *Decade of War.* (U.S.A. Joint Staff J-7, 2012), pp.12-13.

214 맥스 부트, 전게서, pp. 720-721.

공군기지에서 출발하여 14시간의 왕복비행으로 필요한 물자를 공수하였다. 공수된 물자에는 비상식량과 현금 뭉치, 심지어는 한 부족장이 요구한 소니 플레이스테이션 게임기까지도 북부동맹의 환심을 사기 위하여 공수되었다.[215]

심지어 잠재적인 적대국가마저도 세계화의 이점, 비교적 용이하게 획득할 수 있는 과학기술, 정보혁명 등을 이용하여 전쟁을 수행하려 한다. 잠재적인 적대국가들은 인터넷, 테러, 그들에게 우호적인 타국 정부 및 국제적 조직을 이용한 외교적 수단, 언론매체 등을 이용하여 전쟁을 수행하고, 미국과 동맹국의 경제 및 금융체제를 와해할 것이다. 그들의 강점은 더 이상 탱크, 전투기, 전함 등이 아니라 일반 주민들의 생활 속에 숨겨진 금융업자, 네트워크 전문가, 쉽게 획득 가능한 과학기술, 테러분자들이다. 이러한 적대세력들은 쉽게 표적이 될 수 있는 대규모의 보급시설, 군의 특징적인 통신체계나 사령부 등이 아니라 비전통적인 수단에 기초하여 그들의 능력을 육성하고 있으며, 인터넷 카페, 호텔, 은신처 등 쉽게 발견할 수 없는 장소에서 활동하고 있다.

결과적으로 테러행위의 궁극적인 승리도 소프트파워에 결정적으로 좌우된다. 즉 성패는 최소한의 적의 투쟁 의지를 굴복시키는 능력만큼이나 대중의 지지를 끌어모으는 능력에 의하여 좌우되는 것이다.[216] 오늘날 전쟁 패러다임에서 강대국들은 전통적인 재래식 군사력의 발전보다 비재래전에 대비한 군사적·비군사적 수단의 발전에 우선권을 두고 있다. 반면에 약소국이나 비국가 폭력단체는 구식무기를 새로운 용도로 개조하고 있다고 분석할 수 있다.

---

215 상게서, p. 723.
216 조지프 나이(2006), 전게서, pp. 56-57.

제6절 국민[217] 중심의 전쟁 패러다임

국가 간의 군부 중심의 전쟁 패러다임은 미국이 일본에 투하한 두 발의 원자폭탄에 의하여 제2차 세계대전이 완전히 종식됨으로써 커다란 위기를 맞게 되었다. 이 원자폭탄은 군 인력과 산업능력의 원천인 도시를 전멸시키기에 충분하였다. 도시가 파괴되면 그들의 정치적 목적과 방향, 보급의 원천으로부터 차단된 전장의 부대가 고립된 채 항복하거나, 아니면 한곳에 집결된 채 핵무기의 표적이 될 수 있다. 핵무기에 직면한 재래식 군대는 이제 더 이상 효율적일 수가 없었다. 이러한 상황에서 총력전은 물론 대규모 전차에 의한 기동전도 불가능하였다.[218]

한편, 제2차 세계대전 이후 마오쩌둥의 인민전쟁 승리와 미국이 실패한 베트남, 레바논, 그리고 소말리아에서의 전쟁과 소련의 아프간에서의 패배는 강대국이 반드시 이긴다는 군부 중심의 전쟁 패러다임에 수수께끼 같은 많은 문제를 제기하고 있다. 또한 러시아는 체첸에서, 미국은 알카에다와 ISIL(이슬람국가)의 네트워크를 상대로 세계 도처에서 싸우고 있듯이 새롭게 전쟁이 진화하고 있다.[219] 따라서 전쟁의 혁명적 변화는 군부 중심의 전쟁 패러다임을 대체할 새로운 전쟁 패러다임을 요구하고 있는 것이다.

오늘날 전쟁 패러다임은 〈그림 4-3〉과 같이 전쟁 삼위일체에서 정부와 군부보다 상대적으로 감성 비중이 확대된 국민이 중심이 된 전쟁의 양상이다. 전쟁 속성에서 민의는 국민에게 내재된 원시적인 정열과 적대적 증오를 나타내는 인간의 심리적인 감성요소이다. 전쟁 수행에서 민의는 지도자와 동일한 마음과 생

---

217 이 논문에서의 국민은 『손자병법』「시계(始計)」편의 "도자 영민여상동(道者 令民與上同)" 의미로 이 용어를 사용함. 이는 '백성이 위와 뜻을 같이한다'는 '국민의 뜻과 의지(Will of the People)'를 포함하고 있음.

218 루퍼트 스미스, 전게서, pp. 184-188.

219 토머스 햄즈, 전게서, pp. 26-31.

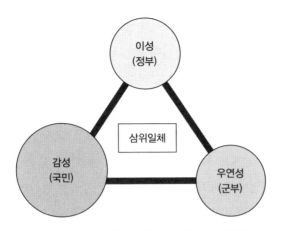

〈그림 4-3〉 국민 중심 전쟁 패러다임의 삼위일체

각으로 어떠한 위협과 희생을 감수하고 전쟁의 목적을 달성하려는 국민의 의지(意志)로서 정신적인 힘이다. 따라서 국민 중심 전쟁 패러다임은 피아 주민의 마음과 지지를 얻어 전쟁에 유리한 여건을 조성하고, 용이하게 전쟁을 종결하려는 전쟁의 모습이다.

국민 중심의 전쟁에서는 정부가 전·평시 전략을 수립하고, 국력의 제 수단을 사용하여 전쟁을 지도한다. 또한 전쟁의 국가 전문집단인 군부는 전쟁을 준비하고 전역[220]을 계획하여 군사작전을 수행하는 등 전쟁 승리를 위하여 제 역할을 수행한다. 오늘날은 민주화와 정보화로 국민의 권력이 향상되면서 정부의 전쟁전략 수행이나 선전포고가 국민의 여론에 의하여 주도되고 있다. 군부도 국민의 전쟁 수행의지와 절대적 지지가 없이는 전쟁을 잘 수행할 수 없다. 따라서 오늘날 전쟁의 삼위일체는 국민의 역할 비중이 정부와 군부의 비중보다도 크다. 결국 국민의 의지가 전쟁의 승패를 결정하는 국민 중심의 전쟁 패러다임인 것이다.

---

220 육군본부 야전교범 3-0-1, 『군사용어사전』(대전: 육군교육사, 2012), p. 449. 전역(Campaign)은 주어진 시간과 공간 내에서 전략적 또는 작전적 목표를 달성하기 위하여 실시하는 일련의 연관된 군사작전, 통상 작전계획0000으로 통칭함.

국민 중심의 전쟁은 전쟁의 행위자가 국가에서 개인 중심의 초국가·비국가 단체까지로 확대된 전쟁이다. 이 패러다임은 국가가 무력을 독점하던 시대가 종식되고 반군세력이나 국제 테러집단도 전쟁의 주체로 인식되고 있는 실정이다. 국가만이 전쟁 주체가 아닌 이상 전쟁의 목적도 변경될 수밖에 없다. 근대에는 국가체제의 확립과 더불어 국가이익을 전쟁의 목적으로 보편적으로 받아들이게 되었다. 그러나 오늘날에는 국가안보 목표가 군사위협으로부터 국가안전을 보장하는 국가안보 개념에서 개개인의 이익을 더 중시하는 인간안보 등 포괄적 안보이익으로 확대되어 변하였다. 또한 알카에다와 같은 이슬람 근본주의 성향의 무장 세력들이 폭력 사용을 통하여 궁극적으로 얻고자 하는 정치적 목적은 종교적 신념 그 자체를 위한 것이며 자신들의 의지를 관철시키기 위한 것으로 전쟁의 목적도 새롭게 변하고 있다.[221]

전쟁의 방식도 적(敵)의 정책결정자에게 크게 영향을 미치는 권력의 중심을 국민으로 인식하여, 상대 국민의 감성과 심리를 직접 공략하여 자신의 의지를 관철시킴으로써 목적을 달성하는 방향으로 변하고 있다. 약소국이나 비국가 단체들은 게릴라전과 분란전, 불특정 국민을 대상으로 한 테러와 여론·선전전 등으로 강대국의 군대는 가급적 회피하면서 국민을 직접 공격하여 자신들의 의지를 관철시키려는 방식의 전쟁을 수행하고 있다. 이와 더불어 국가들도 유사시 전쟁에 개입할 경우 물리적 타격에 의한 대량파괴를 지양하고 정밀타격으로 피아 인명피해를 최소화하면서 적의 심리에 영향을 주는 방향으로 군사력을 운용하고 있는 추세다. 또한 상대국의 문화적 이해를 바탕으로 비정규전 작전과 안정작전을 수행하여 상대국 주민의 지지를 획득하고 적에 대한 지원을 차단하는 방식으로 용병술이 변하고 있다.

국민 중심의 전쟁 패러다임에서는 전쟁의 수단도 변하고 있다. 군부 중심 전쟁에서는 주로 정규군이 주도하고 비정규군은 보조적인 역할을 하였으나 오늘

---

221 강진석(2013), 전게서, pp. 212-213.

날의 전쟁은 비정규전이 주도하여 작전여건을 조성하고, 정규전으로 전쟁을 종결하는 양상으로 변화하고 있다. 비정규전의 성공 여부가 전쟁 승패를 결정하는 주요작전이 된 것이다. 한편, 비국가 조직의 비정규군과 국제 테러집단, 그리고 네트워크로 연결된 자생적 테러단체나 개인(외로운 늑대)도 폭력수단으로 등장하였다. 이들은 게릴라전이나 유격전, 테러와 분란전 등으로 강대국의 정규군에 대항하여 전쟁을 수행하고 있다. 또한 인터넷이나 매스컴, 그리고 SNS 등 정보화된 네트워크를 동원하여 상대의 국민들을 대상으로 여론전과 선전전을 수행하는 등 비군사적 수단의 활용이 점차 확대되고 있다. 그들은 정부라는 도구를 장악하지 않고도 수백만의 인명을 살해하는 상황을 쉽게 만들고 있다. 오늘날은 다름 아닌 "전쟁의 개인화"를 실감하는 상황이다. 테러단체들은 그들이 가진 소프트 파워를 통하여 일반인의 지지와 새로운 요원을 끌어들인다.[222]

강대국들도 정규작전과 혼합하여 비정규전[223] 작전을 수행하고, 제 국력수단 (DIME: 외교·정보·군사·경제)을 사용할 뿐 아니라 안정작전(Stability Operation)과 심리전 등 연성 국력[224] 수단의 비중을 확대하는 경향이 있다. 따라서 정규 무력만이 유용한 전쟁의 수단이며, 비정규전과 기타 국력 요소가 보조적인 수단으로 간주하던 과거 군부 중심의 전쟁 패러다임에 대한 인식의 변화가 불가피한 것이다. 뮌클러는 오늘날의 전쟁폭력 양상을 고전적인 전쟁 유형과는 전혀 다른 '새로운

---

222 조지프 나이(2006), 전게서, pp. 56-60.

223 비정규전은 적 지역이나 적 점령지역 내에서 현지 주민이나 침투한 정규전 요원이 주로 외부의 지원과 지시를 받아 수행하는 군사 및 준군사활동을 말함. 육군본부 야전교범 3-0-1, 전게서 참조.

224 연성 국력은 경성 국력에 대응하는 개념으로, 상대방을 매료시켜 상대방이 마음을 자발적으로 바꾸게 하여 원하는 바를 얻어내는 능력이다(조지프 나이, 2009). 한 국가의 종합 국력에서 상당 부분을 차지하는 연성 국력은 정부, 시장, 그리고 시민의 협치를 통한 국정 관리력, 이들 3자 간의 권위적 권력 분배를 담당하는 정치력, 타 국가와의 관계를 담당하는 외교력, 인간의 삶과 의식에서 밀접한 관계를 형성하는 문화력, 사람들 관계에서 발생하는 힘 등의 무형자산을 의미하는 사회 자본력, 그리고 급변하는 국제 환경에 장기적인 안목으로 능동적으로 대처할 수 있는 변화 대처력 등으로 구성된다.《네이버 지식백과》, "연성 국력", https://m.terms.naver.com/entry.nhn?docId=3353200&cid=42251&categoryId=58222(검색일: 2016. 9. 22.) 참조.

전쟁'이며, 전쟁폭력의 '민영화', '비대칭화', '탈군사화'를 새로운 전쟁의 특징으로 꼽는다.[225]

따라서 국민 중심의 전쟁 패러다임에서는 전쟁을 '상호 대립하는 국가나 비국가 단체 등 정치집단이 정치적 목적을 달성하기 위하여 가용한 모든 국력수단과 네트워크를 동원하여 상대 국민의 감성에 직·간접적인 영향력을 행사함으로써 자기의 의지를 관철시키려는 두 적대의지(敵對意志) 간의 충돌'로 정의할 수 있다.

---

[225] 헤어프리드 뮌클러(Herfried Münkler), 장춘익 외 옮김, 『파편화된 전쟁』(서울: 곰출판, 2017), p. 6.

제5장

한반도에서의
전쟁관

제1절 전쟁 패러다임의 혁명적 진화

　역사적으로 전쟁의 패러다임은 변화되어 왔다. 이에 따라 전쟁의 변화를 바라보는 시각은 다양하다. 기존의 전쟁 패러다임 연구는 과학기술 발달에 따른 전쟁수단의 발전은 전쟁 방법의 변화를 촉진한다는 군사혁신(RMA)에 초점을 두어왔다. 그러나 이 책은 전략적 수준에서 전쟁 패러다임의 진화를 새롭게 연구하였다. 연구의 결론은 전쟁의 속성이 변하면서 전쟁의 패러다임이 변화되어 왔다는 것이다. 클라우제비츠의 전쟁은 본질은 변화하지 않으나 카멜레온처럼 개별 상황마다 그 속성이 변화되어 새로운 모습으로 보인다는 주장을 검증한 것이다. 전쟁의 속성의 변화는 앞에서 분석한 바와 같이 인류문명과 사회환경이 혁명적으로 진화됨에 따라 전쟁 삼위일체의 세 지주인 정부와 군대, 국민 감성의 상대적 비중이 상이하게 변했기 때문이었다.

　이 책에서는 봉건·농경시대에는 왕이 친히 다스리는 왕정(王廷)이, 산업화된 민족국가 시대에는 군부(軍部)가, 세계화·정보화 시대에는 국민 감성이 그 역할과 비중이 높았음을 분석하였다. 결과적으로 전쟁의 주체와 중심의 변화가 전쟁의 속성을 변화시켰고, 이로 인하여 전쟁 목적과 목표가 변화하였으며, 변화된 전쟁 목적과 목표를 달성하기 위하여 전쟁 수행방법과 수단이 발전되었다는 것이다. 곧, 전쟁을 바라보는 전쟁관과 인식체계인 전쟁의 패러다임이 시대별로 진화하였다는 결론을 도출하였다. 이 책에서 주장하는 것은 결과적으로 토머스 쿤(Tomas S. Kuhn)의 과학혁명론을 바탕으로 분석해 보면 〈그림 5-1〉과 같이 전쟁 속성의 변화로 인하여 전쟁 패러다임이 '왕정 중심(The Regal-Government Centric War Paradigm)'에서 '군부 중심(The Military Centric War Paradigm)'으로 혁명적으로 변화하였고, 현재는 '국민(國民) 중심(The People Centric War Paradigm)'으로 혁명적으로 변화하였음을 분석하였다.

　세부적으로 설명하면 최초 왕정 중심의 전쟁 패러다임은 나폴레옹에 의하

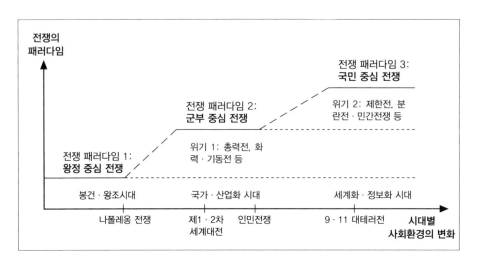

〈그림 5-1〉 전쟁 패러다임의 혁명적 진화

* 출처: '토머스 쿤의 과학혁명론'을 기초로 전쟁 패러다임의 진화를 도식화한 것임.

여 국민 상비군이 태동하고 국가가 전쟁의 주된 행위자로 등장하면서 총력전, 화력전 및 기동전 등의 전쟁 혁명으로 기존에 정상과학이었던 '전쟁 패러다임 1'이 위기에 봉착하게 되고, 이 수수께끼를 해결하는 '전쟁 패러다임 2'가 군부 중심의 전쟁 패러다임으로 제2차 세계대전까지 이어져 왔다는 것이다.

이 군부 중심의 전쟁 패러다임은 냉전시대를 거치면서 새롭게 위기에 봉착하게 된다. 핵전쟁(核戰爭)을 포함한 총력전 패러다임은 공멸(共滅)을 초래하기 때문에 제한전 형태의 저강도 전쟁이 보편화되었다. 무력 사용보다는 전쟁을 억제하면서 정치적 목적을 달성하려는 간접전략을 선호하는 경향으로 새로운 전쟁 패러다임이 등장하였다. 한편, 강대국에 대항하여 군사력이 약한 약소국 또는 비국가 무장조직은 테러와 게릴라전, 여론전 등을 통하여 제4세대 전쟁(4GW, 분란전)과 민간전쟁(War Among the People)을 수행하여 전쟁에서 승리를 쟁취함으로써 기존의 군부 중심 전쟁 패러다임이 위기에 봉착하게 된 것이다. 이에 나타난 새로운 '전쟁 패러다임 3'이 국민 중심의 전쟁 패러다임이다.

전쟁의 패러다임이 바뀐다는 것은 전쟁의 변화를 이끈다는 것이 아니다. 토머스 쿤은 패러다임이 변화한다는 것은 어떤 패러다임을 통해서 보여 주려는 이 세계가 바뀌는 것이 아니라고 주장하였다. 우리가 사는 세상이 바뀌는 것이 아니라, 세상을 바라보는 방식이 변화한다는 것이다. 즉 '세계관의 변화'를 통해서 세계의 변화가 아닌, 세계를 바라보는 관점이라는 '세계관'이 바뀌는 것일 뿐이다. 즉, '전쟁관의 변화'를 통해서 바라본 전쟁이 이전과 달라 보이는 것은 당연하다. 전쟁 패러다임의 변화에 따라, 패러다임 변화 이전의 눈으로 바라본 전쟁과는 분명히 다르다. 그렇다고 이것이 전쟁 본질의 다름을 말하지는 않는다. 필자는 국민 중심의 전쟁 패러다임으로 전쟁을 바라보는 관점을 변화시켜야 한다고 주장한다. 이 새로운 관점으로 최근 전쟁 사례를 바라보아야만이 새로운 전쟁 패러다임을 잘 이해할 수 있다는 것이다. 이 책에서 분석된 시대별 전쟁 패러다임의 특성 변화를 요약하여 정리해 보면 〈표 5-1〉과 같다.

〈표 5-1〉 전쟁 패러다임의 특성 변화

시대 변화 (시기)		봉건 · 농경시대 (~18C)	국가 · 산업시대 (나폴레옹~제2차 세계대전)	세계화 · 정보화 시대 (냉전 이후~)
전쟁 패러다임		왕정(王廷) 중심	군부 중심	국민 중심
행위 주체		군주 · 국왕	국가	국가 · 비국가
전쟁 중심		왕정	군 지휘관 및 군대	국민 대중
전쟁 목적		군주의 부와 명예	국가안보 이익	포괄적 안보 이익
전쟁 목표		유리한 협상조건	무조건 항복	정권 탈취 · 교체
전쟁 방법	전략목표	제한된 점령과 보복	적 군사력 격멸	적대 국민 의지 굴복
	작전 방법	전투대형 및 공성전	섬멸 및 기동전	복합 및 민간전쟁
전쟁수단		근력 및 화력수단, 공성(攻城)무기	대량살상무기 및 대량 수송 수단	첨단 · 지급 재래무기, 비살상 · 무인 · 로봇, 연성 국력 및 메시지
전쟁 양상		제한전	국가 총력전	제한전 및 분란전
전쟁 현상		조직적 폭력 행위	무력의 충돌	적대의지의 충돌

첫째, 왕정 중심의 전쟁은 봉건·농경시대에서 군주의 부와 명예를 위하여 기사단이나 상비용병의 무력을 이용한 군주 간의 전쟁의 패러다임이다. 기사단이나 상비용병은 군주를 지키는 사적인 군대로서 곧 군주의 재산이었고, 왕정의 재정으로 유지되었다. 따라서 왕정 중심 전쟁 패러다임은 왕정의 재정 상태가 전투력 규모를 결정하고, 전쟁의 승패를 결정하는 모습이었다. 그 당시 전쟁은 막대한 유지비용이 드는 기사단이나 상비용병의 손실을 막고, 보급체계가 미흡하여 결전을 회피한 채 지극히 제한적으로 할 수밖에 없었다.

왕정 중심의 전쟁은 적의 군사력을 패퇴시키고, 일부 영토를 점령하여 황폐화시키거나, 성을 점령한 후 약탈과 방화 등을 통하여 적의 군주의 의지를 굴복시킴으로써 유리한 협상조건하에서 흥정을 벌이는 것이 목표였다. 이러한 목표를 달성하기 위하여 전투는 애국심이 없는 사병을 통제하기 위하여 전투대형을 형성하고, 정면공격으로 적의 대형을 분열시키면서 육박전으로 적을 도주시키거나, 요새(要塞)화 된 성(城)을 공격하여 장수나 지휘관을 죽이는 것으로 승패가 결정되었다. 결론적으로 왕정 중심의 전쟁 패러다임은 군주의 정치적인 이익을 위하여 상대에게 나의 의지를 강요하는 조직적인 폭력 행위로 정의할 수 있다.

둘째, 군부 중심의 전쟁은 나폴레옹 시대에서 제2차 세계대전까지 민족국가가 등장하면서 전쟁 행위자로서 국가의 생존과 번영을 위한 국가안보 차원에서의 국가 간 전쟁 패러다임이다. 군부 중심 전쟁 패러다임은 군 수뇌부 제거나 군사력 파괴 등 군사작전의 성공이 승리로 귀결되는 전쟁의 모습이다. 이 당시의 민군관계는 국가안보를 위하여 전쟁과 그 준비를 국민 생활에서 최우선에 두고, 군사력에 의한 대외적 발전을 중시하는 군국주의(軍國主義)적 형태로 변질됨으로써 군대가 전쟁을 주도하였다. 이전 군주시대의 왕정 중심의 전쟁 패러다임과는 달리 정부는 국가동원을 통하여 전쟁 지속능력을 지원하고, 국민은 애국심과 적개심을 바탕으로 전쟁에 적극 참여하였다.

당시의 전쟁은 군사적 승리에 국가의 전 역량을 투입하였다. 전략 목표는 적의 군사력 격멸에 두고 화력 집중으로 적 병력을 섬멸하거나, 폭격기와 후방에 오열(五列)[1]의 침투, 그리고 대규모 전차를 이용한 적 종심 깊은 기동으로 적을 마비시킨 후 격멸하는 작전을 수행하였다. 전쟁은 '무조건 항복'을 얻어 냄으로써 종결되었다. 이러한 전쟁을 수행하기 위하여 산업화된 국가들은 각종 대량살상무기와 대량 수송수단들을 발전시키고 활용하였다. 박격포와 대구경포, 전차와 장갑차, 항공기와 폭격기, 함선과 잠수함, 핵 등 화생방무기와 미사일 등 현재에도 사용하는 다양한 무기들을 개발하였다.

또한 국가 총력전의 개념 등장과 더불어 전략, 작전술, 전술에 이르는 용병술 체계가 태동하게 되었고, 합동·협동작전의 모체인 전격전 등 새로운 획기적인 전술전기의 개발을 촉진하였다. 이 전쟁 패러다임에서는 전쟁에서 승리할 수 있는 국가가 강대국이었다. 따라서 군부 중심의 전쟁 패러다임은 "국가가 국가안보 이익을 위하여 국가의 제 역량을 총동원하여 적대국에게 나의 의지를 강요하기 위한 무력의 충돌"로 정의할 수 있다.

마지막으로 국민 중심의 전쟁은 제2차 세계대전 이후의 현 세계화·정보화 시대에서 핵무기 등 대량살상무기의 등장으로 과거 국가 총동원을 통한 군부 중심의 전쟁은 곧 공멸을 초래할 수밖에 없다는 절박감에서 변화가 시작되었다. 또한 세계화·정보화로 인하여 국민이 권력의 중심으로 부각되었고, 비국가 전쟁 행위자가 새롭게 등장하였다. 비국가 전쟁 행위자의 등장은 강한 군사력을 바탕으로 한 강대국이 전쟁에서 승리하지 못하고 실패하는 수수께끼를 다수 발생하게 하였다. 이 결과는 과거 군부 중심적 전쟁관(戰爭觀)에 대한 새로운 전쟁 패러다임을 요구하게 된 것이다.

새로운 오늘날의 국가나 비국가 무장단체에서 권력과 힘의 원천은 그 구성원인 국민과 주민이다. 전쟁 속성에서 국민은 인간에게 내재된 원시적인 정열과 적대적 증오를 나타내는 심리적인 감성요소이다. 전쟁 수행에서 국민은 지도자와 동일한 마음과 생각으로 어떠한 위협과 희생을 감수하고 전쟁의 목적을 달성

---

1   적의 내부에 있으면서 아군에 호응하는 집단, 제5부대의 뜻.

하려는 국민의 의지(意志)로서 정신적인 힘이다. 이제는 국민이 전쟁의 중심이 되었다. 따라서 국민 중심 전쟁 패러다임은 피아 주민의 마음과 생각을 얻어(win the hearts and minds) 전쟁에 유리한 여건을 조성하고, 용이하게 전쟁을 종결하려는 전쟁의 모습이다.

오늘날 전쟁은 국가안보뿐 아니라 국민 개개인의 안전과 삶의 질 향상에 관심이 확대된 포괄적 안보를 위한 정치적 수단으로 확대되고 있다. 비국가·초국가 무장조직은 종교와 이념, 민족문화와 인종적 차이 등 자신의 신념을 위하여 싸운다. 그뿐 아니라 국제 다국적군도 또 다른 비국가행위자이다. 그들은 다국적군의 공동의 이익을 위하여 전쟁에 개입한다. 다국적군 중 각국 병사들만이 국가를 대표한다. 따라서 국민 중심의 전쟁은 대부분 적 영토의 점령과 탈취보다는 내전으로 정권 전복을 통한 체제 변환, 또는 국제적 개입으로 '안정되고 든든한 안보환경 조성'을 통한 민주국가 건설 등 결국에 정권교체에 최종목표를 두고 있다고 볼 수 있다.

이러한 전쟁의 목표를 달성하기 위하여 전쟁의 방법도 진화하고 있다. 강대국들은 군사력만으로는 최종적인 전쟁의 승리를 보장할 수 없으며 자국민(自國民)의 전쟁 의지와 현지 주민의 지지가 있어야 전쟁을 종결하고 승리할 수 있다고 인식하게 되었다. 전쟁은 '무력의 충돌'이 아니라 '의지의 충돌'이라는 개념으로 비정규전 작전과 안정화 작전, 대반란전 등에 중점을 두고 복합전쟁 방식으로 군사작전을 변화시키고 있다. 비국가 무력단체도 강대국 군대와의 교전은 가급적 회피하되, 적대국의 현지지원을 차단하면서 현지 주민의 지지와 지원을 획득하기 위하여 게릴라전과 테러리즘 등으로 주민을 회유하고 강요하는 민간전쟁을 수행하고 있다. 그들은 또한 인터넷을 활용한 메시지와 국제적인 테러리즘 등을 통하여 적대국 국민의 의지를 굴복시키려는 비대칭적인 분란전 등도 수행하고 있다.

전쟁의 수단도 전쟁 목표와 방법의 진화에 따라 다양화되고 있다. 재래식 무기는 필요한 부분만을 타격하도록 더욱 정밀화되고 치명적인 방향으로 발전되고 있다. 비국가 무력단체도 저급한 재래식 무기를 환경에 맞도록 재조작하여 비대칭적으로 사용하고 있다. 한편으로 군사력의 과다 사용으로 인한 전략적 문제 야기를 최소화하기 위하여 비살상 무기의 개발과 더불어 무인 및 로봇 등의 무기 체계 수단도 발전되고 있다. 또한 적대 국민의 의지를 공략하기 위하여 연성 국력(Soft Power)과 메시지 등 비군사적 수단을 활용한 정보작전 수단도 발전하고 있다.

따라서 국민 중심의 전쟁 패러다임에서는 전쟁을 '상호 대립하는 국가나 비국가 단체 등 정치집단이 정치적 목적을 달성하기 위하여 가용한 모든 국력수단과 네트워크를 동원하여 상대 국민의 감성에 직·간접적인 영향력을 행사함으로써 자기의 의지를 관철시키려는 두 적대의지(敵對意志) 간의 충돌'로 정의할 수 있겠다. 결론적으로 전쟁의 패러다임은 인류문명의 발전과 시대의 변화로 인한 전쟁의 속성 변화와 함께 혁명적으로 진화되어 왔음을 알 수 있다.

제2절 전략적 수준에서 한반도 적용

국민 중심의 전쟁 패러다임은 북한의 한반도 적화통일 전쟁 의도와 이에 대응하는 대한민국의 전쟁전략 수립에 많은 시사점을 주고 있다. 혹자는 북한은 비국가행위자가 아니고, 막강한 재래식 무기를 구비하였으며, 속전속결을 바탕으로 한 정규전과 비정규전의 배합전략을 수행한다고 주장한다. 따라서 한반도에서의 전쟁은 한국과 북한 간의 국가 총력전을 바탕으로 한 '군부 중심의 전쟁 패러다임'으로 바라보아야 한다는 견해이다. 그러나 국민 중심의 전쟁 패러다임에서 바라본 관점은 다르다. 해방 이후 지금까지 북한은 대한민국 정권을 전복시키기 위하여 정치·사회적인 혁명 전략의 일환으로 남한 내부에 혁명 전위대와 선전공작으로의 사상전과 남남갈등 등 분란을 조성하고 있다. 또한 북한은 군사적 공세로 물리적인 도발을 감행하고, 핵·미사일 개발 등 비대칭 전력을 육성하여 한국과 미국 국민의 전쟁 수행의지를 약화시킴으로써 적화통일의 결정적 시기를 조성하고 있다[2]고 보는 인식이다. 또한 한반도는 주변국의 국가이익이 첨예하게 교차되는 곳으로 한반도에서의 전쟁은 국제적 다국적군의 개입이 불가피하여 한국을 포함한 유엔군과 북한, 그리고 북한 지원세력과의 전쟁이 될 것이다. 한반도 전쟁은 두 전쟁 집단의 공동 이익을 위한 전쟁이 될 것이다. 국민 중심의 전쟁관에서 다국적군은 비국가 전쟁행위자이다. 따라서 한반도에서의 전쟁은 새로운 관점에서 인식하고 대비할 필요가 있는 것이다.

1. 북한의 적화통일 위협에 대한 재평가

고전적인 국가 간 군부 중심의 전쟁 패러다임에서는 6·25 전쟁을 남북한의 군사적 충돌로만 인식하고 분석하고 있다. 또한 그 이후의 북한도발은 평시 국지도발의 일환으로 6·25 전쟁과 분리하여 인식하는 관점이다. 그러나 국민 중심의 전쟁 패러다임의 관점에서 분석해 보면 6·25 전쟁은 한반도 전쟁의 전 과정 중에서 한 국면의 대규모 무력도발로 분석할 수도 있다. 먼저, 해방 정국에서 북한의 혁명 전략에 의하여 남로당에 의한 전국 총파업(1945. 9.), 대구 10·1사건(1945. 10.), 찬탁운동 등의 지하 책동과 제주 4·3사건과 군내 좌익세력에 의한 여수·순천사건 등 자생적 공산주의자에 의한 반정부 게릴라전을 수행하였다. 또한 6·25 전쟁 직전에 조선 인민군 유격대(빨치산)를 약 2,400여 명을 남파시켜 호남과 지리산, 태백산, 영남, 제주도에 유격구를 형성하였고, 대도시 경찰서

2 　이윤규, "북한의 제4세대 전쟁 전개양상과 대비방향", 국방대학교 세미나(2012. 6.)

와 관공서, 재판소와 열차 습격 등 대담하게 공격하여 내전(內戰)적 성격의 무장 폭동을 일으킴으로써 정규군의 남침 공격을 위한 결정적 시기를 조성하였다. 이는 마오쩌둥의 '인민전쟁 전략'을 모방한 것으로 김일성이 남침 이전에 한국 내에서 정치·군사적인 우세를 달성하여 정규군을 투입하기 위한 '결정적 시기'를 조성한 것으로 분석할 수 있다.

김일성은 북한군 기습 남침의 결정적 시기를 오판하였다. 그는 전쟁이 일어나면 한국 내에서 북한을 지원하는 무장폭동이 일어날 것으로 예측하였다. 미군이 한반도에 전개하기 이전에 한반도를 석권할 수 있을 것으로 생각한 것이다. 그래서 소련과 중공의 지원하에 1950년 6월 25일 기습 남침을 감행한 것이다. 그러나 6·25 전쟁 초기 한국 내에서의 무장폭동이 일어나지 않았고, 유엔군의 참전으로 인하여 김일성은 패배 직전까지 몰렸다. 중공군의 지원으로 가까스로 정전(停戰)에 합의하였으나, 북한은 6·25 전쟁 이후에도 한반도 적화통일 의지를 버리지 않고 대남 분란전을 계속하고 있다. 국민 중심의 한반도 전쟁은 계속되고 있는 것이다.

그들은 한국 내부에 조선로동당의 전위대인 지하당[3]을 조직해 왔고, 한국 내 북한 동조세력[4]을 사회 각 분야에 침투시켜 조직화해 왔으며, 유언비어 날조와 선전전, 위장 평화 공세로 대적 경계심을 와해시키고, 협박과 전쟁 위협으로 한국 국민의 북한에 대한 공포심을 유발시켜 대북 강경책을 포기하도록 획책하고 있다. 또한 북한은 전쟁 확전(擴戰) 가능성에도 불구하고 청와대 기습(1968)과 아웅 산 폭파(1983), KAL기 폭파(1987) 등 6·25 전쟁 이후 2,910여 회의 군사 도

---

[3] 한국 내 조선로동당의 전위대인 지하당 조직은 1960년대 통일혁명당과 인민혁명당, 1970년대 남조선민족해방전선(남민전), 1980년대 민족민주혁명당(민혁당), 1990년대 조선로동당 중부지역당, 구국전위, 최근에는 일심회 및 왕재산 사건, RO 내란음모 사건 등을 들 수 있다. 김충남 외, 전게서, pp. 309-317.

[4] 한국 내 북한 동조세력으로 조국통일범민족연합(범민련)과 한국대학총학생연합회(한총련), 한국진보연대, 민주주의민족통일전국연합(전국연합), 통일연대와 민중연대 등을 들 수 있으며, 지하당과는 달리 한국 사회 내부에서 스스로 결성된 단체로 공공연히 활동하고 있어 국가 정체성과 안보의식에 막대한 영향을 주고 있다. 상게서, pp. 317-322.

발을 지속적으로 감행하였다. 특히 2000년 이후에는 핵 보유를 배경으로 연평해전(2002), 5차 핵실험, 천안함 피격·연평도 포격(2010) 등 과감한 군사 도발로 대북 공포심을 조장하고, 정부·군의 실책을 유발하게 하여 국민들이 정부와 군을 신뢰하지 않고, 한국 내부에서 남남갈등이 일어나도록 획책하고 있다.

북한은 이러한 분란전을 통하여 한국과 미국 국민의 심리를 공격하여 한국 정부의 국민 통제력을 약화시키고, 미군의 한반도 전개를 어렵게 환경을 조성하여 무력남침의 결정적 시기를 조성하고 있다. 북한이 정규군으로 재남침하기 이전에 한국과 미국의 국민의 심리를 공략하여 전쟁 수행의지를 굴복시킴으로써 결정적 시기를 조성하는 것이 '국민 중심의 전쟁 패러다임'의 하나의 모습인 것이다. 결국, 북한은 한국 정권을 전복시켜 적화통일을 달성하기 위하여 한국과 미국의 국민의 의지를 공략하는 데 전략목표를 두고 전쟁을 수행하고 있다. 북한은 핵·미사일, 특수전 부대 등 비대칭 전력과 한국 내 북한 동조세력 등을 활용하여 평시에 분란전을 수행하고 있다. 이를 통하여 북한은 정규군 남침을 위한 결정적 시기를 조성하여 무력으로 한반도를 석권함으로써 전쟁 승리를 도모하려는 의도를 가지고 있는 것으로 분석된다.[5] 또한 그들은 전세가 불리할 경우에는 게릴라전으로 한·미연합군의 과도한 인명피해를 유발시켜 한국과 미국 국민의 의지를 굴복시키는 국민 중심의 전쟁을 수행할 것으로 예측하였다. 한반도에서의 전쟁을 '무력의 충돌'이 아니라 '두 적대의지 간의 충돌'이라는 개념으로 분석할 때 한반도는 지금도 전쟁 중이며, 북한은 해방 이후 지금까지 국민 중심의 전쟁을 수행하고 있다고 볼 수 있다.

---

5 이러한 전쟁의 사례는 중국 내전과 베트남 전쟁에서도 수행되었다. 비정규전의 원조로 인식되고 있는 중국 공산당과 월맹은 전쟁 초반에 비정규전을 중심으로 분란전을 수행하여 대내외적으로 정치·군사적인 우세를 달성하자, 대규모의 재래식 정규 군사력으로 결정적 군사작전을 수행하여 전쟁을 종결하였다. Frank G. Hoffman, "Hybrid Warfare and Challenges," Joint Force Quarterly, Issue. 52(1st Quarter, 2009), pp. 36-38.

2. 국민 중심 전쟁 패러다임의 한국 적용

국민 중심 전쟁의 패러다임은 한국의 대북한 전쟁전략 수립과 관련하여 또다른 많은 시사점을 주고 있다. 대한민국의 전쟁 목표는 한반도에서 전쟁을 억제하고, 억제가 실패하여 북한군이 재남침 할 경우 북한 정권을 제거하고, 남북통일을 달성하여 한반도에서 항구적인 평화 상태를 구축하는 것이 될 것이다. 이러한 목표를 달성하기 위해서는 전쟁을 억제하고 유사시 적을 격멸할 수 있는 압도적인 군사력이 기반이 되어야 한다. 그러나 군사력만으로는 최종적인 전쟁 목표인 남북통일을 달성하기에는 부족하다. 한국과 미국 그리고 유엔군의 각국 국민의 절대적인 지지가 필요하고, 주변국의 묵시적 동의도 요구된다. 또한 그 목표는 우호적인 북한 주민과 함께 노력해야 달성할 수 있는 것이다.

6·25 전쟁의 사례와 같이 이승만 정부가 남북통일을 강력히 요구했음에도 불구하고, 미국은 핵무기 사용 배제와 제3차 세계대전의 가능성에 대한 외교적인 해결책을 모색하겠다는 의도로 정전과 한반도 분단이라는 전략적인 군사결정을 내렸다.[6] 유엔군은 다국적군의 공동의 이익을 위하여 싸운다. 따라서 한국의 전쟁 목표와 다를 수도 있다는 것을 인식해야 한다. 이것은 국민 중심의 전쟁 패러다임을 통하여 우리가 새롭게 인식해야 할 요소이기도 하다. 한국군이 유엔군의 깃발 아래 북한군과 전쟁을 수행할 경우 유엔군의 공동 전쟁 목표와 한국군의 목표가 일치하도록 군사·외교적인 노력을 해야 한다. 유엔군의 정책에 영향을 미치는 가장 중요한 권력의 중심이 각국 국민의 의지이다. 전쟁에 참여한 유엔군이 각국 국민의 지지를 얻을 수 있도록 정의로운 전쟁을 수행해야 한다. 또한 월남전의 사례에서 본 바와 같이 한국 내에서 국론이 분열되고 정부와 군이 무기력할 경우, 전쟁에 참여한 유엔군의 각국 국민의 지지를 얻을 수 없다. 따라서 한반도에서 전쟁 시 한국 국민은 단결되고 강력한 통일 의지를 보여 주어야

---

6 루퍼트 스미스, 황보영조 옮김, 『전쟁의 패러다임』(서울: 까치글방, 2008), p. 327.

한다. 과거의 전쟁 지속능력 보장만을 위하여 동원되는 수동적인 국가 총력전에 추가하여 국민 스스로 주인의식으로 참여함으로써 전쟁 수행의 중심이 되어야 한다.

한반도에서의 전쟁의 개념은 '무력충돌'에서 '두 적대의지의 충돌'로 인식되어야 한다. 북한은 한국 국민의 의지를 약화시켜 적화통일을 달성하려고 정치·사회적, 군사적 대남도발을 감행하고 있다. 우리도 북한과의 전쟁을 자유주의 체제하 통일이라는 국민 의지를 바탕으로 북한의 적화통일 의지와 대결하는 국민 중심의 전쟁 개념을 인식해야 한다. 안보 전문가들은 국가안보 역량을 "국가안보 역량=객관적 능력(군사력, 경제력)×안보전략(안보 리더십, 정책, 외교력)×국민정신(안보의식)-내적 취약성+동맹의 지원"[7]의 수식으로 정리하고 있다. 베트남 전쟁의 사례에서 보듯이 국민의 의지가 약하면 아무리 강력한 군사력을 보유하더라도 전쟁에서 패배할 수밖에 없다는 것이다. 다른 면으로 월맹은 군사력은 약하지만 엄청난 희생과 노력에도 불구하고 단결된 국민의 의지로 미국과 월남의 압도적인 군사력을 상대로 전쟁에서 승리할 수 있었다. 군사력이 중요하지 않다는 이야기는 아니다. 압도적인 군사력과 안보전략을 보유한다면 상대적으로 최소의 희생과 노력이 소요되는 수준의 국민 의지로도 전쟁에서 승리할 수 있다는 것을 앞의 수식에서 제시하고 있다. 그러나 국민 여론이 분열되고, 전쟁의 목표에 대한 국민의 공감대가 형성되지 않아 국민의 의지가 "0"이면 군사력만으로 전쟁을 승리할 수 없다는 것이다. 이는 전쟁에서 국민이 중심이 되어야 하고, 국민의 적극적인 참여가 필요하다는 것을 반증(反證)하고 있다.

또한 한국은 전·평시에 북한 주민과 함께 반인륜적인 북한 정권에 대항하여 싸워야 한다. 평시부터 북한 내부에 한국의 동조세력을 육성하는 것이 필요하다. 이를 통하여 북한의 전쟁 수행능력을 약화시켜 한반도에서의 전쟁 재발을 억제해야 한다. 현재는 한·미연합군의 압도적인 군사력이 전쟁을 억제하고 있다.

---

7   김충남 외, 『민주시대 한국안보의 재조명』(서울: 도서출판 오름, 2012), p. 61.

그러나 북한이 핵과 투발수단을 보유하고 한국 내부에서 국론이 분열되면 무모한 북한의 지도자 김정은은 오판을 할 수도 있다. 김정은의 오판을 억제할 수 있는 강력한 힘이 곧, 김정은 정권에 저항하는 북한의 중견 간부와 주민이다. 이것을 알기 때문에 북한의 김정은은 공포정치로 북한 주민을 통제하고 있는 것이다.

전쟁 억제를 위해서는 한국 국민도 주인의식을 가지고 참여해야 한다. 국민 중심의 전쟁 패러다임으로 볼 때, 정부와 군의 능력만으로 전쟁 억제를 달성할 수 없다. 민주주의는 국민 여론에 의한 정치다. 만약, 국민이 전쟁 공포심을 가질 경우 적 도발에 대응하고 재도발 억제에 필요한 과감한 대북정책과 군사적 보복이 불가능하다. 국민 여론이 지지하지 않으면 정치가들이 그 결심을 회피하기 때문이다. 적 도발에 대한 정부와 군의 대응 실패에 과도한 질책과 불신은 북한 정권이 바라는 의도이다.

북한의 기습적인 도발은 100% 사전 대비에 한계가 있다. 이러한 목표를 달성하기 위해서는 국가적으로 많은 비용과 노력이 소모된다. 또한 국민이 지불해야 할 대가가 크기 때문에 어느 정도의 위험은 감수해야 한다. 감수할 위험은 국민들의 몫이다. 군사력은 국가안보 수단의 하나일 뿐이다. 우리는 정부와 군에 무한책임(無限責任)을 물을 수 없다. 국가안보 실패의 근본적인 원인은 대부분 국민에게 있기 때문이다. 예를 들어 2015년 8월 4일 북한이 비무장지대(DMZ)에 매설한 목함지뢰 폭발로 장병 2명이 부상당하고 이어서 20일 연천군에 포격도발을 감행하였다. 이에 북한의 도발에 화난 2030 예비군들이 강력한 응징 의지를 표명한 군과 정부를 지지하려고 SNS에 "나라가 부른다면 목숨을 바칠 각오가 되어 있다", "현역 때 입은 군복과 전투복, 인식표 사진과 함께 국가를 위하여 싸울 준비가 되어 있다" 등의 의사를 표현하였다.[8] 이것이 북한의 사과와 남북 공동 발표문 합의(8. 25.)에 이르게 하는 원동력이 되었다. 결국, 북한은 도발과 협박으로 한국 국민의 의지를 공략한다. 이러한 북한의 공략에 대응하는 최선의 방책은

---

8   《조선일보》, 2015. 8. 24. A1면.

위험을 무릅쓰고 응징하겠다는 국민의 의지이다. 이러한 전쟁에 대한 새로운 각성과 인식 전환이 곧, 국민 중심 전쟁의 패러다임이다.

3. 한국의 국가안보를 위한 제언

앞에서 분석한 바와 같이 이 시대 전쟁의 패러다임이 국민 중심으로 진화하였다. 우리는 전쟁을 새로운 패러다임으로 바라보고 전쟁의 속성을 이해하면서 이에 대비해야 한다. 대한민국 헌법 1조 1항에 "대한민국의 주권은 국민에게 있고, 모든 권력은 국민으로부터 나온다"로 되어 있다. 이는 국민이 '권력의 원천'임을 선언한 것이다. 따라서 국민의 의지가 전쟁의 중심이 되어야 한다. '힘의 원천'이 전쟁의 중심(Center of Gravity)이기 때문이다. 한국이 국민 중심의 전쟁을 수행하기 위해서는 전쟁에 대한 새로운 인식을 기반으로 혁신적으로 전쟁을 대비하고 계획해야 한다. 한반도 전쟁 대비계획의 핵심은 국민 의지를 전쟁의 중심으로 인식하는 데부터 출발한다. 이를 위해서는 국민과 정부, 그리고 군대가 각자의 노력이 하나의 방향으로 결집되도록 민·관·군 융합형 국가안보전략과 체계의 구축이 필요하다.

먼저, 한국은 국민 중심의 전쟁을 수행하기 위하여 국가안보·군사전략을 획기적으로 발전시켜야 한다. 먼저, 정부는 국가의 전 안보역량을 융합할 수 있는 '국가안보 융합체계'를 구축해야 한다. 현재는 군부 중심의 전쟁 패러다임 관점에서 국가 총력전을 수행하기 위하여 민·관·군 통합체제가 구축되어 있다. 현 국가 총력전은 비군사 분야에서 군사작전을 수행함에 있어서 소요되는 인력과 물자를 동원·지원하여 전쟁 지속능력을 보장하고, 군사작전의 성공을 위하여 타 부문이 협조하는 수동적 임무를 수행하고 있어 문제가 있다. 이로 인하여 수동적인 정부부서는 전쟁 대비계획과 훈련에 관심이 부족하다. 이는 군사작전만 성공하면 되기 때문에 국방부에 전적으로 의존한 결과이다. 그러나 국민 중심의 전쟁에서 비군사 정부부서는 군사작전의 지원을 위한 인력·산업동원과 더불어, 제 국력 요소(DIME: 외교·정보·군사·경제)의 각자 분야에서 능동적으로 국가목표를 달성하기 위한 노력을 해야 한다.

또한 정부부서는 지도자와 국민이 한마음, 한뜻으로 전쟁을 수행하도록 국민의 전쟁 의지를 보호하고, 고양시키는 핵심적 역할을 수행해야 한다. 이러한 정부의 노력이 단일 지휘(Control Tower)하에 한 방향으로 수행될 수 있도록 안보 융합체계가 구축되어야 하는 것이다. 이는 군사작전만으로 전쟁의 목표가 달성되지 않고, 평시에도 정치·사회적 수준의 전쟁을 수행해야 하기 때문에 정부의 모든 부서가 각자의 고유영역에서 제 역할을 하도록 안보전략체계를 구축해야 한다는 것이다. 국민 중심 전쟁에서는 국가안보·군사전략이 군사작전보다 더 중요하게 부각되고 있다. 군사적 성공만으로 전쟁의 승리를 보장하지 않기 때문이다. 어떠한 군사적 승리도 전략 수준의 무능(無能)을 대신할 수 없다는 인식으로 '국가안보 융합체계'의 발전이 요구된다.

둘째, 군은 군사적 승리를 통하여 전쟁에서 승리하는 고전적인 군부 중심의 전쟁 패러다임의 고정관념을 버려야 한다는 것이다. 앞에서도 강조하였지만 전쟁에서 군사력이 중요하지 않다는 이야기는 절대 아니다. 군사력의 유용성 측면에서 사용의 목적과 방법을 달리해야 한다는 것이다. 압도적인 군사력은 전쟁 승리의 핵심능력이다. 그렇지만 사용 목적이 우리 국민의 안보의지를 고양(高揚)시키고, 적의 공략으로부터 국민의 의지를 보호하기 위하여 사용되어야 한다. 또한 적과 현지 주민을 분리하여야 하며, 저항하는 핵심세력은 선별하여 타격하되 현지 주민의 피해를 최소화하는 방향으로 군사력을 운용하고 발전시켜야 한다는 것이다.

이를 위하여 국민 중심의 전쟁 패러다임에 부합한 군사전략의 혁명적 발전이 요구된다. 국가의 자산과 인명피해를 최소화한 가운데 전승(全勝)을 달성하기 위한 전략이 수립되어야 한다. 전략의 핵심은 한국이 상대적으로 우세한 국가체제와 도덕적·경제적·기술적 우위를 바탕으로 북한이 효과적으로 대처할 수 없도록 비대칭적 수단과 방법, 그리고 차원을 달리한 획기적인 국민 중심의 전략을 수립하는 것이다. 전략 개념이 정규전과 비정규전을 융합하여 전쟁을 수행하는 것이어야 한다. 또한 북한 내 한국 우호세력과 연결하여 북한 주민의 대남 적개심을 약화시켜서 북한의 전쟁수행능력을 무력화시켜야 한다. 이를 통하여 북한 지역 내에서 한국군의 기동 여건을 보장하며, 북한 지역 장악을 위하여 한국 우호세력과 통합작전을 수행할 수 있도록 전략을 발전시켜야 한다. 또한 안정화 작전 시 북한 주민으로부터 지지와 지원을 얻으면서 북한 정권에 추종하는 것을 차단하고, 통일 과업에 한국에 우호적인 북한 주민이 함께 동참하는 전략도 강구해야 한다. 한국 국민은 국론 통합과 안보의지가 고양된 가운데 후방지역 안정을 위하여 적극 참여하도록 민·관·군 융합체계를 구축해야 한다. 새로운 군사전략은 군사와 비군사 분야가 융합되고, 정규전과 비정규전이 융합되며, 탈북민 그리고 북한 현지 주민과 함께할 수 있도록 민·관·군이 융합하는 창조적인 군사전략이 되어야 한다.

셋째, 국민 중심의 전쟁 패러다임에 부합한 군사력을 건설해야 한다. 국민의 안보의지를 보호할 수 있는 군사력을 건설해야 한다. 북한의 핵과 미사일 위협으로부터 국민의 안전을 도모할 수 있는 대책을 강구해야 한다. 과거 군부 중심의 전쟁 패러다임에서는 적의 위협으로부터 아군의 군사력을 보호하는 것에만 초점을 두고 방호력을 구축해 왔다. 그러나 국민 중심 패러다임에서는 군사력뿐만 아니라 국민의 안전도 방호할 수 있는 능력을 갖추어야 한다는 것이다. 국민 중심 전쟁은 민간인 사이에서 전투가 이루어지는 민간전쟁(War Amongst the People)이고, 국민을 공략하여 의지를 약화시키는 전쟁이기 때문이다. 국민의 안보의지를 보호하기 위해서는 북한의 핵에 대응하여 한미연합 전술 핵무기의 배치가 필요하다. 북한 핵·미사일 방어를 위하여 한국 지역에 다층적인 미사일 방어체계 등을 구축하고, 이를 전담할 핵·미사일 방어 합동작전사령부를 창설해야 한다. 또한, 유사시 후방에 침투한 적 특수전 부대, 그리고 자생적인 북한 추종 분란세력의 위협에 대비하여 민·관·군 융합형 후방지역 방어체제로 개선해야 한다. 이를 통하여 국민과 함께 전쟁 지속능력을 보장하면서 대북한 전쟁 의지를 고양함으로써 후방 안정을 도모해야 한다.

합동부대 구조도 개편해야 한다. 북한 주민과 함께 싸울 수 있는 합동 비정규전 부대를 평시부터 창설하여 육성해야 하고, 육·해·공 침투자산도 확보해야 한다. 또한 지상부대 사단급 이상 전술제대에서도 탈북민과 북한 주민, 그리고 비정규전 부대와 융합작전을 수행할 수 있는 능력을 갖추어야 한다. 북한 이탈주민(탈북민)과 북한 주민이 함께하는 안정화 사단의 민·관·군 융합 편성을 검토하여 평시에 창설하여야 한다. 안정화 사단은 정부 부서와 협력하여 전쟁에 대비하고, 전시에 대비한 교육훈련을 강화해야 한다. 특히, 적의 의지 굴복을 위해서는 전투현장에서 적과 접촉하고, 민간인과 직접 대면하는 지상군은 인간영역[9] 측면에서의 능력개발이 필요하다. 지상군은 북한의 언어·문화·자존심 등 북한 주민에 대하여 이해하고, 그들을 통제할 수 있어야 한다. 지상군의 간부들은 인간 영역에 대한 이해와 통제능력을 갖출 필요가 있다. 그 핵심이 복잡한 전쟁환경에서 전쟁의 속성을 이해하고, 올바른 결심을 할 수 있도록 창의적이고 통섭적인 사고 능력을 보유한 융합형 간부를 육성하는 것이다.

넷째, 유사시 한국의 전쟁전략에 탈북민과 현지 북한 주민을 활용한 대책을 강구해야 한다. 전쟁 초기에 한·미연합군의 정규군에 의한 군사작전에 기여하도록 북한 현지 주민으로 구성된 비정규전 세력과 함께 전쟁을 수행해야 한다. 이는 전(全) 인민이 무장화되어 있는 북한의 후방 방위체계를 무력화시키고, 그들의 전쟁 지속능력을 와해시킴으로써 최소의 희생과 노력으로 아군의 군사작전을 종결해야 하기 때문이다. 군사작전 간에 한국군과 국민의 재산과 인명 피해를 최소화하도록 전쟁을 수행해야 한다. 저항하는 북한 정권과 군대는 선별하여 정

---

9   전장 영역(Domain)은 지상, 해상, 공중, 우주, 사이버 영역 등 5개 영역으로 구분하고 있으나, 최근 미 육군은 정신적 영역인 인간 영역(Human Domain)을 추가하여 인간 영역에서의 승리를 강조하고 있음. U.S. Army TRADOC Combined Arms Center, *The Army Human Dimension Strategy* (U.S. Army, 2015)

밀타격으로 격멸해야 하지만, 북한의 주민과 재산 또한 그 피해를 최소화하도록 노력해야 한다. 전쟁의 목표가 남북통일이기 때문이다. 따라서 남북한 국민의 마음과 생각을 얻는(win the hearts and minds) 군사작전 수행방식이 채택되어야 한다. 이것이 국민 중심의 전쟁 방법이다.

또한, 군사작전 후 북한에서 안정화 과업을 수행하기 위해서는 탈북민과 북한 주민의 지지와 지원이 필요하다. 탈북민과 북한 현지 주민을 활용한 안정화 작전은 북한 주민의 심리를 더 잘 이해할 수 있고, 통일 과업 수행에 유리하며, 주민의 직업 창출을 통하여 북한을 경제적으로 안정시키는 데 기여할 것이다. 결국 한국의 전쟁전략은 한국의 국민 의지를 결집하고, 유엔군의 각국 국민으로부터 지지를 획득한 가운데 북한 주민과 함께 전쟁을 수행해야 한다. 그래서 우리는 남북통일이라는 최종적인 전쟁 목표를 달성할 수 있도록 국민이 중심이 되는 전쟁 대비계획을 수립해야 한다. 이런 전략을 효율적으로 수행하기 위해서는 근본적으로 국민의 안보의식이 뒷받침되어야 한다. 대한민국에 대한 정체성과 가치관 교육을 통하여 국민들의 국가수호 의지가 고양되어야 한다. 국민의 강력한 안보의지만이 가장 강한 국방력이기 때문이다. 이러한 전쟁전략이 손자병법에서 제시한 '싸우지 않고 이기는 부전승(不戰勝)'과 '온전한 상태로 이기는 전승(全勝)' 사상을 구현할 수 있는 최상의 방책이다.

마지막으로 국민 중심의 전쟁 패러다임은 전쟁의 새로운 방향을 제시하는 것이 아니다. 새로운 국민 중심의 전쟁 패러다임으로 최근의 세계분쟁, 그리고 한반도에서의 전쟁을 바라보면 다르게 보인다는 것이다. 전쟁의 본질은 변하지 않았다. 단지 인류문명과 사회환경 변화로 인하여 전쟁의 속성이 변하였다는 것이다. 이런 속성의 변화가 전쟁을 인식하는 패러다임의 변화를 요구하고 있는 것이다. 이 책은 군사학 측면에서 접근한 연구의 산물이다. 군사학은 본질적으로 사회과학이면서 '술(Art)'적인 통섭형 학문이다. 우연성과 개연성이 존재하는 전쟁의 본질로 볼 때 '술'적 요소에 의하여 과학적 접근이 제한된다. 이런 '술'적인 요소를 증명해 줄 수 있는 것은 오로지 전쟁 사례에서 찾아 볼 수밖에 없다. 따라서 군사학은 학문적으로 접근하는 데 성과에 한계가 있다는 것을 자인(自認)한다.

따라서 차후 연구해야 할 분야는 군사학 이론적 발전과 더불어 실무의 '술'적인 측면에서 적용 가능한가에 대한 세부적인 검증이 요구된다. 전쟁 패러다임의 연구는 심도 깊은 사색이 필요하여 철학적인 접근이 요구된다. 또한 이를 검증할 수 있는 방대한 양의 자료가 필요하다. 그러나 본 연구는 그 부족함을 인정한다. 향후에는 군에서 전략적인 전문지식과 경험, 그리고 국제정치학 분야를 통섭한 연구자들이 본 연구에 대한 비판적인 시각을 통하여 더 많은 사색과 객관적 자료를 바탕으로 연구가 활성화되기를 바란다. 또한 이 책이 한국의 국가안보전략과 군사전략, 그리고 국방정책과 군사력 건설에 적용하여 한반도에서 전쟁을 억제하고 유사시 전승을 달성하는 데 많은 성과가 있기를 기대한다.

제6장
북한 정권의
전략적 행태 분석

이 장은 필자가 2018년 4월 27일 남북 정상회담 하루 전(前) 4월 26일 "제1회 한반도 통일과 북한 행태 예측" 고려대학교 SSK사업단(공공정책연구소 내)에서 주최하고 한국연구재단에서 후원한 세미나에서 발제한 내용임을 밝힌다.

제1절 북한 행태의 전략적 분석 필요성

북한의 핵 실험과 이어지는 장거리 미사일 시험발사로 전운(戰雲)이 감돌던 한반도는 남북·미북 정상회담이 성사됨에 따라 한반도 평화에 대한 기대감으로 '해빙' 무드에 젖어 있다. '완전한' 북한 비핵화'를 전제로 한 양 정상회담의 준비는 순조롭게 진행되고 있다. 남·북 정상회담은 4월 27일 판문점에서, 미·북 정상회담은 5월 말에서 6월 초에 개최될 것이라고 공식적으로 발표되었다. 지금까지 한·미 및 관련 주변국은 이번 협상이 완전하고 검증가능하며 되돌릴 수 없는 (CVID) 북한 비핵화를 위한 새로운 전환점이 될 것으로 기대하고 있다.

김정은 국무위원장은 2018년 3월 25일부터 28일까지 은밀히 중국을 방문하여 시진핑(習近平) 국가 주석과의 정상회담에서 "남조선과 미국이 나의 노력에 선의(善意)로 답해 평화·안정 분위기를 조성하고, 평화 실현을 위하여 단계적(階段性) 동시(同步) 조치를 취한다면 한반도 비핵화 문제는 해결될 수 있다"고 말하였다. 김정은 위원장이 직접 비핵화 방식에 대하여 밝힌 것은 처음이다. 그러나 그가 언급한 '단계적 동시 조치'는 과거 6자회담 9·19 공동성명의 '행동 대 행동' 원칙과 유사한 것이다. 한국과 미국이 북한에 대하여 경제 제재 해제와 지원 등의 보상을 하면 북한이 단계적으로 핵 포기를 선언하고 동결을 하는 방식이다.

트럼프 대통령은 '단계적 동시적 비핵화'에는 명확히 반대하는 입장이다. 美 국무부도 "북한과의 과거 비핵화 협상에서 단계적 접근은 실패하였다"며 "지금은 비핵화를 위한 대담한 행동과 구체적 조치를 취할 때"라고 주장하였다. 미국은 북한이 확실한 비핵화 조치를 먼저 해야 보상을 고려할 수 있다고 말하지만,

---

1 문재인 대통령은 4월 19일 언론사 사장들과 오찬 간담회에서 남북 및 미북 정상회담과 관련해 "북한은 지금 '완전한' 비핵화를, (그에 대한) 의지를 표명하고 있다"며 "주한미군 철수라든지 미국이 받아들일 수 없는 조건을 제시하고 있지 않다"고 말했다. … "비핵화 개념에서 우리와 북한이 차이가 있다고 생각하지 않는다"고 말했다.《조선일보》, 2018. 4. 20. A1면.

김정은 위원장은 이에 대하여 다른 입장을 보이고 있다.

북한 핵 문제의 평화적 해결에 대한 한국 국민과 세계적인 기대가 높아지고 있으나 과거의 약속 파기 경험으로 볼 때 낙관만을 할 수 없는 것이 사실이다. 특히 김정은의 중국 방문 이후 한국과 미국 등에서 북한의 비핵화 의지 표명의 진정성에 대한 의구심을 가지고 있다. 북한은 과거에 '단계적 비핵화' 프로세스에서 보상만 챙기고 결정적 단계에서 판을 깨는 전략적 기만을 되풀이해 왔다. 북한은 겉으로는 협상을 통하여 평화 공세를 하면서 내부적으로는 "시간 벌기"로 핵무기와 탄도미사일을 완성하였다. 북한이 '선의의 응답'을 비핵화 조건으로 언급한 것도 먼저 한미연합 훈련 중단이나 대북 제재 완화를 요구하려는 의도로 의심하고 있다.[2] 또한 북한은 지금까지 내부적으로 비핵화에 대하여 스스로 밝힌 적이 없다. 북한 주민들에게 핵무기의 포기는 지금까지 참고 따르던 혁명 전략 노선을 포기하는 것과 같기 때문일 것이다.

북한은 수령이 당과 국가 위에 있는, '수령(김일성)의 유일적 영도' 아래 통치되는 수령 독재체제이다.[3] 조선로동당은 김정은의 영도하에 전 한반도를 김일성-김정일주의화하는 최종 목적을 가지고 있다.[4] 당 아래 정부조직이 있고 군대가 있다. 조선로동당은 혁명의 전위부대이면서 참모부이다. 북한은 당 주도로 혁명과업 수행을 위하여 전 인민과 군대의 희생을 강요하고, 공포정치로 통제하는 병영조직의 국가이다. 그렇기 때문에 김정은 위원장과 그의 행태를 예측하기 위해서는 북한의 혁명전쟁 전략에 기초해야 한다. 조선로동당은 남조선 해방을 목표로 하여 혁명전쟁 전략을 최우선시하면서 북한을 통치하고 있기 때문이다. 따

---

2 《조선일보》, 2018. 3. 29. A1면.

3 통일부, 『2016 북한의 이해』(서울: 통일교육원, 2015), p. 12.

4 2010년 조선로동당 규약에 의하면 "조선로동당은 위대한 수령 김일성 동지께서 개척하신 주체 혁명 위업의 승리를 위하여 투쟁한다. 조선로동당의 당면 목적은 공화국 북반부에서 사회주의 강성대국을 건설하며 전국적 범위에서 민족해방 민주주의 혁명의 과업을 수행하는 데 있으며 최종 목적은 온 사회를 주체사상화하여 인민대중의 자주성을 완전히 실현하는 데 있다. 『조선로동당 규약』, 2010. 9. 28 참조.

라서 김정은 위원장의 정치적 행태를 연구하기 위해서는 혁명 전략적 관점에서 분석하는 것이 더욱 바람직하다.

한국 정부는 '북한의 비핵화'와 이를 통한 '한반도 평화체제를 구축'하기 위하여 북한 정권의 비핵화에 대한 진정성을 확인할 필요가 있다. 김정은 북한 정권의 입장에서 분석하여 선택할 수밖에 없는 전략적 행태를 예측하는 것이다. 다시는 과거처럼 북한의 전략적 기만에 속지 않기 위해서 그리고, 우리의 대응전략으로 북한이 핵을 포기할 수밖에 없도록 하기 위한 것이다. 만약 예측과 달리 북한이 전략적 기만의 행태를 보이지 않는다면 그의 비핵화 의지에 대한 진정성을 믿을 수 있을 것이다. 이것 또한 김정은 북한 정권의 전략적 행태를 예측하는 이유이기도 하다.

제2절 북한의 혁명전쟁 전략 이론과 실제 고찰

1. 김일성의 혁명전쟁 전략과 군사사상

김일성은 중국 공산당에서 무장 유격활동을 하여 유격전식의 전략 사상을 가졌고, 마오쩌둥에 대한 광신적인 존경을 지닌 인민전쟁론의 신봉자였다. 그리고 소련으로 도망가서는 적군(赤軍)에 입대하고 교조적인 소련 공산당원이 되어 M·L(마르크스·레닌)의 '혁명전쟁론'[5]에 기초한 군사전략 사상을 본받았다.[6] 따라

---

5   레닌주의는 "인간에 의한 인간의 착취가 존재하는 한 사회주의와 자본주의는 적대관계이며 전쟁은 불가피하며 제국주의에 대한 전쟁은 폭력수단에 의한 정치의 계속으로 인식되어야 한다"고 가르치고 있다. 따라서 "민족해방전쟁은 그 어떠한 경우를 막론하고 정의의 전쟁"이라고 말하고 있다.

서 김일성은 공산주의의 혁명 전략과 마오쩌둥(毛澤東)의 인민전쟁 전략의 영향을 받아 북한식의 혁명전쟁 전략을 정립한 것으로 분석된다.

공산주의의 혁명 전략[7]은 마르크스·엥겔스의 이론을 실천한 레닌에서부터 그 맥을 찾을 수 있다. 레닌은 부르주아, 자본가 및 제국주의자를 노동계급의 공동의 계급 적(Class Enemy)으로 설정한 계급 혁명투쟁을 주장한다. 사회주의 혁명투쟁을 수행하기 위해서는 이들 계급 적에 대항하는 항구적인 혁명투쟁 즉, 전쟁을 전개해야 한다는 것이다. 그는 전쟁을 하나의 혁명 수단으로 활용할 것을 주장하면서 내전(혁명전)을 강조하였다. 레닌은 자본주의를 파괴하여 사회주의를 실현하기 위해서는 내전이 불가피하다는 것이다. 공산주의적인 전쟁관은 공산국가에서 일으키는 비침략적인 해방전쟁을 '정의의 전쟁'으로 미화하고 있다. 이런 점은 북한의 침략적이고 호전적인 군사사상이 형성된 하나의 요인이기도 하다. 김일성은 레닌의 공산주의 혁명 전략의 영향으로 남한 내부의 혁명을 선동하는 내전을 도모하고, 미 제국주의와 자본주의의 억압으로부터 남조선 인민을 해방시키는 침략적인 '민족 해방전'의 군사사상을 정립하였다.[8]

마오쩌둥의 인민전쟁 전략은 레닌의 공산주의 혁명 전략의 영향을 받았으나 중국적 특성에 맞는 '인민전쟁(People's War)'이론을 정립하여 혁명을 성공시켰다. 마오쩌둥의 인민전쟁에서 결정적 요소는 물질이 아니라 사람에 있다고 보았다. 이는 인민들 속에서 인민들의 지원을 받아 싸워야 승리할 수 있다는 것이다. 마오쩌둥은 승리하기 위해서는 우세한 적은 피하고 농민들의 지지를 받아야 한다는 전제를 기초로 16자로 된 전법(戰法)[9]을 전군에 전파하였다. 인민전쟁은 인

---

6   황성칠, 『북한의 한국전 전략』(성남: 북코리아, 2008), pp. 95-98.

7   민병천, 『한국방위론』(서울: 고려원, 1998), pp. 50-51.

8   황성칠(2008), 전게서, pp. 81-82.

9   적이 진격해 오면 물러나라(적진아퇴, 敵進我退), 적이 휴식하면 괴롭혀라(적주아요, 敵駐我擾), 적이 지쳐있으면 공격하라(적피아타, 敵疲我打), 적이 물러나면 추격하라(적퇴아진, 敵退我進). 토머스 햄즈, 하광희 외 옮김, 『21세기 전쟁: 비대칭의 4세대 전쟁』(서울: 한국국방연구원, 2011), p. 85.

민대중에 바탕을 두어야 하며 이를 위하여 정치 심리전을 중요시하고 군대와 인민의 결합[10]을 강조한다. 마오쩌둥 전략의 특징은 '인민의 조직화'와 '인민의 동원화', '인민의 무장화'를 골자로 하고 있다.

마오쩌둥은 국민당 정부를 전복시키기 위한 활동을 성공적으로 수행하면서 인민전쟁 전략을 정립하였다. 그는 무력 충돌에 있어서 정치적 힘이야말로 핵심적인 것이며, 정치적 힘이 있어야 정부 전복을 위한 최종 공세가 가능하도록 군사적인 힘을 육성할 수 있다고 본 것이다. 마오쩌둥이 설정한 성공적인 반군활동의 3단계화[11] 혁명전쟁 전략은 다음과 같다.

> 1단계(전략적 수세): 인민들의 지지를 획득, 군사활동은 선전 목적에 국한, 정치적 힘 육성
> 2단계(전략적 대치): 적극적인 유격전 활동(무기 탈취, 정부군 약화), 정치·군사적 힘 구축
> 3단계(전략적 공세): 결정적 시기(정치·군사적 우세 달성)에 정규군을 투입하여 전쟁 종결

이 혁명전쟁 전략은 월맹의 '보응우옌잡 장군'과 중남미의 '체 게바라', 그리고 최근의 비국가 반군활동과 국제 테러집단 등의 전략에 큰 영향을 주었다. 햄즈(Thomas X. Hammes)는 그의 저서 『21세기 전쟁』에서 마오쩌둥의 인민전쟁 전략을 비대칭의 4세대 전쟁[12]의 태동(胎動)으로 간주하였다.[13] 김일성의 군사사상은

---

10 황성칠(2008), 전게서, pp. 84-86.

11 토머스 햄즈(2011), 전게서, p. 92.

12 4세대 전쟁은 반란행위가 발전한 한 형태이다. 4세대 전쟁은 우세한 정치적 의지를 적절히 구사함으로써 경제적·군사적인 면에서 훨씬 더 강한 상대를 격퇴할 수 있다는 기본 전제에 뿌리를 두고 전쟁을 수행한다. 4세대 전쟁은 군사적 초강국인 미국이 패한 유일한 전쟁의 형태이다. 미국은 베트남, 레바논, 그리고 소말리아에서 패하였다. 프랑스도 베트남과 알제리에서, 구소련은 아프가니스탄에서 이런 종류의 전쟁으로 패하였다. 상게서, pp. 27-29.

13 상게서, p. 82.

월맹과 남미의 좌익 반란군과 같이 마오쩌둥의 인민전쟁론으로부터 지대한 영향을 받았다.

김일성의 전쟁관은 공산주의의 혁명전쟁론에 기초하여 '남한 내의 계급혁명'과 미 제국주의의 침략으로부터 조국의 자유와 독립을 위한 정의로운 '민족해방전쟁'으로 규정하고 있다. 김일성은 마오쩌둥의 대중 기반의 유격전식 전략사상과 함께 소련군의 정규전(기동전격전, 포위섬멸전 등)과 유격전의 배합을 강조하고 있다. 그러나 김일성의 과거 항일투쟁 행적을 감안해서 보면 마오쩌둥의 인민전쟁론에 입각한 대부대 유격전 사상에 편향되어 있다.[14] 김일성의 혁명전쟁 전략은 남한 내의 계급혁명을 조장하여 북한 정규군의 남침을 위한 결정적 시기[15]를 조성하고, 최종적으로 민족해방 전쟁을 감행하여 조국통일 위업을 달성하는 것으로 요약할 수 있다.

2. 북한의 군사예술 이론

북한은 공산주의 혁명전쟁론을 바탕으로 전쟁을 "무장투쟁을 포함하여 정치·경제·문화 등 여러 부문을 포괄하는 하나의 정치적 개념으로서 장기적인 투쟁"으로 정의하고 있다. 사회주의 혁명투쟁을 수행하기 위해서는 이들 계급 적에 대항하는 정치적이면서 항구적인 전쟁을 전개해야 한다는 것을 내포하고 있다.

---

14 황성칠(2008), 전게서, p. 135.

15 결정적 시기란 혁명의 주·객관적 정세가 성숙되어 폭력혁명을 개시할 시점을 말한다. 북한은 결정적 시기를 "오랜 기간 간고한 투쟁 속에서 준비해 온 혁명 역량 즉, 주력군과 보조 역량을 총동원하여 반혁명의 아성을 무너뜨리고 혁명의 전략적 과업 해결을 일정에 내세우는 시기, 즉 정권 전취를 위한 투쟁을 벌이게 되는 시기"로 규정하고 있다. 원래 결정적 시기란 레닌이 언급한 '혁명의 결정적 순간'에서 유래한다. 북한은 결정적 시기를 남한 대중의 불만이 극도에 달하여 투쟁이 고양될 때, 사회적 부패가 극에 달하여 집권계급의 내부 투쟁이 격화되었을 때, 남한 내 지하당 등 사회주의 운동이 필요한 수준만큼 성숙되었을 때 등으로 규정하고 있다.(평양: 회과학출판사, 1975), pp. 172-178, 중앙정보부, 1, 2권, 1973년판, http://nkd.or.kr/pds/nk/view/31(검색일: 2018. 4. 7.)

이러한 군사사상은 우리의 용병술(用兵術)과 유사한 북한의 군사예술(Military Art) 체계에도 반영되어 있다.

북한의 군사예술은 "적을 타격소멸 하기 위하여 발휘하는 군사적 지혜와 기교로서 전쟁에서 승리하기 위하여 올바른 방도와 묘리를 찾아내고 그것을 솜씨 있게 적용하는 것으로, 양병을 포함한 군사력의 운용술(術)"[16]로 정의하고 있다. 군사예술의 발전은 사회·정치적 변천과 무기의 발전적 수준에 크게 의존하며 '군사전략'과 '작전예술', '전술'의 3단계 계층적 구조로 구분한다. 이 중 군사전략은 "전쟁 목적을 실현하기 위한 군사적 방침으로 상위의 '정치전략'이 제기하는 중요한 과업을 군사적 방법으로 수행하는 것이며 무장투쟁의 형식과 방법을 규정, 그 수행을 조직 및 지휘한다"[17]로 정의하고 있다. 이는 군사전략의 상위전략으로 '정치전략'이 존재한다는 것을 말하고 있다. 이 정치전략은 최상위 전략으로서 군사노선과 정책을 포함하여 양병과 용병을 통제하는 국가 대전략으로 분석된다. 따라서 북한의 혁명전쟁 수행체계는 북한 서적과 공산권의 교리를 바탕으로 '정치전략'을 국가 최상위 전략으로 하고, 하위에 군사 부문의 운용술인 군사예술순으로 '정치전략' ⇨ '군사전략' ⇨ '작전예술'[18] ⇨ '전술'의 계층적인 체계로 구분된다.

이 장은 북한의 비핵화와 관련하여 김정은 정권의 전략적 행태를 예측하는 것이다. 북한의 비핵화는 정치전략 수준에서 논의되어야 한다. 북한의 핵 운용전략은 군사전략 수준에서 그 방침이 결정된다. 그러나 북한의 비핵화는 핵무기의 보유와 폐기 및 양병(養兵)에 관한 사항으로서 정치전략 수준에서 논의되고 결정해야 할 사항으로 판단되기 때문이다. 북한의 정치전략 수준에서 군사노선

---

16 『조선대백과사전』(평양: 백과사전출판사, 1996), pp.274-275.

17 『군사상식』(평양: 조선인민군군사출판사), pp.265-267.

18 작전예술이란 군사예술의 한 부분으로서 군사전략이 제기하는 임무와 과업을 수행하기 위한 작전 진행 형식을 규정하고 그 실현을 조직하고 지휘하는 것. 여러 가지 작전을 조직하고 진행하는 형식과 방법을 통틀어 이르는 말. 정보사령부, 『북한 군사용어집』(2010), p. 220 참조.

과 정책을 결정하는 정치조직이 조선로동당이다. 조선로동당은 혁명전쟁 전략을 준비하고 수행하는 혁명의 참모부이다.[19] 따라서 북한의 정치전략이 곧 '혁명전쟁 전략'임을 알 수 있다. 이러한 혁명전쟁 전략은 전쟁 국면 전환 또는 전략적 상황 변화 시 국내·외의 정세를 포함한 전략 환경 변화, 통치자의 지도이념과 군사정책, 군사적 경험·전쟁 양상 변화·전쟁 교훈 등을 종합적으로 고려하여 상황마다 새롭게 변화시켜 적용한다.[20]

3. 북한의 혁명전쟁 전략 추정 논의

북한의 혁명전쟁 전략은 그 존재가 노출된 적이 없다. 그러나 북한 서적과 과거 공산권의 교리를 분석해 보면 혁명전쟁을 수행하기 위하여 정치전략인 혁명전쟁 전략을 수립할 것으로 판단하고 있다. 조선로동당은 그 전략의 수행을 보장하기 위하여 군사정책과 노선을 결정하고 북한의 모든 노력과 자원을 주도적으로 운용하여 왔다는 것을 확인할 수 있다. 특히 조선로동당 규약을 연구해 보면 혁명전쟁 전략을 유추해 볼 수가 있다. 통상 전략[21]은 "목표(Ends)+개념(Ways)+수단(Means)"으로 구성된다. 북한의 『조선로동당 규약』에는 혁명전쟁에 대한 목적과 목표와 혁명투쟁 방법, 그리고 이를 수행할 수단과 행동조직 등을 포함하고 있다.

앞에서 논의한 공산주의 혁명전쟁론과 마오쩌둥의 인민전쟁 전략, 그리고 김일성의 군사사상을 기초로 조선로동당 규약과 그동안의 북한의 전략적 행태

---

19 "조선로동당은 근로인민대중의 모든 정치조직들 가운데서 가장 높은 형태의 정치조직이며 정치, 군사경제, 문화를 비롯한 모든 분야를 통일적으로 이끌어 나가는 사회의 령도적 정치조직이며 혁명의 참모부이다." 제4차 당 대표자 회의(2012. 4. 11.), 『조선로동당 규약』 전문 개정 참조.

20 정보사령부, 『북한군 군사사상』(2007), pp. 192-195.

21 북한의 군사전략은 공격대상과 방향(전략목표), 전쟁 방법(개념), 무장집단의 역량에 대하여 규정함.

를 분석하여 북한의 혁명전쟁 전략을 추정하였다. 북한의 혁명전쟁 전략은 국가 최상위 정치전략으로서 최종 목적은 "온 사회를 김일성-김정일주의화하여 인민대중의 자주성을 완전히 실현"하는 것이며, 그 이전에 달성해야 할 당면 목적으로 "공화국 북반부에서 사회주의 강성대국을 건설하고, 전국적 범위에서 민족해방민주주의혁명의 과업 수행"[22]을 하는 데 있다고 규정하고 있다. 결국 전략목표는 '적화통일[23]'이며, 이를 위하여 당면 목표로 북한 내부는 '사회주의 강성대국을 건설'하고, 남한 내부에서는 '혁명투쟁[24]으로 결정적 시기를 조성'하는 것으로 분석할 수 있다. 북한 혁명전쟁 전략의 최종 목표인 적화통일은 해방 이후 지금까지 변하지 않고 있다.

북한은 혁명전쟁 전략의 목표를 달성하기 위하여 남한에 대하여 6·25 전쟁 이후 지금까지 2,953건[25]의 각종 도발을 감행하는 등 화전양면전술을 지속해 왔다. 혁명전쟁 전략의 개념은 마오쩌둥의 인민전쟁론과 김일성의 군사사상을 기초로 지금까지 북한의 도발 형태를 종합적으로 분석해 보면 〈그림 6-1〉과 같이 3단계화 전략으로 구분할 수 있다.

혁명전쟁 전략의 1단계는 남한보다 정치·군사적인 열세에 있을 때 수행하는 '전략적 수세'상황에서 우선 혁명 역량을 구축하는 데 목표를 둔다. 이 단계에

---

22 "조선로동당의 당면 목적은 공화국 북반부에서 사회주의 강성대국을 건설하며 전국적 범위에서 민족해방민주주의혁명의 과업을 수행하는 데 있으며 최종 목적은 온 사회를 김일성-김정일주의화하여 인민대중의 자주성을 완전히 실현하는 데 있다." 제4차 당 대표자 회의(2012. 4. 11.) 『조선로동당 규약』 전문 참조.

23 적화통일(赤化統一)은 공산주의로 이루어지는 통일을 뜻하나, 이 글에서는 조선로동당의 최종 목적인 "온 사회를 김일성-김정일주의화하여 인민대중의 자주성을 완전히 실현"을 간단히 표현하는 말로 사용하였음.

24 "조선로동당은 전 조선의 애국적 민주 력량과의 통일전선을 강화한다. 조선로동당은 남조선에서 미제의 침략 무력을 몰아내고 온갖 외세의 지배와 간섭을 끝장내며 일본 군국주의의 재침 책동을 짓부시며 사회의 민주화와 생존의 권리를 위한 남조선 인민들의 투쟁을 적극 지지 성원하며 우리 민족끼리 힘을 합쳐 자주, 평화통일, 민족 대단결의 원칙에서 조국을 통일하고 나라와 민족의 통일적 발전을 이룩하기 위하여 투쟁한다. 제4차 당 대표자 회의(2012. 4. 11.) 『조선로동당 규약』 전문 참조.

25 국방부, 『2012 국방백서』(서울: 국방부, 2012), p. 306.

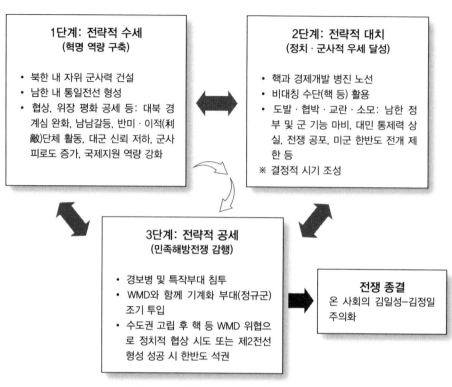

1단계: 전략적 수세
(혁명 역량 구축)

• 북한 내 자위 군사력 건설
• 남한 내 통일전선 형성
• 협상, 위장 평화 공세 등: 대북 경계심 완화, 남남갈등, 반미·이적(利敵)단체 활동, 대군 신뢰 저하, 군사 피로도 증가, 국제지원 역량 강화

2단계: 전략적 대치
(정치·군사적 우세 달성)

• 핵과 경제개발 병진 노선
• 비대칭 수단(핵 등) 활용
• 도발·협박·교란·소모: 남한 정부 및 군 기능 마비, 대민 통제력 상실, 전쟁 공포, 미군 한반도 전개 제한 등
※ 결정적 시기 조성

3단계: 전략적 공세
(민족해방전쟁 감행)

• 경보병 및 특작부대 침투
• WMD와 함께 기계화 부대(정규군) 조기 투입
• 수도권 고립 후 핵 등 WMD 위협으로 정치적 협상 시도 또는 제2전선 형성 성공 시 한반도 석권

전쟁 종결
온 사회의 김일성–김정일 주의화

〈그림 6-1〉 북한 혁명전쟁 전략의 3단계화 전략

서는 군사적 도발은 자제하면서 협상이나 위장 평화 공세로 남남갈등을 유발시키고, 선전활동으로 대북 경계심을 이완시켜 대북 적대정책을 와해시킨다. 이를 통하여 반미·이적단체의 활동 영역을 넓혀 주어 남한 내부 혼란을 조성하고, 남한 정부와 군에 대한 국민의 신뢰를 저하시켜 남한 자체의 혁명 역량을 강화하는 단계이다. 이 단계에서 북한은 한국 및 국제적인 외부의 지원을 획득하고, 내부적으로는 체제를 견고히 하고 군사력을 강화시키며, 중국과 러시아 등의 지원을 획득하기 위한 노력을 강화함으로써 혁명투쟁을 전개하기 위한 정치적인 힘을 구축한다.

2단계는 북한과 남한의 정치·군사적 힘이 대등할 경우의 '전략적 대치' 상황에서 채택하는 전략개념이다. 이 단계에서는 남한의 정치·군사적 힘은 약화시키면서 북한 내부의 군사적 힘을 강화시켜 남한과 비교하여 상대적으로 정치·군사적 우세를 달성함으로써 남침의 결정적 시기를 조성하는 것이다. 2단계에서는 과감한 대남 군사 도발과 협박을 감행하고, 비대칭 수단으로 지속적으로 교란하면서 한·미연합군의 전쟁 역량을 소모하도록 강요한다. 그리고 남한 간첩과 동조세력을 활용하거나 사이버 공격 등을 통하여 남한 정부와 군의 기능을 마비시키고 대민 통제력을 상실시킨다. 특히 핵 공갈 등을 통하여 남한과 미국 국민들에게 핵전쟁의 공포를 조장함으로써 유사시 미군의 한반도 전개를 곤란하게 하는 것이다.

이런 결정적 시기가 조성되면 3단계인 전략적 공세로 전환하여 정규군으로 남침을 감행하는 것이다. 북한은 단기 속전속결의 군사전략[26]으로 '적화통일'의 최종목표를 달성하려 할 것이다. 북한은 우선적으로 경보병 및 특수작전부대를 투입하고, 핵 등 WMD를 활용하여 위협하거나 사용하여 남한정부와 한·미 연합군의 전쟁 수행능력을 무력화시킬 것이다. 초기 작전에 주도권을 획득하여 수도권을 확보하면 정치적 협상을 시도하고 만약 남한 내 혁명투쟁으로 제2전선이 형성되면 한반도를 석권하는 전략을 수립할 것으로 판단된다.

혁명전쟁 전략은 1단계에서 3단계까지 순차적으로 수행되는 것을 전제로 한다. 그러나 전략 상황에 따라 3단계에서 1단계로, 1단계에서 3단계로, 2단계에서 1단계로 융통성 있게 적용한다. 단계 전환의 결정적 전략 상황 판단은 상대적으로 정치·군사적인 힘이 열세한가, 우세한가의 여부에 의하여 결정된다. 북한에서 판단한 정치·군사적 힘은 3대 혁명 역량으로서 북한 자체+남한 동조+국제지원 혁명 역량의 총량으로 여겨진다.

다음 〈표 6-1〉은 북한이 전략 상황의 변화에 따라 채택한 전략의 단계를 나

---

26 북한의 군사전략은 단기 속전속결 전략으로서 ① 배합전략(정규전과 유격전 배합 등)으로 전·후방 동시전장화하고, ② 기습전략으로 기습남침 하여 주도권 장악, 압도적 유리한 여건 하에서 전쟁을 하며, ③ 속전속결 전략(속도전)으로 미 증원군이 한반도에 도착 이전에 전쟁을 조기 종결하는 것임. 통일부 통일교육원, 『2016 북한의 이해』(서울: 통일교육원, 2015), pp. 130-133.

〈표 6-1〉 북한의 전략 상황별 혁명전쟁 전략 단계 적용

구분		북한의 정치 · 군사적 힘	
		열세	우세
남한의 정치 · 군사적 힘	우세	전략 1단계	전략 2단계 (북한≥남한)
	열세	전략 2단계 (북한≥남한)	전략 3단계

타내고 있다. 북한은 정치 · 군사적인 역량이 남한에 비하여 상대적으로 열세일 경우에 1단계 전략개념을 시행하고, 북한이 남한보다 압도적으로 우세할 경우에는 3단계 전략 개념을 적용한다는 것을 보여 주고 있다. 그러나 남북한이 공히 열세이거나 우세한 상태로 정치 · 군사적인 힘이 대등한 상황 또는 결정적 시기에 못 미칠 정도로 약간 상위에 있을 경우에 북한은 2단계의 전략 개념을 채택할 것임을 아래의 표는 나타내고 있다. 〈표 6-1〉은 해방 이후부터 현재까지의 북한의 전략적 행태를 분석하는 '틀'로 사용할 것이다. 이 '분석의 틀'이 과거 북한의 전략적 행태를 합리적으로 설명할 수 있다면, 향후 북한 김정은 정권의 전략적 행태를 예측하고 북한 비핵화에 대한 진정성을 검증하는 도구로도 활용할 수 있을 것이다.

제3절 북한 혁명전쟁 전략의 시대별 단계 적용

1. 해방정국(창군~6·25 전쟁): 3단계, 민족해방전쟁

해방정국에 북한은 1948년 2월 8일 '북한 인민군'을 창설하고, 그 해 9월 9일 '조선민주주의 인민공화국'을 선포하였다. 이어 9월 10일 최고인민회의 제1차 회의에서 국토완정론(國土完整論)[27]을 공식적으로 강조하면서 민족의 통일을 위한 전쟁을 건국과 동시에 준비하였다. 6·25 전쟁 이전 북한군은 소련의 적극적인 지원을 받아 1949년부터 인민군의 군사력을 획기적으로 강화하였다. 한국군은 전쟁 발발 당시 대포도 없는 보병 위주의 경무장 병력으로 8개 보병사단과 2개 독립연대가 있었다. 그러나 북한군은 전차와 공군력으로 증강된 10개 사단과 4개 여단[28]으로 상대적으로 군사적 우세를 점하였다. 북한은 부대 증편에 따라 1949년부터는 지원병제를 징병제로 강화하였고, 조국보위후원회(祖國保衛後援會)를 조직하여 전쟁동원 체제를 강화하는 등 북한 내부의 혁명 역량을 강화하였다.

남한 내부의 동조혁명 역량을 강화하기 위하여 1947년 가을 '강동정치학원'을 설치하여 유격대원을 양성하였고, 북한은 6·25 전쟁 전까지 유격대를 10차에 걸쳐 2,400명이나 남파시켰다. 남로당은 남한 내 혁명투쟁을 위하여 1945년 전국 총파업과 대구 10·1사건, 1947년 제주 4·3사건과 1948년 여수·순천

---

27 "김일성은 1948년 정권수립 다음 날인 9월 10일 조선민주주의 인민공화국 정부 정강을 발표하고 국토완정과 민족통일의 선결조건으로 미소 양국 군대의 동시철수를 내세웠다. 여기서 국토완정이라고 함은 전 한반도를 공산화하는 것을 말한다. 다시 말해 민주기지론에 입각한 북한 지역에서의 혁명기지 구축이 어느 정도 이루어짐에 따라 전 한반도의 공산화를 통한 통일을 적극적으로 추구하겠다는 것을 의미했다." 통일부, 〈북한 지식사전〉, http://nkinfo.unikorea.go.kr/nkp/term/viewNkKnwldgDicary.do?pageIndex=1&dicaryId=20(검색일: 2018. 4. 9.)

28 황성칠(2008), 전게서, pp. 161-162.

10·19사건 등을 주도하였다. 강동학원 유격대는 연백·용현·안양·개성·상도·풍양 경찰서와 우체국 등 관공서 습격, 국회의원 요인 암살과 병점역 열차 탈취, 상도동 수류탄 투척 등 다양한 무장폭력과 게릴라 투쟁을 전개하여 한국 정부의 전복을 도모하였다.[29] 이와 더불어 이승만 초대 대통령 정부가 수립되자 주한미군은 1949년 6월 29일까지 군사고문단 500명만 잔류시키고 철수함으로써 남한의 정치·군사적 힘은 더욱 약화되고 있었다.

김일성은 북한의 군사력이 강화되고 남한의 빨치산 활동이 정점을 이루면 소련이 남침을 허락할 것으로 예상하였다. 김일성은 해방 직후부터 소련의 사회주의 구축 노선에 따라 군사력 증강에 주력하면서 1949년 3월부터 1950년 5월까지 스탈린과 2회의 회담을 하고 마오쩌둥과 1회 회담을 통하여 선제 남침전쟁을 승인받고 전쟁계획을 확정지었다.[30] 북한은 내부의 군사력 증강과 더불어 남한 내부의 혼란과 주한미군의 철수, 그리고 중국과 소련의 전쟁 승인과 지원을 얻어 냄으로써 정치·군사적인 우세를 달성하여 1950년 6월 25일 인민군으로 남침을 감행하였다. 북한의 혁명전쟁 전략의 개념에 의거 2단계에서 결정적 시기를 조성한 다음, 최종적으로 정규군에 의하여 민족해방전쟁을 감행한 것이다.

김일성은 미군이 참전하더라도 한반도에 도착하기 전에 전쟁을 종결지을 수 있다고 평가하였고, 일단 서울을 점령하면 남한 전역에 잠복해 있는 20만 명의 남로당 당원들이 봉기하여 남조선 정권을 전복시킬 것이라는 박헌영의 호언장담을 믿고 있었다.[31] 그러나 즉각적인 UN 안보리의 결의안 채택과 UN군의 참전, 그리고 남한 주민과 국군의 적극적인 저항으로 남한 동조혁명 역량과 국제적 지원혁명 역량이 약화되어 북한 혁명전쟁 전략의 3단계인 민족해방전쟁은 실패

---

29 상게서, pp. 169-176.

30 국방부군사편찬연구소, 『6·25전쟁사』 1권(서울: 국방부군사편찬연구소, 2004), pp. 553-552

31 《조선일보》, "[2010, 인물로 다시 보는 6·25] '이 자식아, 전쟁 지면 너도 책임 있어' 김일성, 박헌영에 잉크병 집어 던져", http://news.chosun.com/site/data/html_dir/2010/06/24/2010062400087.htmlhttp://news.chosun.com/site/data/html_dir/2010/06/24/2010062400087.html(검색일: 2018. 4. 10.)

하였다.

2. 냉전기(6·25 전쟁~1980년대): 2단계, 제2남침 준비

북한은 전쟁 이후부터 1980년대까지 혁명전쟁 전략 2단계의 전략개념을 적용하여 제2의 무력 남침을 위한 결정적 시기를 조성한 것으로 분석된다. 김일성은 이 단계에서 1964년 남한의 동조혁명 역량과 북한 자체혁명 역량, 그리고 국제지원혁명 역량을 강화하는 3대 혁명 역량 강화[32]를 강조하였고 1966년에는 급속한 군사력 증강을 통한 북한의 내부 역량을 강화하기 위하여 4대 군사노선[33]을 추진함으로써 남한보다 상대적으로 정치·군사적 우세를 달성하여 제2의 남침전쟁을 감행하려 준비하였던 시기이다.

김일성은 1970년 11월 노동당 제5차 대회에서 "4대 군사노선을 적극적으로 추진한 결과 전체 인민이 총을 쏠 줄 알며 총을 메고 있다. 모든 지역에 철옹성 같은 방위시설을 쌓아 놓았으며 중요한 생산시설까지 요새화하였다. 자립적 국방공업기비가 창설되어 자체로 보위에 필요한 현대적 무기와 전투기재들을 만들 수 있게 되었다"고 평가하였다.[34] 김일성은 1975년에 4대 군사노선이 완성되었다고 판단하였다.[35] 북한은 소련 잠수함(1962) 도입, 특수8군단(1969)을 창설

---

32 3대 혁명 역량은 1964년 2월 당 중앙위 4기 8차 전원회의에서 김일성의 '조국 통일 위업을 실현하기 위하여 혁명 역량을 백방으로 강화하자'라는 연설에서 북한의 혁명 역량 강화와 함께 남한의 혁명 역량을 축적하고, 국제혁명 역량을 강화하기 위하여 세계의 모든 반미 세력들과 단결해야 한다고 강조. 김일성, 『김일성 저작집』 제18권(평양: 조선로동당출판사, 1980), pp. 246-266.

33 4대 군사노선은 1966년 10월 5일 노동당 대표회의에서 '군대의 간부화', '군대의 현대화', '전체 인민의 무장화', '전국의 요새화'를 내부 역량 강화를 위한 군사노선의 기본내용으로 구체화함. 김일성, 『김일성 저작집』 제20권(평양: 조선로동당출판사, 1980), p. 426.

34 통일부 통일교육원(2015), 전게서, pp. 128-129.

35 《Radio Free Asia》, https://www.rfa.org/korean/weekly_program/d1b5c77cb85c-ac00b294-ae38/RoadToUnifiation-09072016092054.html(검색일: 2018. 4. 10.)

하고, 기갑 및 기계화군단과 포병군단(1970년대) 등을 창설하여 1980년에는 제2 남침을 위한 재래식 군사력을 완성하였다.[36]

1960년에서 70년대까지 남한은 정치적으로 어려운 시기였다. 1960년대는 1960년 4·19 혁명, 1961년 5·16 군사 쿠데타, 1964년 한일협정 반대 6·3 사태로 비상계엄이 선포되었다. 1970년대에는 1970년 '전태일 분신자살 사건'과 1974년의 '민청학련 사건'등 유신 반대와 민중 지향적 학생운동으로 사회가 혼란스러웠다. 특히 1979년 10·26 사태와 1980년 5·18 광주민주화운동으로 남한체제의 위기가 있었다. 북한은 남한 내부의 혁명투쟁을 조성하기 위하여 남한 내부의 반정부 세력과 소통하고, 반미 성향의 민주화 운동세력을 포섭하였다. 또한 제3국을 우회하여 간첩을 남파하고, 고정간첩을 육성하였다. 이 기간에는 연평균 공비와 간첩 침투 45회, 국지 도발 10여 회 등 대남 도발이 빈번하였다.

국제지원혁명 역량 측면에서 분석해 보면 1960년대 북한은 중·소 이념분쟁과 쿠바 사태(1962), 미국의 베트남전쟁 개입, 신생국가들의 유엔 가입 등으로 비동맹국과의 외교관계 수립에 주력하면서 구소련과는 '조·소 우호협력 및 호상원조 조약(1961.6.)', 그리고 중국과는 '조·중 우호협력 및 호상원조 조약(1961. 7.)'을 각각 체결함으로써 사실상의 군사동맹 관계를 형성하였다.

이 시기에 북한은 남한에 비하여 정치·경제적으로 우세하였고, 특히 재래식 군사력은 남한에 비하여 월등한 우세를 점하고 있다고 판단하였다. 북한이 판단한 남한 내부의 혁명투쟁은 군사정권에 대한 민주화운동과 반미 데모가 활발히 전개되고, 남한 내 운동권 세력과의 네트워크로 동조혁명 역량이 성숙된 것으로 보았다. 또한 국제지원 혁명 역량도 중국과 소련과의 군사동맹, 베트남 공산화와 중남미에서의 혁명 성공, 비동맹국 외교의 성과 등으로 남한에 비교하여 우세하였다. 이러한 상황을 배경으로 북한은 전쟁도 불사하고 청와대 무장기습(1968), 울진·삼척지구 무장공비 침투(1968), 대통령 저격 미수(1974), 남침용

---

36 김일성은 1980년 10월 제6차 당대회 총화 보고에서 "자위적 군사로선을 관철함으로써 강력한 국방력을 마련해 놓았다"고 발표함.

1·2·3땅굴 굴설(1974~1978), 판문점 도끼 만행(1976), 버마 아웅 산 폭파(1983), KAL 858기 폭파(1987) 등 강도 높은 대남 도발을 감행하였다. 이 시기에 김일성은 베트남 파병으로 미군과 한국군의 군사력이 분산된 1965년, 그리고 4대 군사 노선이 완성된 1975년에 중국을 방문하여 마오쩌둥과 회담 시 제2의 무력 남침과 중국군의 파병도 요청하였다.[37]

3. 탈냉전기(1990년대): 1단계, 비대칭 전력 증강

1990년대에 들어서면서 북한은 급격한 대외환경의 변화와 경제침체, 국제적 고립 상황으로 대내외적으로 어려움과 체제의 위기에 직면하게 된다. 이 시기에 북한은 체제 존속을 위하여 혁명전쟁 전략 1단계의 전략적 수세를 적용한 것으로 분석된다.

이 시기는 1989년 동독이 몰락하고 1991년 소련이 해체되어 미국과 소련에 의한 냉전체제가 붕괴되었다. 북한은 세계적으로 공산주의 국가가 몰락하면서 그 도미노 현상을 우려하였다. 반면에 남한은 신장된 국력을 바탕으로 북방외교를 추진하여 1990년에는 러시아와, 1992년에는 중국과 수교함으로써 북한은 군사·외교적으로 고립되었다. 러시아는 연방 해체로 국가 통제체제가 와해되고 극심한 경제난으로 과거 소련과 같이 북한을 지원할 수 없었다. 중국은 개혁개방으로 경제 개발을 본격적으로 추진하고, 남한과의 협력을 고려하여 북한에 대한 지원이 제한적일 수밖에 없었다. 냉전 해체의 세계적인 화해 무드를 타고 남북한이 UN에 동시 가입하였지만 1992년은 미국이 북한의 핵개발을 차단하기 위하여 '영변의 핵시설'의 선제공격을 검토하였다.

---

37 《조선일보》, "김일성 "더 늙기 전에 한 번 더 南쪽과 겨뤄 보고 싶다"", http://news.chosun.com/site/data/html_dir/2013/10/24/2013102400222.html?dep0=twitter&d=2013102400222(검색일: 2018. 4. 10.)

북한 내부적으로는 경제난[38]과 식량난이 심화되어 북한의 산업은 군수산업만 제외하고 사실상 붕괴된 상황이었다. 1994년에 김일성이 사망하고, 그 후계자인 김정일에 의한 경제개혁이 실패하면서 계속된 자연재해로 경제난은 더욱 심해졌다. 이때는 북한 주민이 '고난의 행군 시기(1995~1998)'로 부를 만큼 북한이 그 어느 시기보다도 체제 존속에 대한 위협을 강하게 인식한 상황이었다.

남한의 1990년대는 1988년 올림픽 개최를 기회로 경제적 · 외교적으로 국력이 신장되고, 국방비의 증가로 북한에 비하여 재래식 군사력이 질적으로 증강됨으로써 그 격차가 심화되는 상황이었다. 또한 남한 내부는 공산권의 몰락으로 공산주의 사상과 북한에 동조하는 혁명세력의 활동이 위축되었고, 문민정부의 등장으로 민주화 운동권 세력이 권력 내부로 흡수되어 급진적인 사회운동이 줄어들게 되었다.

이 시기는 북한의 자체 역량과 남한 내부의 동조 역량, 국제지원 역량 등 3대 혁명 역량 모두가 약세인 상황으로 북한은 전략적으로 정치 · 군사적 역량을 강화하기 위한 1단계 전략적 수세의 개념을 적용하였다. 이 시기에 북한은 생존전략 차원에서 '선군정치'와 '강성대국 건설'의 정치적 가치를 들고 군사주의를 강화하여 체제 결속을 도모하였다.[39]

북한은 경제난을 타개하는 한편 국제적 고립에서 탈피하기 위하여 미국과 일본과의 관계를 정상화하고 서방 자본주의 국가들과도 외교관계를 모색하였다. 북한은 미국과 1994년'제네바 합의'를 도출하였고, 금창리 지하핵 의혹시설에 대한 성격 규명을 위한 협상을 타결함으로써 식량 60만 톤을 지원받았다. 일본과는 1995년 북한 노동당이 일본 연립 여당과 국교 정상화 회담 재개에 합의하여 북한이 50만 톤의 식량을 지원받는 데 성공하였다.

김정일은 이제 예산이 많이 드는 재래식 무기의 군비경쟁은 무의미하다고

---

38 1990년대의 9년간 연평균 −3.8%의 성장률로 총 생산력 수준이 1980년대 말에 비해 절반 수준 이하로 하락하였다. 통일부 통일교육원(2015), 전게서, p. 186.

39 한관수, "탈냉전기 북한 대남 도발의 전략적 의도와 형태: 사례분석과 전망", 『전략연구』 통권 제 54호(서울: 정우디엔피, 2012), p. 47.

판단하여 핵무기를 포함한 비대칭 전력을 증강하는 군사력 증강 정책을 추진하였다. 그는 핵과 미사일, 화생방 전력 증강 등에 중점을 두고 군사력을 건설하였다. 이는 핵과 화생무기를 포함한 대량살상무기(WMD)와 장사정포를 보유함으로써 남북의 재래식 군사적 대결에서 우위를 선점하고, 국제적 지원 역량의 부족을 보완하려는 것이었다.

4. 북한 핵 개발기(2000년대 이후): 2단계, 핵 강국 건설

2000년대의 북한은 핵 보유를 바탕으로 과감한 도발과 협상의 양면전술을 통하여 체제 존속과 경제발전을 동시에 추구하는 혁명전쟁 전략 2단계의 전략적 대치를 적용한 것으로 분석된다.

2001년 1월 출범한 미국 부시 정부는 9·11 테러 이후 2002년 연두교서에서 북한을 '악의 축'으로 지목하는 등 핵문제를 둘러싼 불량국가에 강력한 대북 제재를 가하였다. 특히 2011년 중동 및 북아프리카 일대의 재스민 혁명으로 튀니지와 알제리, 이집트 등의 독재국가들이 연쇄적으로 무너지는 현상이 발생하였다. 미국의 불량·실패국가에 대한 강경한 조치와 중동의 민주화 사태는 북한에게 체제 붕괴 가능성에 대한 심각한 고민을 안겨 주었다.

북한은 2000년대에 들어 중국, 러시아와 정상외교로 미국의 대북 압박정책을 견제하는 동시에 국제적 고립을 탈피하고 경제지원을 확보하려는 노력을 강화하였다. 2000년대 초기에는 김정일의 중국 방문(2000. 5 / 2001. 1 / 2004. 4 / 2006. 1 / 2010. 5 / 2010. 8 / 2011. 5 / 2011. 8)과 장쩌민(2001. 9), 후진타오(2005. 10) 등 지도부의 방북으로 북·중 관계가 한층 강화되었다. 러시아와는 김정일 생존 당시 정상 간 상호 방문[40]으로 전통적 친선관계가 정상화되었다. 그러나 북한의

---

40 푸틴 대통령 방북 1회(2000. 7. 19), 김정일 러시아 방문 3회(2001. 7. 25 / 2002. 8. 23 / 2011. 8. 19)

여섯 차례의 핵실험[41]으로 2012년 시진핑 정권 출범 이후에는 북·중 관계가 차가워졌고, 중국과 러시아는 UN 안보리의 대북 제재에도 동참하였다. 결과적으로 2000년대의 북한은 UN 안보리의 강력한 대북 제재 시행과 미국의 강력한 군사적 압박으로 중국과 러시아의 소극적인 지원에도 불구하고 국제적으로 점점 더 고립되었다.

북한은 외부로부터의 지원을 확보하여 북한의 경제난을 극복하기 위하여 핵실험·미사일 발사 등 군사적 도발, 반면에 평화 공세의 유화적 입장 등 이중적 태도를 보여 왔다. 한동안 북한은 이러한 전략적 양면전술을 통하여 경제지원을 어느 정도 받을 수 있었다. 하지만 이러한 방식으로 북한이 처한 위기상황을 근본적으로 극복할 수 없었다. 오히려 시간이 흐를수록 경제난은 심화될 수밖에 없었다.[42]

김정일은 김대중 대통령과 2000년 6월 13일에서 15일까지 두 차례의 정상회담을 더 진행하여 '6·15 남북공동선언'을 발표하였다. 이 공동선언으로 이산가족 상봉과 금강산 관광(1998. 11. 18. 시작)이 활성화되고, 2003년 8월 개성공단 1단계 착공식이 이루어지는 등 남북 교류협력 활성화의 물꼬를 열었다. 노무현 대통령과의 제2차 남북정상회담은 2007년 6자회담에서 '2·13 합의'[43] 이후 북핵문제의 진전이 가시화되면서 합의하였다. 10월 2일에서 3일까지 개최된 두 차례의 정상회담에서 '남북관계의 발전과 평화번영을 위한 선언(10·4 선언)'을 발표하였다. 그러나 2008년 이명박 정부의 등장과 함께 2008년 7월 관광객 피격 사건으로 금강산 관광이 중단되고, 대청해전(2009), 천안함 폭침과 연평도 포격(2010) 등 대남 도발로 경제 교류협력이 중단되었다. 박근혜 정부는 북한의 계속

---

41 북한 핵실험 1차(2006. 10), 2차(2009. 5), 3차(2013. 2), 4차(2016. 1), 5차(2016. 9), 6차(2017. 9)

42 통일부 통일교육원(2015), 전게서, p. 25.

43 2·13 합의는 2007년 2월 13일 중국 베이징에서 열린 제5차 6자회담 전체회의에서 발표된 합의문으로 북한이 5메가와트 영변 원자로 및 방사화학 실험실 등 5개 핵심시설에 대한 '불능화 조치'를 이행하면, 일본을 제외한 다른 4개국이 북한에 중유 100만 톤 상당의 에너지와 함께 경제, 인도적 지원을 균등 분담하기로 한다는 것임.

된 핵실험과 장거리 미사일 발사로 2016년 2월 10일 개성공단의 전면중단을 결정하였다.

북한은 2000년 초기 김대중과 노무현 정부의 평화 교류협력 노선과 남한 내의 대북 경계심 이완을 이용하여 남한 혁명 역량을 강화하려 하였다. 김정일은 북한에 우호적인 성향의 일부 인사들이 남한의 정당과 국회, 그리고 사회 각층의 핵심 권력기관에 진출하고, 적극적인 친북 활동을 기대하면서 남한 혁명에 대한 일말의 희망을 갖게 되었다. 그러나 2014년 이석기 국회의원의 내란 선동 사건[44]과 이 사건의 여파로 2014년 12월 19일 통합진보당이 헌법재판소의 위헌정당 해산 심판 결정에 따라 강제 해산되었다. 이 사건으로 말미암아 남한 내의 대법원 판결 불법 이적단체(利敵團體)의 활동이 약화되는 결과를 초래하였다.

북한은 1990년대 중반에 배급제가 마비되었고 주민들은 장마당에서 식량·공산품 등 주민들의 일상생활에 필요한 모든 제품을 거래하기 시작하였다. 김정일 시대에는 선군경제 건설노선을, 김정은 시대에는 '경제·핵무력 건설 병진노선'을 추진하였다. 북한은 시장화 개혁을 시행하지 않은 채 시장을 묵인하다가 다시 통제하는 경제정책을 계속하였다.[45] 2008년 김정일의 뇌졸중 이후에 후계체제의 조기구축이 요구되면서 화폐개혁을 통하여 경제복원을 시도하였다. 그러나 화폐개혁이 실패함으로써 경제난은 더욱 악화되었다.

새로 등장한 김정은 정권은 국가 생존을 위협하는 강력한 국제적 제제와 봉쇄의 최악의 난관 속에서도 어떠한 희생을 감수하고라도 국가 핵 무력 완성을 도

---

44 "이석기 사건(李石基 事件)은 국가정보원이 통합진보당 국회의원이었던 이석기를 고발한 사건으로, 주요 주장은 이석기 의원 주도의 지하혁명 조직(Revolutionary Organization, RO)이 대한민국 체제 전복을 목적으로 합법/비합법, 폭력/비폭력적인 모든 수단을 동원하여 이른바 '남한 공산주의 혁명'을 도모하였다는 것이다. 2014년 8월 11일 서울고등법원의 2심 재판부는 내란 선동과 국가보안법 위반 혐의만 유죄로 인정해 징역 9년과 자격정지 7년을 선고하고, 2015년 1월 22일 대법원이 이 판결을 확정하였다." 《위키백과》, "이석기 내란 선동 사건", https://ko.wikipedia.org/wiki/%EC%9D%B4%EC%84%9D%EA%B8%B0_%EB%82%B4%EB%9E%80_%EC%84%A0%EB%8F%99_%EC%82%AC%EA%B1%B4(검색일: 2018. 4. 11.)

45 상게서, pp. 203-204.

모하였다. 김정은 정권은 핵 보유를 바탕으로 강력한 억제력을 확보하고, 도발과 협상의 양면전술로 외부의 지원을 받아서 경제 건설을 추구하려는 의도였다. 2013년에 채택된 북한의 '경제-핵 무력 병진노선'은 핵 보유를 통하여 무한한 군비경쟁에 종지부를 찍고, 그 기술과 재원으로 인민생활 향상에 매진하는 '경제 건설'에 초점을 두었다.[46] 다시 말해 핵 무력을 보유한 만큼, 앞으로는 재래식 무기 증강 등에 소요되는 국가적 자원을 축소하고 경제발전에 대한 투자를 확대하겠다는 의미가 담겨 있다고 볼 수 있다.

북한은 2005년 2월 핵 보유[47]를 선언하고 '핵카드'를 수단으로 '벼랑 끝 전술'을 구사하는 한편 여섯 차례의 핵실험(2006년, 2009년, 2013년, 2016년 2회, 2017년)과 수많은 장거리 미사일 발사 등의 군사적 도발을 통하여 긴장을 조성하였다. 북한은 2017년 11월 29일 새벽 '화성 15형'대륙간탄도미사일(ICBM)을 발사하여 "국가 핵 무력의 역사적 대업, 로켓 강국의 위업이 실현되었다"고 선언하였다. 각종 핵 운반 수단과 함께 초강력 수소탄을 개발 완료하였다는 국가 공식적인 선포였다.

이 시기에 북한은 연평균 15회 수준의 총 300여 회의 군사 및 비군사적인 대남 국지 도발을 감행하였다.[48] 북한의 대남 도발의 특징은 과거와는 달리 핵 보유를 배경으로 남한의 강력한 보복의 가능성에도 불구하고 과감하게 군사 도발[49]

---

46 "2013년 3월 노동당 중앙위원회 전원회의에서 "새로운 병진노선의 참다운 우월성은 국방비를 추가적으로 늘리지 않고도 전쟁 억제력과 방위력의 효과를 결정적으로 높임으로써 경제 건설과 인민생활 향상에 힘을 집중할 수 있게 한다는 데 있다"고 강조하였다." 《통일뉴스》, "북한의 '핵-경제 병진노선'에 대한 정확한 이해", http://www.tongilnews.com/news/articleView.html?idxno=121975(검색일: 2018. 4. 10.)

47 "블라디미르 푸틴 러시아 대통령은 4일(현지시간) 이미 지난 2001년에 당시 북한의 최고지도자였던 김정일 국방위원장으로부터 북한의 핵무기 존재에 대하여 들었다고 밝혔다. 2001년은 북한이 처음으로 핵무기 보유를 공식 선언한 2005년 2월보다 훨씬 이른 시점이다." 《연합뉴스》, "푸틴 "2001년 방북 때 김정일이 원자탄 보유 밝혀… 이제 수소탄"" http://www.yonhapnews.co.kr/bulletin/2017/10/04/0200000000AKR20171004039451082.HTML(검색일: 2018. 4. 10.)

48 성윤환, "북한의 새로운 도발양상 연구", 『전투발전』 통권 제144호(대전: 국군인쇄창, 2013), p. 30.

49 주요 군사 도발은 제2차 연평해전(2002), 천안함 폭침·연평도 포격(2010), 대북심리전 방송·

을 감행하였고, 사이버 공격 등 다양한 비군사적 방법[50]을 활용할 뿐 아니라 민간인을 대상으로 직접 포격하고 협박[51]하는 등 그 양상을 달리하였다는 점이다. 북한의 목적은 이러한 도발을 통하여 남한 내부에서 남남갈등을 유발하고, 제대로 대처하지 못한 정부와 군에 대한 국민들의 불신을 유도하는 데 있었다. 또한 전쟁 공포심을 조장하여 적대적인 대북 강경책을 포기하도록 유도하고, 남한 국민과 군대의 작전활동에 피로감을 증대시켜서 대북 경계심을 둔화시키면서 남한 혁명투쟁에 우호적인 환경을 조성하기 위한 전략으로 판단된다.[52]

전단살포 타격 및 위협(2010), 무인기 도발(2014년 3회), DMZ 지뢰도발(2015), 여섯 차례 핵실험 및 107회의 장거리 미사일 발사(2017. 11. 기준 김정일 26회, 김정은 81회) 등.

50 농협 DDoS 공격 및 해킹(2009, 2011), GPS 전파교란(2011, 2012) 등.

51 연평도 민가 포격(2010), 언론사 타격 협박(2012), 탈북민 살해 협박 및 김정남 독극물 피살(2017) 등.

52 이석기 사건 공소사실: "피고인 이석기, 김홍열은 공모하여 혁명의 결정적 시기인 전쟁 상황에서 미 제국주의 지배질서에 속하는 대한민국의 체제를 전복하고 자주적 민주정부를 수립함으로써 통일혁명을 완수한다는 국헌 문란의 목적으로, 2013. 5. 10. 곤지암 청소년 수련원 및 같은 달 12. 마리스타 교육수사회 강당에서 다수의 RO 조직원을 상대로 대한민국의 자유민주적 기본질서를 부정하며, '전쟁 상황'으로 도래한 혁명의 '결정적 시기'를 맞이하여 '자주적 사회, 착취와 허위가 없는 조선민족 시대의 꿈'을 실현하기 위하여 '조직과 일체화된 강력한 신념체제'로 '전국적 범위'에서 '최종 결전의 결사'를 이루고, 최후에는 '군사적으로 결정'될 수밖에 없으므로 '한 자루 권총 사상'으로 무장하여 '물질적·기술적 준비'를 철저히 함으로써 '조국통일, 통일혁명'을 완수하자는 취지의 주장으로 선동함."《노컷뉴스》, "이석기 등 내란음모 사건 대법원 판결 요지", http://www.nocutnews.co.kr/news/4358135#csidxaece5b6274bff43b3b7b4b475a23fa9(검색일: 2018. 4. 12.)

제4절 향후 김정은 정권의 전략적 행태 예측

북한은 2018년에 들어서면서 혁명전쟁 전략의 단계 전환을 사전에 준비한 것으로 예측된다. 2017년은 UN 안보리의 결의에 따른 국제재제에 중국과 러시아가 적극 참여하고, 한·미연합군의 강력한 군사적 옵션으로 인하여 북한의 경제난이 심화되고, 김정은 정권이 위기에 처한 상황이었다. 김정은 위원장은 이러한 국면을 전환하기 위하여 2017년 말까지 서둘러 핵 무력을 완성하고, 2018년 초에 비핵화 협상을 제의한 것으로 분석된다. 북한이 비핵화를 전제로 남북·미북 정상회담을 제의하고, 풍계리 핵실험장 폐기 등을 골자로 핵실험과 대륙간탄도미사일(ICBM) 발사 중단을 선언[53]한 것은 전략의 변화를 단적으로 보여 주는 것이다. 북한의 비핵화 의지와 양 정상회담의 성사는 북핵문제 해결에 긍정적이지만 앞에서 살펴본 바와 같이 북한의 책략에 넘어가 위험해지는 상황에 대비하기 위하여 합리적인 의심을 해볼 필요가 있다.

김정은 위원장의 핵 폐기 의지는 김일성 이래 추진해 온 혁명전쟁 전략의 투쟁과업을 포기하는 것과 같다. 김정은 정권이 등장한 이후 UN 안보리의 제재와 한반도 군사적 긴장상태에도 불구하고 4차에 걸친 핵실험과 81회에 달하는 장거리 미사일 시험발사로 허리띠를 조이며[54] 완성한 '핵 무력'을 포기하는 것이기 때문이다. 김정은 위원장은 2018년 신년사에서 핵 무력은 정의의 힘이며, 평화의 보검으로서 대량생산하여 실전배치함으로써 핵 강국으로서의 북한의 위상을 견지해 나가겠다는 의도를 표명하였다. 또한 4월 21일 공개한 노동당 전원회의 결정문에서도 핵실험 중단을 결정하였으나 전체적으로 핵보유국의 위상을 견지

---

53 "북한이 함경북도 길주군 풍계리 핵실험장을 폐쇄하고 핵시험과 대륙간탄도로켓(ICBM) 시험발사를 중지한다는 결정서를 20일 열린 노동당 전원회의에서 채택하였다고 조선중앙통신이 21일 보도했다."《뉴스웍스》, "북한 "핵실험장 폐쇄-ICBM 발사중지… 경제건설에 총력"", http://www.newsworks.co.kr/news/articleView.html?idxno=181751(검색일: 2018. 4. 22.)
54 北 김정은 2018년 신년사 전문에 표현된 용어임.《중앙일보》2018. 1. 1 참조.

한 가운데 핵 군축 협상을 추진하려는 의도로 분석된다.[55] 이는 한국과 미국, 그리고 국제사회가 핵 군축이 아닌 비핵화 협상을 원하는 바에 반(反)하는 것이다. 김정은 위원장이 개과천선(改過遷善)하여 진정성 있게 비핵화를 추진한다면 그것은 우리가 원하는 바이다. 그러나 반대로 우리가 예측하지 못한 상황에 대비하기 위해서는 합리적인 의심을 통한 대비가 필요한 것이다.

북한이 혁명전쟁 전략을 유지할 경우, 현 어려운 상황에서 정치적인 힘(혁명역량)을 재구축하기 위하여 1단계의 전략적 수세 개념을 시행할 것이다. 1단계 전략목표는 북한이 핵을 보유한 상태에서 전략적 기만으로 외부의 지원을 받아 경제건설에 주력함으로써 '사회주의 강성대국 건설'의 당면 목적을 달성하는 것이다. 북한의 핵 폐기를 의심하는 것은 핵무기 선제 불사용과 비확산 의지를 표명하는 등 핵보유국의 논리를 지속적으로 표명하고 있기 때문이다.[56] 북한은 이미 핵 개발을 완료하였기 때문에 4월 20일 노동당 전원회의에서 핵·경제 건설 병진에서 혁명발전의 새로운 높은 단계의 요구에 맞게 사회주의 경제 건설로 총력을 집중한 것으로 분석할 수 있다.[57] 따라서 이 단계에서 북한이 당면 전략목표

---

55 "전원회의 결정서에서 "핵무기 병기화를 믿음직하게 실현하였다. 핵시험 중지는 세계적인 핵 군축을 위한 중요한 과정이며 우리 공화국은 핵시험의 전면중지를 위한 국제적인 지향과 노력에 합세할 것"이라고 한 점이다." 《연합뉴스》, https://www.msn.com/ko-kr/news/national/%E5%8C%97%ED%95%5%EC%8B%A4%ED%97%98%EC%9E%A5-%ED%8F%90%EA%B8%B0%EC%84%A0%EC%96%B8%EC%86%8D-%ED%95%5%EA%B5%B0%EC%B6%95-%EC%96%B8%EA%B8%89%E2%80%A6%EB%8C%80%EB%82%B4%EC%9A%A9vs%ED%95%5%EB%B3%B4%EC%9C%A0%EA%B5%AD-%EC%A3%BC%EC%9E%A5/ar-AAwan66(검색일: 2018. 4. 22.)

56 "2018년 신년사와 4월 20일 노동당 전체회의 결정문에서 "우리 국가에 대한 핵위협이나 핵도발이 없는 한 핵무기를 절대로 사용하지 않을 것이며 그 어떤 경우에도 핵무기와 핵기술을 이전하지 않을 것"이라고 했다. 이처럼 핵무기 선제 불사용과 비확산 의지를 밝힌 것도 전형적인 핵보유국의 논리라는 평가가 나온다." 《연합뉴스》, "北핵실험장 폐기선언속 핵군축 언급… "대내용"vs"핵보유국" 주장", http://www.yonhapnews.co.kr/bulletin/2018/04/22/0200000000AKR20180422014100014.HTML(검색일: 2018. 4.22.)

57 "조선중앙통신에 따르면 전원회의에서는 '경제 건설과 핵무력 건설 병진노선의 위대한 승리를 선포함에 대하여'라는 결정서가 채택되었다. 이와 함께 "당과 국가의 전반사업을 사회주의 경제 건설에 지향시키고 모든 힘을 총집중할 것"이라는 내용의 '혁명발전의 새로운 높은 단계의 요구에 맞게 사회주의경제건설에 총력을 집중할 데 대하여'라는 결정서도 나왔다." 《뉴스웍스》, "북

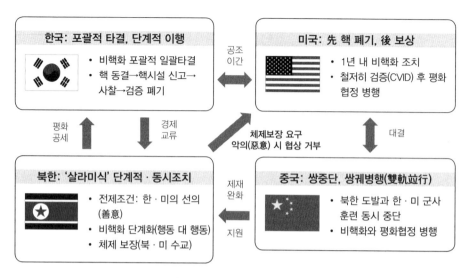

<그림 6-2> 북한의 비핵화 협상전략

를 달성하기 위해서는 고도의 전략적 기만술책이 요구된다고 할 수 있다.

북한 김정은 위원장의 2018년 신년사와 4월 20일 노동당 전체회의 결정문을 바탕으로 1단계 전략 방향을 분석하면 <그림 6-2>와 같은 협상전략을 가지고 남북·미북의 양 정상회담을 준비하고, 이어지는 북한 핵 협상을 추진할 것으로 추정된다.

북한은 남한 현 정권이 과거 보수정권에 비하여 북한에 우호적일 것으로 판단하기 때문에 대남 도발을 자제하면서 군사적 긴장상태의 완화를 위한 평화 공세를 강화할 것이다. 우선 문화 교류 및 이산가족 상봉을 추진하여 남북관계를 개선한 다음, 금강산 관광 재개나 개성공단 재가동 등 경제 교류협력을 추진하여 국제적 제재 압박을 와해시키려 할 것이다. 남한과의 핵 협상은 북한의 비핵화 의지는 변함없으며 핵은 남한을 겨냥하지 않는다는 호혜적 협의 수준으로 종결

한 "핵실험장 폐쇄-ICBM 발사중지...경제건설에 총력" 노동당 전원회의에서 '결정서' 채택", http://www.newsworks.co.kr/news/articleView.html?idxno=181751(검색일: 2018. 4. 22.)

할 것이다. 그리고 한반도 긴장 완화와 통일은 민족의 문제로서 종전(終戰)선언을 통하여 우리 민족끼리 해결해야 한다는 공감대를 형성할 것이다. 종전선언을 통하여 북한은 우리 민족끼리 미국의 군사적 옵션에 의한 한반도에서 전쟁의 위협을 차단하고, 북한 비핵화와 관련한 한·미간 의 공조를 이간하려 할 것이다.

남한 내부에는 불법 이적단체(利敵團體)의 반미투쟁을 유도하는 가운데 북한의 핵 보유가 남한에게 위협이 되지 않는다는 논리를 확산시켜 한미동맹의 균열과 남남갈등을 조장하고, 남한 국민들의 대북 경계심을 완화시키려 할 것이다.[58] 결국에는 남한정부가 북한의 핵 보유를 불가피하게 인정하도록 하고, 한반도 평화를 위하여 지불해야 하는 비용으로 남한의 경제적 지원을 받아 북한의 인민생활 향상에 기여할 수 있도록 하는 전략적 기만을 수행하려 할 것이다.

미국은 '완전하고 검증 가능하며 불가역적인 핵 폐기(CVID)'가 단기간에 이루어져야 한다는 주장은 변함없을 것이다. 이에 대하여 북한은 미국 트럼프 대통령과의 정상회담에서 통 크게 북한의 비핵화 의지를 표명할 것이다. 그러나 비핵화 방법에서는 국제제재 완화와 한·미 연합훈련의 축소 등 선의적 조치를 요구할 수 있다. 또한 핵 폐기 과정에서 핵 군축의 논리를 적용하면서 최대한 살라미 전술로 대응할 수도 있다. 세부적으로 북한은 핵 군축의 논리로 주한미군 철수와 미국의 확장 억제를 포함한 한반도 비핵지대화를 전제조건으로 세분화하여 합의를 지연시킬 것이다. 또한 미국과 대결관계에 있는 중국과 러시아의 외교적 지원을 받아 미국의 양보를 최대한 얻어 내려 할 것이다. 핵 폐기가 진행되는 과정에서도 각종 선의와 미국이 받아들일 수 없는 핵 군축 전제조건을 달아 협상을 지연시키면서 불리하면 상대에게 파기의 책임을 전가하려는 기만전략으로 협상에 임할 수도 있다. 결국, 미국과의 협상 목적이 미국이 주도한 국제제재의 압박

---

58 "북남관계는 언제까지나 우리 민족 내부의 문제이며, 북과 남이 주인이 되어 해결해야 할 문제입니다. … 북과 남이 마음만 먹으면 능히 조선반도에서 전쟁을 막고 긴장을 완화시켜 나갈 수 있습니다. … 남조선 당국은 미국의 무모한 북침 핵전쟁 책동에 가담해 정세 격화를 부추길 것이 아니라 긴장 완화를 위한 우리의 성의 있는 노력에 화답해야 합니다."《중앙일보》, "北 김정은 2018년 신년사", https://news.joins.com/article/22250044(검색일: 2018. 4. 11.)

을 완화시키고, 군사적 옵션의 사용 명분을 약화시키는 데 있을 것이다. 북한의 최종 방안은 핵보유국의 논리로 미국에게 핵 확산 방지를 약속하고 핵 동결 수준에서 합의하는 것이다. 다른 방안은 핵무기 폐기에 합의하더라도 기만이나 은닉으로 CVID를 회피하고, 불리하면 합의를 파기하면 된다는 전략적 행태를 보일 수도 있다.

북한은 미국과 정치적 대결관계에 있고 무역전쟁을 하는 중국과 러시아를 최대로 활용할 것이다. 북한은 중국과 러시아에게 UN 제재에 대한 비협조와 물밑 지원을 통하여 압박을 완화하고, 미국의 협상 의지를 약화시키는 방향으로 요구할 것이다. 또한 최악의 경우 북한의 핵 보유에 대한 인정을 요구할 것이다. 북한의 입장에서 이 계산법은 북한이 핵을 보유하게 되면 현재 상황하에서 우호관계에 있는 중국과 러시아도 대북 제재에 동참할 것은 명백하지만 제한적이고, 북한 자신들과의 경제 협력관계를 전면적으로 차단할 수 없다는 생각일 것이다. 이렇게 볼 때 북한으로서는 간난신고(艱難辛苦) 끝에 핵을 보유하는 것이 손실보다 이익이 더 클 것으로 판단할 것이다.[59]

북한은 이 전략단계에서 인도와 파키스탄 수준의 핵보유국으로 인정받을 수 있다면 남한에 비하여 열세인 재래식 군사력을 단숨에 극복할 수 있고, 미군의 공격으로부터 억제력을 보유하여 국제적 혁명 역량의 약세를 극복할 수 있을 것으로 볼 것이다. 여기에 북한 내부적으로 인민생활을 향상시킬 수 있다면 남한에 비하여 정치·군사적으로 우세한 상황이 전개될 수 있어 한 단계 위의 전략으로 전환할 여건이 형성될 것이다. 북한은 핵무기 보유를 통하여 남북관계에서 주도권을 가질 수 있으며, 최종 민족통일전쟁에서 '적화통일'의 보검으로 활용할 수도 있다고 판단할 것이다.

---

59 《통일뉴스》, "북한의 '핵-경제 병진노선'에 대한 정확한 이해", http://www.tongilnews.com/news/articleView.html?idxno=121975(검색일: 2018. 4. 10.)

제5절 한국의 전략적 대응

김정은 위원장은 조선로동당의 영도자이다. 조선로동당은 정치, 군사, 경제, 문화를 비롯한 모든 분야를 통일적으로 이끌어 가는 사회의 영도적 정치조직이며 혁명전쟁 전략을 지도하여 당의 당면 및 최종 목적을 달성하려는 혁명의 참모부 조직이다. 그러므로 김정은 정권의 행태를 예측하기 위해서는 혁명전쟁 전략적인 관점에서 분석해야 한다.

앞에서 분석한 바와 같이 북한은 전략적 상황에 따라 혁명전쟁 전략의 3단계화 개념을 적용하여 전략적 행태를 변화시켜 왔다. 김일성은 해방 이후 '3단계의 전략적 공세'로 6·25 전쟁을 감행하였고, 냉전기에는 '2단계의 전략적 대치' 개념으로 3대 혁명 역량 강화와 4대 군사노선을 추진하여 제2남침을 위한 결정적 시기를 모색하였다. 1990년대 냉전체제가 와해되고 고난의 행군시대에 북한은 '1단계의 전략적 수세'로 핵과 화생무기를 비롯한 비대칭 전력 위주의 군사력을 건설하였다. 2000년대에 들어서 북한은 핵무기 보유를 바탕으로 '2단계의 전략적 대치' 개념의 전략적 행태를 보였다. 북한은 이 기간에 '벼랑 끝 전술'등 전략적 기만을 통하여 외부로부터 경제적 지원을 획득하면서 시간을 벌어 수소폭탄을 포함한 핵 무력과 운반수단을 완성하였다.[60] 결과적으로 북한은 내부적인 경제난과 식량난, 그리고 외부의 국제적 고립에 의한 체제 존립의 위기 속에서도 혁명전쟁 전략의 3단계화 개념을 융통성 있게 적용하여 장기간의 북한의 세습체제를 유지하면서 핵 무력을 완성하였다고 분석할 수 있다.

핵 무력을 완성한 북한은 중국과 러시아가 적극 참여하는 국제제재와 한·미연합군의 강력한 군사적 옵션으로 김정은 자신과 체제 존속이 어려운 상황에서 새로운 전략적 행태를 보였다. 이번 노동당 전체회의(4. 20.)에서 풍계리 핵실

---

60 김정은 위원장은 2017년 11월 29일 화성 15형 ICBM을 발사한 후 핵 무력 완성을 선포함.

험장 폐기 등을 골자로 핵실험과 대륙간탄도미사일(ICBM) 발사중단을 선언한 것은 비핵화 협상에 바람직하지만 벼랑 끝에 몰린 불가피한 선택으로 보인다. 과거의 전략적 행태를 비추어 현재 북한이 비핵화 협상에서 보여 주는 행태는 핵보유국으로서 사회주의 경제발전을 추구하려는 새로운 혁명전쟁 전략 단계로의 전환이 의심된다.

양 정상회담으로 한국 국민은 북한 핵 문제의 평화적 해결에 큰 기대를 하고 있다. 그러나 과거의 경험으로 볼 때 마냥 낙관만은 할 수 없는 것이 사실이다. 우리의 협상에 대한 지나친 낙관은 '협상을 분쟁의 종식의 한 방법'으로 보는 서구적인 관점일 수 있다. 혁명 투쟁적 관점에서 마오쩌둥은 '협상을 투쟁을 전개해 나가는 과정에서 단순히 하나의 수단으로 활용'하고 있다.[61] 북한의 협상의지를 서구적 관점이 아닌 마오쩌둥의 혁명투쟁 관점에서 분석하여 합리적 의심을 해야 하는 이유가 여기에 있다. 따라서 한국의 협상전략은 북한의 전략적 행태에 대한 함정과 위험을 살펴보는 과정을 반드시 거쳐야 한다.

한국의 이번 남북협상의 전략목표는 '북한의 핵 폐기'가 되어야 한다. 북한의 핵 포기 의지가 진실이라면 한반도에 새로운 평화의 역사가 만들어질 것이다. 그러나 그 반대인 경우에는 이전과는 차원이 다른 암운(暗雲)이 드리워질 것이 분명하다. 지금으로선 북한을 핵 포기의 길로 이끄는 데 모든 초점을 맞추어야 한다. 한반도의 영구적인 평화체제 구축은 북한 핵이 폐기된 이후의 단계적 목표이다. 이번 남북협상이 남북교류와 협력을 진전시켜 장기적인 신뢰를 구축하고, 우리 민족끼리 미국의 군사적 옵션을 배제한 가운데 한반도 평화를 정착하는 데 초점을 두면 안 된다. 협상전략의 목표가 불분명해지면 한·미 간의 공조가 무너

---

61 마오쩌둥, 『게릴라전』, p. 44.; "혁명에는 좀처럼 타협이란 것이 없습니다. 타협이란 전략적 구상을 좀 더 전진시키기 위해서만 성립되는 것입니다. 협상이란 군사·정치·사회·경제적 입장을 지키기 위하여 시간을 버는 한편 적을 지치게 하고 좌절시키며 교란하기 위한 이중목적 달성을 위하여 사용됩니다. 혁명전쟁을 수행하는 쪽은 전략노선의 통일을 유지하고 승리로 연결되는 상황을 조성하는 것이 유일한 목표인데, 이들이 어떤 실질적인 양보를 해야 하는 상황이라면 타협은 거의 성립되기 어렵습니다." 토머스 햄즈, 전게서(2011). p. 123 재인용.

져 북한의 전략에 휘말릴 가능성이 있다. 북한 핵이 폐기되면 한반도 영구적인 평화 정착의 시금석이 될 수 있다.

협상전략의 추진과정에서 먼저 한·미 간의 확실한 공조가 필요하다. 북한이 비핵화를 완성할 때까지 보상이 없다는 점도 분명히 해야 한다. 미국과 협조하여 동일한 핵 포기 로드맵을 북한에게 제시함으로써 북한이 한·미 공조의 빈틈을 찾을 수 없도록 하는 것이 중요하다. 북한은 남한에 대한 위장 평화 공세를 통하여 한·미 간의 공조를 와해시키려 할 것이기 때문이다.

둘째, 한국 정부는 선의와 배려를 중시하는 대북 입장에서 압박과 힘에 의존하는 미국의 협상방식에 동조할 필요가 있다. 북한의 비핵화 의지의 진정성을 확인하기 위해서는 강성(强性)의 협상방식이 필요하다. 미국은 이번 협상이 성공을 거두지 못할 경우 군사적 옵션을 사용할 가능성이 있다.[62] 한국 정부도 북한의 진정성이 의심되면 협상 실패를 선언하거나 미국의 군사적 옵션의 사용에 동의할 수밖에 없다는 단호한 입장을 북한에게 전달해야 한다.[63] 북한이 핵을 보유한 상태에서의 한반도 평화체제는 '가짜 평화'이기 때문이다.

셋째, 한국 정부는 남북한이 사용하는 '비핵화'가 동일한 개념인지 주도적으로 확인할 필요가 있다. 한국과 미국은 완전하고 검증 가능하며 불가역적인 비핵화(CVID)로 이해하고 있지만, 북한은 주한미군과 미국의 핵우산까지 제거하는 '한반도 비핵지대화'를 주장해 왔다. 또한 '군사적 위협이 해소되고 체제 안전이 보장된다면'이라는 비핵화 전제조건이 주한미군 철수를 의미하는지 확인하여야 한다. 이러한 검증은 북한의 비핵화 협상이 혁명전쟁 전략의 하나의 수단이 아닐까 하는 합리적 의심을 확인시켜 주는 바로미터이기 때문이다.

결론적으로, 이번 양 정상회담이 '북한 비핵화를 통한 한반도의 평화 정착'

---

62 "폼페이오 미 국무장관 내정자는 4월 12일 미 상원 청문회에서 "외교적 수단이 성공적이지 못할 경우 메티스 국방장관은 대통령의 목표를 달성할 일련의 군사적 옵션을 제시할 것을 지시받았다"고 했다.《조선일보》, 2018. 4. 14. A6면.

63 박휘락, "'북핵 CVID' 확답 끌어내야",《한국경제》, 2018. 4. 5 시론.

의 역사적인 사건이 되기를 기대한다. 이는 협상에서 북한 핵 폐기라는 확실한 결실을 맺을 때 가능하다. 확실한 결실은 북한의 비핵화 의지에 대한 합리적 의심을 통하여 상대의 의도를 파악하여 빈틈을 주지 말고, 상대의 허점을 공략하면서 나의 의지를 구현할 수 있는 협상전략을 준비할 때 가능하다. 어떠한 전술적 성공도 전략에서의 무능(無能)을 대신할 수 없기 때문이다.

참고문헌

1. 국내 단행본

강진석. 『현대전쟁의 논리와 철학』. 서울: 동인, 2012.

_____. 『클라우제비츠와 한반도 평화와 전쟁』. 서울: 동인, 2013.

국방대학교. 『전쟁연구입문』. 서울: 국방대학교, 1993.

국방대학원. 『안전보장이론』. 서울: 국방대학원, 1984.

국방정보본부. 『중국(中國)의 삼전(三戰)』. 서울: 국군인쇄창, 2014.

군사학연구회. 『군사학개론』(군사학 연구총서 1). 서울: 도서출판 플레닛미디어, 2014.

_____. 『군사사상론』. 서울: 도서출판 플레닛미디어, 2014.

권태영·노정갑·노훈 외. 『21세기 군사혁신과 국방비전: 전쟁 패러다임의 변화와 군사발전』. 서울:
　　　한국국방연구원, 1998.

권태영·노훈. 『21세기 군사혁신과 미래전』. 파주: 법문사, 2008.

김충남·문순보. 『민주시대 한국 안보의 재조명』. 서울: 도서출판 오름, 2012.

남보람. 『전쟁이론과 군사교리: 군사-전쟁현상의 이론적 탐구』. 서울: 지문당, 2011.

노양규. 『작전술』. 대전: 충남대학교 출판문화원, 2016.

다케나카 치하루. 『왜 세계는 전쟁을 멈추지 않는가?』. 노재명 옮김. 서울: 갈라파고스, 2013.

더글러스 A. 맥그리거. 『비난속의 변혁』. 도응조 옮김. 서울: 연경문화사, 2009.

더니간(Jim Dunnigan)·마케도니아(Ray Macedonia), 『美 육군개혁』(Getting It Right). 육군본부 옮김. 대전:
　　　육군본부, 2012.

루퍼트 스미스(Rupert Smith). 『전쟁의 패러다임』. 황보영조 옮김. 서울: 까치글방, 2008.

마키아벨리. 『군주론』. 강정인·김경희 옮김. 서울: 까치, 2008.

마틴 반 클레벨트(Martin van Creveld). 『과학기술과 전쟁』(Technology and War) 이동욱 옮김. 서울 : 도서
　　출판 황금알, 2006.

맥스 부트(Max Boot). 『Made in War: 전쟁이 만든 신세계』. 송대범 · 한태영 옮김. 서울: 도서출판 플
　　레닛미디어, 2008.

모이제스 나임(Moises Naim). 『권력의 종말』. 김병순 옮김. 서울: 책읽는 수요일, 2016.

미 국방대학원. 『중국인이 생각하는 미래전』. Michael Pillsbury 엮음, 권영근 옮김. 서울: 도서출판
　　연경문화사, 2000.

바실 헨리 리델 하트(Basil Henry Liddell Hart). 『전략론』. 강창구 옮김. 서울: 병학사, 1988.

＿＿＿＿. 『전략론』. 주은식 옮김. 서울: 책세상, 1999.

박계호. 『총력전의 이론과 실제』. 성남: 북코리아, 2012.

버나드 로 몽고메리(Bernard Law Montgomery). 『전쟁의 역사』. 승영조 옮김. 개정증보판. 서울: 책세상,
　　2004.

새뮤얼 헌팅턴(Samuel P. Huntington). 『군인과 국가: 민군관계의 이론과 정치』. 허남성 · 김국현 · 이춘
　　근 옮김. 서울: 한국해양전략연구소, 2011.

손석헌. 『내반란선 사례 연구』. 서울: 국방부 군사편찬연구소, 2016.

스테판 할퍼(Stefan Halper) 엮음. 『중국의 삼전(三戰)』. 한국국방정보본부 옮김. 서울: 국방부정보본부,
　　2014.

앨빈 토플러. 『권력이동』. 이규행 옮김. 서울: 한국경제신문사, 1990.

＿＿＿＿. 『제3물결』. 제2판. 서울: 한국경제신문사, 1994.

＿＿＿＿. 『전쟁과 反戰爭』. 서울: 한국경제신문사, 1994.

육군대학. 『동양의 군사사상』. 대전: 육군대학, 2009.

이근욱. 『이라크 전쟁: 부시의 침공에서 오바마의 철군까지』. 서울: 한울, 2013.

이동희. 『민군관계론』. 서울: 일조각, 1990.

이종학. 『군사전략론: 이론과 실제』. 서울: 박영사, 1992.

이진호. 『미래전쟁: 첨단무기와 미래의 전장환경』. 성남: 북코리아, 2011.

장회식. 『제국의 전쟁과 전략』. 서울: 선인, 2013.

조상근. 『4세대 전쟁』. 서울: 집문당, 2010.

조지프 나이(Joseph S. Nye, Jr.). 『국제분쟁의 이해』. 양준희 · 이종삼 옮김. 서울: 도서출판 한울, 2009.

＿＿＿＿. 『소프트 파워』. 홍수원 옮김. 서울: 세종연구원, 2006.

존 베이리스(John Baylis) 외. 『현대 전략론: Strategy in the Contemporary World』 박창희 옮김. 안보총
　　서 110, 서울: 국방대학교 안보문제연구소, 2009.

존 G. 스토신저(John G. Stoessinger). 『전쟁의 탄생: 누가 국가를 전쟁으로 이끄는가?』 임윤갑 옮김. 서
　　울: 도서출판 플레닛미디어, 2009.

찰스 틸리(Charles Tilly). 『비교역사 사회학』 안치민·박형신 옮김. 서울: 일심사, 2002.

카를 폰 클라우제비츠(Carl von Clausewitz). 류제승(역). 『전쟁론』 서울 : 책세상, 2012

_____. 『전쟁론』 이종학 옮김. 증보신판. 서울: 일조각, 1989.

토머스 쿤(Thomas S. Kuhn). 『과학혁명의 구조』 김명자 옮김. 서울: 까치글방, 2003.

_____. 『과학혁명의 구조』 박은진 옮김. 서울: 서울대학교 철학사상연구소, 2004.

토머스 햄즈(Thomas X. Hammes). 『21세기 전쟁: 비대칭의 4세대 전쟁』 하광희·배달형·김성길 옮김.
　　서울: 한국국방연구원, 2010.

합동군사대학교. 『합동교육참고 12-2-1 세계전쟁사(上)』 대전: 육군대학, 2012.

해리 서머스(Harry G. Summers, Jr). 『미국의 월남전 전략』 민평식 옮김. 서울: 병학사, 1983.

헤어프리트 뮌클러(Herfried Münkler). 『파편화된 전쟁: 현대와 전쟁폭력의 진화』 장춘익·탁선미 옮
　　김, 서울: 곰출판, 2017.

황성칠. 『군사전략론』 파주: 한국학술정보(주), 2013.

_____. 『북한의 한국전 전략』 성남: 북코리아, 2008.

A. A. 가레에프(소련군 예비역 대장). 『러시아 군인이 본 미래의 전쟁』 전갑기 옮김. 대전: 육군군사연
　　구소, 2013.

2. 국내 논문

고원. "전쟁 패러다임의 변화와 한국군에의 시사점". 『국방정책연구』 제26권 제4호, 서울: 한국국방
　　연구원, 2010.

권태영. "21세기 미래전 이론 분석 및 발전방향". 『국방정책연구』 서울: 한국국방연구원, 2004년
　　가을.

_____. "21세기 전력체계 발전추세와 우리의 대응방향". 『국방정책연구』 서울: 한국국방연구원,
　　2000년 겨울.

김동성. "21세기에서의 국가의 역할". 『국방정책연구』 서울: 한국국방연구원, 1999년 겨울.

김종하·김재엽. "복합적 군사위협에 대응하기 위한 군사력 건설방향". 『국방연구』 제53권 제2호,

2010.

박영택, "북한의 하이브리드戰 실행 가능성과 전개양상". 『국방정책연구』 제27권 제4호, 2011년
　　겨울.

박정범, "억제자의 역할 관점에서 본 북한의 대남도발 결정요인 연구". 대전대학교 대학원 박사학위
　　논문, 2016.

박정우, "전쟁양상의 새로운 패러다임: 이라크 전쟁을 중심으로". 『군사논단』 통권 제35호. 서울: 한
　　국군사학회, 2003.

박창건, "네트워크 중심의 미래전 양상과 군사혁신". 『합참』 제15호, 서울: 합동참모본부. 2000.

성윤환, "북한의 새로운 도발양상 연구". 『전투발전』 통권 제144호, 대전: 육군교육사령부, 2013.

이상훈, "첨단 정보기술군과 전쟁 패러다임 변화". 『군사과학정책연구』 제3권, 서울: 국방대학교,
　　2009.

이승호, "미래전쟁 양상 변화와 지상군 역할". 『전략연구』 통권 제67호, 서울: 전략문제연구소.
　　2015.

이형석, "현대전의 새로운 패러다임 제4세대 전쟁". 『합참』 제26호, 서울: 합동참모본부, 2006.

장순휘, "러시아의 우크라이나 크림반도 합병에 대한 안보적 교훈". 『육군협회소식』 제22호, 서울:
　　육군협회, 2014.

정춘일, "정보화시대의 전쟁 패러다임과 한국 국방의 비전". 학회 발표대회 논문집, 서울: 한국지역
　　정보화학회, 2001.

_____. "전쟁 패러다임의 전환과 군사변혁". 『군사학연구』 통권 제4호, 대전: 대전대학교 군사연구
　　원, 2006.

지종상, "손자병법의 구조와 체계성 연구". 충남대학교 대학원 박사학위 논문, 2010.

최대인, "전쟁의 새로운 패러다임 '비살상전' 이해와 발전 제언". 『군사평론』 제400호, 대전: 육군대
　　학, 2009.

최장옥, "제4세대 전쟁에서 군사적 약자의 장기전 수행전략에 관한 연구". 충남대학교 대학원 박사
　　학위 논문, 2015.

홍성표, "21세기 전쟁양상 변화와 한국의 국방력 발전방향". 『국방연구』 제46권 제1호, 서울: 국방
　　대학교, 2003.

3. 국외 문헌

Anthony Giddens, *The Nation State and Violence,* Berkeley: University of California Press, 1985.

Arreguin-Toft, Ivan, *How The Weak Win Wars: A Theory Of Asymmetric Conflict*. Cambridge: University of Cambridge Press, 2005.

Carl von Clausewitz, *On War*, trans. Colonel J.J. Graham, U.S.A.: BN Publishing, 2007.

Charles Tilly, *Corecion, Capital, and European States: AD 990-1900*. Malden, MA: Blackwell, 1990.

Colonel van Rudolph Sikorsky, "Paradigm Shift and Strategic Doctrine," *Strategy Research Project*, Carlisle Barracks: U.S. Army War College, 2011.

Eari E. Keel, "Forward a New National Strategy," *The Need for Immediacy*, Washington DC: National Defence University Press, 1993.

Frank G. Hoffman, "Hybrid Warfare and Challenges," *Joint Force Quarterly*, Issue. 52: 1st Quarter, 2009.

Gary Luck, *Insight on Joint Operation*. USJFCOM Joint Warfighting Center, 2008.

General Rupert Smith, *The Utility of Force: The Art of War in the Modern World*, Vintage Books Edition, 2008.

George Clark, *The seventeenth Century*. New York, 1961.

Hammes, Thomas X, "Insurgency: Modern Warfare Evolves into Fourth Generation." *Strategic Forum*. No. 214, 2005.

_____, *The Sling and the Stone: On War in the 21st Centry*, St. Paul: Zeith Press, 2004.

Hans J. Morgenthau, *In Defense of the National Interest: A Critical Examination of American Foreign Policy*, New York: Knopf, 1951.

Harry R. Yager, "Toward A Theory of Strategy," J. Boone Bartholomees, Jr., (ed.), *U.S. Army War College Guide to National Security Issues, Volume I: Theory of War and Strategy*, 3rd (Ed.), Carlisle, PA: Strategic Studies Institute, U.S. Army War College, June 2008.

Hedley Bull, *The anarchical Society: A Study of Order in World Politics*, New York: Columbia University Press. 1977.

Herbert Spencer, *On Social Evolution: Selected Writings*, J. D. Y. Peel, (ed.), Chicago Press, 1972.

James J. Tritten, "Revolutions in Military Affairs Paradigm Shifts, and Doctrine," Norfolk Virginia: Naval Doctrine Command, February 1995.

John Arquilla, · David Ronfeldt, *Swarming and the Future of Conflict*, Santa Monica, CA: RAND, 2000.

King, James E., Jr., (ed.), *Lexicon of Military Term Relevant to National Security Affairs on Arms and Arms Control*, Washington: Institute for Defence Analyses, 1960.

Marc A. Eisner, *From Warfare State to Welfare State: World War I, Compensatory State Building and the Limits of the Modern Order*, University Park, Pa: Pennsylvania State University Press, 2000.

Peter Wallensteen and Margareta Sollenberg, "armed Conflict, 1988-2000," report no. 60, in Margareta Sollenberg(ed.), *States in Armed Conflict 2000*, Uppsala, Sweden: Uppsala University, Department of Peace and Conflict Research, 2001.

Ronald Inglehart, *The Silent Revolution: Changing Values and Political Styles among Western Publics*, Princeton: Princeton University Press, 1977.

Stefan Halper, *China: The Tree Warfares, for Andy Marshall Director Office of Net Assessment, Office of The Secretary of Defence, Washington. D.C.*, Cambridge: University of Cambridge, 2013.

Terry Deibel, Sean M. Lynn-Jones and Steven E. Miller, (eds.), "Strategies Before Containment: Patterns for the Future," in *America's Strategy in a Changing World*, Cambridge, Mass.: MIT Press, 1992.

Timothy Walton, "Treble Spyglass, Treble Spear: China's 'Three Warfares'," *Defence Concept*. Volume 4, Edition 4, 2009.

U.S. Army TRADOC Combined Arms Center, "The Army Human Dimension Strategy," U.S. Army, 2015.

U.S. Army TRADOC Pamphlet 525-3-1, "The U.S. Army Operating Concept-Win in a Complex World 2020-2040," U.S. Army, 2014.

U.S. JCS J7, JP1-02, "Department of Defense Dictionary of Military and Associated Terms," amended 2012.

U.S. Joint and Coalition Operational Analysis(JCOA), "Enduring Lessons from the Past Decade of Operations," *Decade of War*. U.S.A. Joint Staff J-7, 2012.

U.S. Joint Publication 3-24, *Counterinsurgency Operation*. U.S.A. Joint Staff, 2009.

찾아보기